U0295493

① 常绿阔叶林（杨淑贞 摄）

② 常绿落叶阔叶混交林（杨淑贞 摄）

③ 阔叶混交林外貌（江洪 摄）

④ 阔叶混交林下结构（江洪 摄）

⑤ 通量塔所处的混交林❶（江洪 摄）

⑥ 通量塔所处的混交林❷（江洪 摄）

⑦ 林下灌丛（江洪 摄）

⑧ 林下植被（江洪 摄）

12

⑨ 落叶阔叶林（杨淑贞 摄）

⑩ 柳杉林（江洪 摄）

⑪ 针阔混交林（江洪 摄）

⑫ 针阔混交林外貌（江洪 摄）

⑬ 黄山松林（杨淑贞 摄）

⑭ 金钱松林（杨淑贞 摄）

⑮ 6 杉木林土壤剖面（江洪 摄）

16 杉木林下（江洪 摄）

17 柳杉林（杨淑贞摄）

⑱ 毛竹林（杨淑贞摄） ⑲ 植被分布图 ⑳ 高山矮林（杨淑贞摄）

㉑ 中山草甸（杨淑贞 摄）

㉒ 雷击后的枯树（江洪 摄）

㉓ 样地调查（江洪 摄）

㉔ 野外考察（江洪 摄）

㉕ 大树王国

㉖ 集水区堰口（江洪 摄）

㉗ 气象站（江洪 摄）

㉘ 金钱松（杨淑贞 摄）

㉙ 银杏（杨淑贞 摄）

30 连香树（杨淑贞 摄）

31 天目铁木（杨淑贞 摄）

主要保护对象分布图

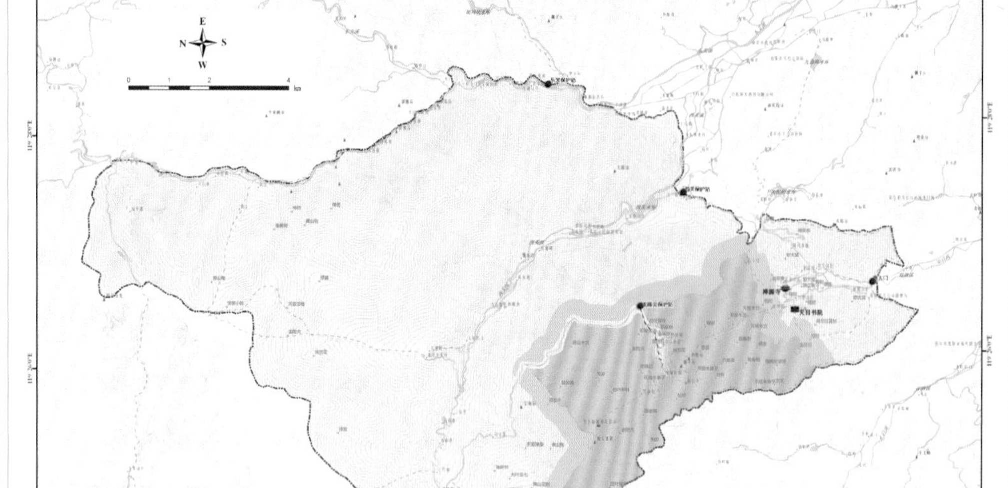

32 珍稀植物分布图

33 羊角槭（杨淑贞 摄）

34 独花兰（杨淑贞 摄）

㉟ **金刚大**（杨淑贞 摄）

㊱ **天目木兰**（杨淑贞 摄）

㊲ **金荞麦**（杨淑贞 摄）

㊳ **鹅掌楸**（杨淑贞 摄）

39 南方红豆杉（杨淑贞 摄）
40 凹叶厚朴（杨淑贞 摄）

天目山植被

格局、过程和动态

主　编　江　洪　楼　涛
副主编　杨淑贞　赵明水　宋新章
张金梦　金佳鑫

上海交通大学出版社
SHANGHAI JIAO TONG UNIVERSITY PRESS

内容提要

天目山国家级自然保护区是我国1950年代建立的第一批自然保护区之一，是我国生物多样性保护示范基地、全国青少年科技教育基地、全国科普教育基地、国家级自然保护区示范单位、国家AAAA级景区和国家级自然保护区管理优秀单位。作者通过建立国家级森林生态系统长期定位研究站，对其进行了自然保护、生物多样性考察，生态系统格局和过程以及碳收支等的系统研究。作为科技部973和863项目的内容，本书对全球关注的成熟森林的碳水耦合等机理，长江三角洲核心区域环境污染对生态系统的影响等作了系统总结。在植被生态、自然保护、环境综合治理等方面具有理论价值和实践意义。

图书在版编目(CIP)数据

天目山植被：格局、过程和动态／江洪，楼涛主编.
—上海：上海交通大学出版社，2016
ISBN 978-7-313-15141-4

Ⅰ.①天… Ⅱ.①江… ②楼… Ⅲ.①天目山—植被
—研究 Ⅳ.①Q948.15

中国版本图书馆CIP数据核字(2016)第137316号

天目山植被：格局、过程和动态

主　　编：江　洪　楼　涛
出版发行：上海交通大学出版社　　地　　址：上海市番禺路951号
邮政编码：200030　　电　　话：021-64071208
出 版 人：韩建民
印　　制：昆山市亭林印刷责任有限公司　　经　　销：全国新华书店
开　　本：787 mm×1092 mm　1/16　　印　　张：16.25　插页：6
字　　数：337千字
版　　次：2016年6月第1版　　印　　次：2016年6月第1次印刷
书　　号：ISBN 978-7-313-15141-4/Q
定　　价：78.00元

前　　言

天目山国家级自然保护区位于浙江西北部临安市境内，是我国建立的第一批自然保护区之一，主要保护对象包括银杏、天目铁木、香果树、金钱松等在内的大量珍稀濒危植物以及中亚热带森林生态系统。森林覆盖率达98%，活立木总蓄积量达15万 m^3，其中近熟林48 768 m^3，成、过熟林92 824 m^3。天目山植物区系古老，成分复杂，种类丰富，是当今华东地区植被保存较为完好的地区之一。

现在全世界科技关注的焦点之一就是要减缓全球气候变暖、减少二氧化碳等温室气体的排放。生态系统长期定位观测研究网络通过获取大时空尺度上翔实可靠的数据资料，使更准确评估不同区域陆地生态系统的碳源与碳汇成为可能，为建立和完善碳汇市场提供了重要的依据。以古老大树为主要特点的天目山森林植被体现了典型的老森林生态系统的特征，不仅为生物多样性的保护创造了很好的条件，同时也是研究森林生态系统碳收支的一个很重要的基地。近年来，国内外许多学者发现了老森林依然具有较高的固碳能力，推翻了经典理论中关于年轻的森林吸收大气中 CO_2 能力比较强，老龄森林一般处于碳平衡状态的学说。比较典型的是中国科学院华南植物园周国逸教授发表在Science杂志上的关于广东鼎湖山地区老龄森林土壤有很强的积累碳的能力的重大发现。在世界各地，陆续有Carey等人通过实测在北落基山脉的老龄森林发现碳收支结果比模型预测的高出50%～100%；Knohl等在德国中部的一片250年的老龄森林中也发现了其固定大气中 CO_2 的能力比较强；S. Luyssaert等通过处理来自全球519块样地的文献数据验证了老龄森林是碳汇的这一观点。不过这519块样地全部来自温带和寒带的森林，没有包括热带和亚热带地区的老龄森林，主要是由于位于热带和亚热带地区的老龄森林的通量站点少的缘故。鉴于全球一半的森林位于热带和亚热带地区，可以看出研究热带和亚热带地区老龄森林碳通量刻不容缓。天目山定位站的建立，为验证中国中亚热带老森林生态系统的碳收支提供了一个很好的平台。同时，通过生态站网长期定位观测研究，建立森林生态效益观测与评价体系，准确测算生态系统功能物质量及其价值量，一方面为按生态质量进行补偿提供科学数据和技术支持，进一步促进生态效益补偿机制的完善，另一方面为开展绿色GDP核算奠定良好的基础，推动国家将自然资源和环境因素纳入国民经济核算体系提供量化科学依据。以此为基础的森林生态效益的评价不仅是建立生态效益补偿机制的基础，也是构建我国绿色国民经济核算体系的关键。

天目山位于经济高速发展、城市化进程迅猛的长江三角洲地区。独特的地理、自然和环境区位特点，使其成为不可多得的研究自然变化和人为活动双重影响下的生态系统变化过程与机制的森林生态区域。该区域包括江苏省东南部、上海市和浙江省东北部，是长江中下游平原的一部分。面积约 99 600 km^2，人口约 7 500 万，是我国目前经济发展速度最快、经济总量规模最大、最具有发展潜力的经济区域。由于周围大中城市密集，化工企业众多，污染有害的化学气体在天目山一带集聚，形成酸雨等污染物质的沉降。深入开展这方面的长期研究具有重要的科学意义。

长期生态学定位研究是生态研究中非常重要的范式。通过长期定位的研究，可以针对一些重要的环境胁迫因子和生态学过程进行长期的观测、研究和数据与标本的积累，揭示生态学中的长周期和动态过程的变化规律。国际上比较著名的有英国洛桑实验站，创建于 1843 年，至今已有 173 年的历史，是世界上最古老的农业研究站，被称为“现代农业科学发源地”。举世公认，洛桑是长期农业生态研究的鼻祖。1843 年，由肥料大王约翰·劳斯(John Lawes)在其位于伦敦北部的洛桑庄园里发起的，实验测试了氮、磷、钾、钠、镁以及农家肥料对几种主要农作物产量的影响，研究的作物包括小麦、大麦、豆类和根块农作物。这样的具有连续性的数据资料是非常宝贵的。洛桑档案馆保存着自从实验开展以来收集的大约 30 万份植物和土壤样本。

由美国国家科学基金委员会(NSF)资助的美国长期生态研究网络(Long Term Ecological Research, LTER)自 20 世纪 70 年代建立起来，在长期生态网络化监测和研究中，起到了引领的作用。LTER 从事长期生态研究，其中生态系统的研究是该计划的核心。LTER 计划开始于 1980 年，当时只确定了 6 个野外研究站，现已扩展到 18 个站。这些站覆盖了各类陆地生态和水生生态系统——沙漠、草原、冻原、森林、溪流、江河、湖泊和海湾。在这些代表了不同生态系统的研究站中开展的具有共性的工作包括：① 建立具有长期环境因子和生物因子变量记录的研究站；② 建立一支跨学科的、具有稳定带头人和组织保证的研究队伍；③ 实施 5 个核心领域的研究计划；④ 建立网络，实现分布式的数据管理和共享。

国际长期生态系统研究网络(International Long-term Ecological Research, ILTER)是一个以研究长期生态学现象为主要目标的国际性学术组织。ILTER 于 1993 年成立，现有 34 个成员以及中东欧、中南美、东亚和太平洋、北美、南非及西欧 6 个区域网络。在该网络中，发挥比较重要作用的有美国长期生态学研究网络(US－LITER)、中国生态系统研究网络(CERN)、英国环境变化网络(ECN)、德国陆地生态系统研究网络(TERN)等。

中国生态系统研究网络(CERN)是为了监测中国生态环境变化,综合研究中国资源和生态环境方面的重大问题,发展资源科学、环境科学和生态学,于1988年开始组建成立的。目前,该研究网络由开始的29个生态站发展为40个定位站(包括16个农田生态系统试验站、11个森林生态系统试验站、3个草地生态系统试验站、3个沙漠生态系统试验站、1个沼泽生态系统试验站、2个湖泊生态系统试验站、3个海洋生态系统试验站、1个城市生态站)以及水分、土壤、大气、生物、水域生态系统5个学科分中心和1个综合研究中心。

另外一个重要的国家级生态定位站网络是"国家林业局陆地生态系统定位研究网络"。该网络自20世纪70年代开始正式启动建设,结合自然条件和林业建设实际需要,中国林科院和林业院校的老一辈科学家在川西、小兴安岭、海南尖峰岭等典型生态区域开展了专项半定位观测研究,建立起初期的森林生态站。通过40年的努力,生态站建设紧跟国际发展潮流,科技手段不断提升,生态定位观测从最初的单点半定位观测发展到长期连续定位,再到具有国际先进水平的多站联网观测。目前全国已在典型生态区初步建设了113个生态站。其中,森林生态站75个、湿地生态站21个、荒漠生态站17个,基本形成了覆盖全国主要生态区、具有国际影响的大型观测研究网络。

值得一提的是,围绕全球碳收支进行通量监测的Flux-Net国际网络,进行全球大气化学成分监测的全球大气化学网络(Global Atmosphere Chemistry Web, GAW)。类似的许多全球或区域的网络为全球变化、生态学和环境科学的研究提供了非常重要的长期监测数据。

从2010年以来,在国家林业局和浙江省林业厅的大力支持下,通过浙江农林大学、天目山国家级自然保护区管理局、浙江省林业科学研究院、南京林业大学、浙江大学等单位的通力合作,成立了天目山森林生态系统定位研究站,并成为国家林业局陆地生态系统定位研究网络的成员。笔者担任天目山森林生态系统定位研究站业务站长,主持该站的建设和运行。运用几十年国内外从事长期生态定位研究的经验,推动该站在短时间内形成较好的设施和设备,开展有关的长期观测与科学研究,力争尽快成为国内外有影响的森林生态定位站。

天目山森林生态系统定位研究站的建设得到了如下单位和个人的支持和参与:浙江农林大学周国模教授和余树全教授;浙江农林大学生态学教授李春阳、温国胜、侯平,副教授陈健、白尚彬、王艳红,老师马元丹、姜小丽、俞飞和刘美华等,土壤学和森林经理学教授姜培昆、徐秋芳、汤孟平、杜华强等;天目山国家级自然保护区管理局的楼涛(高工)、吕建中(原局长)、杨淑贞(教授级高工)、赵明水(高工)、陆森宏(科长)、姚芸飞(科长)、徐良(科长)、詹敏(工程师)、牛晓玲(工程师);浙江省林业厅公益林管理中心教授级高工李土生、高洪娣(工程师)等;浙江林科院研究员江波、岳春雷、袁位高、张骏等;南京林业大学教授张金池和阮宏华等；浙江大学教授常杰、葛莹、傅承新、丁平和于明坚等；中国林科院蒋有绪院士、研究员王兵、刘世荣和王彦辉等；中国科学院地理科学与资源研究所的李文华院士和孙九林院士；中国科学院生态环境研究中心张晓山研究员等；北京林业大学教授李俊清、孙建新和余新晓等；清华大学教授宫鹏和段雷等；南京大学教授居为民和副教授周艳莲等；上海交通大学教授刘春江和黄丹枫等；北京师范大学教授李勇等；中国科学院成都生物研究所陈槐研究员；西北农林科技大学副教授朱求安等。天目山森林生态系统定位研究站的建设和研究工作得到英国爱丁堡科学院院士和都丁大学教授 Arthur Cracknel，美国农业部林务局全球变化首席专家 Allen Solomon 教授，美国 NASA 全球气溶胶监测网络首席专家 Brent Hoban 教授，美国马里兰大学李占清教授，加拿大首席教授魁北克大学彭长辉教授，加拿大皇家科学院院士和多伦多大学陈镜明教授，UBC 大学魏晓华教授、Kimmins 教授和殷永元教授，挪威国立奥斯陆大学的 Yang Mouder 教授，德国哥廷根大学 Julian Voss 教授，日本东京大学李大寅博士等的大力支持和肯定。

天目山森林生态系统定位研究站的建设和运行中，参与有关研究和监测工作的有在笔者实验室工作的许多博士后、博士生和硕士研究生。他们是博士后岳春雷、周慧平、刘向华、简季；博士生宋晓东、朱求安、金静、马元丹、刘源月、郝云庆、侯春良、陈诚、黄梅玲、肖钟涌、张臻、卢学鹤、程苗苗、徐建辉、金佳鑫、王颖、王帆、张林静、陈书林、高磊、张金梦、程敏；硕士生宋瑜、肖钟湧、陈然、金苏毅、姜永华、梁晓军、王跃启、王可、施成艳、韩英、孔艳、徐伟、彭威、范驰、王祎鑫、张磊、张世乔、王成立、王瑞铮、吕航宇、杨国栋、谢小赞、金清、李佳、郭培培、程苗苗、郭徽、窦荣鹏、方江保、石彦军、刘昊、陈亚峰、殷秀敏、姚兆斌、辛赞红、洪霞、姚明桃、信晓颖、蒋鹤鸣、接程月、由美娜、任琼、杨爽、兰春剑、胡莉、田小龙、曲道春、姜小丽、袁建、陈云飞、蔺恩杰、郭凯、陶欣桐、吴德慧、孙成、刘玉莉、胡玥晰、郑世伟、吴丹娜、黄鹤凤、牛晓栋、方成圆、陈晓峰、孙文文、马锦丽、吴孟霖、孙恒、张敏霞、龚莎莎、许丽霞、李万超、蒋馥蔚、曹全、鲁美娟、李雅红、洪江华、李凯、季晓燕、舒海燕等。

我们在天目山定位站的科研平台开展了大量的科研工作和项目。国家重点基础研究发展计划(973 计划)中的项目包括：① 项目“中国酸雨沉降机制、输送态势及调控原理”，专题“中国酸雨的分布，污染源和输送的空间分析与动态模拟”和“酸沉降生态影响的评价模式与方法研究”；② 项目“长江、珠江三角洲地区土壤和大气环境质量变化规律与调控机理”，专题“长江三角洲土地利用变化与大气污染物时空动态遥感分析”；③ 项目“我国东部沿海城市带的气候效应及对策研究”，专题“城市群区大气污染物的辐射强迫及其对能量平衡的影响”；④ 项目“物联网体系结构基础研究”，课题“物联网验证平台和碳平衡监测应用示范”。国家高技术研究发展计划(863)重大项目“全球地表覆盖遥感制图与关键技术研究”，课题“全球生态地理分区与样本采集方案研究与设计”；科技部平台建设项目“地球系统科学数据共享网”，课题“全球变化模拟集成科学数据中心”。科技部国际科技合作与交流重大项目“利用加拿大 FORECAST 生态模型优化管理和提高中国亚热带主要类型森林的生产力、碳储量和生物多样性”。国家自然科学基金重大项目课题“规模化自组织传感网在碳排放和碳汇监测中的典型应用”，基金面上项目“利用多元遥感监测长江三角洲氮沉降对生态系统碳收支的影响”、“流域生态水文过程关键变量的定量遥感研究”。国家林业局专项“浙江天目山森林生态系统定位研究”。上海市科委和发改委新兴技术产业重大项目“现代智慧农业园物联网关键技术集成与综合示范”。教育部春晖计划资助项目“浙江省植被退化和恢复以及生物多样性变化的遥感与空间动态分析”。等等。

为了总结天目山森林生态系统定位研究的阶段成果，我们组织了《天目山植被：格局、过程和动态》的编写。该书由江洪（教授）和楼涛（高工）担任主编，由天目山国家级自然保护区管理局的杨淑贞（教授级高工）、赵明水（高工），浙江农林大学的宋新章教授，南京大学的博士生张金梦和博士后金佳鑫担任副主编，参与该书编著的有南京大学博士研究生陈书林、王颖和王帆，浙江农林大学的硕士生牛晓栋、方成圆、陈晓峰、孙文文、马锦丽和吴孟霖，西南大学的硕士生舒海燕等。

由于天目山的丰富的生物多样性，以老森林为特色的生态系统结构和功能比较复杂，该区域的长期定位研究也刚刚起步，今后要深入开展的监测和研究工作还很多，本书的内容可能不够全面，有关领域的总结还比较初步和不够深入准确。同时，由于时间仓促，文字描述和图表等还有不规范的地方，欢迎专家和读者批评指正，以便今后进一步修改完善。

江　洪

博士、教授、博导

2016 年 3 月 20 日于天目山

目　　录

第1章
天目山自然保护区简介

天目山国家级自然保护区是我国建立的第一批自然保护区之一，主要保护对象有包括银杏、天目铁木、香果树、金钱松等在内的大量珍稀古老植物以及中亚热带森林生态系统。1929年在东天目山开始建立省立第一林场第一分场。1934年浙江省建设厅设立天目山风景名胜管理处。1936年在西天目山苗圃，配有森林警察3人，保护天目山的天然森林。1953年建立天目山林场。1956年根据全国人大代表的建议，由林业部将天目山划为最早的森林禁伐区之一，至今已有50多年的发展历史。1956年第一届全国人民代表大会上，钱崇澍等两位著名植物学家建议将西天目山划为自然保护区。在浙江省领导部门的支持下，于1960年成立天目山管理委员会，划定西天目山为浙江省第一所自然保护区。保护区总面积15 270亩，其中核心区9 780亩。1975年由浙江省人民政府确立为省级重点自然保护区；1986年被批准为国家级自然保护区；1988年成立浙江天目山国家级自然保护区管理局，属事业单位；1994年保护区的面积由1 018 hm^2 扩展到4 050 hm^2；1996年成为联合国教科文组织"人与生物圈"保护区网络成员，面积核算为4 284 hm^2。现为我国生物多样性保护示范基地、全国青少年科技教育基地、全国科普教育基地、国家级自然保护区示范单位、国家AAAA级景区和国家级自然保护区管理优秀单位等。

1.1 自然地理条件

1.1.1 地理位置

天目山国家级自然保护区位于浙江省临安市，地理坐标为东经119°23′47″～119°28′27″，北纬30°18′30″～30°24′55″之间，保护区的东部、南部与临安市西天目乡毗邻，西部与临安市千洪乡和安徽省宁国市接壤，北部与浙江安吉龙王山省级自然保护区交界(见图1－1、图1－2)。

天目山国家级自然保护区以西天目山为核心区域，总面积4 284 hm^2，主峰仙人顶海拔1 506 m，与东天目对峙，两峰之巅各有一天然形成的池地，池水长年不枯，宛如碧玉巨目仰望天空，俗称"天眼"，"天目"由此而来。天目山位于温暖湿润的季风气候带，植被为亚热带落叶常绿阔叶混交林(见图1－3)，是中国亚热带植被最丰富的地区之一，生物资源极其丰富。

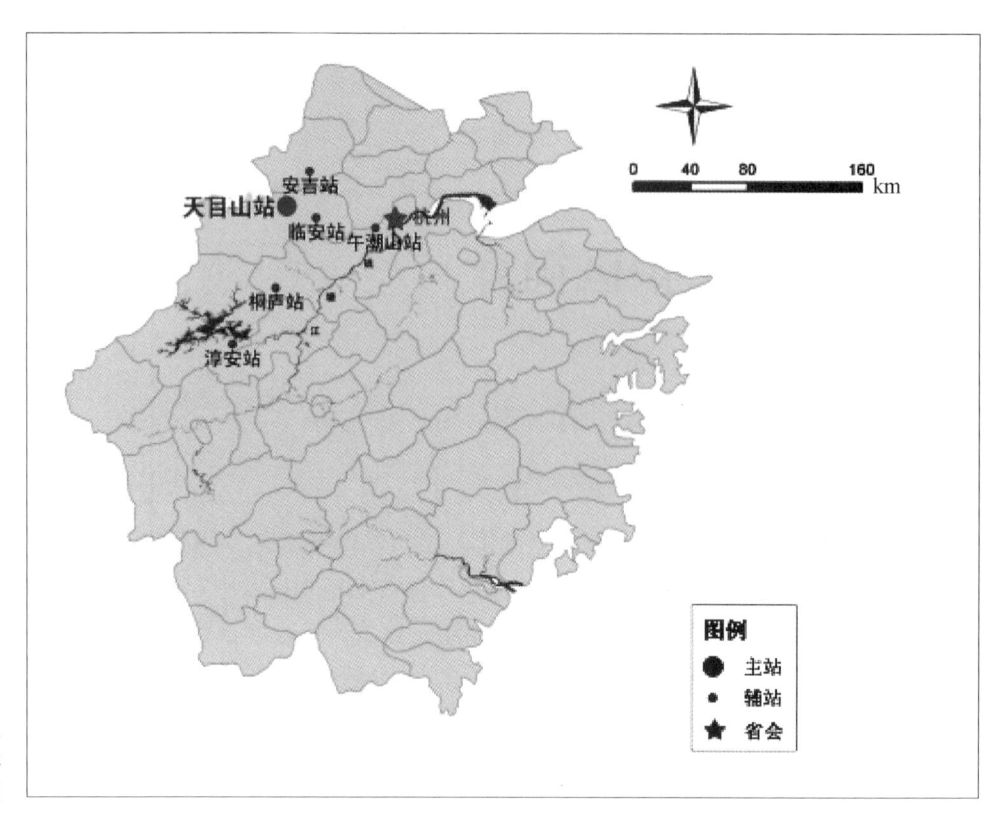

图 1-1
浙江天目山森林生态站区位图

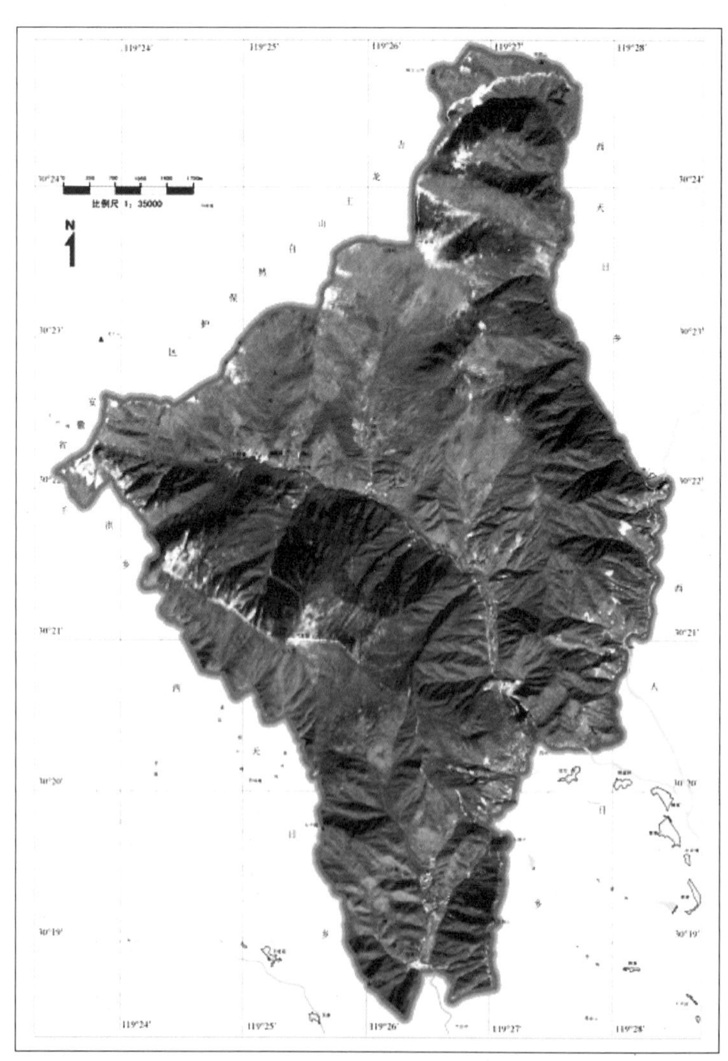

图 1-2
浙江天目山国家级自然保护区遥感影像图

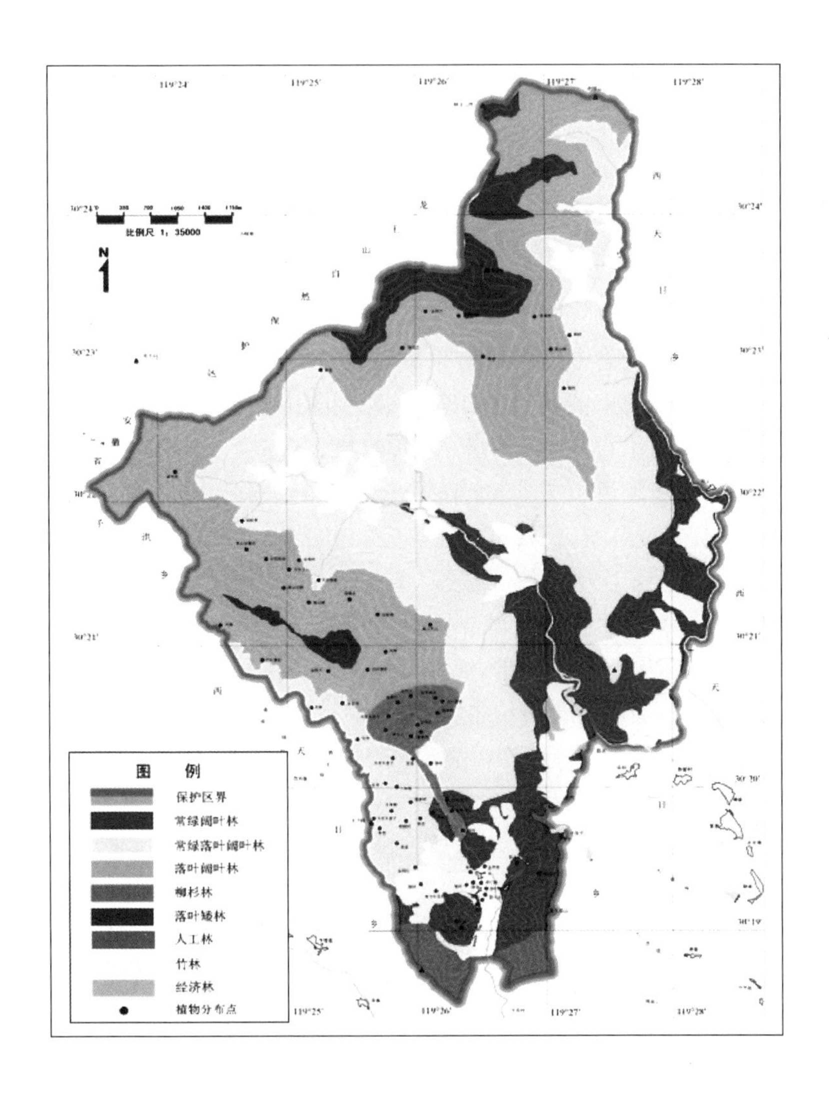

图1-3 浙江天目山国家级自然保护区植被图

1.1.2 地形地貌

天目山国家级自然保护区所在区域地质上属扬子准地台南缘钱塘凹陷褶皱带，下古生界连续接受巨厚(11 000 m)硅质-碳酸质-砂泥质复理式建造，奥陶纪末，褶皱断裂隆起成陆状态。岩石种类众多，主要有流纹岩、流纹斑岩、溶结凝灰岩、晶屑溶结凝灰岩、霏细斑岩、沉凝灰岩、脉岩等。区域内地形西北高，东部低，自西北、西南向东倾斜。天目山地形变化复杂，地表结构以中山-深谷、丘陵-宽谷及小型山间盆地为特色。山峰1 000 m以上的较多，河谷深切700～1 000 m，峭壁突生，怪石林立，峡谷众多。山势自西南向东北逐渐降低。山体南、北、西侧属典型丘陵地形，山丘浑圆，坡度和缓，宽谷与山间小盆地错列其间。

1.1.3 土壤条件

天目山自然保护区的土壤属于亚热带红黄壤类型，随着海拔的升高逐渐向湿润的温带型过渡。活性腐殖酸为主的腐殖质组成各种性状均较好的森林土壤，对维护森林生态系统具有重要作用。土壤类型主要有富铝土、淋溶土和岩成土3个纲，红壤、黄壤、棕黄壤和红色、黑色、幼年石灰土6个土类，黄红壤、乌红壤、幼红壤、黄壤、乌黄壤、幼黄壤、棕黄壤和淋溶红色、黑色石灰土、幼年石灰土10个亚类。硅质黄红壤、千枚黄红壤、砂页岩黄红壤、凝灰岩黄红壤、长石黄红壤、硅质乌红壤、千枚乌红壤、砂页岩乌红壤、凝灰岩幼红壤、石质幼红壤、次生黄壤、凝灰岩乌黄壤、霏细斑岩乌黄壤、次生乌黄壤、粗骨幼黄壤、霏细斑岩棕黄壤、次生棕黄壤、淋溶红色石灰土、黑色石灰土、幼年石灰土20个土属。海拔1 200 m以上为棕黄壤带，海拔1 200 m以下为黄红壤带。黄红壤带又可分为两个带，海拔600～1 200 m为黄壤带，海拔600 m以下为红壤带。

1.1.4 气候条件

天目山国家级自然保护区属中亚热带季风气候区，具有中亚热带向北亚热带过渡的气候特征，并受海洋暖湿气候的影响较深，森林植被茂盛，高山深谷地形复杂，形成季风强盛、四季分明、气候温和、雨水充沛、光照适宜、复杂多变多类型的森林生态气候。区域内自山麓(禅源寺)至山顶(仙人顶)，年平均气温14.8～8.8 ℃；最冷月平均气温3.4～−2.6 ℃；极值最低气温−13.1～−20.2 ℃；最热月平均气温28.1～19.9 ℃，极值最高气温38.2～29.1 ℃；≥10 ℃积温5 100～2 500 ℃；无霜期209～235 d；年雨日159.2～183.1 d；年雾日64.1～255.3 d；年降水量1 390～1 870 mm；相对湿度76%～81%。天目山自然保护区是浙江省最大的积雪地区，平均初雪期12月20日，平均终雪期3月13日。降雪日数为84～151.7 d，积雪日数为30.1～117.4 d，降积雪日数与海拔高度成正比，仙人顶占全年的1/3～2/5。天目山自然保护区的气候，根据其气候分布规律和森林植被垂直带谱、地形、自然地理等的差异程度，以≥10 ℃积温为主导指标，可划分为丘陵温和层(海拔200～500 m)、山地温凉层(海拔500～800 m)、山地温冷层(海拔

800～1 200 m)、山地温寒层(海拔 1 200～1 500 m)4 个森林生态垂直气候层。

1.1.5　水文条件

项目区内水系属钱塘江流域，天目山山势高峻，是长江和钱塘江的分水岭。西天目山南坡诸水汇合为天目溪，东南流经桐庐注入钱塘江。天目山自然保护区内有东关溪、西关溪、双清溪、正清溪等溪流。

东关溪：发源于与安吉县交界的桐坑岗，经东关、后院、钟家至白鹤。全长约 19 km。以流经东关而得名，为天目溪主源。

西关溪：在西天目山之东麓，有两源，西源出安吉县龙王山，东源出临安市千亩田，会于大镜坞口经西关，至钟家，入东关溪。全长约 9.5 km，以流经西关而得名。

双清溪：在西天目山南麓，发源于仙人顶，合元通、清凉、悟真、流霞、昭明、堆玉 6 涧之水，经禅源寺，出蟠龙桥，经大有村、月亮桥至白鹤村，入天目溪，全长 11.5 km。因禅源寺昔称双清庄而得名。

正清溪：在西天目山西麓，源出石鸡塘，经老庵、武山、吴家等村，在大有村汇入双清溪。全长约 10.5 km。

天目溪：合东关、西关及双清、正清 4 源之水于白鹤村，经绍鲁、於潜、堰口、塔山，于紫水和昌化溪汇合。自后渚桥以下，阔处 160 m，狭处 148 m。临安市内主流长 56.8 km，流域面积 788.3 km^2。

1.2　生物资源

天目山国家级自然保护区的地带性植被为亚热带常绿阔叶林，森林植被资源十分丰富。保护区内共有高等植物 246 科 974 属 2 160 种，其中濒危珍稀的野生植物 18 种(国家一级保护植物 3 种，国家二级保护植物 15 种)；种子植物中中国特有属 25 个，天目山特有种 24 个，85 个植物模式标本；药用植物 1 120 种，蜜源植物 800 余种，野生园林观赏植物 650 多种；纤维植物 160 多种；油料植物 190 多种；淀粉及糖类植物 120 多种；芳香油植物 160 多种；栲胶(鞣料)植物 140 多种；野生果树植物 90 多种。天目山自然保护区主要森林植被以“高、大、古、稀、多”称绝，目前，胸径 50 cm 以上的有 5 511 株，100 cm 以上的有 554 株，200 cm 以上的有 12 株，平均高约 40 m，立木蓄积达 20 000 m^3。树龄多在 300 年以上，最老的已达 1 500 年以上。

天目山自然保护区在中国动物地理区划上，属于东洋界中印亚界华中区的东部丘陵平原亚区。由于地理位置特殊，自然环境优越，历史上人为活动相对较少，给野生动物生存及栖息创造了较为良好的条件，许多动物得以生存，大目山自然保护区内野生动物资源十分丰富。据不完全统计，天目山自然保护区内共有各种野生动物 65 目 465 科 4 716 种，其中：兽类 74 种，隶属于 8 目 21 科；鸟类 148 种，隶属于 12 目 36 科；两栖类

20种，隶属于2目7科；爬行类44种，隶属于3目9科；鱼类55种，隶属于6目13科；昆虫类4 209种，隶属于33目351科；蜘蛛类166种，隶属于1目28科；珍稀濒危动物39种，其中国家一级保护动物6种，二级保护动物33种；省级重点保护动物45种。以天目山为模式产地发表的昆虫新种有657种，涉及3纲25目143科，是名副其实的世界著名昆虫模式产地。

由于特殊的自然、地理环境条件以及天目山森林生态站有长期定位观测的实践基础，有利于深入探讨我国亚热带森林生态系统的结构与功能受地形抬升与海陆分布因素影响的规律。

1.3 天目山植被及土壤类型特点

天目山独特而又多变的自然环境，孕育了丰富多彩的植被类型。主要类型有针叶林、毛竹林、常绿阔叶林、常绿落叶阔叶林和落叶阔叶林，且目前天目山正处于向针阔混交林演替的阶段。天目山地势高峻挺拔，许多山峰海拔在1 000 m以上，气温垂直变化较为明显，土壤和植被的分布亦具有垂直地带性特征。以西天目山为例，自下而上依次表现为：中亚热带常绿阔叶林——红壤带，常绿阔叶和落叶阔叶混交林——山地黄壤带，落叶阔叶-针叶林——山地棕黄壤带，落叶矮林——石灰土带。

1）常绿阔叶林——红壤带

天目山区海拔300 m以下，气候温暖，雨量丰沛，植物可常年生长，分布着茂密的常绿阔叶林，是本区的地带性植被，占优势的树种主要有青冈属和栲属。杉木林，毛竹分布亦较为普遍。在常绿阔叶林下发育的红壤，主要分布在600～800 m以下的地势低缓的丘陵和部分堆积阶地上。气候温暖湿润，母岩有熔结凝灰岩、石英斑岩、砂页岩、千枚岩等。除上述岩石风化残积和积物以外，局部也有古红土即第四纪红土母质。其出露的剖面通体呈红色或棕红色，质地黏重，黏粒含量可达60%。因森林覆盖较好，表层有机质含量较高，可达4%～7%，心土层夹有大量铁锰结核及少量白色网纹。pH值在5.0～5.5，呈酸性、强酸性。这种土自然肥力较高，土体较为湿润，有利于热带森林生长。

常绿阔叶林是西天目山的地带性植被。主要分布于海拔200～800 m的低山丘陵地段，即从象鼻山到七里亭，但在400 m以下的树林，常绿树种占绝对优势，随着海拔的升高，树种略有变化。青冈（*Cyclobalanopsis glauca*）、苦槠（*Castanopsis sclerophylla*）林，在象鼻山东南坡，海拔200 m处有成片的分布。青冈、甜槠（*Castanopsis eyrei*）林，也分布在象鼻山，海拔300 m左右，其中掺杂着石楠等林木。青冈、木荷（*Schima superba*）林，在象鼻山南坡山脊上，海拔270 m左右有分布，同时分布着山刺柏、冬青、豹皮樟等。紫楠（*Phoebe sheareri*）林，在西天目山南坡海拔600～800 m的沟谷地段也均有大面积的分布，树种还有香榧、天竺桂、小叶青冈、毛竹、枫香等。青冈、小叶青冈栎（*C. gracilis*）林分布在海拔800 m左右的七里亭，青冈高达25 m，属上层乔木树种，小叶青冈次之，另外还有交让木、天目木姜子等树种。

2）常绿阔叶和落叶阔叶混交林——山地黄壤带

这类混交林是西天目山的主要植被，是西天目山精华之所在，集中分布于海拔850～1 100 m的地段上，植被种类成分复杂，群落结构多样，呈现复层林。第一层林高30 m以上，主要有金钱松、柳杉、黄山松等，第二层林高在20 m以上，第三层10 m左右，第四层在10 m以下，此外还有灌木。这一地带是天目山降水较多的地区，发育了山地黄壤。其土体内部常年处于湿润状态，具有独特的成土过程，主要表现为黄化过程上，即土壤中的氧化铁水化引起剖面形成黄色的土层，尤以淀积层最为明显。由于温度条件略低，富铝化程度较红壤弱。但因淋溶作用较强，交换性盐基很低，表层一般不超过10毫克当量/100克土，盐基极不饱和，土壤呈强酸性反应，pH值为4.5～5.5。有机质含量较高，可达10%，质地较轻。

在这段混交林中，孕育着许多古老、珍贵、高大的植物，银杏是现有树木中最老的树种，柳杉数量之多，成群分布也属罕见。群落类型主要有：紫树（*Nyssa sinensis*）、小叶青冈栎林，在老殿西侧处，海拔1 000 m的地方，主要树种有紫树、小叶青冈、交让木等。此外还有槭树、杉木等。天目木姜子（*Litsea auriculata*）、交让木（*Daphniphyllum macropodum*），在大树王的西侧，还有少量石栎、紫树、青钱柳等树种。

3）落叶阔叶-针叶林——山地棕黄壤带

天目山区海拔1 000～1 400 m之间的地带，普遍生长着落叶阔叶林，有麻栎、白栎、榆、槭、山胡桃等；在1 300 m以下还混生有黄山松、金钱松、柳杉等针叶树以及茶、青冈等常绿小乔木或灌木林等。

这里海拔较高，虽然湿度仍较大，但气温略低、上体内部物的转化受到一定的抑制，其富铝化过程和生物循环过程较红、黄壤微弱，形成了过渡类型的土壤——黄棕壤。表土有凋落物质与腐殖质层，凋落物层厚约1 cm，腐殖质层厚约10 cm，呈暗灰棕团粒结构。具有棕色的心土质。质地黏重，黏粒含量超过30%，结构体表面覆有棕色或暗棕色胶膜，亦有铁锰结核出现。由于淋溶作用仍较强，黄棕壤土体内部盐基不饱和，呈酸性至强酸性反应，pH值为4.5～5.8。有机质的含量一般小于10%。

植被类型有茅栗（*Castanea seguinii*）、灯台树（*Cornus controversa*），在向阳的南坡海拔1 300 m左右处，群落以茅栗、灯台树占优势，还有短柄枹、天目槭、四照花等。四照花（*Dendrobenthamia japonicavar. chinensis*）、榛（*Corylus heterophylla*），主要分布在1 350 m左右的地段上，树种除四照花、榛外，还有短柄枹、鸡爪槭、椴树等。

4）落叶矮林——石灰土带

落叶矮林分布于西天目山最高地段，该区海拔在1 400 m以上的山顶部位，气温低，多云雾和大风，生长着低矮的小乔木和灌木林，构成山顶落叶矮林植被，并伴生有众多的苔藓植物。

在这种自然条件下发育了具有灰化特性的山地棕壤。由于这里是天目山区海拔高、气温低、湿度大的地区，每年大量的枯枝落叶分解缓慢，有明显的凋落物层，腐殖质层厚 25 cm，上质疏松，呈暗棕色。土体常处于湿润萎态，还原淋溶作用较强，盐基呈不饱和状态。pH 值为 4～4.5，呈强酸性反应；心土层厚约 30～40 cm，呈鲜棕色，黏粒聚积明显，质地黏重。棱块结构明显，pH 值高达 4.5。底土层色黄，质地亦较黏重，pH 值为 5.5～6，呈弱酸性反应，全剖面无其他新生体发生。表层腐殖质含量高达 10%。

落叶矮林的植被主要有天目琼花（*Viburnum sargentiivar. calvescens*）、野海棠（*Malus hupehensis*），在仙人顶西侧，海拔 1 445 m 处；另外还有伞形八仙、野珠兰、荚蒾属等植物。三桠乌药（*Lindera cercidipolia*）、四照花，分布在仙人顶西侧海拔 1 500 m 左右，盖度 15%；还有箬竹、华东野胡桃等。

5）竹林

天目山的竹林，均为人工栽培后成林，从山脚下到海拔 900 m 左右的地方均有分布，尤以太子庵、青龙山和东坞坪较为集中成片分布。主要种类为毛竹。一般多为纯林，乔木层为毛竹，高 10～14 m，郁闭度 0.9。林下灌木稀少，偶有南天竹（*Nandina domestica*）、紫珠（*Callicarpa japonica*）、豆腐柴（*Basella rubra*）、菝葜（*Smilax china*）等。草本层有麦冬（*Ophiopogon japonicus*）、鳞毛蕨（*Dryopteris subatrata*）、贯众（*Dryopteris crassirhizoma*）。

第 2 章 天目山生物多样性特点

2.1 天目山植物多样性

2.1.1 植物物种多样性概况

天目山属亚热带气候，四季分明、雨量充沛、地形复杂、地表小环境多样，孕育着丰富的植物资源，区系成分复杂。物种多样性作为生物多样性的基础组成部分，在衡量生物多样性中生物量水平和丰富度时是必不可少的组成部分和衡量指标。

据统计，天目山共有维管植物 190 科，899 属，2 066 种（包括常见栽培植物）。其中蕨类植物 35 科，72 属，184 种；裸子植物 8 科，31 属，54 种；被子植物中双子叶植物 125 科，620 属，1 480 种，单子叶植物 22 科，176 属，348 种（见表 2－1）。

表 2－1 天目山、浙江、全国维管植物的对比

			科			属			种		
			天目山	浙江	全国	天目山	浙江	全国	天目山	浙江	全国
蕨类植物			35	49	63	72	116	231	184	543	2 549
种子植物	裸子植物		8	9	11	31	34	41	54	59	237
种子植物	被子植物	双子叶植物	125	149	189	620	993	2 439	1 480	3 254	22 832
种子植物	被子植物	单子叶植物	22	26	38	176	317	697	348	1 017	5 524
合 计			190	233	301	899	1 460	3 408	2 066	4 873	31 142

注：天目山蕨类植物、裸子植物、种子植物科、属、种的数目统计按照《天目山植物志》各卷册统计而得；浙江蕨类植物科、属、种数目统计按照张朝芳《浙江植物志》第一卷记载数目；种子植物各大类科、属、种数据统计按照郑朝宗《浙江种子植物检索鉴定手册》记载的数目。全国蕨类植物、裸子植物、种子植物科、属、种的数目统计按照《中国植物志》各卷册记载的数目统计而得。

就天目山地区，共有野生植物 178 科，783 属，1 774 种。按照科的大小等级划分，大科（种数在 100 以上）仅有 2 科：菊科 Compositae 和禾本科 Gramineae；较大科（种数在 22～99 之间）有 21 科：蔷薇科 Rosaceae、广义豆科 Leguminosae、沙草科 Cyperaceae、广义百合科 Liliaceae、唇形科 Labiatae、鳞毛蕨科 Dryopteridaceae、毛茛科 Ranunculaceae、兰科

Orchidaceae、蓼科 Polygonaccae、伞形科 Umbelliferae、虎耳草科 Saxifragaceae、玄参科 Scrophulariaceae、蹄盖蕨科 Athyriaceae、忍冬科 Caprifoliaceae、荨麻科 Utricaceae、壳斗科 Fagaceae、樟科 Lauraceae、十字花科 Cruciferae、大戟科 Euphorbiaceae、槭树科 Aceraceae 和茜草科 Rubiaceae。中等科(种数在 10～19 之间)有 27 科：石竹科 Caryophyllaceae、景天科 Crassulaceae、五加科 Araliaceae、榆科 Ulmaceae、卫矛科 Celastraceae、堇菜科 Violaceae、木兰科 Magnoliaceae、冬青科 Aquifoliaceae、杜鹃科 Ericaceae、报春花科 Primulaceae、葫芦科 Cucurbitaceae、苋科 Amaranthaceae、葡萄科 Vitaceae、山茶科 Thaeceae、罂粟科 Papaveraceae、水龙骨科 Polypodiaceae、金星蕨科 Thelypteridaceae 等。大科、较大科和中等科是本区植物区系的重要组成部分。天目山区还有种数为 2～9 的寡种科 83 科，占总科数的 46.6%。单种科 45 科，其中包括我国特有的银杏科 Ginkgoaceae、连香树科 Cercidiphyllaceae、领春木科 Eupteleaceae、杜仲科 Eucommiaceae 等。

从属的大小等级划分，大属(种数在 20 以上)有 4 属，分别是薹草属 *Carex*、蓼属 *Polynogum*、鳞毛蕨属 *Dryopteris* 和槭属 *Acer*。较大属(种数在 10～19 之间)共有 15 属，分别是铁线莲属 *Clematis*、山胡椒属 *Lindera*、悬钩子属 *Rubus*、胡枝子属 *Lespedeza*、景天属 *Sedum*、冬青属 *Ilex*、堇菜属 *Viola*、忍冬属 *Lonicera*、荚蒾属 *Viburnum*、蒿属 *Artemisia*、蹄盖蕨属 *Athyrium*、铁角蕨属 *Asplenium* 和耳蕨属 *Polystichum*。中等属(种数在 6～9 之间)共有 39 属，分别为栎属 *Quercus*、碎米荠属 *Cardamine*、菝葜属 *Smilax*、猕猴桃属 *Actinidia*、紫珠属 *Callicarpa*、天南星属 *Arisaema*、柳属 *Salix*、葡萄属 *Vitis*、杜鹃花属 *Rhododendron*、木兰属 *Indigofera*、椴树属 *Tilia*、莎草属 *Cyperus*、婆婆纳属 *Veronica*、卷柏属 *Selaginella*、瓦苇属 *Lepisorus*、贯众属 *Cyrtomium* 等。

2.1.2 天目山保护区植物多样性现状及分析

2.1.2.1 植物区系分布区型分析

1) 蕨类植物区系成分

按照吴征镒(1991)“中国种子植物属的分布类型”的标准，将蕨类植物属的地理分布划分成 13 个类型。在天目山区有蕨类植物 72 属，除了热带亚洲至热带大洋洲分布和中国特有分布两个类型外，其他 11 个分布类型在本区均有分布(见表 2-2)。

表 2-2 天目山蕨类植物分布区类型

分布区类型	属数
1. 世界分布	9
2. 泛热带分布	19
3. 热带亚洲和热带美洲间断分布	3
4. 旧世界热带分布	4
5. 热带亚洲至热带大洋洲分布	0

（续表）

分 布 区 类 型	属　数
6. 热带亚洲至热带非洲分布	3
7. 热带亚洲(印度-马来西亚)分布	11
8. 北温带分布	13
9. 东亚和北美洲间断分布	1
10. 旧世界温带分布	1
11. 温带亚洲分布	1
12. 东亚分布	2
12-1. 中国-喜马拉雅分布	1
12-2. 中国-日本分布	4
13. 中国特有分布	0
合计	72

世界分布的属有 9 属，例如石松属 *Lycopodium*、卷柏属 *Selaginella*、膜蕨属 *Hymenophyllum*、假阴地蕨属 *Botrypus*、木贼属 *Equiestum* 等。热带分布的属共有 40 属，占蕨类植物总属数的 63.5%。泛热带分布的有 19 属，如里白属、海金沙属、凤尾蕨属 *Pteris*，其中包括热带亚洲、非洲和中、南美洲间断分布的假瘤蕨属 *Phymatopteris* 和星蕨属 *Microsorium*。热带亚洲和热带美洲间断分布的有双盖蕨属和书带蕨属等 3 属。旧世界热带分布有 4 属，如芒萁属、水龙骨属等。热带亚洲至热带美洲分布的有角蕨属、介蕨属和贯众属。热带亚洲分布的有安蕨属 *Anisocampium* 等 11 属。

温带分布的属共 23 属，其中北温带分布的有 13 属，如紫萁属、荚果蕨属 *Matteuccia*、毛蕨属 *Cyclosorus*、阴地蕨属等；东亚和北美间断分布的有蛾眉蕨属 *Lunathyriunm*；全世界温带分布的有毛枝蕨属 *Leptorumohra*；温带亚洲分布的有膀胱蕨属 *Protowoodsia*；全东亚分布的有假蹄盖蕨属 *Athyriopsis* 和凸轴蕨属 *Metathelypteris*；中国至日本分布的有丝带蕨属 *Drymotaenuium*、瓦苇属、盾蕨属 *Neolepisorus* 等。

2) 种子植物区系成分

种子植物属的分布区类型划分也按照吴征镒(1991)标准，在天目山区种子植物共有 711 属，除了没有中亚分布类型，其他 14 个分布区类型在本区域均有代表(见表 2-3)。

表 2-3　天目山种子植物属的分布区类型

分 布 区 类 型	属　数
1. 世界分布	62
2. 泛热带分布	107
2-1. 热带亚洲、大洋洲和中、南美洲间断分布	4

（续表）

分 布 区 类 型	属 数
2－2. 热带亚洲、非洲和中、南美洲间断分布	5
3. 热带亚洲和热带美洲间断分布	8
4. 旧世界热带分布	25
热带亚洲、非洲和大洋洲间断分布	5
5. 热带亚洲至热带大洋洲分布	24
6. 热带亚洲至热带非洲分布	19
热带亚洲和东非或马达加斯加间断分布	1
7. 热带亚洲(印度-马来西亚)分布	25
7－1. 爪哇(或苏门答腊)、喜马拉雅间断或零星分布到华南、西南	2
7－2. 热带印度至华南分布	1
7－3. 缅甸、泰国至华南西南分布	1
7－4. 越南(或中南半岛)至华南(或西南)分布	3
8. 北温带分布	116
8－1. 北极-高山分布	2
8－2. 全温带分布(北温带和南温带间断分布)	32
8－3. 欧亚和南美温带间断分布	1
9. 东亚和北美间断分布	65
东亚和墨西哥间断分布	1
10. 旧世界温带分布	34
10－1. 地中海区、西亚(或中亚)和东亚间断分布	11
10－2. 欧亚和南部非洲间断分布	4
11. 温带亚洲分布	11
12. 地中海区、西亚至中亚分布	0
地中海区至温带、热带亚洲、大洋洲和南美洲间断分布	1
13. 中亚分布	0
14. 东亚分布	56
14(SH). 中国-喜马拉雅分布	19
14(SJ). 中国-日本分布	45
15. 中国特有分布	21
合计	711

世界分布的共有62属，其中木本植物有槐属 *Sophora*、悬钩子属和铁线莲属等4属；草本植物有蓼属、马唐属 *Digitaria*、莎草属、毛茛属、商陆属 *Phytolacca*、拉拉藤属 *Galium*、茄属 *Solanum* 等。

热带分布的属有230属，其中泛热带分布的属有107属，木本植物有紫珠属、大青属 *Clerodendrum*、冬青属、木兰属、山矾属 *Symplocos*、卫矛属 *Euonymus* 等；草本植物有冷水花属 *Pilea*、莲子草属 *Alternanthera*、泽兰属 *Eupatorium*、马鞭草属 *Verbena* 等。热带亚洲、大洋洲和中、南美洲间断分布的属有糙叶树属 *Aphananthe* 等4属。热带亚洲、非洲和中、南美洲间断分布的有桂樱属 *Laurocerasus* 等5属。热带亚洲和热带美洲间断分布的共有8属，如木姜子属 *Litsea*、泡花树属 *Meliosma* 等。旧世界热带分布有25属，如八角枫属 *Alangium* 等。热带亚洲至热带大洋洲分布的有24属，常见有樟属 *Cinnamomum*、兰属 *Cymbidium* 等。热带亚洲至热带非洲的分布有19属，如蝎子草属 *Girardinia*、山蓝属 *Peristrophe*、常春藤属 *Hedera* 等。热带亚洲分布的属共有25属，常见有青冈属 *Cyclobalanopsis*、山胡椒属、山茶属 *Camellia* 等。爪哇、喜马拉雅和我国华南、西南间断分布的属有木荷属 *Schima* 和松风草属 *Boenninghausenia*。

温带分布属共有398属，分布属数量最高。北温带分布有116属，多为落叶的木本树种，如铁木属 *Ostrya*、榆属 *Ulmus*、柳属、槭属、松属 *Pinus* 等，草本植物有葱属 *Allium*、野青茅属 *Deyeuxia* 等。全温带分布的属有景天属 *Sedum*、野豌豆属 *Vicia*、婆婆纳属等32属。东亚和北美间断分布有65属，如金线草属 *Antenoron*、鹅掌楸属 *Liriodendrom* 等。旧世界温带分布有34属，如石竹属 *Dianthus* 等。地中海、西亚和东亚间断分布有11属；欧亚和南非间断分布有4属。温带亚洲分布有11属，如孩儿参属 *Pseudostellaria* 等。

东亚分布(含变型)在天目山区共有120属，其中全东亚分布有56属，如猕猴桃属、蜡瓣花属 *Corylopsis*、盒子草属 *Actinostemma*、花点草属 *Nanocnide* 等。中国-喜马拉雅分布有19属，如虎杖属 *Reynoutria*、冠盖藤属 *Pileostegia* 等。中国-日本分布有45属。

中国特有分布共21属，如杉木属、青钱柳属、杜仲属 *Eucommia*、明党参属 *Changium* 等。

2.1.2.2 种子植物区系基本特征

1) 植物种类丰富

据《天目山植物志》统计数据，本区共有维管植物190科，899属，2 066种(包括常见栽培种)，分别占浙江维管植物科的81.5%，属的61.7%，种的42.3%；占全中国维管植物科的63.1%，属的26.4%，种的6.6%。

2) 区系起源古老，孑遗植物多

现在的蕨类植物主要形成于中生代初期，中生代之前形成的有里白属、紫萁属、芒萁属等，第三纪的海金沙属 *Lygodium* 和狗脊属 *Woodwardia* 古老植物。天目山的野生裸子植物银杏是中生代的“活化石”，柳杉属、杉木属等也是第三纪的残遗植物。

第三纪被子植物已进入繁盛时期，成为世界性的优势植物。本区的木兰科，就是保存至今的被子植物中的原始植物，其中鹅掌楸是我国第三纪的孑遗植物。

3）区系成分复杂

天目山植物区系分布复杂性主要体现在维管植物属的地理分布的多样性上。从前面蕨类植物的分布区类型看，本区热带地理成分明显多于温带地理成分，原因在于我国西南地区是亚洲甚至是世界蕨类植物区系的多样性中心，我国蕨类植物具有明显的亲缘性特征。由于天目山的地理位置，即位于亚热带北缘，蕨类植物区系特点受到热带区系影响较大。

就本区被子植物属的分布区类型看，天目山热带性的属有 230 属，温带性的属有 398 属，不同于浙江和中国被子植物区系分布类型的特征。原因在于天目山区位于浙江西北部，属亚热带北缘，区内植物多样性的地带在 500～900 m 之间，表现为亚热带北缘较为明显的温带植物区系特征。

4）特有植物和珍稀植物多

天目山拥有我国特有属 21 属，其中 15 属为单种特有属，如银杏属 *Ginkgo*、金钱松属、大血藤属 *Sargentodox*、山拐枣属 *Poliothyrsis*、短穗竹属 *Brachystachyum* 等，还有浙江特有的象鼻兰属 *Nothodoritis*；4 属为寡种特有属，分别为杉木属、瘿椒树属 *Tapiscia*、车前紫草属 *Sinojohnstonia*、盾果草属；2 属为多种特有属，分别为秦岭藤属 *Biondia* 和泡果荠属。

天目山保护区中生长着众多的珍稀濒危植物。被列入国家重点保护野生植物名录（第一批）的一级保护植物有银杏、南方红豆杉、天目铁木；二级保护植物有金钱松、榧树、榉树、连香树、浙江楠、黄山梅等 14 种。列入《中国植物红皮书》的珍稀植物有青檀、领春木、小花木兰、短穗竹等 17 种。列入《浙江珍稀濒危植物》的有青钱柳、孩儿参、牛鼻栓等。

2.1.2.3 观赏植物多样性现状分析

天目山自然保护区一年四季艳色常在，春花夏荫、秋实冬雪，美不胜收，是浙江省著名的风景名胜区。据《天目山植物志》统计，天目山保护区内观赏价值较高的野生植物共约 670 种，分属于 108 科。从种类上看，以蔷薇科、豆科、百合科、忍冬科、毛茛科、槭树科、杜鹃花科、马鞭草科、虎耳草科、樟科、山茶科、冬青科等种类最为丰富。

1）观花类植物

观花类植物是指以观赏花序或花为主的植物。天目山保护区有三白草、兰科、乌头属、唐松草属、山梅花属、绣球属、蜡瓣花属、胡枝子属、香槐属、檵木、金缕梅、绣线菊属、白鹃梅、苹果属、梨属、樱属、合欢、凤仙花属、秋海棠、柳叶菜属、四照花、杜鹃花属、山矾、金钟花、乌饭树属、山萝花属、泡桐属、苦苣苔科、马蓝属、栀子花、忍冬属、沙参属、菊属、百合属等。

2）观果类植物

观果类植物是指以观赏果实或种子为主的植物。天目山保护区内有南方红豆杉、杨梅、青钱柳、构树、日本商陆、野山楂、石楠属、悬钩子属、冬青、铜钱树、柿属、紫珠属、荚蒾属、天南星属、山姜等。

3) 观叶类植物

观叶类植物是指以观赏形状奇特或者颜色鲜艳的叶子为主的植物。天目山保护区有大部分蕨类植物、银杏、鹅掌楸、枫香、雷公鹅耳枥、枫香属、槭树等。

4) 藤本植物

藤本植物是自身不能直立,需依附他物上升生长的植物。天目山保护区常见的藤本植物有五味子属、蔷薇属、紫藤、爬山虎属、葡萄属、猕猴桃属、中国常春藤、忍冬属等。

2.1.2.4 古树名木现状分析

根据楼涛等2004年的调查结果,天目山国家级自然保护区内现存有古树名木5 511株,隶属43科,73属,100种。就科级数量统计结果看,43科古树名木中,1 000株以上的仅有2科,分别为衫科 Taxodiaceae 和松科 Pinaceae,共有3 379株。金缕梅科 Hamamelidaceae、壳斗科、红豆杉科、银杏科等6科古树名木数量在100株以上。随着海拔的升高,古树名木的数量递减,一般分布在海拔900 m以下的常绿阔叶林中,数量最大,共3 411株;其次1 395株分布在海拔900~1 200 m的常绿落叶阔叶混交林中;在更高的海拔高度上,数量更少,仅705株。

天目山自然保护区内古树名木种类丰富,分布集中。其种类占浙江省古树名木所属科(73科)的58.9%,属(196属)的37.8%,种(459种)的21.8%。保护区内古树名木中珍稀特有种类丰富,数量稀少(见表2-4)。其中金钱松、银杏、榧树、杉木、青钱柳等属于第三纪孑遗植物,具有珍贵的物种基因。被列入国家重点保护野生植物名录(第一批)的一级保护植物有银杏、南方红豆杉、天目铁木;二级保护植物有金钱松、榧树、榉树、连香树、浙江楠、黄山梅等14种。

表2-4 天目山国家级自然保护区古树名木统计表

树 木 名 称	数量/株	树 木 名 称	数量/株
柳杉 *Cryptomeria fortunei*	2 032	黄山松 *Pinus taiwanensis*	844
金钱松 *Pseudolarix kaempferi*	307	榧树 *Terreya grandis*	290
银杏 *Ginkgo biloba*	262	枫香 *Liquidambar formosana*	253
青钱柳 *Cyclocarya paliurus*	150	麻栎 *Quercus acutissima*	141
缺萼枫香 *Liquidambar acalycina*	131	杉木 *Cunninghamia lanceolata*	128
檫木 *Sassafras taumu*	112	响叶杨 *Populus adenopoda*	90
马尾松 *Pinus massoniana*	68	板栗 *Castanea mollissima*	59
蓝果树 *Nyssa sinensis*	58	天目木姜子 *Litsea auriculata*	56
细叶青冈 *Cyclobanopsis mysinaefolia*	46	小叶青冈 *Cyclobanopsis gracilis*	40
香果树 *Emmenopterys henryi*	31	榉树 *Zelkova schneiderana*	28

（续表）

树　木　名　称	数量/株	树　木　名　称	数量/株
刺楸 *Kalopanax septemlobus*	21	白栎 *Quercus fabri*	21
玉兰 *Magnolia denudata*	17	橉木 *Padus buergeriana*	17
光叶榉 *Zelkova serrata*	17	短柄枹 *Quercus serrata var. brevipetiolata*	16
雷公鹅耳枥 *Carpinus viminea*	15	糙叶树 *Aphananthe aspera*	15
栓皮栎 *Quercus variabilis*	11	秋子梨 *Pyrus ussuriensis*	11
苦槠 *Castanopsis sclerophylla*	11	天目朴 *Celtis chekiangensis*	10
黄山木兰 *Mahnolia cylindrica*	10	短尾柯 *Lithocarpus brevicaudatus*	10
樟树 *Cinnamomum camphora*	8	紫茎 *Stewartia sinensis*	7
锐齿槲栎 *Quercus aliena var. acutiserrata*	7	全缘叶栾树 *Koelreuteria bipinnata Franchet*	7
茅栗 *Castanea seguinii*	7	化香 *Platycarya strobilacea*	7
紫藤 *Wisteria sinensis*	6	紫弹树 *Celtis biondii Pamp*	6
天目铁木 *Ostrya rehderiana*	6	红果榆 *Ulmus szechuanica*	6
圆柏 *Sabina chinensis*	5	三角槭 *Acer buergerianum*	5
浙江樟 *Cinnamomum japonicum*	4	浙江楠 *Phoebe chekiangensis*	4
小叶白辛树 *Pterostyrax corymbosus*	4	细叶香桂 *Cinnamomum subavenium*	4
甜槠 *Castanopsis eyrei (Champ.)*	4	木荷 *Schima superba*	4
接骨木 *Sambucus williamsii Hance*	4	黄檀 *Dalbergia hupeana Hance*	4
短毛椴 *Tilia breviradiata*	4	皂荚 *Gleditsia sinensis Lam.*	3
秃糯米椴 *Tilia henryana. var. subglabra*	3	色木槭 *Acer mono Maxim.*	3
毛鸡爪槭 *Acer pubipalmatum*	3	黄山紫荆 *Cercis gigantea*	3
黄连木 *Pistacia chinensis Bunge*	3	华桑 *Morus cathayana Hemsl.*	3
柏木 *Cupressus funebris Endl.*	3	水青冈 *Fagus longipetiolata*	2
拟赤杨 *Alniphyllum fortunei*	2	木犀 *Osmanthus fragrans*	2
临安槭 *Acer linganense*	2	褐叶青冈 *Cyclobalanopsis stewardiana*	2
腋毛勾儿茶 *Berchemia barbigera*	2	大叶冬青 *Ilex latifolia*	2
楤木 *Aralia chinensis*	2	臭椿 *Ailanthus altissima*	2
紫楠 *Phoebe sheareri*	1	浙江柿 *Diospyros glaucifolia*	1
云锦杜鹃 *Rhododendron fortunei*	1	瘿椒树 *Tapiscia sinensis*	1
银叶柳 *Salix chienii*	1	野蔷薇 *Rosa multiflora Thunb.*	1
羊角槭 *Acer yangjuechi*	1	秀丽槭 *Acer elegantulum*	1
小叶栎 *Quercus chenii Nakai*	1	四照花 *Cronus japonica var. chinensis*	1

（续表）

树木名称	数量/株	树木名称	数量/株
三尖杉 *Cephalotaxus Fortunei*	1	朴树 *Celtis sinensis Pers*	1
暖木 *Meliosma veitchiorum*	1	毛果槭 *Acer nikoense Maxim*	1
光叶马鞍树 *Maackia floribunda*	1	连香树 *Cercidiphyllum japonicum*	1

2.1.2.5 外来入侵植物现状及分析

天目山自然保护区的外来入侵植物共有15种，隶属6科，其中以菊科的物种最多，8种；其次是苋科和旋花科，各2种；藜科、商陆科和玄参科各1种。从入侵植物的原产地来看，以美洲居多。

天目山自然保护区内的入侵植物的传播途径主要为人为无意传入，例如使用外来的携带植物种子的土壤或者随着交通运输的无意传入等。如圆叶牵牛、土荆芥、刺苋、加拿大一枝黄花和喜旱莲子草等，因多年建设用地上的外运土携带而来，属于无意引入。茑萝、菊芋等开始以观赏性花卉引入，后来逃逸到野外形成入侵植物（见表2-5）。

表2-5 天目山保护区外来入侵植物统计表

名称	科	原产地	传播途径	分布及生境
圆叶牵牛 *Ipomoea purpurea*	旋花科	南美	外运土	荒地、路边、绿化带
土荆芥 *Chenopodium ambrosioides*	藜科	南美	外运土	荒地
刺苋 *Amaranthus spinosus*	苋科	中、南美	外运土	荒地、路边
加拿大一枝黄花 *Solidago canadensis*	菊科	北美	车辆运输	荒地、路边
喜旱莲子草 *Alternanthera philoxeroides*	苋科	南美	车辆运输	水塘边
美洲商陆 *Phytolacca Americana*	商陆科	北美	外运土	荒地、路边、绿化带
牛膝菊 *Galinsoga parviflora*	菊科	北美	车辆运输	荒地
菊芋 *Helianthus tuberosus*	菊科	北美	栽培	荒地、路边、绿化带
线形金鸡菊 *Coreopsis grandiflora*	菊科	北美	栽培	路边
小飞蓬 *Conyza canadensis*	菊科	北美	车辆运输	荒地、路边
三叶鬼针草 *Bidens pilosa*	菊科	中、南美	外运土	荒地、路边
茑萝 *Quamoclit pennata*	旋花科	南美	栽培	路边、绿化带
苦苣菜 *Sonchus oleraceus*	菊科	欧洲	车辆运输	荒地
婆婆纳 *Veronica didyma Tenore*	玄参科	西亚	车辆运输	荒地、宅基地
一年蓬 *Erigeron annuus*	菊科	北美	车辆运输	荒地

荒地、路边、绿化带等人类活动频繁的地区是入侵植物的常见分布区域。入侵植物

在建筑空地上、绿化带上快速生长，威胁当地植物。入侵植物的种子可随车辆无意入侵，在路边发芽生长。

2.2 天目山动物多样性

2.2.1 动物物种多样性概况

天目山国家级保护区在中国动物地理区划上，属于东洋界中印亚界华中区的东部丘陵平原亚区。由于特殊的地理位置，自然环境优越，是野生动物优良的栖息环境，区内动物资源相当丰富。

根据不完全统计，区内共有各类动物 63 目 465 科 4 716 种，其中兽类动物 8 目 21 科 74 种，鸟类动物 12 目 36 科 148 种，两栖类 2 目 7 科 20 种，爬行类 3 目 9 科 44 种，鱼类 6 目 13 科 55 种，昆虫类 31 目 351 科 4 209 种，蜘蛛类 1 目 28 科 166 种。

天目山国家级自然保护区野生动物繁多，资源丰富，珍稀野生动物种类多，被列为国家和省重点保护的野生动物共有 87 种，其中国家重点保护动物 42 种，国家一级重点保护野生动物有云豹、金钱豹、梅花鹿、黑麂、华南虎、白颈长尾雉共 6 种；国家二级重点保护野生动物有猕猴、穿山甲、豺、黄喉貂、水獭、大灵猫、小灵猫、金猫、鬣羚、鸳鸯、黑冠鹃隼、黑耳鸢、普通鵟、毛脚鵟、赤腹鹰、雀鹰、松雀鹰、灰脸鵟鹰、红隼、灰背隼、白鹇、勺鸡、斑头鸺鹠、领鸺鹠、雕鸮、草鸮、红角鸮、领角鸮、鹰鸮、褐林鸮、褐翅鸦鹃、仙八色鸫、中华虎凤蝶、尖板曦箭蜓、拉步甲、彩臂金龟共 36 种（见表 2-6）。浙江省重点保护野生动物在本区中有 45 种，其中兽类有毛冠鹿、食蟹獴、貉、狼、狐、豪猪、鼬獾等 8 种；鸟类有白鹭、夜鹭、红翅凤头鹃、大杜鹃、四声杜鹃、小杜鹃、八声杜鹃、噪鹃、戴胜、大拟啄木鸟、姬啄木鸟、黑枕绿啄木鸟、星头啄木鸟、斑啄木鸟、三宝鸟、戴菊、普通鳾、黑枕黄鹂、红嘴蓝鹊、寿带、红嘴相思鸟、喜鹊、松鸦、牛头伯劳、棕背伯劳、虎纹伯劳、红尾伯劳共 27 种；爬行类有眼镜蛇、五步蛇、黑眉锦蛇、平胸龟、脆蛇蜥、滑鼠蛇共 6 种；两栖类有大树蛙 1 种；昆虫类有黑紫蛱蝶、金裳凤蝶、宽尾凤蝶共 3 种。

表 2-6 天目山自然保护区国家级重点保护动物统计表

序号	名　称	科	保护等级
1	云豹 *Neofelis nebulosa*	猫科 Felidae	国家一级
2	金钱豹 *Panthera pardus*	猫科 Felidae	国家一级
3	梅花鹿 *Cervus nippon*	鹿科 Cervidae	国家一级
4	黑麂 *Muntiacus crinifrons*	鹿科 Cervidae	国家一级
5	华南虎 *Panthera tigris*	猫科 Felidae	国家一级

（续表）

序号	名　称	科	保护等级
6	白颈长尾雉 *Syrmaticus ellioti*	雉科 Phasianidae	国家一级
7	猕猴 *Macaca mulatta*	猴科 Cercopithecidae	国家二级
8	穿山甲 *Manis*	穿山甲科 Manidae	国家二级
9	豺 *Cuon alpinus*	犬科 Canidae	国家二级
10	黄喉貂 *Martes flavigula*	鼬科 Mustelidae	国家二级
11	水獭 *Lutra lutra*	鼬科 Mustelidae	国家二级
12	大灵猫 *Viverra zibetha*	灵猫科 Viverridae	国家二级
13	小灵猫 *Viverricula indica*	灵猫科 Viverridae	国家二级
14	金猫 *Catopuma temminckii*	猫科 Felidae	国家二级
15	鬣羚 *Capricornis sumatraensis*	牛科 Bovidae	国家二级
16	鸳鸯 *Aix galericulata*	鸭科 Anatidae	国家二级
17	黑冠鹃隼 *Aviceda leuphotes*	鹰科 Accipitridae	国家二级
18	黑耳鸢 *Milvus migrans*	鹰科 Accipitridae	国家二级
19	普通鵟 *Buteo buteo*	鹰科 Accipitridae	国家二级
20	毛脚鵟 *Buteo lagopus*	鹰科 Accipitridae	国家二级
21	赤腹鹰 *Accipiter soloensis*	鹰科 Accipitridae	国家二级
22	雀鹰 *Accipiter nisus*	鹰科 Accipitridae	国家二级
23	松雀鹰 *Accipiter virgatus*	鹰科 Accipitridae	国家二级
24	灰脸鵟鹰 *Butastur indicus*	鹰科 Accipitridae	国家二级
25	红隼 *Falco tinnunculus*	隼科 Falconidae	国家二级
26	灰背隼 *Falco columbarius*	隼科 Falconidae	国家二级
27	白鹇 *Lophura nycthemera*	雉科 Phasianidae	国家二级
28	勺鸡 *Pucrasia macrolopha*	雉科 Phasianidae	国家二级
29	斑头鸺鹠 *Glaucidium cuculoides*	鸱鸮科 Strigidae	国家二级
30	领鸺鹠 *Glaucidium brodiei*	鸱鸮科 Strigidae	国家二级
31	雕鸮 *Bubo bubo*	鸱鸮科 Strigidae	国家二级
32	草鸮 *Tyto longimembris*	草鸮科 Tytonidae	国家二级
33	红角鸮 *Otus scops*	鸱鸮科 Strigidae	国家二级
34	鹰鸮 *Ninox scutulata*	鸱鸮科 Strigidae	国家二级
35	褐林鸮 *Strix leptogrammica*	鸱鸮科 Strigidae	国家二级
36	领角鸮 *Otus bakkamoena*	鸱鸮科 Strigidae	国家二级

（续表）

序号	名　称	科	保护等级
37	褐翅鸦鹃 *Centropus sinensis*	鸦鹃科 Centropdidae	国家二级
38	仙八色鸫 *Pitta nympha*	八色鸫科 Pittidae	国家二级
39	中华虎凤蝶 *Luehdorfia chinensis*	凤蝶科 Papilionidae	国家二级
40	尖板曦箭蜓 *Heliogomphus retroflexus*	箭蜓科 Gomphidae	国家二级
41	拉步甲 *Carabus lafossei*	步甲科 Carabidae	国家二级
42	彩臂金龟 *Cheirotonus spp*	臂金龟科 Euchiridae Hope	国家二级

2.2.2 动物多样性现状及分析

2.2.2.1 昆虫类多样性现状分析

1）天目山昆虫的区系成分

天目山昆虫划分为4种区系，分布如下：

(1) 东洋成分。包括我国南部省区分布，主要以西南、华中区南部及华南区分布为主。

(2) 古北成分。在我国秦岭以北特别是东北、华北北部、西北地区分布。

(3) 广布分布。横跨古北、东洋两大区，或全球性分布的种。

(4) 东亚分布。包括中国东部、南部，朝鲜和日本。

统计天目山昆虫，得到28目3 729种昆虫，如表2-7所示。

表2-7　天目山昆虫统计

类　群	总种数	东洋/种数	古北/种数	广布/种数	东亚/种数
原尾目	27	1			26
弹尾目	26		4	5	17
双尾目	8				8
石蛃目	2				2
缨尾目	3			3	
蜉蝣目	14	1			13
蜻蜓目	103	8			95
蜚蠊目	18			1	17
螳螂目	6	4			2
等翅目	15	4		1	10
直翅目	102	13		6	83

（续表）

类 群	总种数	东洋/种数	古北/种数	广布/种数	东亚/种数
竹节虫目	7				7
革翅目	17	3		3	11
𫌀翅目	44	1		1	42
啮虫目	66				66
食毛目	8			8	
虱目	8			3	5
缨翅目	38	4	3	18	13
同翅目	270	20	3	71	175
半翅目	185	39	7	35	104
脉翅目	34	2		7	25
鞘翅目	535	95	14	92	334
长翅目	9				9
双翅目	533	69	55	148	261
蚤目	14			4	10
毛翅目	50	1			49
鳞翅目	1 164	241	68	186	669
膜翅目	423	60	46	92	225
合计	3 729	566	200	684	2 279

根据表 2-7 中的数据计算得知，天目山保护区内的昆虫东洋成分占 15.2%，古北成分占 5.4%，广布成分占 18.3%，东亚成分占 61.1%。

2）昆虫分布特征

由上述统计结果可知，东亚成分（比例 61.1%）构成了天目山昆虫区系的主体。主要代表有红玉蝽 *Hoplistodera pulchra Yang*、中华虎凤蝶 *Luehdorfia chinensis*、黑红长跗跳甲 *Longitarsus dorsopictus Chen*、花匙唇祝娥 *Spatulignatha olaxana Wu* 等。

区系成分古老独特，东亚分布的形成和演化与第三纪以后中国地史有密切关系，有着鲜明的独特性和古老性。

2.2.2.2 鸟类多样性现状分析

在整个天目山地区（西天目山、莫干山、低山丘陵区等），鸟类计 16 目 45 科 193 种。其中天目山自然保护区有鸟类资源 12 目 36 科 146 种，占全天目山地区鸟类目的 75%，科的 80%，种的 75.65%，如表 2-8 所示。

表 2-8 天目山地区鸟类统计表

目	科	数目/种
䴙䴘目 PODICIPEDIFORMES	䴙䴘科 Podicipedidae	1
鹈形目 PELECANIFORMES	鸬鹚科 Phalacrocoracidae	1
鹳形目 CICONIIFORMES	鹭科 Ardeidae	6
雁形目 ANSERIFORMES	鸭科 Anatidae	10
隼形目 FALCONIFORMES	鹰科 Accipitridae	7
	隼科 Falconidae	1
鸡形目 GALLIFORMES	雉科 Phasianidae	5
鹤形目 GRUIFORMES	三趾鹑科 Turnicidae	1
	鹤科 Gruidae	1
	秧鸡科 Rallidae	3
鸻形目 CHARADRIIFORMES	鸻科 Charadriidae	2
	鹬科 Scolopacidea	3
	反嘴鹬科 Recurvirostridea	1
鸽形目 COLUMBIFORMES	鸠鸽科 Columbidae	3
鹃形目 CUCULIFORMES	杜鹃科 Cuculidae	6
鸮形目 STRIGIFORMES	草鸮科 Tytonidae	1
	鸱鸮科 Strigidae	9
夜鹰目 CAPRIMULGIFORMES	夜鹰科 Caprimulgidae	1
雨燕目 APDIFORMES	雨燕科 Apodidiae	3
佛法僧目 CORACHIIFORMES	翠鸟科 Alcedinidae	5
	佛法僧科 Coraciidae	1
	戴胜科 Upupidae	1
䴕形目 PICIFORMES	须䴕科 Capitonidae	1
	啄木鸟科 Picidae	5
雀形目 PASSERIFORMES	八色鸫科 Pittidae	1
	百灵科 Alaudidae	1
	燕科 Hirundinidae	2
	鹡鸰科 Motacillidae	8
	山椒鸟科 Campephagidae	3
	鹎科 Pycnonotidea	4
	太平鸟科 Bombycilla	1

(续表)

目	科	数目/种
雀形目 PASSERIFORMES	伯劳科 Laniidae	4
	黄鹂科 Oriolidea	1
	卷尾科 Dicruridae	3
	椋鸟科 Sturnidae	2
	鸦科 Corvidae	9
	河乌科 Cinclidae	1
	鹪鹩科 Troglodytidae	1
	鹟科 Muscicapidae	
	鸫亚科 Turdidae	16
	画眉亚科 Timaliinae	11
	莺亚科 Sylviinae	8
	鹟亚科 Muscicapinae	9
	山雀科 Paridae	5
	䴓科 Sittidae	1
	攀雀科 Remizidea	1
	绣眼鸟科 Zosteropidae	1
	文鸟科 Ploceidea	4
	雀科 Frinfillidea	18

天目山地区留鸟有 93 种，夏候鸟 34 种，冬候鸟 52 种，旅鸟 14 种。从鸟的科统计分析，鸭科、鸦科、鸫亚科、画眉亚科、雀科等科的种类较多。从地理分布上分析，东洋界鸟类最多，有 100 种；古北界次之，有 85 种；广布种 8 种(朱曦等，1999)。

天目山地区鸟类资源丰富，其中属于中国特有种的有白颈长尾雉、画眉、棕噪鹛、棕头鸦雀、黄腹山雀、白头鹎、绿鹦嘴鹎、白喉林鹟、蓝鹀，共计 9 种。属于国家一级保护的鸟类有白颈长尾雉；二级保护的鸟类有啸声天鹅、鸳鸯、鸢、苍鹰、赤腹鹰、雀鹰、松雀鹰、普通鵟、秃鹫、红隼、白鹇、勺鸡、草鸮、红角鸮、领角鸮、雕鸮、领鸺鹠、斑头鸺鹠、鹰鸮、褐林鸮、长耳鸮、短耳鸮、蓝翅八色鸫共计 23 种。列入中国濒危及受威胁物种的有鸳鸯、啸声天鹅、褐翅鸦鹃、秃鹫、白颈长尾雉、牛头伯劳、蓝翅八色鸫、雕鸮共 8 种。

2.2.2.3　两栖爬行类多样性现状分析

由于天目山国家级自然保护区内的水库、水塘、河溪较多，为两栖类提供了优良的生活环境，区内的两栖类数量较多(见表 2-9)。根据杨友金(1992)等的调查数据，天目山保护区内有两栖类 2 目 7 科 20 种，主要有东方蝾螈、肥螈、淡肩角蟾、挂墩角蟾、泽蛙、大树蛙、斑腿树蛙、中华蟾蜍等。以上大多数生活在潮湿阴凉的溪边、水库边和水塘边，少数树栖。同时天目山两栖类分布较广，如蝾螈科动物生活在老殿附近，金线蛙、荆胸蛙等生活在水库一带，斑腿树蛙、中华蟾蜍等在禅源寺附近有发现。

表 2－9　两栖爬行类统计表

两栖纲 AMPHIBIA		
目	科	种数/种
有尾目 CAUDATA	蝾螈科 Salamandridae	3
无尾目 SALIENTIA	锄足蟾科 Pelobatidae	2
	蟾蜍科 Bufonidae	2
	雨蛙科 Hylidae	1
	蛙科 Ranidae	8
	树蛙科 Rhacophoridae	2
	姬蛙科 Microhylidae	2
爬行纲 REPTILIA		
目	科	种数/种
龟鳖目 Testudoformes	龟科 Testudinidae	3
	鳖科 Trionychidae	1
蜥蜴目 Lacertiformes	壁虎科 Gekkonidae	1
	石龙子科 Scincidae	3
	蜥蜴科 Lacertidae	1
	蛇蜥科 Anguidae	1
蛇目 Serpentiformes	游蛇科 Colubridae	27
	眼镜蛇科 Elapidae	2
	蝰科 Viperidae	5

天目山保护区内的爬行类动物较多，共 44 种，占浙江省爬行类总数（78 种）的 56.4%，隶属于 3 目 9 科。主要有石龙子、脆尾蜥、平胸龟、五步蛇、竹叶青、烙铁头、乌鞘蛇、绞花林蛇、颈棱蛇、王锦蛇、丽纹蛇等，其中蛇类占总数的 77.3%。蛇类中剧毒蛇有 7 种，分别为竹叶青、烙铁头、山烙铁头、日本短尾蝮、五步蛇、眼镜蛇、丽纹蛇等。天目山的蛇类、石龙子等一般在 11 月下旬进入冬眠，至翌年 3 月陆续出蛰。

2.2.2.4　兽类多样性现状分析

据周世锷（1992）的调查报告可知，天目山自然保护区内有兽类 74 种，隶属于 8 目 21 科（见表 2－10）。在兽类区系组成中，以啮齿目、食肉目和翼手目种类最多。天目山兽类区系与环境条件有密切的联系。本区属于中亚热带地区，动物区划上属于东洋界中印亚界华中区东部丘陵平原亚区的偏北部分。从兽类种类的区系组成上看，天目山

74 种哺乳动物中有 56 种属于东洋界种类，古北界种类仅有 18 种。虽然在地型上存在东洋界和古北界混杂分布的状态，但东洋界种类占优势。

表 2－10 天目山兽类动物统计表

目	科	种数/种
食虫目 INSECTIVORA	猬科 Erinaceidae	1
	鼩鼱科 Soricidae	4
	鼹科 Talpidae	1
翼手目 CHIROPTERA	菊头蝠科 Rhinolophidae	5
	蹄蝠科 Hipposideridae	2
	蝙蝠科 Vespertilionidae	8
灵长目 PRIMATES	猴科 Cercopithecidae	1
鳞甲目 PHOLIDOTA	穿山甲科 Manidae	1
兔形目 LAGOMORPHA	兔科 Leporidae	1
啮齿目 RODENTIA	松鼠科 Sciuridae	4
	仓鼠科 Circetidae	2
	鼠科 Muridae	14
	猪尾鼠科 Platacanthomyidae	1
	豪猪科 Hystricidae	1
食肉目 CARNIVORA	犬科 Canidae	4
	鼬科 Mustelidae	7
	灵猫科 Viverridae	4
	猫科 Felidae	5
偶蹄目 ARTIODACTYLA	猪科 Suidae	1
	鹿科 Cervidae	5
	牛科 Bovidae	2

第3章 天目山植被定量排序聚类和演替分析

3.1 天目山森林植被概述

天目山保护区森林植被在全国植被区划中属于亚热带常绿阔叶林区域，东部(湿润)常绿阔叶林亚区域，中亚热带常绿阔叶林地带—中亚热带常绿阔叶林北部亚地带—浙皖山丘青冈苦槠林栽培植被区—浙西山地丘陵青冈苦槠林分区。

浙西山地丘陵青冈苦槠林分区位于浙江省西北部，包括会稽山以西、浙赣铁路以北，从天目山区到金衢盆地的山地、丘陵。北部从安徽黄山延伸到浙西最高峰龙塘山清凉峰，海拔 1 878 m。向东延伸到西天目山(1 506 m)及东天目山(1 479 m)；向南以金衢、东阳、浦江盆地为主体。本区海拔 600 m 以下的低山丘陵有多种常绿阔叶树组成的森林，如青冈栎、苦槠、甜槠、木荷、紫楠等为主的常绿阔叶林。在海拔 800 m 以上分布着常绿、落叶阔叶林混交林，如交让木等常绿阔叶林和青钱柳、玉兰属、槭树等落叶阔叶树组成的混交林。此类林中还经常伴生着柳杉、榧树、黄山松等针叶树种。在海拔 1 000 m 以上的山地，分布着落叶阔叶树为主的混交林，以雷公鹅耳枥、椴树、天目木姜子等为主。在海拔 1 500 m 左右分布着落叶阔叶矮林，由三桠乌药、天目琼花等组成。本区也是浙江主要的竹产区。

据天目山自然保护区最新森林资源二类调查结果：全区土地总面积 4 284.0 hm^2，其中林地面积 4 261.1 hm^2，占 99.5%；非林业用地 22.9 hm^2，占 0.5%。森林覆盖率为 98.1%。林业用地按地类划分：有林地 4 186.2 hm^2，占 98.2%；灌木林地 53.9 hm^2，占 1.3%；未成林造林地 10.3 hm^2，占 0.2%；苗圃地 7.5 hm^2，占 0.2%；辅助生产用地 3.3 hm^2，占 0.1%。有林地面积中：乔木林面积 3 711.3 hm^2，占 88.7%；竹林面积 474.8 hm^2，占 11.3%。乔木林分中，纯林面积 2 741.8 hm^2，混交林面积 696.5 hm^2。分别占乔木林分面积的 73.9%，26.1%。林地面积按其经营类型体系可分为生态公益林地和商品林地两大类：全区生态公益林面积 4 151.0 hm^2，占全区林地总面积的 97.4%，均为国家级重点生态公益林；商品林地面积 110.1 hm^2，占林地总面积的 2.6%。

本保护区地处中亚热带的北缘，区内地势较为陡峭，海拔上升快，气候差异大，植被的分布有着明显的垂直界限，在不同海拔地带上有其特殊的植物群落和物种。区内植物资源丰富,区系复杂,组成的植被类型比较多。依据植物群落的种类组成、外貌结构和生态地理分布,森林植被类型可分为6个植被型和30个群系组。自山脚至山顶依次为常绿阔叶林、常绿落叶阔叶混交林、落叶阔叶林、落叶矮林,另外还有针叶林、竹林,主要以混交林为主。常绿、落叶阔叶混交林是本区的主要植被,也是精华部分。天目山古木参天,原生古树比比皆是,树龄在千年以上的就有540余棵,五百年以上的有820余棵,百年以上的不计其数。

1) 常绿阔叶林

常绿阔叶林是本区的地带性植被,现状常绿阔叶林主要分布于海拔200 m以下,沟谷地段可达海拔870 m,且海拔400 m以下占绝对优势。主要有青冈、苦槠林,甜槠、青冈林,青冈、木荷林,青栲、苦槠林,紫楠林,青冈、小叶青冈林,交让木、青冈林,石栎、紫楠林等8个群系组。青冈(*Cyclobalanopsis glauca*)、苦槠(*Castanopsis sclerophylla*)林,在象鼻山东南坡,海拔200 m处有成片的分布。青冈、甜槠(*Castanopsis eyrei*)林,也分布在象鼻山,海拔300 m左右,其中掺杂着石楠等林木。青冈、木荷(*Schima superba*)林,在象鼻山南坡山脊上,海拔270 m左右有分布,同时分布着山刺柏、冬青、豹皮樟等。紫楠(*Phoebe sheareri*)林,在西天目山南坡海拔600~800 m的沟谷地段均有大面积的分布,树种还有香榧、天竺桂、小叶青冈、毛竹、枫香等。青冈、小叶青冈栎(*C. gracilis*)林,分布在海拔800 m左右的七里亭,青冈高达25 m,属上层乔木树种,小叶青冈次之,另外还有交让木、天目木姜子等树种。

2) 常绿、落叶阔叶混交林

常绿、落叶阔叶混交林是本区的主要植被,也是精华部分。集中分布在低海拔的禅源寺周围和海拔850~1 100 m的地段。植物种类丰富,群落结构复杂、多样,且多呈复层林相:第一层林木高30 m以上,主要有金钱松、柳杉、香果树、天目木姜子、黄山松等:第二层林木高20 m以上;第三层林木高15 m左右:第四层林木高8~10 m;第五层高8 m以下;此外还有灌木层。主要群系组有浙江楠、青栲、麻栎林,苦槠、麻栎林,紫树、小叶青冈林,天目木姜子、交让木林,香果树、交让木林,短柄枹、小叶青冈林等。

3) 落叶阔叶林

主要分布于海拔1 100~1 380 m处。林木萌生,主干粗短,多分叉,树高一般在10~15 m。主要群系组有白栎、锥栗林,茅栗、灯台树林,四照花、榛林,短柄枹林,领春木林5个群系组。植被类型有:茅栗(*Castanea seguinii*)、灯台树(*Cornus controversa*),在向阳的南坡海拔1 300 m左右处,群落以茅栗、灯台树占优势,还有短柄桴、天目槭、四照花等。四照花(*Dendrobenthamia japonicavar. chinensis*)、榛(*Corylus heterophylla*)主要分布在1 350 m左右的地段上,树种除四照花、榛外,还有短柄桴、鸡爪槭、椴树等。

4) 落叶矮林

落叶矮林分布于西天目山近山顶地段,地处海拔1 380 m以上。因海拔高、气温低、风力大、雾霜多等因素,使原来的乔木树种树干弯曲,呈低矮丛生。主要有天目琼花、野海棠林，三桠乌药、四照花林 2 个群系组。落叶矮林的植被主要有天目琼花(*Viburnum sargentiivar. calvescens*)、野海棠(*Malus hupehensis*)，在仙人顶西侧，海拔 1 445 m 处；另外还有伞形八仙、野珠兰、荚蒾属等植物。三桠乌药(*Lindera cercidipolia*)、四照花分布在仙人顶西侧海拔 1 500 m 左右，盖度 15%；还有箬竹、华东野胡桃等。

5）竹林

竹林有 3 个群系组。毛竹林主要分布在海拔 350～900 m 处，常与苦槠、青栲、榉树、枫香等混生；箬竹林主要分布在海拔 1 200～1 500 m 的山坡，大多与落叶阔叶树混生，石竹、水竹林，西关分布较多。天目山毛竹种群所处群落层次现象明显，可以分为乔木层、灌木层和草本层，地被层不发达。毛竹林主要分布在东坞坪、后山门、青龙山、太子庵、荆门庵一带。根据调查发现，毛竹林近年来扩张速度明显加快(赵明水)。

6）针叶林

针叶林在西天目山占有极其重要的地位，构成壮观的林海，是西天目山的特色植被。主要有柳杉林、金钱松林、马尾松林、黄山松林、杉木林、柏木林共 6 个群系组。马尾松、黄山松等具有耐干旱瘠薄、抗逆性较强等特点，是荒山、高山等造林绿化的重要树种。巨柳杉群落是西天目山最具特色的植被，树高林密，从禅源寺(海拔 350 m)到老殿(海拔 1 100 m)呈行道树式分列道路两旁。据测定，胸径在 50 cm 以上的有 2 032 株，100 cm 以上的有 664 株，200 cm 以上的有 19 株。西天目山的金钱松长得特别高大，居百树之冠，有“冲天树”之称，其松散分布于海拔 400～1 100 m 地段的阔叶林中，最高一株达 58 m，其中胸径 50 cm 以上的有 307 株。

3.2 天目山植被的定量排序与聚类

3.2.1 植被排序/分类的意义

分类和排序是植被数量生态学最基本的分析方法，其中双向指示种分析(Two-way Indicator Species Analysis，TWINSPAN)和除趋势对应分析(Detrended Correspondence Analysis，DCA)是最常用的技术手段(程占红等，2006)。TWINSPAN 能够快速有效地对不同种群和群落进行类型的划分，DCA 可以反映不同类型在其环境空间中的分布格局，两者相互映衬。

排序也叫梯度分析(Gradient Anlysis)，是将样方或植物种排列在一定的空间，使得排序轴能够反映一定的生态梯度，从而能够解释植被或植物种的分布与环境因子间的关系。

排序的概念及数学方法提出得很早，但是应用到生态学方面较晚。如 20 世纪 30 年代，苏联学者 Ramensky 就提出了排序的概念；主分量分析(Principal Component Analysis，PCA)和对应分析(也叫相互平均法，Reciprocal Averaging，RA)的数学方法早在20世纪三四十年代就已经提出。但是，这些方法在植被方面的应用，到70年代才有应用报道。

20世纪50年代，数量生态学才引入到植被生态学的领域。随着数量生态学的发展，排序在概括群落变化时的有效性，对数据处理的广泛性，及对计算机处理数据的实用性方面都有所提高。所以，排序也逐渐成为植被生态学中最主要的分析方法之一。到目前为止，已经建立了许多排序方法，从最初的加权平均排序(Weighted Average)到除趋势典范对应分析(Detrended Canonical Correspondence Analysis, DCCA)，中间经历了极点排序(Polar Ordination,PO)、主分量分析(Principal Components Analysis, PCA)、典范分析(Canonical Analysis, CA)、对应分析(Correspondence Analysis, CA)、趋势面分析(Trend Surface Analysis, TSA)、除趋势对应分析(Detrended Correspondence Analysis, DCA)、典范对应分析(Canonical Core Spondence Analysis, CCA)等，精度逐渐提高，对植被与环境关系的分析也逐渐变细。排序概念也就逐渐完善起来，其不仅可以排列样方，也可以排列植物种及环境因子，用于研究群落之间、群落与成员之间、群落与其环境之间的复杂关系。

中国以排序为主要分析方法的植被数量生态学研究始于20世纪70年代后期。随着国际之间交流的频繁，学术交流越来越密切，最初主要是对数量分析方法的引入，从20世纪90年代至今主要是数量分析方法的应用阶段，在这一阶段排序广泛地应用于各群落的研究中。

TWINSPAN分类是一个等级制的分类系统，其基本原理是先对群落数据进行相互平均排序，自RA样地第一轴的中部将所有样地划分为两组，并应用物种排序轴两端的种(指示种)对上面的划分进行修正，然后对划分的两组再施行类似的划分，这一过程不断重复，直至根据终止原则不能再分为止。因此，TW顶S队N是从样方总体开始，逐步一分为二，直到根据终止原则不能再分为止。它是以二歧式分割法划分植物群落类型，其划分根据“指示种”将样方与种类组成依次划分为各个等级的类型单位或生态类群。TWINSPAN分类根据RA的排序值分析所产生的区别种和指示种具有法瑞学派指示种组的含义与功能。尤其是TWINSPAN采用了“暇种”，即同一种在不同多度情况下具有不同的指示意义而被作为不同的“种”来处理。这一数量分类分析手段把法瑞学派分类的核心——特征种与以优势种为根据的植物群落学分类做了巧妙而合理的结合。

3.2.2 已有研究(方法、研究区、物种)

近30年，我国生态学者在群落排序(江洪等，1994；余世孝，1995；张金屯等，2008)、分类(江洪等，1994；王孝安，1997)、格局分析(刘万德等，2010)、植被和环境关系(张金屯，1992；江洪等，1994；许芸和张金屯，2008)等方面进行了大量研究。针对山地森林、高山草甸、湿地(李瑞等，2008)、河谷(李永宏等，1993)等区域的研究较多，在干旱荒漠草原植被(方楷等，2011)也有一定研究成果。

目前多数研究还有一个共同点是针对一个固定的自然草地群落布置样方、采集数据、进行分析，得到影响群落变化的主要环境因子，比如对关帝山亚高山灌丛草甸、芦芽山亚高山草甸、卧龙自然保护区亚高山草甸、山西云顶山亚高山草甸、山西五台山蓝花棘豆群落等的研究表明，海拔是影响群落类型变化的主要环境因子；对新疆呼图壁牛场天然草地、锡林河河漫滩草甸群落、河漫滩草地植被等的研究中表明土壤水分与草地类型的形成和分布有着密切的关系；对毛乌素沙化草地的研究表明地下水位、沙化厚度、基质类型控制着沙化草地景观生态类型的发生与演化。除了对自然草地群落的研究外，还对人工草地群落进行研究，以便更好地认识人工草地，得到其主要影响因子，促进人工草地的发展。在做上述分析的同时，也得知 DCA 对亚热带植物分类及景观生态学排序有很好的适用性。

除了对固定的群落进行研究外，还可以对多个群落同时进行研究，得出它们之间的关系。例如贾小容等对广东自然保护区的研究，就是把广东省的 20 个自然保护区作为样方进行 DCA 分析，得出它们之间的关系，并对当地政府的行政管理及保护区建设提供了依据。

3.2.3 排序介绍——DCA 方法

对应分析这一数学方法在 20 世纪三四十年代就已经出现，但是直到 1974 年才被 Hill 应用到生态学领域并发挥一定的优势。它的最大缺点是，第二排序轴在许多情况下都是第一轴的二次变形。为克服这一点，Hill 和 Gauch 在对应分析的基础上共同提出了除趋势对应分析(DCA)，不仅消除了弓形效应，并且其结果与高斯的群落模型最为吻合，是植被分析中最为有效的一种方法。

20 世纪 90 年代，DCA 是国际上应用最广泛、最先进的排序分析方法。新方法的出现，总会推动研究的发展。在具体研究中，多数采用 DCA 分析方法的研究都同时使用了聚类分析 TWINSPAN，而 DCA 与 TWINSPAN 分类方法的结合是研究植物群落与环境、植物群落内部生态关系的主要手段，目前报道了多篇用 DCA 来分析群落与环境以及群落内部的生态关系的文章。并且最初用 DCA 研究草地植物群落的时候，都是和聚类分析中的 TWINSPAN 方法相结合的，经研究表明，DCA 和 TWINSPAN 可以共同分析并可以相互检验。

有了好的分析方法，然后就是对分析数据的要求。因为 DCA 不但可以对由盖度与样方组成的数据矩阵进行分析，还可以对由频度与样方、生物量与样方等组成的数据矩阵进行分析，目前多数研究报道中都是选择由重要值与样方组成的数据矩阵来研究植被。

DCA 主要是用来研究群落与环境的关系，同时植物群落与环境的生态关系、植物群落内部的生态关系也一直是生态学领域研究的热点。在现有的群落与环境生态关系的研究报道中，多数都是用 DCA 分析，从植物种、植物群落与环境因子方面对研究地进行分析，得出群落与环境的关系，也有个别是用来分析群落的演替。

3.2.4　数据来源

本书主要用样地法取样，共取11个大样地，面积在400～600 m^2之间，每个样地再构成数个10 m×10 m的小样方，共计91个；记录其中所有植物的物种名称、冠幅及生长状况，并以样地为单位计算物种的相对冠幅。同时调查记录各样地的海拔、坡向、坡度和土壤类型。我们在天目山不同高度地段上共取11个大样地，样方地点分别为：防火带旁电线杆、横坞口、幻住庵、龙尖峰、三里亭、太子庵、天木村、西茅棚、洗钵池、仙人顶等地。样方的植被型包括落叶矮林、落叶林、常绿落叶混交林、针叶林、针阔混交林、竹林等。

气候资料取自天目山气象站的气候观测数据。用于分析的气候因子包括年均温、最热月(7月)均温、最冷月(1月)均温、年均降水等。

排序和数量分类应用DCA与二元指示种分析(TWINSPAN)方法。DCA排序按照Hill的方法，TWINSPAN分类按照Hill的方法。本节所用的DCA与TWINSPAN计算机程序用PC-ord软件在计算机上完成。

在91个小样方中，共记录植物种208种，如表3-1所示。

表3-1　植物种统计表

编号	种　名	拉　丁　名	科　名	属　名
1	凹叶厚朴	*Magnolia officinalis*	木兰科	木兰属
2	八角枫	*Alangium chinense*	八角枫科	八角枫属
3	白背叶	*Mallotus apelta*	大戟科	野桐属
4	白蜡树	*Fraxinus chinensis*	木樨科	梣属
5	白簕	*Acanthopanax trifoliatus*	五加科	五加属
6	白栎	*Quercus fabri Hance*	壳斗科	栎属
7	白檀	*Symplocos paniculata*	山矾科	山矾属
8	白玉兰	*Michelia alba DC.*	木兰科	木兰属
9	板栗	*Castanea mollissima*	壳斗科	栗属
10	豹皮樟	*Litsea coreana Lvl. Var*	樟科	木姜子属
11	糙叶树	*Aphananthe aspera*	榆科	糙叶树属
12	茶	*Camellia sinensis (L.) Kuntze*	山茶科	山茶属
13	檫木	*Sassafras tzumu (Hemsl.) Hemsl*	樟科	檫木属
14	长裂葛萝槭	*Acer grosseri Pax var. hersii (Rehd.) Rehd.*	槭树科	槭属
15	长叶冻绿	*Rhamnus crenata*	鼠李科	鼠李属

（续表）

编号	种　名	拉　丁　名	科　名	属　名
16	长柱紫茎	*Stewartia sinensis Rehd. et*	茶科	紫茎属
17	川榛	*Corylus heterophylla Fisch.*	桦木科	榛属
18	垂丝卫矛	*Euonymus oxyphyllus*	卫矛科	卫矛属
19	垂枝泡花树	*Meliosma flexuosa Pamp.*	清风藤科	泡花树属
20	垂珠花	*Styrax dasyanthus Perk.*	安息香科	安息香属
21	刺楸	*Kalopanax septemlobus (Thunb.) Koidz.*	五加科	刺楸属
22	刺藤子	*Sageretia melliana Hand Mazz.*	鼠李科	雀梅藤属
23	楤木	*Aralia chinensis L.*	五加科	楤木属
24	大柄冬青	*Ilex macropoda Miq.*	冬青科	冬青属
25	大果冬青	*Ilex macrocarpa Oliv.*	冬青科	冬青属
26	大果山胡椒	*Lindera praecox (Sieb. et Zucc.)*	樟科	山胡椒属
27	大青	*Clerodendrum cyrtophyllum Turcz.*	马鞭草科	大青属
28	大芽南蛇藤	*Celastrus gemmatus Loes.*	卫矛科	南蛇藤属
29	大叶早樱	*Cerasus subhirtella (Miq.) Sok.*	蔷薇科	樱属
30	倒卵叶忍冬	*Lonicera hemsleyana*	忍冬科	忍冬属
31	灯台树	*Bothrocaryum controversum*	山茱萸科	灯台树属
32	丁香杜鹃	*Rhododendron farrerae Tate ex Sweet*	杜鹃花科	杜鹃属
33	冬青	*Ilex chinensis Sims*	冬青科	冬青属
34	冻绿	*Rhamnus utilis*	鼠李科	鼠李属
35	豆腐柴	*Premna microphylla Turcz*	马鞭草科	豆腐菜属
36	杜鹃	*Rhododendron simsii Planch.*	杜鹃花科	杜鹃属
37	短柄枹	*Quercus glandulifera var.*	壳斗科	栎属
38	短毛椴	*Tilia breviradiata (Rehd.) Hu et Cheng*	椴树科	椴树属
39	短尾柯	*Lithocarpus brevicaudatus*	壳斗科	柯属
40	短序山梅花	*Philadelphus brachybotrys*	虎耳草科	山梅花属
41	多脉青冈	*Cyclobalanopsis multinervis W. C. Cheng et T. Hong*	壳斗科	青冈属
42	饭汤子	*Viburnum setigerum Hance*	忍冬科	荚蒾属

（续表）

编号	种　名	拉　　丁　　名	科　名	属　名
43	方竹	*Chimonobambusa quadrangularis* (Fenzi) Makino	禾本科	寒竹属
44	榧树	*Torreya grandis*	红豆杉科	榧树属
45	枫香	*Liquidambar formosana* Hance	金缕梅科	枫香树属
46	橄榄槭	*Acer olivaceum* Fang et P. L. Chiu	槭树科	槭属
47	高节竹	*Phyllostachys prominens*	禾本科	刚竹属
48	格药柃	*Eurya muricata* Dunn	山茶科	柃木属
49	牯岭勾儿茶	*Berchemia kulingensis* Schneid	鼠李科	勾儿茶属
50	海州常山	*Clerodendrum trichotomum* Thund.	马鞭草科	大青属
51	杭州榆	*Ulmus changii* Cheng	榆科	榆属
52	合欢	*Albizia julibrissin* Durazz.	豆科	合欢属
53	合轴荚蒾	*Viburnum sympodiale* Graebn.	忍冬科	荚蒾属
54	褐叶青冈	*Cyclobalanopsis stewardiana* (A. Camus) Y. C. Hsu et H. W. Jen	壳斗科	青冈属
55	黑果荚蒾	*Viburnum melanocarpum* Hsu	忍冬科	荚蒾属
56	红果钓樟	*Lindera erythrocarpa* Makino	樟科	樟属
57	红果榆	*Ulmus szechuanica* Fang	榆科	榆属
58	红脉钓樟	*Lindera rubronervia* Gamble	樟科	山胡椒属
59	红枝柴	*Meliosma oldhamii* Miq.	清风藤科	泡花树属
60	篌竹	*Phyllostachys nidularia* Munro	禾本科	刚竹属
61	胡颓子	*Elaeagnus pungens* Thunb.	胡颓子科	胡颓子属
62	湖北山楂	*Crataegus hupehensis* Sarg.	蔷薇科	山楂属
63	蝴蝶荚蒾	*Viburnum plicatum* var. *tomentosum*	忍冬科	荚蒾属
64	华东野核桃	*Juglans cathayensis* Dode var. *formosana* (Hayata)	胡桃科	核桃属
65	华千金榆	*Carpinus cordata* Bl. var. *chinensis* Franch.	桦木科	鹅耳枥属
66	华桑	*Morus cathayana* Hemsl.	桑科	桑属
67	化香	*Platycarya strobilacea* Sieb. et Zucc.	胡桃科	化香属
68	黄荆	*Vitex negundo* Linn.	马鞭草科	牡荆属
69	黄连木	*Pistacia chinensis* Bunge	漆树科	黄连木属

（续表）

编号	种　名	拉　丁　名	科　名	属　名
70	黄山木兰	*Magnolia cylindrica Wils.*	木兰科	木兰属
71	黄山松	*Pinus taiwanensis Hayata*	松科	松属
72	黄山溲疏	*Deutzia glauca Cheng*	虎耳草科	溲疏属
73	黄檀	*Dalbergia hupeana Hance*	豆科	黄檀属
74	灰白蜡瓣花	*Corlopsis glandulifera Hemsl var. hypoglauca (Chang) Chang*	金缕梅科	蜡瓣花属
75	灰叶稠李	*Padus grayana (Maxim) Schneid*	蔷薇科	稠李属
76	鸡桑	*Morus australis*	桑科	桑属
77	鸡爪槭	*Acer palmatum Thunb.*	槭树科	槭属
78	檵木	*Loropetalum chinensis (R. Br.) Oliv.*	金缕梅科	檵木属
79	荚蒾	*Viburnum dilatatum Thunb.*	忍冬科	荚蒾属
80	尖连蕊茶	*Camellia cuspidata*	山茶科	山茶属
81	建始槭	*Acer henryi Pax*	槭树科	槭属
82	交让木	*Daphniphyllum macropodum Miq.*	虎皮楠科	虎皮楠属
83	接骨木	*Sambucus williamsii Hance*	忍冬科	接骨木属
84	金缕梅	*Hamamelis mollis Oliver*	金缕梅科	金缕梅属
85	金钱松	*Pseudolarix amabilis (Nelson) Rehd.*	松科	松属
86	榉树	*Zelkova serrata (Thunb.) Makino*	榆科	榉属
87	茶条槭	*Acer ginnala Maxim.*	槭树科	槭属
88	苦糖果	*Lonicera fragrantissima Lindl. & Paxton subsp. standishii (Carrière) P. S. Hsu & H. J. Wang*	忍冬科	忍冬属
89	苦槠	*Castanopsis sclerophylla (Lindl.) Schott.*	壳斗科	锥属
90	苦竹	*Pleioblastus amarus (Keng) keng*	禾本科	大明竹属
91	蜡瓣花	*Corylopsis sinensis Hemsl.*	金缕梅科	蜡瓣花属
92	蜡子树	*Ligustrum molliculum Hance.*	木樨科	女贞属
93	梾木	*Swida macrophylla (Wall.) Soják*	山茱萸科	梾木属
94	蓝果树	*Nyssa sinensis Oliv.*	蓝果树科	蓝果树属
95	老鼠矢	*Symplocos stellaris Brand*	山矾科	山矾属

（续表）

编号	种 名	拉 丁 名	科 名	属 名
96	老鸦糊	*Callicarpa giraldii*	马鞭草科	紫珠属
97	乐思绣球	*Hydrangea rosthornii Diels*	虎耳草科	绣球属
98	雷公鹅耳枥	*Carpinus viminea Lindl.*	桦木科	鹅耳枥属
99	临安槭	*Acer linganense Fang et P. L. Chiu*	槭树科	槭属
100	柳杉	*Cryptomeria fortunei Hooibrenk ex Otto et Dietr*	衫科	柳杉属
101	绿叶甘橿	*Lindera Thunb. nom. cons.*	樟科	山胡椒属
102	麻栎	*Quercus acutissima Carruth.*	壳斗科	栎属
103	马鞍树	*Maackia hupehensis*	豆科	马鞍树属
104	马尾松	*Pinus massoniana Lamb.*	松科	松属
105	马银花	*Rhododendron ovatum (Lindl.) Planch. ex Maxim.*	杜鹃花科	杜鹃属
106	毛八角枫	*Alangium kurzii Craib*	八角枫科	八角枫属
107	毛果槭	*Acer nikoense Maxim.*	槭树科	槭属
108	毛鸡爪槭	*Acer pubipalmatum Fang var. pubipalmatum*	槭树科	槭属
109	毛漆树	*Toxicodendron trichocarpum (Miq.) O. Kuntze*	漆树科	漆属
110	毛山荆子	*Malus manshurica (Maxim.) Kom.*	蔷薇科	苹果属
111	毛叶山桐子	*Idesia polycarpa Maxim. var. vestita Diels*	大风子科	山桐子属
112	毛竹	*Phyllostachys heterocycla (Carr.) Mitford cv. Pubescens*	禾本科	刚竹属
113	毛叶石楠	*Photinia villosa (Thunb.) DC.*	蔷薇科	石楠属
114	茅栗	*Castanea seguinii Dode*	壳斗科	栗属
115	木荷	*Schima superba Gardn. et Champ.*	山茶科	木荷属
116	木蜡树	*Toxicodenddron sylvestre (Sieb. et Zucc.) O. Kunrze.*	漆树科	漆属
117	木莓	*Fructus Rubi*	蔷薇科	悬钩子属
118	南京椴	*Tilia miqueliana Maxim*	椴树科	椴树属
119	南天竹	*Nandina domestica Thund*	小蘖科	南天竹属
120	南五味子	*Kadsura longipedunculata Finet et Gagnep.*	木兰科	五味子属
121	宁波溲疏	*Deutzia ningpoensis Rehd.*	虎耳草科	溲疏属

（续表）

编号	种　名	拉　丁　名	科　名	属　名
122	牛鼻栓	*Fortunearia sinensis Rehd*	金缕梅科	牛鼻栓属
123	牛奶子	*Elaeagnus umbellate Thunb.*	胡颓子科	胡颓子属
124	暖木	*Meliosma veitchiorum*	清风藤科	泡花树属
125	朴树	*Celtis sinensis Pers.*	榆科	朴属
126	千金藤	*Stephania japonica*	防己科	千金藤属
127	青冈	*Cyclobalanopsis glauca* (*Thunb.*) *Oerst.*	壳斗科	青冈属
128	青灰叶下珠	*Phyllanthus glaucus Wall.*	大戟科	叶下珠属
129	青荚叶	*Helwingia japonica* (*Thunb.*) *Dietr.*	山茱萸科	青荚叶属
130	青皮木	*Schoepfia fragrans Wall*	铁青树科	青皮木属
131	青钱柳	*Cyclocarya paliurus*	胡桃科	青钱柳属
132	青榨槭	*Acer davidii Franch.*	槭树科	槭属
133	清风藤	*Sabia japonica Maxim.*	清风藤科	清风藤属
134	秋子梨	*Pyrus ussuriensis Maxim.*	蔷薇科	梨属
135	缺萼枫香	*Liquidambar acalycina Chang*	枫香科	枫香树属
136	忍冬	*Lonicera japonica Thunb.*	忍冬科	忍冬属
137	日本常山	*Orixa japonica Thunb.*	芸香科	臭常山属
138	日本冷杉	*Abies firma*	松科	冷杉属
139	柔毛泡花树	*Meliosma myriantha Sieb. et Zucc. var. pilosa* (*Lecomte*) *Law*	清风藤科	泡花树属
140	锐齿槲栎	*Quercus aliena var. acuteserrataMaxim.*	壳斗科	栎属
141	三尖杉	*Cephalotaxus fortunei Hook. f.*	三角杉科	三角杉属
142	三角枫	*Acer buergerianum Miq.*	槭树科	槭属
143	三桠乌药	*Lauraceae. obtusiloba Bl.*	樟科	山胡椒属
144	色木槭	*Acer mono Maxim.*	槭树科	槭属
145	山合欢	*Albizia kalkora* (*Roxb.*) *Prain*	豆科	合欢属
146	山胡椒	*Lindera glauca* (*Sieb. et Zucc.*) *Bl*	樟科	山胡椒属
147	山鸡椒	*Litsea cubeba* (*Lour*) *Pers.*	樟科	木姜子属
148	山橿	*Lindera reflexa Hemsl.*	樟科	山胡椒属
149	山鼠李	*Rhamnus wilsonii Schneid*	鼠李科	鼠李属
150	山桐子	*Idesia polycarpa*	大风子科	山桐子属

(续表)

编号	种 名	拉 丁 名	科 名	属 名
151	野山樱	*Cerasus serralata* (Lindl.)	蔷薇科	樱属
152	杉木	*Cunninghamia lanceolata* (Lamb.) Hook.	杉科	杉木属
153	石栎	*Lithocarpus glaber* (Thunb.) Nakai	壳斗科	石栎属
154	树三加	*Acanthopanax evodiaefolius* Franch.	五加科	五加属
155	水马桑	*Weigela japonica* Thund. var. *sinica*	忍冬科	锦带花属
156	水榆花楸	*Sorbus alnifolia* (Sieb. et Zucc.) K. Koch	蔷薇科	花楸属
157	光亮山矾	*Symplocos setchuensis* Brand	山矾科	山矾属
158	四照花	*Dendrobenthamia japonica* (DC.) Fang var. *chinensis* (Osborn.) Fang	山茱萸科	四照花属
159	天目木姜子	*Litsea auriculata*	樟科	木姜子属
160	天目朴	*Celtis chekiangensis*	榆科	朴属
161	天目琼花	*Viburnum opulus* Linn. var *calvescens*	忍冬科	荚蒾属
162	天目槭	*Acer sinopurpurascens* Cheng	槭树科	槭属
163	天目紫茎	*Stewartia gemmata* Chien et Cheng	山茶科	紫茎属
164	秃糯米椴	*Tilia henryana* Szyszyl. var. *subglabra*	椴树科	椴树属
165	微毛柃	*Eurya hebeclados* Ling	山茶科	柃木属
166	卫矛	*Euonymus alatus* (Thunb.) Sieb	卫矛科	卫矛属
167	吴茱萸	*Evodia rutaecarpa* (Juss.) Benth.	芸香科	吴茱萸属
168	梧桐	*Firmiana platanifolia* (L. f.) Marsili	梧桐科	梧桐属
169	细叶青冈	*Cyclobalanopsis gracilis* (Rehd. et Wils.) Cheng et	壳斗科	青冈属
170	香桂	*Cinnamomum subavenium* Miq.	樟科	樟属
171	下江忍冬	*Lonicera modesta*	忍冬科	忍冬属
172	香椿	*Toona sinensis*	楝科	香椿属
173	香果树	*Emmenopterys henryi* Oliv.	茜草科	香果树属
174	香槐	*Cladrastis wilsonii* Takeda	豆科	槐属
175	小构树	*Broussonetia kazinoki* S. et Z.	桑科	构属
176	小叶白辛树	*Pterostyrax corymbosus* Sieb. et Zucc.	安息香科	白辛树属
177	小叶栎	*Quercus chenii* Nakai	壳斗科	栎属
178	小叶青冈	*Cyclobalanopsis myrsinifolia* (Blume) Oersted	壳斗科	青冈属

（续表）

编号	种　名	拉　　丁　　名	科　名	属　名
179	小叶石楠	*Photinia parvifolia* (*Pritz.*) *Schneid.*	蔷薇科	石楠属
180	秀丽槭	*Acer elegantulum Fang et P. L. Chiu*	槭树科	槭属
181	崖花海桐	*Pittosporum sahnianum Gowda*	海桐花科	海桐花属
182	野漆	*Toxicodendron succedaneum* (*Linn.*) *O. Kuntze*	漆树科	漆属
183	野蔷薇	*Rosa multiflora Thunb.*	蔷薇科	蔷薇属
184	野柿	*Diospyros kaki silvestris*	柿科	柿属
185	野桐	*Mallotus japonicus* (*Thunb.*) *Muell. Arg. var. floccosus S. M. Hwang*	大戟科	野桐属
186	野鸦椿	*Euscaphis japonica* (*Thunb.*) *Dippel*	省沽油科	野鸦椿属
187	野珠兰	*Stephanandra chinensis*	蔷薇科	野珠兰属
188	宜昌荚蒾	*Viburnum erosum Thunb.*	忍冬科	荚蒾属
189	异色泡花树	*Meliosma myriantha Sieb. et Zucc. var. discolor Dunn*	清风藤科	泡花树属
190	银雀树	*Tapiscia sinensis Oliv*	省沽油科	瘿椒树属
191	银杏	*Ginkgo biloba L.*	银杏科	银杏属
192	油茶	*Camellia oleifera Abel.*	山茶科	山茶属
193	玉兰	*Magnolia denudata Desr.*	木兰科	木兰属
194	郁香安息香	*Styrax odoratissima*	安息香科	安息香属
195	圆锥绣球	*Hydrangea paniculata Sieb. et Zucc.*	虎耳草科	绣球属
196	樟树	*Cinnamomum camphora* (*L.*) *Presl.*	樟科	樟属
197	浙江柿	*Diospyros glaucifolia*	柿科	柿属
198	浙江樟	*Cinnamomum japonicum Sieb.*	樟科	樟属
199	枳椇	*Hovenia acerba*	鼠李科	枳椇属
200	中国旌节花	*Stachyurus chinensis Franch*	旌节花科	旌节花属
201	中国绣球	*Hydrangea chinensis Maxim.*	虎耳草科	绣球属
202	中华猕猴桃	*Actinidia chinensis Planch.*	猕猴桃科	猕猴桃属
203	中华石楠	*Photinia beauverdiana C. K. Schneid.*	蔷薇科	石楠属
204	锥栗	*Castanea henryi* (*Skam*) *Rehd. et Wils.*	壳斗科	栗属
205	紫楠	*Phoebe sheareri* (*Hemsl.*) *Gamble*	樟科	楠属
206	紫藤	*Wisteria sinensis* (*Sims*) *Sweet*	豆科	紫藤属
207	紫珠	*Callicarpa bodinieri Levl. var. bodinieri*	马鞭草科	紫珠属
208	钻地风	*Rubus phoenicolasius Maxim.*	蔷薇科	悬钩子属

3.2.5　天目山植物群落的排序结果

1）植物群落的 DCA 排序

DCA 的排序结果用二维排序图表示（见图 3-1），即用 DCA 的第一轴作为 x 轴，第二排序轴作为 y 轴。91 个小样地在图上的分布反映了样地之间的亲属关系。可以看出大样方之间有着较为明显的分布差异，同一个大样方中的小样地之间分布较为聚集。DCA 排序结果较好地反映了植被类型和植物群系的分布关系。DCA 排序图上的第一轴主要反映了各植物样方所在环境的海拔由高到低或者温度由低到高的梯度。从第一轴上的排序值来看，落叶矮林样方的排序值为 0～60，落叶林样方的排序值在 130～180 之间，常绿落叶阔叶混交林的排序值在 230～360 之间，针叶林排序值在 320～690 之间，针阔混交林在 520～580 之间，竹林的排序值在 730～780 之间。从常绿落叶混交林到山顶的落叶矮林准确地反映出天目山由低海拔到高海拔植被型的变化。针叶林中，柳杉林是天目山的优势群丛，同时也是天目山的老森林林型，是重点保护林型，在天目山森林植被中占有重要的地位。马尾松林和杉木林为人工林。针阔混交林为植被演替的结果。竹林是人工纯林，是主要的经济林。

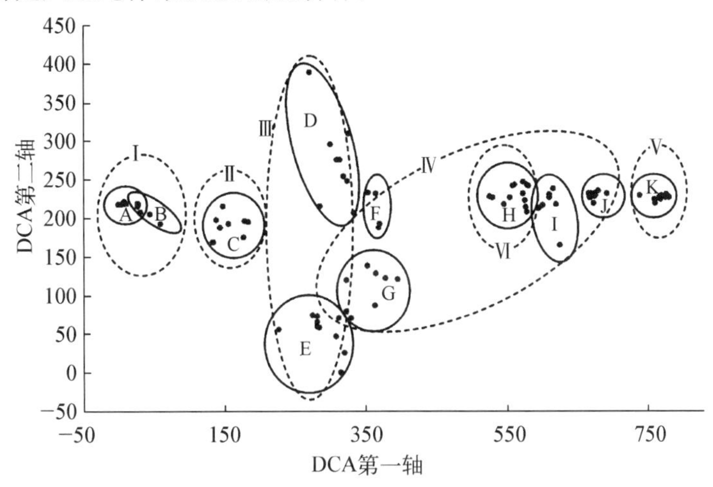

图 3-1
样地 DCA 排序图

（Ⅰ～Ⅴ表示植被类型，A～K 表示植被群系。Ⅰ是落叶矮林，Ⅱ为落叶林，Ⅲ为常绿落叶阔叶混交林，Ⅳ为针叶林，Ⅴ为竹林，Ⅵ为针阔混交林；A 为天目琼花群系，B 为灯台树-三桠乌药群系，C 是四照花-川榛林，D 是交让木-天目木姜子群系，E 是交让木-苦槠-麻栎林，F/G 是柳杉林，H 是紫楠-香榧林，I 是杉木林，J 是马尾松林，K 是毛竹林）

图 3-2 显示的是植物种的 DCA 二维散布图，表示的是植物种的生态梯度。从图中可以明显看出与环境梯度相关的植物种的生态梯度。与图 3-1 相同，DCA 第一轴表示海拔（温度）梯度，指示温度生境的物种有天目琼花、三桠乌药、灯台树等，其中 a 表示天目琼花群系，其排序值在−100～−20 之间；b 是灯台树-三桠乌药群系，其排序值在−15～50 之间；c 是四照花-川榛林，主要植物种还有小叶石楠、华千金榆、白檀、倒卵叶忍冬、荚蒾属植物等，其物种的排序值在 90～270 之间；d 是交让木-天目木姜子群系，主要植物种有紫楠、小叶石楠、大果山胡椒、交让木、蜡瓣花、红脉钓樟、短柄枹、蓝果树等，

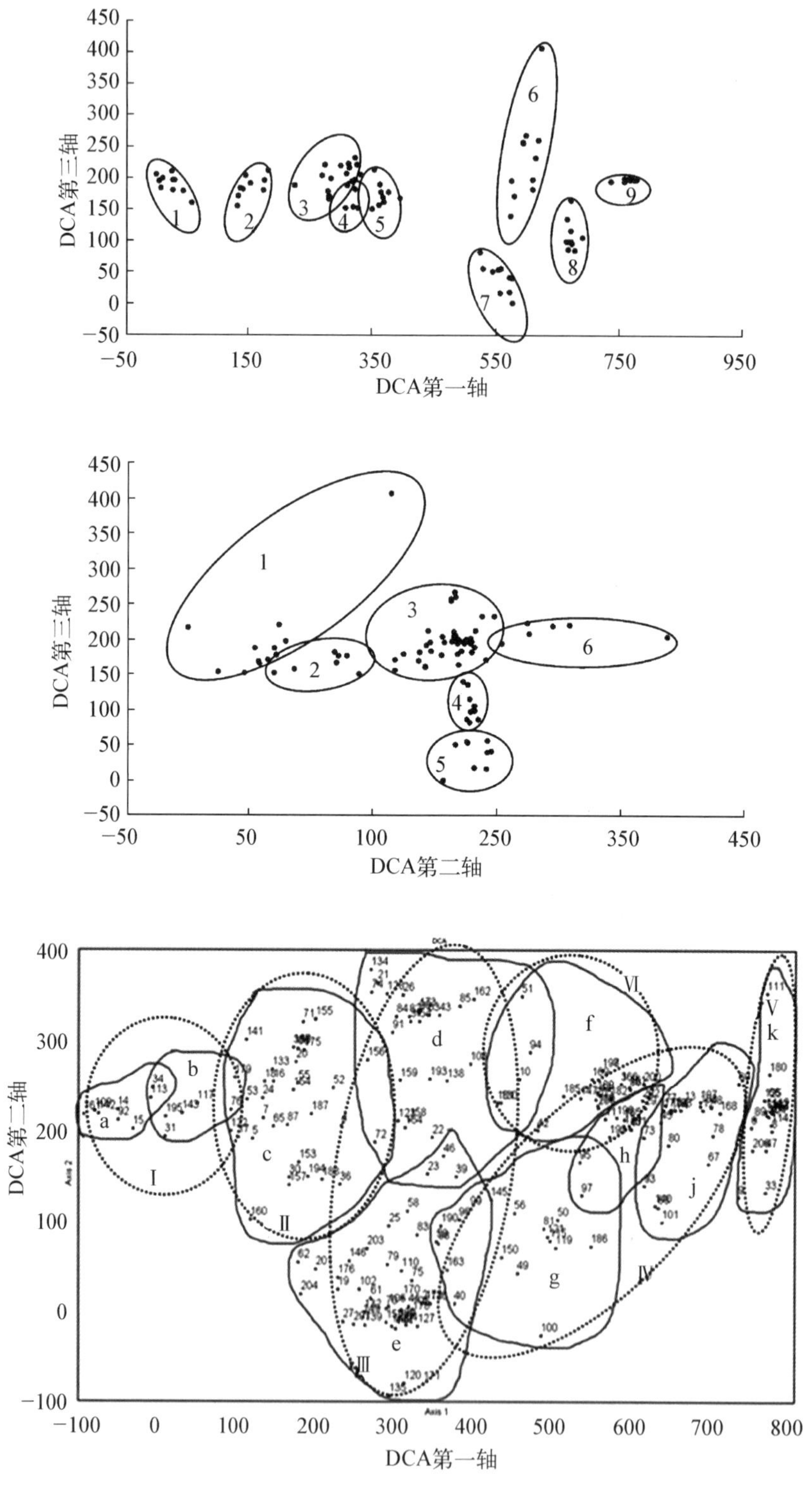

图 3-2
天目山植被物种
DCA 二维散布图

（数字代表植物名称，详见表 3-1，Ⅰ～Ⅴ表示植被类型，a～k 表示植被群系）

其排序值在260～480之间；e是交让木-苦槠-麻栎林，主要的植物种还有小叶白辛树、锥栗、中国绣球、大果冬青、山胡椒、接骨木、泡花树、短尾柯等，其排序值在180～380之间；f/g是柳杉林，主要植物种有老鸦糊、忍冬、山合欢、野山樱、红脉钓樟、灰叶稠李等，其排序值在300～555之间；h是紫楠-香榧林，主要植物种还有豹皮樟、野桐、杭州榆、饭汤子、老鼠矢、浙江柿、细叶青冈、山鸡椒等，其排序值在460～600之间；i是杉木林，主要的植物种还有糙叶树、乐思绣球、大叶早樱、中华猕猴桃、野漆树等，其排序值在520～630之间；j是马尾松林，其他植物种还有槭树属、尖连蕊茶、化香、檵木绿叶甘橿、茶等，其排序值在620～720之间；k是毛竹林，基本是毛竹纯林，其他物种较少，植物种有油茶、高节竹等，林下植被稀疏，其排序值在740～790之间。

2）TWINSPAN结果

图3-3是TWINSPAN分类的输出结果，表示了相应的树状图。最终把91个样地区分为10个植被群落。第1为毛竹林，第2为马尾松林，第3为杉木林，第4为紫楠-框树林，第5为柳杉林，第6为交让木-天目木姜子群系，第7为交让木-苦槠-麻栎林，第8为四照花-川榛林，第9为天目琼花群系，第10为灯台树-三桠乌药群系。TWINSPAN分类的结果比较客观地对植物群落进行了类型划分。

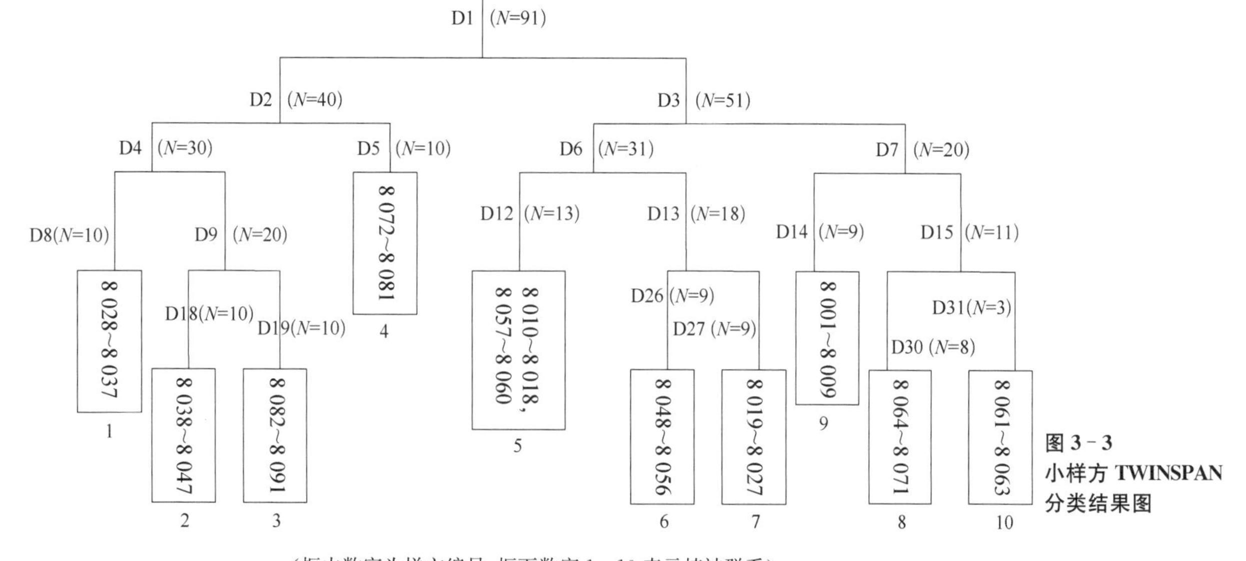

图3-3 小样方TWINSPAN分类结果图

（框内数字为样方编号，框下数字1～10表示植被群系）

3）天目山植物群落的排序

应用DCA这种普遍认为效果很好的排序方法，对天目山自然保护区植物群落进行了分类分析，结果表明，天目山植物群落在空间地理分布上很有规律，这种分布与生态梯度之间有着十分密切的关系。生态梯度中起主导作用的温度和水分，即水热因子复合的梯度是决定植物群落空间分布的关键因素。从冷暖梯度上，大致序列有：天目琼花群系→灯台树-三桠乌药群系→四照花-川榛林→交让木-天目木姜子群系→交让木-苦槠-麻栎林→柳杉林→紫楠-香榧林→杉木林→马尾松林→毛竹林。

附表　TWINSPAN 结果表

```
          8223333333374444334444888988889118777787771561111155555455452222222221          7666666666
          7890123456714567890123246189350071567890234690128345781236945802345601792345678910478956123
169  169  ---------------------------------1--11--11------------------------------1-------1----------  111111
144  144  -----------------------------1-1--------------------------------------1--------------------  111111
115  115  ----------------------11----1-111----1---1-111-1-------------1-----------------------------  111111
205  205  ---------------------------------1111111111------------------------------------------------  111110
198  198  -----------------------------------------1-------------------------------------------------  111110
197  197  -----------------------------------------1-------------------------------------------------  111110
196  196  --------------------------1-1-1--1--11-1---------------------------------------------------  111110
190  190  -------------------------------------------1-----------------------------------------------  111110
189  189  -----------------------------------1-11--1-------------------------------------------------  111110
182  182  -----------------------1-1--111--1------1--------------------------------------------------  111110
129  129  -------------------------------1-----------------------------------------------------------  111110
124  124  1---------------------------1----1-----1---------------------------------------------------  111110
 95   95  -------------------------------1-1---------------------------------------------------------  111110
 73   73  -----------1-----111----1---11----11---1111-----1------------------------------------------  111110
 69   69  -------------------------------1-----------------------------------------------------------  111110
 49   49  -----------------------------1-1-----------------------------------------------------------  111110
 44   44  -1-------------------------------1111111111-11---------------------------------------------  111110
 40   40  -------------------------1----11-----------------------------------------------------------  111110
 38   38  -------------------------------1-----------------------------------------------------------  111110
 11   11  ----------1------------1--1-1--1--111111111-11---------------------------------------------  111110
  1    1  -------------------------------1-----------------------------------------------------------  111110
168  168  -1111111111----------------------1111111111-1--------------1-------------------------------  111101
140  140  -----------1----------------------1--------------------------------------------------------  111101
118  118  1----------1----------------------------111------------------------------------------------  111101
```

```
 80  80 -------1-11-----------------11--111111--1--------------------------------------------- 111101
202 202 ------------------------1--1---------------------------------------------------------- 111100
200 200 --------------------------1--1-------------------------------------------------------- 111100
131 131 1---------------------11---1111------------------------------------------------------- 111100
119 119 1-----------------------------1------------------------------------------------------- 111100
 57  57 1--------------------1-----11-1------------------------------------------------------- 111100
183 183 ---------------1---------1-1-1-------------------------------------------------------- 11101
 29  29 -----------11-1--1--1------11-------1-1-------------------------------------1--------- 11101
208 208 ----------------------1-1--11---1---------11------------------------------------------ 11100
199 199 ---------------------1-----1---------1-----------1------------------------------------ 11100
165 165 -------------------------1--1-----------------------------------------1--------------- 11100
151 151 111-1-111111111111111111111111-1111111111111--1--11111111-1--1------------------------ 11100
206 206 11--1111-1-------------1-1--1-1---1---------1----1------------------------------------ 110111
192 192 -11111111111111---------------------------1------------------------------------------- 110111
191 191 -1------------------------------------------------------------------------------------ 110111
177 177 1--1-1-1111----------11--1111-------------------------------------------1------------- 110111
167 167 -1------------------------------------------------------------------------------------ 110111
126 126 1-1111111111----------1---------1---------1------------------------------------------- 110111
125 125 -1----------------------1------------------------------------------------------------- 110111
114 114 -1111111111----------------------------------1---------------------------------------- 110111
112 112 -1111111111----------------------------------------------------------1---------------- 110111
104 104 -11--111111---------------------------------1----------------------------------------- 110111
101 101 1-------11-1-------------1------------------------------------------1----------------- 110111
 86  86 ---------------------11-1-1-------------1--------------------------------------------- 110111
 77  77 -1-------------------1-11--11--------------------------------------------------------- 110111
 60  60 ------1-------------------1----------------------------------------------------------- 110111
 47  47 -1---------1-------------------------------------------------------------------------- 110111
 33  33 1-11111-1----------------------1------------------------------------------------------ 110111
```

```
 32  32   -1------1--------------1---------------------------------------------------------------------- 110111
  9   9   ------11---------------1-----1--1--------------------------------------------------------------- 110111
  8   8   -----1-------------------------------------------------------------------------------------------- 110111
  6   6   -----11-1111-1-1-----1--------1--------------------------------------------------------------- 110111
184 184   -----------111-11-111------------------------------------------------------------1------------ 110110
174 174   ------------111--11-11------1--1-------------11--------------------------------------------- 110110
166 166   -------------------------1---------------------------------------------------------------------- 110110
147 147   -111--1------111-1-111---1------------------------------------------------------111111---------- 110110
108 108   ------------1111--------1--------------------------------------------------------------1-------- 110110
107 107   ------------1------------------------------------------------------------------------------------ 110110
103 103   -1---------11111111111------1----------------------------------------------------------------- 110110
 93  93   -----------1-----------1---------------------------------------------------------------1-------- 110110
 89  89   111-1-1111-1-111-111-1-111--1------------------------1------------------------------------------ 110110
 78  78   -----1111111-111-11111------------------------------------------------------------1------------- 110110
 68  68   -----------1---------------------------------------------------------------------------------- 110110
 67  67   -----1111--11111-----------11------------------------------------------------------------------- 110110
 48  48   11111111111111111111111111-1-11------------1---------------------------------------------------- 110110
 45  45   1111111111111111111111111111111111---------------------------------------------------------------- 110110
 28  28   ------------------1---1--------------------------------------------------------------------------- 110110
 13  13   ------------------1111-1------1-------------------------------------------------------1---------- 110110
 12  12   ---------1-11111111111111--------1-----1------------------------------------1------------------- 110110
  3   3   -------------------------1------------------------------------------------------------------------ 110110
 97  97   ----------------------1---11-----------1--------------------------------1----------------------- 110101
 85  85   ----------------1-11-1-----11---------------1-------------1------1-1------------------------------ 110101
 51  51   ----------------------11---------------------------------------1-------------------------------- 110101
186 186   -11--11111-111111-1111--1--1-----------------------------1----1111111111-------1------------ 110100
180 180   -1--------1-------------------------------------------1------------------------------------------ 110100
185 185   ------------11--1-1--11111-111-----------11--11---1-11--11--1-----------------11------------ 11001
```

```
 56  56   1---1------1111-1-1-111111--11111--1--1---11---1--111----1-----1111--1-11--11111-----------   11001
 23  23   ----------------1111---------1-1------------1-1---------------------------1-----1----------   11001
111 111   -1-----------------------------------------------------------1-----------------------------   110001
102 102   ----------------1---------------------------------------------------1----------------------   110001
 66  66   ----1---------------------------------------1----------------------------------------------   110001
 52  52   -----------------------1------------------------------------------------1------------------   110000
  4   4   1--------11-----11----------------------------------------------1---------------------1-111   110000
 81  81   ------------------------1---11-1---111-----1---1-1-1---------------------------------------   101
 50  50   ----------------------11--1--1-1------1-------1-1-------------------1----------------------   101
 41  41   -------------------------------11---------------------------1------------------------------   101
 10  10   -----1-11-----------------------1--11-1111111---1---11-------1----1------------------------   101
181 181   -----------1--------------------------------1----------------------------------------------   10011
171 171   -----------1-----------------------------------1-------------------------------------------   10011
163 163   --------------------------------1-------------1--------------------------------------------   10010
120 120   1----------1------------1------1--------------11-1-------------------1---------------------   10010
100 100   --------1----------------------------------1--11-------------------------------------------   10010
130 130   -------------------------1--1--1111111-1-11-111--1-111----111--------11--------------------   10001
 99  99   1---------------------1-----11-11--1----11-111111111---------------------------------------   10001
 96  96   -----------1----1-11---1-----11--11------1111111-111-11------1--1---1-111------------------   10001
193 193   ------------------------------------1----1--11--------------------------1------------------   10000
145 145   11---------1---------------1---111-1--11-11111111-111111------1----1--1111------1----------   10000
 22  22   -------------------------------------1------------------------------------1----------------   10000
 88  88   -1----------------------1------1-------------1---------11-------------------------------111   0111
  7   7   ----------11-11-1----111----11-1-----1---1111111-11111111111-11-111111111111111111111111111   0111
 59  59   1----------------------11--1---11----1-1----1----1111-11-----------1--1-----------11-------   011011
173 173   ------------------------1-------1-------------1--------1--1-1----1-------------------------   011010
 94  94   -----------------------------1---1-11-1------1------1--111---1-----------------------------   011010
 64  64   -----------------------1---------------1---------11---1-------------1-------1--------------   011010
```

```
 61  61   1------------------------------1--------------11--1-------1--------------1------------------   011010
 42  42   -----------------------1-----1--1--------------1----------1111------------------------------   011010
 39  39   -----------11-111----1------11-11111-1--11-11111111111111111-111-11--11---------------------   011010
 21  21   -------------------------------------1---1--------------------11------------1---------------   011010
  2   2   -------------------------------1--------1---11-1-----------------1--------------------------   011010
178 178   -1111111-----------------------11--111-1---111111-1111111111111111111111---------1----------   01100
121 121   --11111------------------------------------------------11-11-11111111-1----------1----------   01100
 98  98   1-1-1111111-----------1111--1111--1--------------------111111111111111111--111--1-----------   01100
 37  37   -----------1-111-----------------1---------------------11--1-111--1-1-11--------1-----------   01100
106 106   -------------------------------1-----------------------1--1-------------------1-------------   01011
 79  79   -1---1-1---1-------------------11-----------1-111-1-1-111111-111111111111---11111--111------   01011
 36  36   -----------1--------------1----------------------------1-1--111--11111-111-----1-1----------   01011
172 172   --------------------------------1----------1---11111------------------1---------------------   010101
136 136   --------------------------------1--------------1-11-----------------------------------------   010101
132 132   -------------------------------1---------------1-1------------1------1---1------------------   010101
 83  83   -------------------------------1---------------1-1-11-------1-------------------------------   010101
 46  46   -----------1-------------------1-------------1111---1-1-------1-----------------------------   010101
164 164   1------------------------1-1----------------1---1---11-1111111-11111-1111-1-----------------   010100
162 162   --------1----------------------------------------------1------11-11-1---1-------------------   010100
150 150   --------------------------1-------------------------1--------------11---1-------------------   010100
139 139   -----------------------------------------1---------------------1111-11----------------------   010100
 90  90   -------------------------------------------1-------1--111--1------------1-------------------   010100
 82  82   --11----1----------------------11----------1111111--11111111111111111111--------------------   010100
 75  75   -------------------------------1-----------111111-1-1---1------111---1-11-------------------   010100
 70  70   -------------------------------11-----------1-----1--11-----1-11-11--1----------------------   010100
 63  63   -------------------------------1-------------1------1-1-1-----------------------------------   010100
 58  58   -----------1--------------------1--1-------11-111--111111----1111--11111--------------------   010100
158 158   -------------------------------------------111-----1-1-1-----1----1111----------------------   010011
```

```
110  110  -----------------------------------------------------1---------1--------1---------------------  010011
 54   54  --------------------------------1------------11--1---11-111111--------------------------------  010011
207  207  --------------------------------------------------------------------------1-------------------  010010
203  203  --------------------------------1-------------1----------111---1--11-11-----------------------  010010
156  156  --------------------------------------------1-1-------111111-11----111--1----------1----------  010010
152  152  ------------------------------------------------------------------1---------------------------  010010
134  134  --------------------------------------------1-1--------1111-11-11-----------------------------  010010
128  128  ---------------------------------------------------------1------------------------------------  010010
 84   84  -------------------------------------------------------------11----1--------------------------  010010
 74   74  -----------------------------------------------1-------------1-1--11----------1---------------  010010
 43   43  ------------------------------------------------------1---------------------------------------  010010
 27   27  ---------------------------------------------------------------1-111--11-1--------------------  010010
 26   26  ----------------------------------------------1-------11111-11-11---------1-------------------  010010
 25   25  ----------------------------------------------1------------11--11-1--1------------------------  010010
149  149  ----------------------------------------------1---------------------------1-------------------  010001
148  148  ----------------------------------------------11-1-1---------------------1--------1-----------  010000
135  135  -------------------------------------------------1--------------------------------------------  010000
127  127  ----------------------------------------------1--1--------------------------------------------  010000
105  105  ------------------------------------------------11-111------------------------1---------------  010000
204  204  ------------------------------------------------------------------11111111------------11-11111  00111
 20   20  -----------------------------------------------------------------------1-----------1----------  00111
170  170  --------------------------------1-------------11111-1111-------1---------11-11-1-1------------  001101
146  146  ------------------------------------------------------------1----1----1-1----------11---------  001101
 62   62  ---------------------------------------------------1----------------1--111--11---1------------  001101
 19   19  -----------------------------------------------------1-----------------1--1-------1-----------  001101
188  188  ------------------------------------------1--------------1-1111111111111111111111111----------  001100
176  176  --------------------------------1-------------------1-1--1111-11111111111-11-11111------------  001100
155  155  --------------------------------------------------------111111111--1---1-111111111------------  001100
```

153	153	--1---------1-------11---------------	001100
91	91	--11------------------1----------	001100
201	201	------------------------1------------------111--111111111-----11111111111111111-1-1111111	00101
179	179	---1-111-1111111-111111111111111111	00100
157	157	-------------------------------1------------1-1-1-1-----11111--1-11111-11111111111-111111	00100
71	71	---1-----1-----------1--------------1--	00100
30	30	-------------------------------11----------11-1111---1-1-----1---------11111111111-1-11-1	00100
154	154	------------11-1---------------1---11-11111111111-1	000111
34	34	1-----------------1--1---------------------------------------1-----------------1111111--1	000111
195	195	------------------------------------1-----------------------------------11-111-11-1111111	000110
161	161	--1----------1111111111	000110
160	160	---1111111111111-1-111--11-	000110
143	143	---1---------1--1------1-1-----11-11-111-1111111111	000110
142	142	---11-111111111	000110
117	117	-----------1--111-111111111-11111	000110
113	113	-1--1---------11-1111--111111----	000110
109	109	------------------------------1---------------------------------------11--1---11111-11111	000110
92	92	---1-11-----------------------1111-11-11111111111	000110
76	76	--11-----1------1-------11111111--111111111	000110
53	53	--1---------------------11111111---1111111-	000110
31	31	--1--111111---------------1-1-11111111-1111111111	000110
24	24	--1----------------1----1111-11-1111--11-	000110
17	17	-------------------------------1----------------------1-11-111----1--111111111-1111111111	000110
14	14	--1111111--1111111111	000110
141	141	---1---------------	000101
137	137	--1----------	000101
133	133	--1---------11111111-----------	000101
122	122	---111--1------------	000101

```
116  116    ----------------------------------------------------------------------------1----------  000101
 87   87    ---------------------------------------------------------------------------1-----------  000101
 65   65    -----------------------------------------------1--------------------11111111-----------  000101
 55   55    --------------------------------------------------------------------1------------------  000101
 35   35    ----------------------------------------------------------------------------1----------  000101
 18   18    -------------------------------------------------------------------------1-------------  000101
 16   16    -------------------------------------------------------------------------1-11----------  000101
  5    5    --------------------------------------------------------------------1-1----------------  000101
175  175    ------------------------------------------1-----------------------------------1--------  000100
159  159    -----------------------------------------11----------------------------1-------1-------  000100
 72   72    ----1------------------------------------11----1-------1----------1---1111111----------  000100
187  187    ----------------------1--------------------------------------------11--11-1------------  00001
138  138    -----11---------------------------------1-11-------------1---------111----1------------  00001
194  194    -----------1-----------1---------------------------------------1---11-----1------------  00000
123  123    ------------------------------------1----1-----------------------------11-11-----------  00000
 15   15    ----------------------------1-------------------------------------111---1---------11  00000
            00000000000000000000000000000000000000000111111111111111111111111111111111111111111111
            00000000000000000000000000011111111111111100000000000000000000000000000111111111111111111
            00000000001111111111111111100000111111111100000000111111111111111111111000000000111111111
            01111111111000000000000111111000110000000000100111111000000000000011111111100000000010000000111
             0111111111011111111111000011        0000000111      000111000000111110000000001011111111 0000011
              000000011 0000111111              0111111               001111000110000011     0000001 01111
             ********** TWINSPAN completed **********
```

3.3 天目山植被演替

西天目山的自然植被，随着环境条件和发生历史的差异而变化，并随着各植被群落所生长的土壤有规律地分布着。植被综合反映着生态环境条件，是自然生态系统中最重要的一个组成部分，是重要的自然资源之一。根据《中国植被》的分类单位，结合西天目山的具体情况，其植被分类系统采用群丛、群系和植被型作为主要级单位。西天目山植被现有 8 个植被型，29 个群系。

1) 常绿阔叶林。常绿阔叶林是西天目山地带性植被，主要分布在海拔 700 m 以下。根据 1985 年调查结果《天目山自然保护区自然资源综合考察报告》，象鼻山的常绿阔叶林保存较好，林相整齐，较为典型。在海拔 400 m 以下，常绿阔叶林随处可见，占绝对优势。随着海拔的升高，树木比例、种类等发生变化。在沟谷地带，常绿阔叶林可分布到海拔 870 m 左右。

(1) 青冈、苦槠林(Form. Cyclobalanopsis glauca, Castanopsis sclerophylla)。该群落分布在象鼻山东南坡，海拔 230 m，青冈林高在 13～15 m，平均胸径 16 cm，重要值为 91.53；苦槠林高约 12 m，平均胸径 15 cm，重要值为 15.55。乔木层还有女贞、柞木等树种。灌木层有青冈、乌饭树、柃木等。总盖度为 85%。

(2) 甜槠、青冈林(Form. Castanopsis eyrei, C. glauca)。该群落主要分布在海拔 280 m 以上的山坡上，有成片的半自然林。甜槠平均高度为 14 m，平均胸径 21 cm，重要值为 84.72；青冈平均高度 12 m，平均胸径 16 cm；乔木层还有木荷、石楠等树种。灌木层的主要树种是甜槠的幼苗，山合欢和檵木等。总盖度 90%。

(3) 青冈、木荷林(Form. C. glauca, Sohima superba)。在象鼻山和火焰山等地都有分布。青冈平均高度 12 m，平均胸径 14.5 cm，平均冠幅 4.5×5 m，重要值 67.06；木荷林平均高 11 m，胸径 14 cm，重要值 43.32。乔木层的其他树种为山刺柏、冬青、豹皮樟等。灌木层的主要树种是冬青、木荷、山矾、乌饭树等。总盖度 80%。

(4) 青栲、苦槠林(Form. Cyclobalanopsis myrsinaefolia, Castanopsis sclerophylla)。在西天目山分布比较普遍，但是规模不大。青栲古树平均高度约 30 m，平均胸径 85 cm；苦槠平均高度 25 m，平均胸径 82.5 cm；乔木层的其他树种还有樟树、枫香、榉树、毛竹等。总盖度 85%。

(5) 紫楠林(Form. Phoebe sheareri)。该群落分布在海拔 600～800 m 的山坡上，在沟谷地段有大面积的分布。紫楠样方平均高度约 8 m，平均胸径 12 cm，重要值为 62.82；乔木层的其他树种为天竺桂、香榧、枫香、毛竹等。总盖度 85%。

(6) 青冈、小叶青冈林(Form. C glauca, C. gracilis)。该群落主要分布在海拔 855 m 左右，七里亭以下地段。在样方中，青冈高度 20 m 左右，胸径 75 cm，重要值 34.7；小叶青冈较多，平均高度约 12 m，平均胸径 7 cm，重要值为 54.25；乔木层还有交让木、天目木姜子等。灌木层的主要树种有格药柃、槭树、八角枫等。总盖度75%。

(7) 交让木、青冈林(Form. Daphniphyllum macropodum, C. glauca)。该群落主要分布在西天目的三里亭到七里亭之间,即海拔在600~870 m之间的地段,但是不连续分布。样方中交让木平均高度10 m左右,平均胸径17 cm,重要值为47.2;青冈的平均高度11.5 m,平均胸径9.2 cm,重要值为37.4;其他树种为小叶青冈、缺萼枫香等。灌木层的物种有野鸦椿、接骨木、尖尾茶、格药柃等。总盖度75%。

(8) 石栎、紫楠林(Form. Lithcarpus glaber, Phoebe sheareri)。该群落主要集中在西天目山的三里亭到五里亭之间,即海拔在600~750 m之间的地段。在样方中,石栎平均高度约为7 m,胸径13.5 cm,重要值为57.4;紫楠平均高8 m,平均胸径12 cm,重要值为45.3。其他树种还有冬青、小叶青冈等。总盖度85%。

2) 常绿、落叶阔叶混交林。常绿、落叶阔叶林是西天目山的植被精华所在。主要集中在低海拔的禅源寺周围和海拔850~1 100 m的地段。植物物种丰富,群落结构复杂、多样,分层明显。第一层林高在30 m以上,主要有金钱松、柳杉、香果树、天目木姜子、黄山松等;第二层林高20 m以上;第三层林木高15 m左右;第四层林高在8~10 m;第五层林高在8 m以下。

(1) 浙江楠、青栲、麻栎林(Form. Phoebe chekiangensis, C. myrsinaefolia, Quercus acutissima)。该群落主要分布在禅源寺附近,即海拔350 m左右。样地中浙江楠平均高18 m,胸径65 cm,重要值为32.3;麻栎平均高度30 m,平均胸径90 cm,重要值为43.4;柳杉平均高度27 m,平均胸径70 cm,重要值为38.7。样方中还有银杏、枫香、青栲、香樟、栾树、香榧等。灌木层中有银杏幼苗、盐肤木、麻栎幼苗等。总盖度85%。

(2) 苦槠、麻栎林(Form. Castanopsis sclerophylla, Qu. acutissima)。该群落一般大面积分布在山体南坡。在样方中,苦槠平均高18 m,平均胸径45 cm,重要值为37.8;麻栎平均高度16 m,胸径47 cm,重要值为53.4。此外还有枫香、黄连木、化香、杉木等。灌木层主要有乌药、石楠、茶条槭、马银花等。

(3) 紫树、小叶青冈林(Form. Nyssa sinensis, C. gracilis)。该群落主要分布在海拔950~1 100 m地段处。样方中,紫树平均高20 m,平均胸径21 cm,重要值为52.9;小叶青冈平均高17 m,胸径18 cm,重要值为52.9。此外还有杉木、五裂槭、柃木等。下层的主要植物为檵木、接骨木和箬竹等。

(4) 天目木姜子、交让木林(Form. Litsea auriculata, Daphniphyllum macropodum)。该群落主要分布在900~1 100 m处。样方中,天目木姜子平均高22 m,平均胸径40 cm,重要值为53.45;交让木平均高16 m,胸径24 cm,重要值为46.25。此外还有石栎、紫树、青钱柳、香果树等。灌木层种类有接骨木、荚蒾、金缕梅等。总盖度85%。

(5) 香果树、交让木林(Form. Emmenopterys henryi, Daphniphyllum macropodum)。该群落分布比较广泛。样方中香果树平均高30 m,胸径89 cm,重要值为63.4;交让木平均高18 m,平均胸径22 cm,重要值为26.7。天目木姜子、小叶青冈等树种也有分布。总盖度75%。

(6) 短柄枹、小叶青冈林(Form. Quercus glandulifera var. brevipetiolata, C. gracilis)。该群落主要分布在西天目山海拔 1 000～1 100 m 的上坡上。样方中，短柄枹平均高度 15 m，平均胸径 17 cm，重要值为 37.8；小叶青冈平均高度 17 m，胸径 14.5 cm，重要值 47.3。此外，交让木、鹅耳枥、大果山胡椒等也有分布。总盖度 90%。

3) 落叶阔叶林。落叶阔叶林是西天目山中亚热带向北亚热带过渡性植被，分布较高，一般在海拔 1 100～1 380 m 处。

(1) 白栎、锥栗林(Form. Quercus fabri, Castanea henryi)。该群落主要分布在海拔 750 m 以上的山坡上。样地中，白栎平均高 12 m，平均胸径 17 cm，重要值为 47.4；锥栗平均高 14 m，胸径 14 cm。另外，还有茅栗、黄山松等分布在乔木层。灌木层主要有白栎的幼苗、盐肤木、野鸦椿等。总盖度 95%。

(2) 茅栗、灯台树林(Form. Castanea sequinii, Cornus controversa)。该群落主要分布在西天目山向阳的南坡，海拔为 1 300 m，群落组成以茅栗和灯台树占优势。在样地中，茅栗和灯台树占优势，其他树种还有短柄枹、天目槭、四照花等，乔木层总盖度一般在 60%～65%。

(3) 四照花、川榛林(Form. Dendrobenthamia japonicavar, Corylus heterophylla)。该群落主要分布在海拔 1 350 m 左右的地段上。除了四照花、川榛，常见的树种还有短柄枹、茅栗、鸡爪槭和椴树等。乔木层的盖度一般在 45%左右。灌木层茂密，盖度在 80%。整个群落比较矮小，平均高度 5 m 左右。

(4) 短柄枹林(Form. Quercus glandulifera var. brevipetiolata)。该群落在天目山分布较广。在样方中短柄枹平均高度 14 m，平均胸径 11.5 cm，重要值为 72.3；其他的树种还有灯台树、云锦杜鹃、黄山松等。总盖度 75%。

(5) 领春木林(Form. Euptelea pleiospermum)。该群落在西天目山海拔 1 200 m 左右，成片分布。样地中领春木平均高 6 m，平均胸径 8 cm，重要值为 54.6；其他物种还有化香、蜡瓣花属、紫茎等。总盖度 75%。

4) 落叶矮林。落叶矮林是西天目山山顶的典型植被，分布在上地地段，海拔 1 380 m 以上。由于海拔高、温度低、风力大、雾霜多等因素的综合影响，乔木树干弯曲、节间短、低矮丛生，故称落叶矮林。

在自然条件下，天目山森林群落演替的主要途径是遵循亚热带典型植被演替的规律。在自然保护区的试验区和缓冲区，有大量的次生演替发生。在次生演替过程中，先锋树的松属植物通常作为先锋种，在次生裸地上占据一定的位置。因为松属植物对生境条件要求不高，耐旱、耐贫瘠、具有较大的适应性。但是成林后结构简单、盖幕作用小、透光率大、林内温度高湿度低、日夜温差大，为喜阳性树种提供了较好的环境。这些阳生性树种入侵松林后生长良好，郁闭度增加，结果松属植物不能自然生长更新而死亡。

在演替的中后期，中生性树种，如青冈、苦槠、交让木、麻栎等因有了合适的环境而发展起来，使得群落结构更加复杂，郁闭度进一步增加，群落趋于以中生性树种为优势的接近气候顶级的群落。这就是该区域的群落演替机制。由于海拔等地理位置的差异，在低海拔地区的常绿阔叶林中，演替后期的稳定植被类型通常包括青冈-苦槠林、甜槠-青冈林、青冈-木荷林、青栲-苦槠林、紫楠林、青冈-小叶青冈林、交让木-青冈林、石栎-紫楠林等植被类型；在中山地带，演替后期的稳定植被类型包括常绿阔叶-落叶阔叶混交林、浙江楠-青栲-麻栎林、苦槠-麻栎林、紫树-小叶青冈林、天目木姜子-交让木林、香果树-交让木林、短柄枹-小叶青冈林等植被类型；在山上部，演替后期的稳定植被类型包括短柄枹林、领春木林、四照花-川榛林、茅栗-灯台树林和白栎-锥栗林等落叶阔叶林植被类型。

在自然保护区的核心地带，分布有相对比较稳定的处于演替成熟阶段的常绿阔叶林和常绿阔叶-落叶阔叶混交林。这些植被中混生有古老的银杏大树、柳杉大树和金钱松大树，形成了特殊的植被景观。

第4章 天目山植被遥感分类和动态

天目山地形复杂，气候温和，雨量充沛，相对湿度较大，土壤深厚肥沃，植物发育良好，种类成分丰富。天目山植物区系的亚热带、暖温带特征显著，热带植物分布有相当比重，与日本植物区系、东亚和北美植物区系关系密切。天目山天然环境优越，它保存的大量珍贵的动植物品种，是自然界的原始“底本”，具有生物物种天然基因库的宝贵科学价值。

4.1 天目山植物区系的演变过程

天目山自古生代志留纪褶皱成陆，至中生代侏罗纪白垩纪达准平原状态。燕山运动时，受广泛持久的火山活动和花岗岩体侵入而上升成高地。整个中生代时期气候湿热，丛林密布。主要生长着古蕨类和古裸子植物。古蕨类植物有裸蕨植物、石松植物、楔叶植物、真蕨植物和多种种子蕨类。古裸子植物有银杏、苏铁、穗花杉、罗汉柏、紫杉以及松柏类等。银杏起源于三叠纪，后来世界上几乎灭绝，仅在西天目山和滇东的奕良可见到野生种，称为著名的“活化石”。

新生代早第三纪时，亚美两洲相连，大陆地形平缓。气候湿热，南北方水热状态相近。其时天目山一带古老类型的裸子、蕨类植物大为减少，松柏类显著增加，并出现了不少阔叶树种。从杭州湾南岸长河组地层中发现的孢粉组合来看，当时的裸子植物以松类和杉科为主，雪松(Cedrus)、云杉(Picea)、落叶松(Laxix)、柏科(Cupressaceae)等次之。被子植物则以栎类(Quercus)、榆类(Ulmus)、山核桃(Cavya)为主，漆类次之。

晚第三纪时，全球气温变冷，亚热带北界南迁，季节性日趋明显；降水量减少，空气湿度相对降低，使得这里落叶树种明显增加。但常绿林的比重仍然很大。从浙江嵊县组地层(中新世到上新世)发现的孢粉分析可知有黄杨(*Buxus*)、栎(*Quercus*)、铜钱树(*Paliurus*)、南蛇藤(*Celastrus*)、樟(*Cinnamomum*)、蓝果树(*Myssa*)、皂荚(*Glcditsea*)、槭(*Acer*)、榆(*Ulmus*)、鹅耳枥(*Carpinus*)和槐(*Sophora*)等。

第四纪时，气候发生了全球性的大变化，冰期与间冰期的频繁更替，导致了气候的节奏性波动，严重地影响着植物群落的南北迁移。即使在同一地区的垂直方向上也上下迁徙明显。当冰期来临时，喜冷植物从北方迁到南方，从山巅移到山麓。间冰期则相反，喜暖植物从南方移到北方，从山麓移到山体上部。根据太湖地区第四纪沉积物的植物孢粉分析，中更新世气候曾经经历过多次的波动变化。气候变得干冷时，出现过云杉、落叶松、冷杉(*Abies*)等耐寒性强的针叶树，并伴有栎、榆、桦等落叶阔叶树。气候暖湿时，则出现喜暖植物，如栲(*Castanopsis*)、青冈栎(*Cyclobalanopsis*)、冬青(*Llex*)、柃木(*Eurya*)和枫香(*Liguidambar*)等。第四纪冰川在天目山一带是否出现，争论纷纭。通过天目山西侧平溪冰川堆积物(一说为冰水冲积物泥石流之类)中含有冷杉、松、云杉以及柏科等大量耐寒植物孢粉，一般认为，在西天目山山岳地带气候严寒，而在山腰和山麓则仍然生长着茂密的针叶林。

第四纪冰期以后，植物大致与现代相同。从距今六七千年以前的杭州湾南岸余姚市罗江乡河姆渡遗迹中发现有许多动植物遗迹，植物有樟、松、榕、铁杉等，动物有犀牛、大象，足以说明当时这里出现过高大茂密的亚热带森林。从西天目山华严洞发掘的晚更新世洞穴堆积物中，发现了许多杂食性和植食性的动物群，如红面猴、黑熊、大熊猫、猪獾、东方剑齿象、中国犀、貘、野猪、水鹿以及赤鹿、水牛等，这说明天目山一带当时气温比现代高。森林茂密，水草丰盛，属南亚热带或热带的气候类型。据调查统计，有苔类植物 22 科 33 属 70 种；藓类植物 39 科 110 属 240 种；蕨类植物 29 科 60 属 110 种；种子植物 167 科 716 属 1 570 余种，其中木本植物 86 科 277 属 675 种。

但目前在天目山自然保护区内，毛竹扩张现象比较普遍和严重，逐年蚕食常绿落叶阔叶混交林等天然植被，造成了保护内毛竹林纯林化，正威胁着保护区核心区的重点保护物种，影响了自然保护区的生物多样性及整个森林生态系统的生态安全的维护。据 1956 年天目山森林资源调查记载，当时毛竹林面积为 55.1 hm^2，2004 年调查的毛竹林面积为 87.5 hm^2，48 年间增长 58.7%，近年来扩张速度明显加快。丁丽霞等用遥感和地理信息系统技术，监测该自然保护区在 1985、1991、2003 年 3 个时期的毛竹林面积及其变化。结果显示，区内毛竹林面积以平均每年 4.47 hm^2 的增长速度扩张，并有继续快速蔓延的趋势，严重侵占了周围原始植被(特别是阔叶林分)。因此，对天目山国家级自然保护区植被类型的动态变化趋势进行调查和分析迫在眉睫。

4.2　天目山植被遥感分类

4.2.1　遥感图像分类方法研究综述

森林资源的调查、规划、管理、监测、评价、预测预报、决策等各个环节都离不开现实的、客观的、准确的信息，因此，人们迫切希望能快速、准确、高效地获取森林资源信息，及时监测其变化情况，以实现森林资源的科学管理和有效利用。遥感技术的出现及遥感影像分类技术的发展为传统的林业资源勘测调查等提供了一个崭新有效的新途径。遥感图像分类是森林资源调查和监测不可缺少的内容。遥感影像计算机自动识别与分类，就是利用计算机对地球表面及其环境在遥感图像上的信息进行属性的识别和分类，从而达到识别图像信息所对应的实际地物，提取所需地物信息的目的。目前遥感影像自动分类主要利用地物(或对象)在遥感影像上反映出来的光谱特征来进行识别与分类。

遥感图像分类是遥感技术领域研究的重要课题之一，多年来一直受到遥感研究人员的普遍重视。在遥感技术研究中，通过遥感图像判读识别各种目标是遥感技术发展的一个重要环节，无论是专业信息提取、动态变化预测，还是专题地图制作和遥感数据库的建立等都离不开分类。

图像分类是模式分类在图像处理中的应用，它将图像数据从二维灰度空间转换到目标模式空间。模式分类一般分为统计分类和结构分类。统计分类着重于定量的统计方法；结构模式分类则基于描述图像的结构信息、结构特征，利用形式语言中的规则进行分类。目前遥感分类中应用较多的是传统的统计模式识别方法(监督分类方法中的最大似然分类法、最小距离法等和无监督分类中的等距离混合法、循环集群法等)。模式分类的新方法有模糊分类、基于 Markov 随机场模型纹理描述的分类方法、小波分析的分类方法、分形的纹理方法、神经网络图像分类器等。最大似然法是各种监督分类算法中应用较为广泛也是较为成熟的一种分类方法，它是基于贝叶斯准则的一种非线性分类算法。

4.2.2 研究方法与技术路线

本研究对天目山自然保护区影像进行几何校正和大气校正，通过影像切割技术将天目山区域裁剪出来后，划出训练样区，然后利用最大似然法进行监督分类，在确保一定精度的前提下，得到分类结果图。最后监测天目山自然保护区近 30 年植被类型动态变化情况，并结合天目山自然保护区核心区、缓冲区和实验区分布专题图进一步分析 3 个区域植被类型动态变化情况。研究的技术路线如图 4－1 所示。

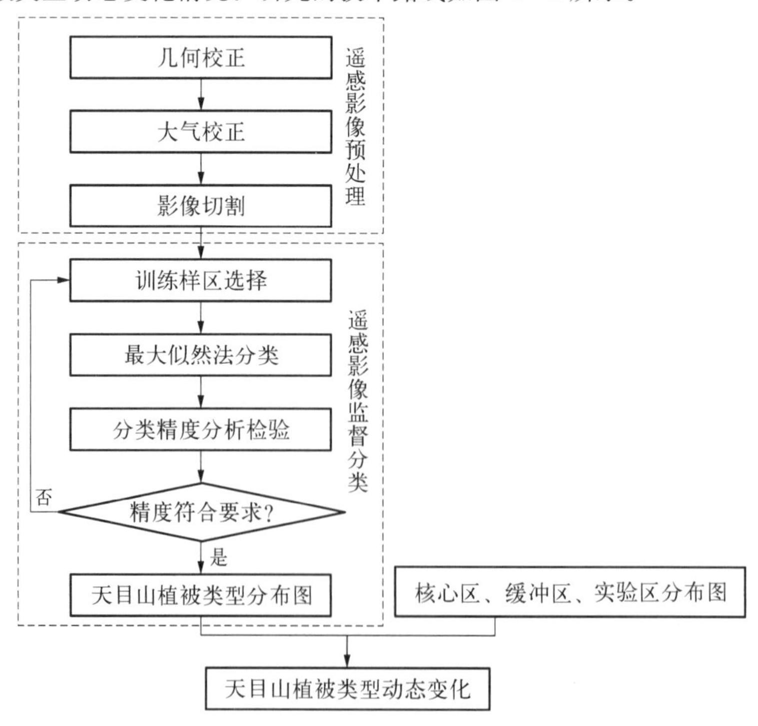

图 4－1
研究技术路线

4.2.3　遥感影像预处理

利用光谱数据进行影像分类时，结果的准确性很大程度上取决于光谱资料的聚集程度。原始的遥感影像在成像过程中，由于受到各种因素的影响，会产生几何畸变、图像目视效果不好或者有用的信息不突出等问题，从而导致分类错误，因此必须在分类之前进行影像预处理。

4.2.3.1　几何校正

遥感图像成像时，由于传感器平台和地球自转、地球曲率等各方面的原因，原始图像往往会在几何位置、形状、尺寸、方位等方面存在着几何变形。遥感图像的几何变形误差可分为内部和外部几何误差两类。其中，内部几何误差一般由遥感系统本身或遥感系统与地球自转、地球曲率共同引起。内部几何误差通常是系统性的，可通过数据采集时遥感系统和地球的几何特征参数来确定和校正。外部几何误差是在传感器正常工作状态下，由传感器以外的各种因素造成的误差，如传感器高度和姿态的变化、地形起伏等引起的变形误差。遥感图像的几何校正就是要校正成像过程中所造成的各种几何变形。

几何校正的步骤如下：

(1) 地面控制点(GCP)的选取。

这是几何纠正最重要的一步。地面控制点应当具有如下特征：

(i) 地面控制点在图像上有明显的、清晰的定位识别标志，如道路交叉点、河流汊口、建筑边界、农田界限。

(ii) 地面控制点上的地物不随时间而变化，以保证当两幅不同时段的图像或地图几何纠正时，可以同时识别出来。

(iii) 在没有做过地形纠正的图像上选控制点时，应在同一地形高度上进行。

地面控制点应当均匀地分布在整幅图像内，且要有一定的数量保证。地面控制点的数量、分布和精度直接影响几何纠正的效果。控制点的精度和选取的难易程度与图像的质量、地物的特征及图像的空间分辨率密切相关。

(2) 多项式纠正模型的建立。

地面控制点确定后，要在图像或地图上分别读出各个控制点在图像上的像元坐标(x, y)及其参考图像或地图上的坐标(X, Y)。下一步是选择合适的坐标变换函数式(即数学纠正模型)，建立图像坐标(x, y)与其参考坐标(X, Y)之间的关系式，通常又称为多项式纠正模型。其数学表达式为

$$x = \sum_{i=0}^{N} \sum_{j=0}^{N-i} a_{ij} X^i Y^j$$

$$y = \sum_{i=0}^{N} \sum_{j=0}^{N-i} b_{ij} X^i Y^j$$

式中，a_{ij}，b_{ij} 为多项式系数，N 是多项式的次数。N 的选取，取决于图像变形的程度、地面控制点的数量和地形位移的大小。对于多数具有中等几何变形的小区域的卫星图像，一次线性多项式就可以纠正 6 种几何变形，包括 X，Y 方向的平移，X，Y 方向的比例尺变形、倾斜和旋转，从而取得足够的纠正精度。对变形比较严重的图像或当精度要求较高时，可用二次或三次多项式。本研究选择了二次多项式：

$$x = a_0 + a_1X + a_2Y + a_3X^2 + a_4XY + a_5Y^2 + \cdots$$
$$x = b_0 + b_1X + b_2Y + b_3X^2 + b_4XY + b_5Y^2 + \cdots$$

当多项式的次数(N)选定后，用所选定的控制点坐标，按最小二乘法回归求出多项式系数。然后用以下公式计算每个地面控制点的均方根误差：

$$RMS_{\text{error}} = \sqrt{(x' - x)^2 + (y' - y)^2}$$

式中，x，y 是地面控制点在原图像中的坐标，x'，y' 是对应于相应的多项式计算的控制点坐标。估算坐标和原坐标之间的差值大小代表了其每个控制点几何纠正的精度。通过计算每个控制点的均方根误差，即可检查有较大误差的地面控制点，又可得到累积的总体均方根误差。本研究所选取的 138 个控制点中每个控制点的均方根误差均小于 1，累积的总体均方根误差为 0.507 724，符合精度要求。

(3) 重采样。

重新定位后的像元在原图像中分布是不均匀的，即输出图像像元点在输入图像中的行列号不是或不全是整数关系。因此需要根据输出图像上的各像元在输入图像中的位置，对原始图像按一定规则重新采样，进行亮度值的插值计算，建立新的图像矩阵。常用的重采样方法有最近邻插值法、双线性插值法和三次卷积插值法。本研究选择双线性插值法进行重采样，具体步骤是：取原始图像上点(x，y)的 4 个邻近的已知像元亮度值的近似加权平均和，权系数由双线性内插的距离值构成，相当于先对由 4 个像元点形成的四边形中的 2 条相对边作线性内插，然后再跨这两边作线性内插。

4.2.3.2 大气校正

在太阳辐射下行穿越大气层到达地表的过程中，受到大气分子、气溶胶和云粒子等的散射作用，部分散射、辐射直接到达传感器，这部分辐射称为程辐射。在大部分针对地表的遥感图像中，程辐射都被视为无效信息。太阳辐射下行到达地表，受到地表的反射作用，部分辐射上行穿越大气层，最终到达传感器，这部分辐射携带地物目标的有效信息，在其上行穿过大气的过程中，也受到大气的吸收和散射作用而衰减。遥感图像的大气校正就是从传感器接收到的信号中，消除大气效应的影响，提取有用的地表反射辐射的信息。

目前常用的大气校正方法有基于辐射传输模型的 MODTRAN 模型、LOWTRAN 模型、ATCOR 模型和 6S 模型等。本研究基于 MODTRAN4＋辐射传输模型进行大气校正，采用的工具是ENVI中的FLAASH大气校正工具。具体处理步骤如下：

(1) 从TM图像中获取大气参数，包括能见度（气溶胶光学厚度）、气溶胶类型和大气水汽含量。由于目前气溶胶反演算法多是基于图像中的特殊目标，如水体或浓密植被等暗体目标，在FLAASH中也沿用了暗目标法，一景图像最终能获取一个平均的能见度数据；同时，FLAASH中水汽含量的反演算法是基于水汽吸收的光谱特征，采用了波段比值法，水汽含量的计算在FLAASH中是逐像元进行的。

(2) 大气参数获取之后，通过求解MODTRAN4＋大气辐射传输方程来获取反射率数据。

(3) 为了消除纠正过程中存留的噪声，需要利用图像中光谱平滑的像元对整幅图像进行光谱平滑运算。

4.2.3.3　影像切割

为了获得天目山自然保护区范围的遥感影像，可用研究区的边界矢量文件进行切割得到。本研究利用ENVI5.0软件将研究区边界矢量图转换成ENVI可使用的ROI文件，然后在ENVI5.0中对遥感影像实施不规则切割，得到该研究区范围的遥感影像。

4.2.4　遥感影像监督分类

监督分类又称训练分类法，即用被确认类别的样本像元去识别其他未知类别像元的过程。已被确认类别的样本像元是指那些位于训练区的像元。在这种分类中，分析者在遥感影像上对每一种植被类型选取一定数量的训练区，计算机计算每种训练样区的统计或其他信息，每个像元和训练样本作比较，按照不同规则将其划分到和其最相似的样本类。

监督分类的主要步骤包括：① 选择特征波段；② 选择训练区；③ 选择或构造训练分类器；④ 对分类精度进行评价。在监督分类中，人们最常用的是最大似然分类法和最小距离分类法。最大似然分类法一般基于贝叶斯(Bayes)准则构建；而基于各种距离判决函数的多种分类方法都称为最小距离分类法。本研究选择的分类算法为最大似然法。

最大似然分类法是通过求出每个像元对于各植被类型归属概率（似然度）(Likelihood)，把该像元分到归属概率（似然度）最大的植被类型中去的方法。最大似然法假定训练区植被的光谱特征和自然界大部分随机现象一样，近似服从正态分布，利用训练区可求出均值、方差以及协方差等特征参数，从而可求出总体的先验概率密度函数。当总体分布不符合正态分布时，其分类可靠性将下降，这种情况下不宜采用最大似然分类法。

最大似然分类法在多类别分类时，常采用统计学方法建立起一个判别函数集，然后根据这个判别函数集计算各待分象元的归属概率（似然度）。其判别函数为

$$g_i(x) = p(\omega_i \mid x) = p(x \mid \omega_i)p(\omega_i)/p(x)$$

式中，$p(x \mid \omega_i)$ 为 ω_i 观测到 x 的条件概率；$p(\omega_i)$ 是类别 ω_i 的先验概率；$p(x)$ 是 x 与类别无关情况下的出现概率。那么，通过假定地物光谱特征服从正态分布，上式贝叶斯判别准则可表示为

$$g_i(x) = p(x \mid \omega_i)p(\omega_i) = \frac{p(\omega_i)}{(2\pi)^{K/2} \mid \sum_i \mid^{1/2}} \exp\left[-\frac{1}{2}(x-u_i)^{\mathrm{T}} \sum_i^{-1}(x-u_i)\right]$$

通过取对数的形式，并去掉多余项，最终的判别函数为

$$g_i(x) = \ln[p(\omega_i)] - \frac{1}{2}\ln \mid \sum_i \mid - \frac{1}{2}(x-u_i)^{\mathrm{T}} \sum_i^{-1}(x-u_i)$$

上式即为最大似然分类法的判别公式。式中的 x 为光谱特征向量，其中 $\sum$ 为协方差矩阵，即

$$\sum = \begin{pmatrix} \delta_{11} & \delta_{12} & \cdots & \delta_{1n} \\ \delta_{21} & \delta_{22} & \cdots & \delta_{2n} \\ \vdots & \vdots & & \cdots \\ \delta_{n1} & \delta_{n2} & \cdots & \delta_{nm} \end{pmatrix}$$

$$\delta_{ij} = \frac{1}{N}\sum_k (x_{ik} - u_i)(x_{jk} - u_j)$$

式中，x_{ik} 表示第 i 特征第 k 个特征值；N 为第 i 特征的特征值总个数。因而 $\sum_i$ 为第 i 类的协方差矩阵，u_i 为第 i 类的均值向量，在分类时这两类数据通过样本光谱特征的协方差和均值获得。

最大似然法分类步骤如下：

(1) 确定需要分类的地区和使用的波段和特征分类数，检查所用各波段或特征分量是否相互已经位置配准。

(2) 根据已掌握的典型地区的地面情况，在图像上选择训练区。

(3) 计算参数，根据选出的各类训练区的图像数据，计算和确定先验概率。

(4) 分类，将训练区以外的图像像元逐个逐类代入公式，对于每个像元，分几类就计算几次，最后比较大小，选择最大值得出类别。

(5) 产生分类图，给每一类别规定一个值，如果分 10 类，就定每一类分别为 1, 2, …, 10，分类后的像元值使用类别值代替，最后得到的分类图像就是专题图像。由于最大灰阶值等于类别数，在监视器上显示时需要给各类加上不同的彩色。

(6) 检验结果，如果分类中错误较多，需要重新选择训练区再作以上各步，直到结果满意为止。

这里需要注意的是，各个类别的训练数据至少要为特征维数的 2 倍以上才能测定具有较高精度的均值及方差、协方差；如果 2 个以上的波段相关性强，那么方差协方差

矩阵的逆矩阵可能不存在，或非常不稳定，在训练样本几乎都取相同值的均质性数据组时这种情况也会出现。此时，最好采用主成分变换，把维数压缩成仅剩下相互独立的波段，然后再求方差协方差矩阵；当总体分布不符合正态分布时，不适于采用正态分布的假设为基础的最大似然分类法。

本研究将天目山土地覆盖类型分为毛竹林、常绿林、落叶林、针叶林、水体、裸地及建筑用地6类。利用天目山自然保护区1983年11月30日和1984年8月4日Landsat 5 MSS影像，1994年5月12日和1995年12月9日Landsat 5 TM影像，2003年12月15日和2004年7月26日Landsat 5 TM影像，2014年12月29日和2015年5月22日Landsat 8 OLI影像，监督分类后得到1984年、1994年、2003年和2014年天目山植被类型专题图，如图4-2所示。

4.2.5　分类精度分析检验

精度评价是对两幅图像进行比较，其中一幅是要进行评价的遥感分类图像，另一幅是假设精确的参考图。显然，参考图本身的准确性很重要，如果一幅参考图本身有误差，那么基于参考图的精度评价便不准确。精度评价最好是比较两幅图像中每个像元之间的一致性。但在多数情况下，很难取得一整幅精确的参考图，因此大多数精度评价都是对图像采样的一部分像元进行评价。通常把训练样本分为两部分：一部分用于分类，另一部分用于精度评价。

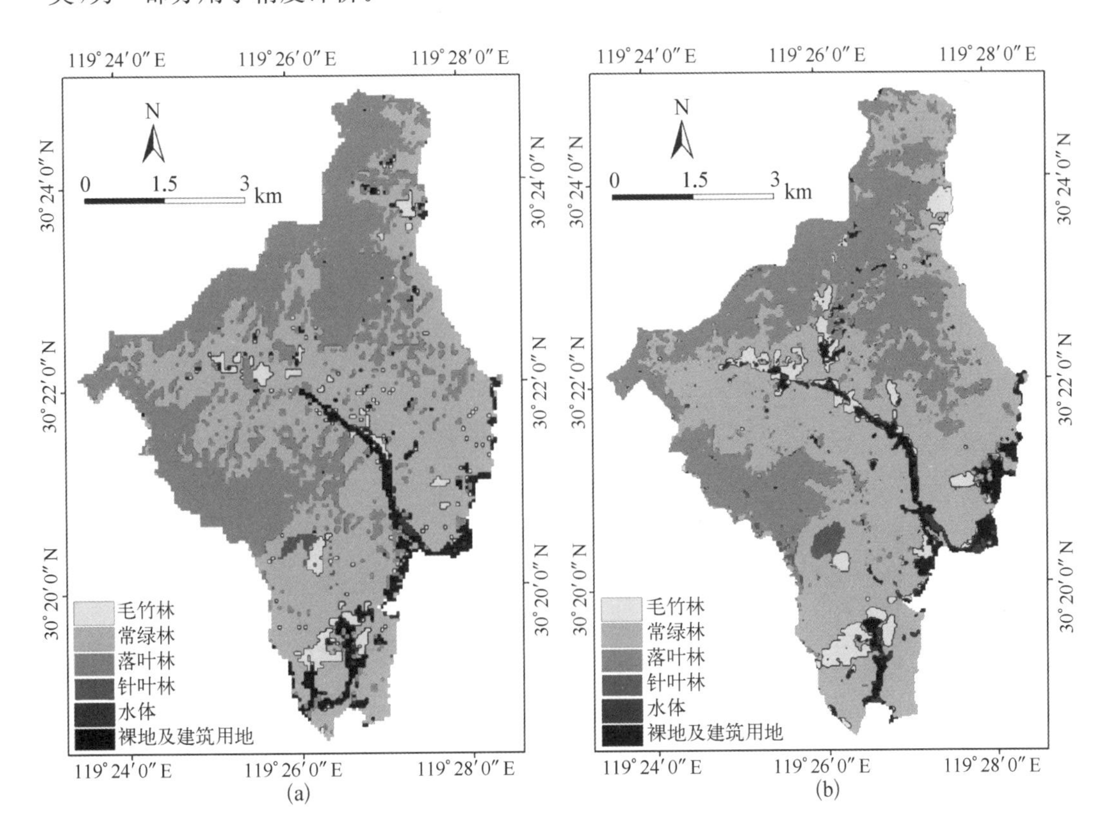

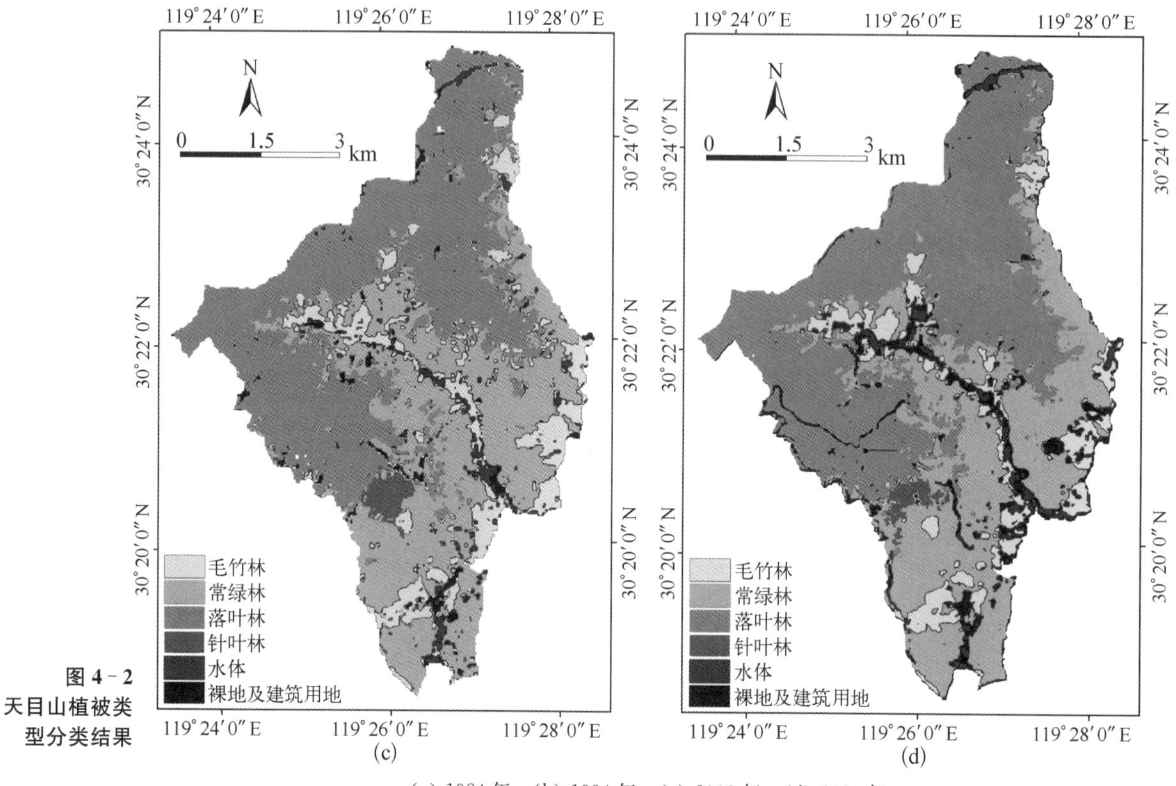

图 4-2 天目山植被类型分类结果

(a) 1984 年 (b) 1994 年 (c) 2003 年 (d) 2014 年

样本是分类精度评价的基本单元，可靠的样本数据将给计算统计量和进行精度评价提供必要的基础资料。通常，最常用来获取精度指标的方法是建立误差矩阵（或称混淆矩阵），以此计算各种统计量并进行统计检验，最终给出对于总体的和基于各种地面类型的分类精度值。

1）误差矩阵

误差矩阵（也称混淆矩阵）用来表示精度评价的一种标准格式。误差矩阵是 n 行 n 列的矩阵，其中 n 代表类别的数量，一般可表达为如表 4-1 所示的形式。

表 4-1 误差矩阵表

实测数据类型	分 类 数 据 类 型					实测总和
	1	2	…	…	n	
1	P_{11}	P_{21}	…	…	P_{n1}	P_{+1}
2	P_{12}	P_{22}	…	…	P_{n2}	P_{+2}
…	…	…	…	…	…	…
n	P_{1n}	P_{2n}	…	…	P_{nn}	P_{+n}
分类总和	P_{1+}	P_{2+}	…	…	P_{n+}	P

其中，P_{ij} 是分类数据类型中第 i 类和实测数据类型第 j 类所占的组成成分；

$p_{i+} = \sum_{j=1}^{n} p_{ij}$，为分类所得到的第 i 类的总和；

$p_{+j} = \sum_{j=1}^{n} p_{ij}$，为实际观测的第 j 类的总和；

P 为样本总数。

2) 基本的精度指标

针对误差矩阵的基本统计估计量包括：

(1) 总体分类精度：

$$p_c = \sum_{k=1}^{n} p_{kk} / p$$

它是具有概率意义上的一个统计量，表述的是对每个随机样本，所分类的结果与地面所对应区域的实际类型相一致的概率。

(2) 用户精度(对于第 i 类)：

$$p_{u_i} = p_{ii} / p_{i+}$$

它表示从分类结果中任取一个随机样本，其所具有的类型与地面实际类型有相同的条件概率。

(3) 制图精度(对于第 j 类)：

$$p_{A_j} = p_{jj} / p_{+j}$$

它表示相对于地面获得的实际资料中的任意一个随机样本，分类图上同一地点的分类结果与其相一致的条件概率。

总体精度、用户精度和制图精度从不同的侧面描述了分类精度，是简便易行并具有统计意义的精度指标。与这些统计量相关联的度量还有经常提到的漏分与错分误差。所谓漏分误差即指对于地面观测的某种类型，在分类图上任取一样本，它与实际地面观测类型不同的概率，也就是实际的某一类地物有多少被错误地分到其他类别。而错分误差则指对于所分出的某一类型，任取一个样本，它与实际地面观测类型不同的概率，也就是图像中被划为某一类地物实际上有多少应该是别的类别。漏分误差与制图精度互补，而错分误差与用户精度互补。

在对误差矩阵进行分析得出其总体精度、用户精度和制图精度后，往往仍需要一个更客观的指标来评价分类质量，比如两幅图之间的吻合度。利用总体精度、用户精度和制图精度的一个缺点是像元类别的小的变动可能导致其百分比变化。运用这些指标的客观性依赖于采样样本以及方法。Kappa 分析(Kappa 系数法)采用另一种离散的多元技术，考虑了矩阵的所有因素，用以克服以上的缺点。Kappa 分析产生的评价指标被称为 K_{hat} 统计，K_{hat} 是一种测定两幅图之间吻合度或精度的指标，其公式为

$$K_{hat} = \frac{N\sum_{i=1}^{r} x_{ii} - \sum_{i=1}^{r}(x_{i+} \times x_{+i})}{N^2 - \sum_{i=1}^{r}(x_{i+} \times x_{+i})}$$

式中：r是误差矩阵中总列数(即总的类别数)；x_{ii} 是误差矩阵中第i行第i列上像元数目(即正确分类的数目)；x_{i+} 和 x_{+i} 分别是第i行和第i列的总像元数量；N是总的用于精度评估的像元数量。

本研究对监督分类后得到1984年、1994年、2003年和2014年天目山植被类型专题图进行分类精度评价，评价结果如表4-2所示。

表4-2 天目山植被类型分类精度表

类　别	1984年	1994年	2003年	2014年
总体精度/(%)	75.67	81.42	82.25	79.58
Kappa系数/(%)	57.98	76.49	76.97	72.6

表4-2显示，1984年、1994年、2003年和2014年天目山植被类型专题图分类精度均达到75.67%以上，说明最大似然法在天目山土地利用覆盖分类中是有效的。

4.3 天目山植被动态

根据图4-2天目山植被类型分类结果图，统计得出天目山1984年、1994年、2003年和2014年4个时相不同植被类型(毛竹林、针叶林、常绿林和落叶林)的面积(单位为hm^2)和面积百分比(%)，结果如表4-3所示。

表4-3 天目山不同植被类型面积及占总面积比

年　份	类　型	毛竹林	针叶林	常绿林	落叶林	水　体	裸地及建筑用地
1984	面积/hm^2	145.24	23.25	2 351.09	1 594.46	12.88	214.29
	(%)	3.35	0.54	54.16	36.73	0.30	4.94
1994	面积/hm^2	224.27	47.58	2 445.84	1 383.99	24.60	214.94
	(%)	5.17	1.10	56.34	31.88	0.57	4.95
2003	面积/hm^2	484.62	89.12	1 648.43	1 914.79	67.49	136.77
	(%)	11.16	2.05	37.97	44.11	1.55	3.15
2014	面积/hm^2	389.01	54.09	1 494.96	2 023.18	57.68	322.29
	(%)	8.96	1.25	34.44	46.60	1.33	7.42

表4-3显示，1984—2014年天目山不同植被类型面积均有所变化，具体变化趋势如下：

(1) 毛竹林面积呈增长趋势，从1984年的145.24 hm^2 增长至2014年的389.01 hm^2，面积百分比从1984年的3.35%增长至2014年的8.96%。其中，1984年至2003年毛竹林面积呈爆发式增长，面积从 145.24 hm^2 增长至 484.62 hm^2，面积百分比从 3.35%增长至 11.16%。2003 年至 2014 年毛竹林面积有所减少，面积从 484.62 hm^2 下降至 389.01 hm^2，面积百分比从 11.16%下降至 8.96%。导致该现象的主要原因是裸地与建筑用地面积的增长，其面积从 2003 年的 136.77 hm^2 增长至 2014 年的 322.29 hm^2。

(2) 针叶林面积呈增长趋势，从 1984 年的 23.25 hm^2 增长至 2014 年的 54.09 hm^2，面积百分比从 1984 年的 0.54%增长至 2014 年的 1.25%。其中，1984 年至 2003 年针叶林面积呈增长趋势，面积从 23.25 hm^2 增长至 89.12 hm^2，面积百分比从 0.54%增长至 2.05%。但 2003 年至 2014 年针叶林面积有所减少，面积从 89.12 hm^2 下降至 54.09 hm^2，面积百分比从 2.05%下降至 1.25%，主要是由于裸地与建筑用地面积的增长导致。

(3) 常绿林面积呈下降趋势，从 1984 年的 2 351.09 hm^2 下降至 2014 年的 1 494.96 hm^2，面积百分比从 1984 年的 54.16%下降至 2014 年的 34.44%。其中，1984 年至 1994 年常绿林面积呈增长趋势，面积从 2 351.09 hm^2 增长至 2 445.84 hm^2，面积百分比从 54.16%增长至 56.34%，主要是由于落叶林面积的降低导致，落叶林面积从 1984 年的 1 594.46 hm^2 下降至 1994 年的 1 383.99 hm^2。

(4) 落叶林面积呈增长趋势，从 1984 年的 1 594.46 hm^2 增长至 2014 年的 2 023.18 hm^2，面积百分比从 1984 年的 36.73%增长至 2014 年的 46.60%。其中，1984 年至 1994 年落叶林面积呈下降趋势，面积从 1 594.46 hm^2 下降至 1 383.99 hm^2，面积百分比从 36.73%下降至 31.88%，主要是由于毛竹林、针叶林、常绿林和水体面积的增长导致。

综上所述，天目山主要植被类型为常绿林和落叶林。但近 30 年来，随着毛竹林的扩张、针叶林、水体、裸地及建筑用地面积的增长，常绿林和落叶林的面积有所减少。为此，天目山管理委员会将天目山自然保护区分为 3 个区，即核心区、缓冲区和实验区。核心区为保存完整的原生和半原生状态的自然景观地区，该区域要严加保护，避免遭受人为的干扰破坏。核心区的周围是经过轻度人为干扰的地区，能起到防止核心区受到外界影响的作用，该区域为缓冲区。缓冲区在保证不损坏原有种群环境的前提下，可根据实际需要，开展各项试验或生产性科研，也可划出小片地段作为薪炭与采药等基地，以满足当地群众生活上的需要。实验区分布在自然保护区的外围，人为干扰较严重，应根据当地环境的特点，建立适于人们需要的栽培植被，生产各种特有的产品，为当地或所属自然景观带植被的恢复起示范和推广作用，还可因地制宜地饲养各种经济动物。天目山自然保护区核心区、缓冲区和实验区分布如图 4-3 所示。

4.3.1　核心区植被动态

本研究利用 ArcGIS 10.1 软件，根据天目山自然保护区核心区分布图从图 4-2 中将天目山核心区植被类型专题图裁剪出来，得到 1984 年、1994 年、2003 年和 2014 年天目山自然保护区核心区植被类型专题图，如图 4-4 所示。

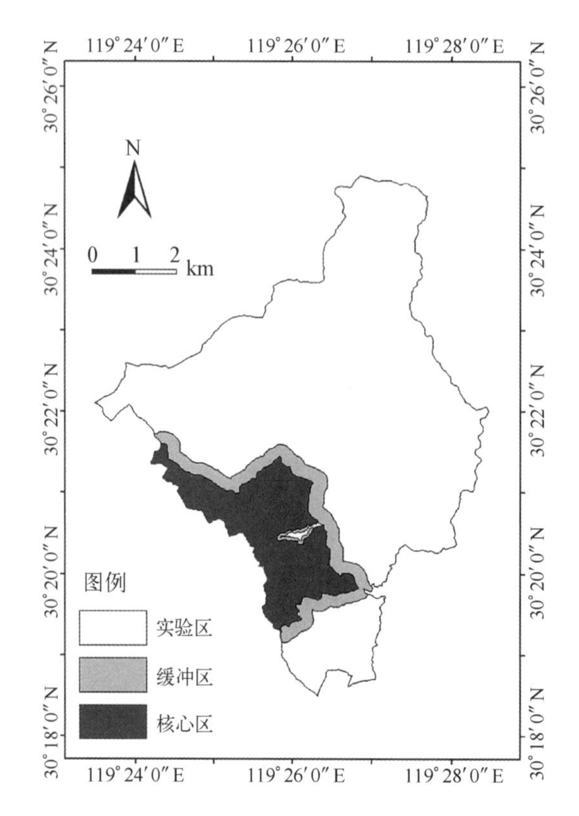

图 4-3 天目山自然保护区核心区、缓冲区和实验区分布

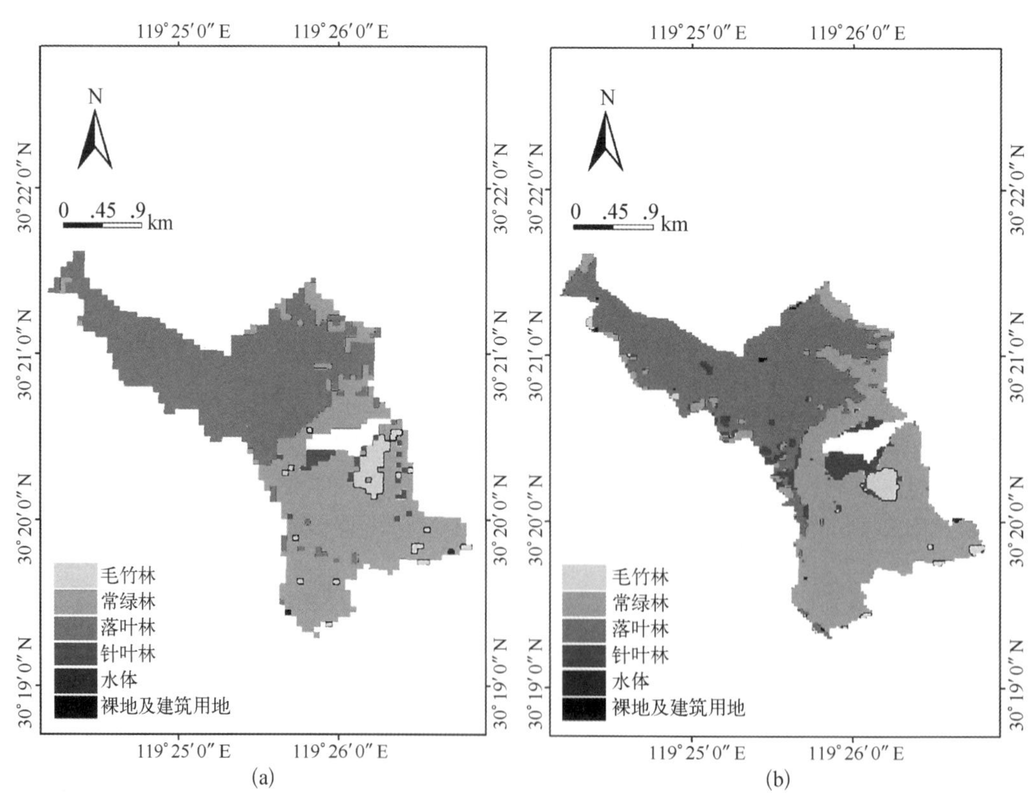

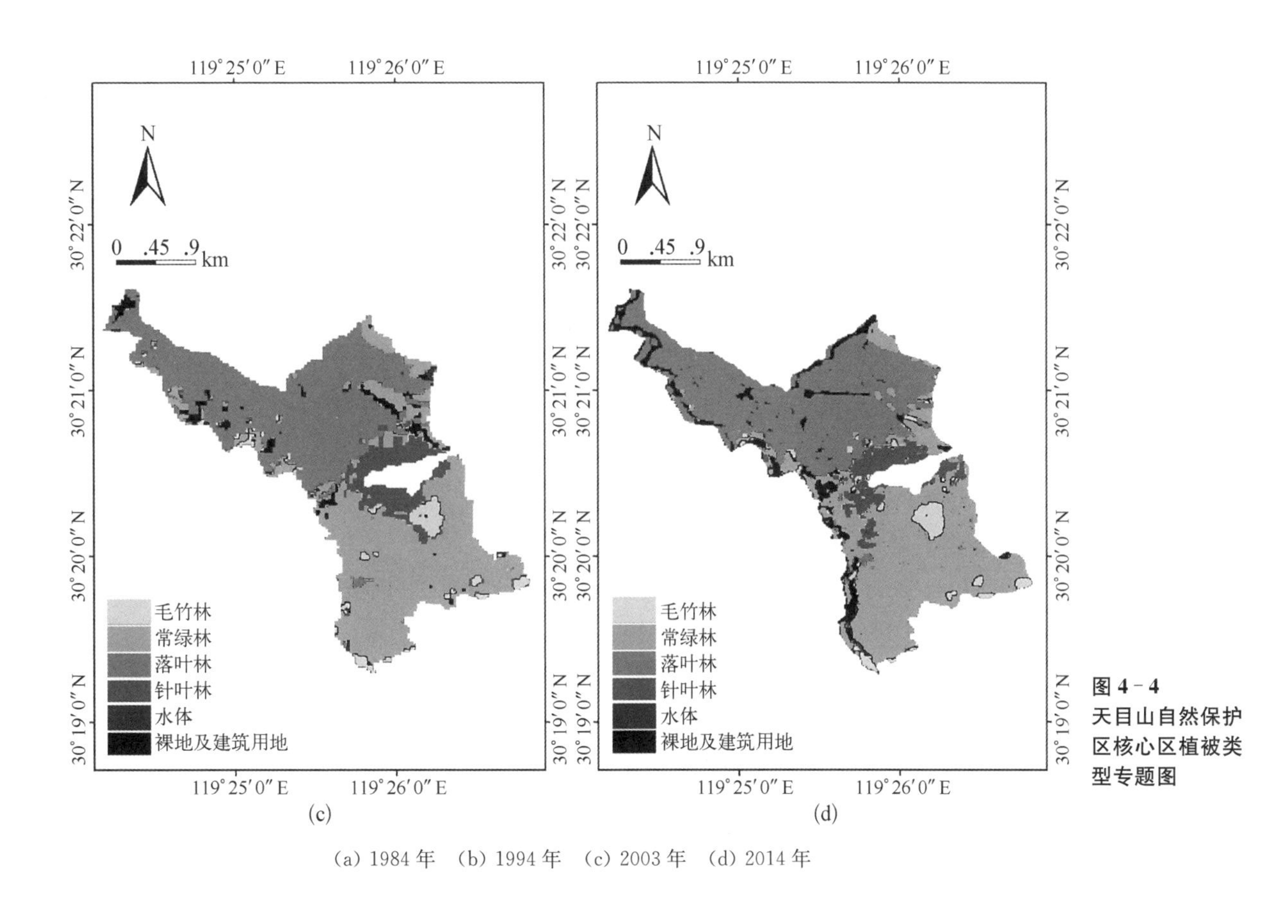

图4-4 天目山自然保护区核心区植被类型专题图

(a) 1984年 (b) 1994年 (c) 2003年 (d) 2014年

根据图4-4，统计得出天目山自然保护区核心区1984年、1994年、2003年和2014年4个时相不同植被类型（毛竹林、针叶林、常绿林和落叶林）的面积（单位为 hm^2）和面积百分比（%），结果如表4-4所示。

表4-4 天目山自然保护区核心区不同植被类型面积及占核心区面积比

年　份	类　型	毛竹林	针叶林	常绿林	落叶林	水　体	裸地及建筑用地
1984	面积/hm^2	0.21	0.11	2.74	2.90	0	0.01
	(%)	4	2	46	48	0	0
1994	面积/hm^2	0.14	0.31	2.84	2.68	0	0.02
	(%)	2	5	47	45	0	0
2003	面积/hm^2	0.23	0.53	2.53	2.48	0.02	0.20
	(%)	3.81	8.79	42.29	41.46	0.34	3.30
2014	面积/hm^2	0.25	0.38	2.41	2.48	0.01	0.44
	(%)	4.17	6.45	40.36	41.56	0.17	7.29

表 4-4 显示，1984—2014 年天目山自然保护区核心区不同植被类型面积均有所变化，具体变化趋势如下：

（1）核心区毛竹林面积较小，面积基本维持不变。1984 年核心区毛竹林面积为 0.21 hm^2，到 2014 年毛竹林面积为 0.25 hm^2。毛竹林面积占核心区面积的百分比 1984 年为 4%，到 2014 年为 4.17%。这说明核心区保护较好，毛竹林在核心区没有呈现爆发式增长。

（2）核心区针叶林面积较小，面积呈增长趋势，但增长速度较缓慢。1984 年针叶林面积为 0.11 hm^2，占核心区总面积的 2%。到 2014 年针叶林面积为 0.38 hm^2，占核心区总面积的 6.45%。其中，2003 年至 2014 年针叶林面积呈下降趋势，2003 年针叶林面积为 0.53 hm^2，占核心区总面积的 8.79%，而 2014 年针叶林面积为 0.38 hm^2，占核心区总面积的 6.45%，这主要是由于核心区裸地与建筑用地面积的增长，其面积从 2003 年的 0.2 hm^2 增长至 2014 年的 0.44 hm^2。

（3）核心区常绿林面积较多，面积呈下降趋势，但下降速度较缓慢。1984 年常绿林面积为 2.74 hm^2，占核心区总面积的 46%。到 2014 年常绿林面积为 2.41 hm^2，占核心区总面积的40.36%。这主要是由于针叶林、裸地与建筑用地面积的增长所导致。

（4）核心区落叶林面积最大，面积呈下降趋势，但下降速度较缓慢。1984 年落叶林面积为 2.9 hm^2，占核心区总面积的 48%。到 2014 年落叶林面积为 2.48 hm^2，占核心区总面积的 41.56%。这主要是由于针叶林、裸地与建筑用地面积的增长所导致。

综上所述，核心区主要植被类型为常绿林和落叶林，且保护较好，但面积仍然有所减小，1984 年常绿林和落叶林占核心区总面积的 94%，到 2014 年两者占核心区总面积的 81.92%，面积下降了 12.08%。这部分面积主要被针叶林和裸地与建筑用地占用。值得注意的是裸地与建筑用地的面积呈增长趋势，从 1984 年的 0%增长至 2014 年的 7.29%。

4.3.2 缓冲区植被动态

根据天目山自然保护区缓冲区分布图从图 4-2 中将天目山缓冲区植被类型专题图裁剪出来，得到 1984 年、1994 年、2003 年和 2014 年天目山自然保护区缓冲区植被类型专题图，如图 4-5 所示。

根据图 4-5 天目山自然保护区缓冲区植被类型分类结果图，统计得出天目山自然保护区缓冲区 1984 年、1994 年、2003 年和 2014 年 4 个时相不同植被类型（毛竹林、针叶林、常绿林和落叶林）的面积（单位为 hm^2）和面积百分比（%），结果如表 4-5 所示。

表 4-5 显示，1984—2014 年天目山自然保护区缓冲区不同植被类型面积均有所变化，具体变化趋势如下：

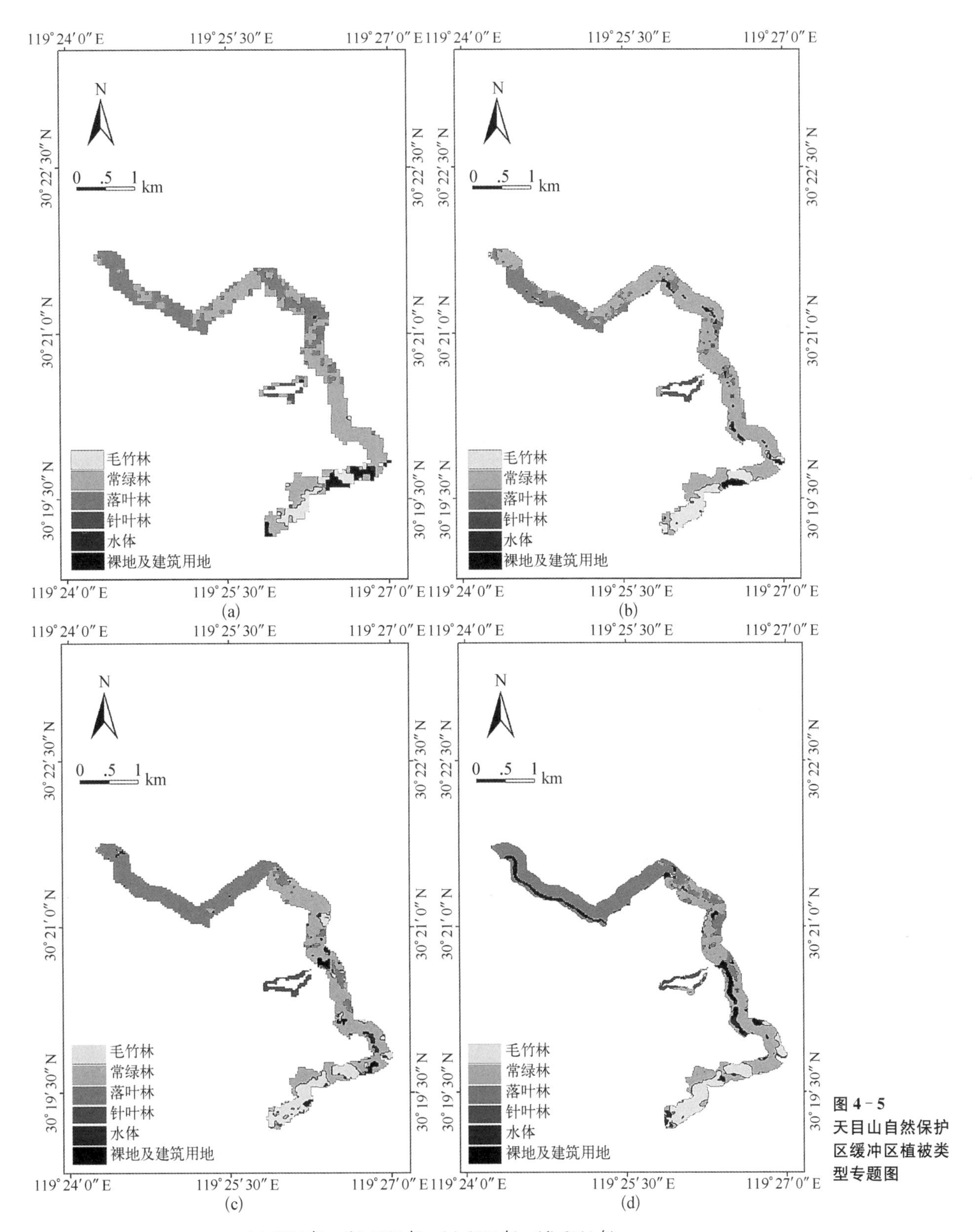

(a) 1984 年　(b) 1994 年　(c) 2003 年　(d) 2014 年

图 4-5 天目山自然保护区缓冲区植被类型专题图

表 4-5 天目山自然保护区缓冲区不同植被类型面积及占缓冲区面积比

年份	类型	毛竹林	针叶林	常绿林	落叶林	水体	裸地及建筑用地
1984	面积/hm^2	0.21	0.07	1.56	0.95	0	0.13
	(%)	7.20	2.32	53.41	32.56	0	4.51
1994	面积/hm^2	0.31	0.11	1.76	0.58	0.001	0.10
	(%)	10.69	3.72	61.63	20.38	0.03	3.56
2003	面积/hm^2	0.38	0.15	1.16	1.05	0.02	0.10
	(%)	13.44	5.16	40.53	36.59	0.81	3.47
2014	面积/hm^2	0.38	0.08	1.04	1.03	0.02	0.27
	(%)	13.46	2.89	36.92	36.48	0.59	9.65

(1) 缓冲区毛竹林面积较少，面积呈增长趋势，但增长速度缓慢。1984 年缓冲区毛竹林面积为 0.21 hm^2，到 2003 年毛竹林面积为 0.38 hm^2。毛竹林面积占核心区面积的百分比 1984 年为 7.2%，到 2003 年为 13.44%，从 2003 年至 2014 年毛竹林面积基本不变，10 年仅增长 0.02%。这说明缓冲区保护相对较好，毛竹林在核心区没有呈现爆发式增长。

(2) 缓冲区针叶林面积较小，面积呈现先增长后下降的趋势。1984 年缓冲区针叶林面积为 0.07 hm^2，占缓冲区面积的 2.32%，到 2003 年缓冲区针叶林面积为 0.15 hm^2，占缓冲区面积的 5.16%，但 2014 年缓冲区针叶林面积又下降至 0.08 hm^2，占缓冲区面积的 2.89%。导致该现象的主要原因是 2003 年至 2014 年裸地及建筑用地面积增长较快，由 2003 年的 0.1 hm^2 增长至 2014 年的 0.27 hm^2，所占缓冲区面积百分比由 2003 年的 3.47%增长至 2014 年的 9.65%。

(3) 缓冲区常绿林面积较多，面积呈下降趋势。1984 年缓冲区常绿林面积为 1.56 hm^2，占缓冲区面积的 53.41%，到 2014 年缓冲区常绿林面积为 1.04 hm^2，占缓冲区面积的 36.92%。导致其面积下降的主要原因是毛竹林、落叶林和裸地及建筑用地面积的增长。

(4) 缓冲区落叶林面积较多，面积呈增长趋势。1984 年缓冲区落叶林面积为 0.95 hm^2，占缓冲区面积的 32.56%，到 2014 年缓冲区落叶林面积为 1.03 hm^2，占缓冲区面积的 36.48%。

综上所述，缓冲区主要植被类型为常绿林和落叶林，但近 30 年来面积有所减少，1984 年常绿林和落叶林占核心区总面积的 85.98%，到 2014 年两者占核心区总面积的 73.41%，面积下降了 12.57%。这部分面积主要被毛竹林和裸地与建筑用地占用。

4.3.3 实验区植被动态

根据天目山自然保护区实验区分布图从图 4-2 中将天目山实验区植被类型专题图裁剪出来，得到 1984 年、1994 年、2003 年和 2014 年天目山自然保护区实验区植被类型专题图，如图 4-6 所示。

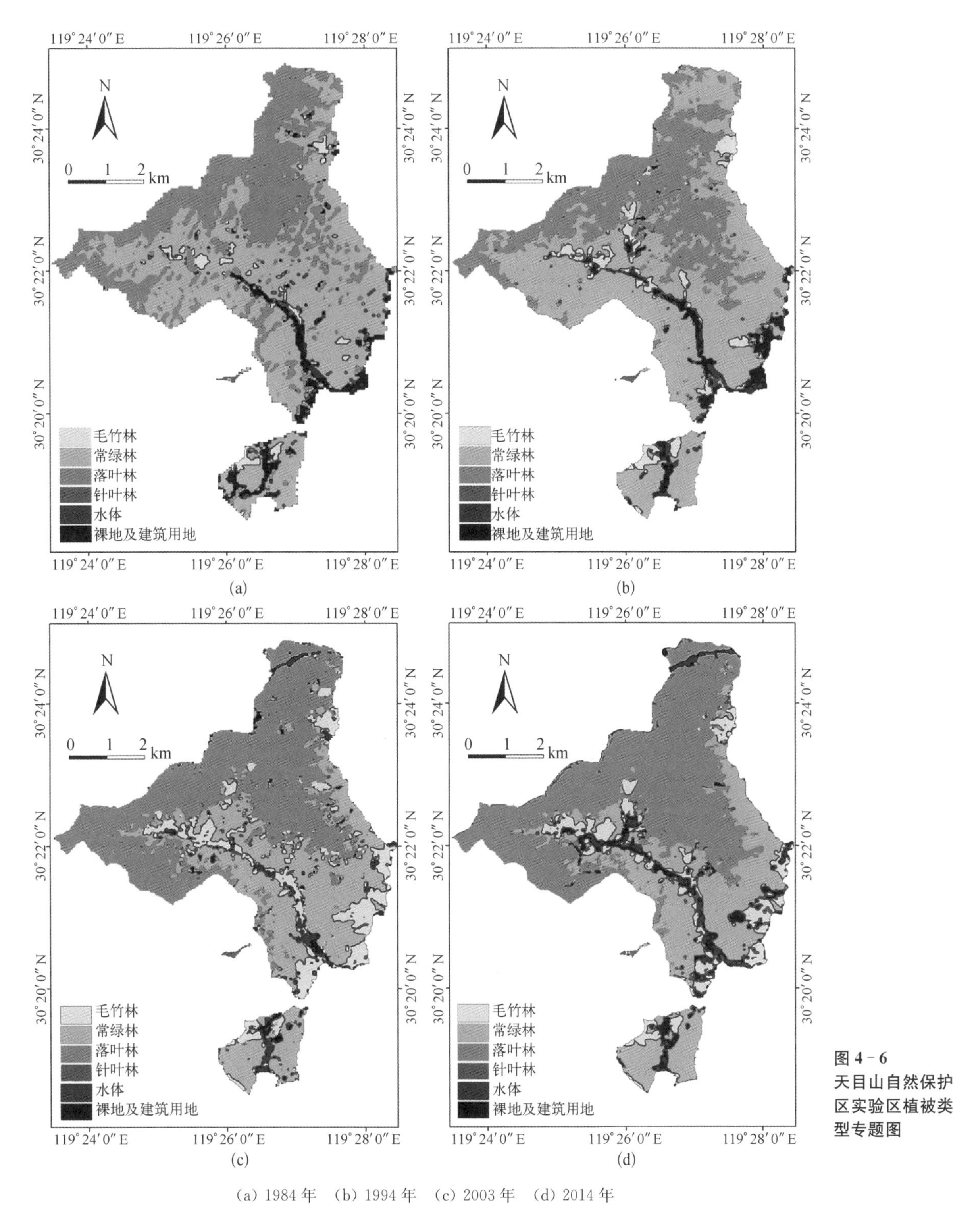

图 4-6 天目山自然保护区实验区植被类型专题图

(a) 1984 年　(b) 1994 年　(c) 2003 年　(d) 2014 年

根据图 4-6 天目山自然保护区实验区植被类型分类结果图，统计得出天目山自然保护区实验区 1984 年、1994 年、2003 年和 2014 年 4 个时相不同植被类型(毛竹林、针叶林、常绿林和落叶林)的面积(单位为 hm^2)和面积百分比(%)，结果如表 4-6 所示。

表 4-6 天目山自然保护区实验区不同植被类型面积及占实验区面积比

年 份	类 型	毛竹林	针叶林	常绿林	落叶林	水 体	裸地及建筑用地
1984	面积/hm^2	1.03	0.06	19.26	12.03	0.12	2.01
	(%)	2.99	0.19	55.80	34.84	0.36	5.81
1994	面积/hm^2	1.80	0.08	19.86	10.55	0.24	2.02
	(%)	5.22	0.23	57.46	30.53	0.71	5.86
2003	面积/hm^2	4.23	0.24	12.79	15.61	0.63	1.07
	(%)	12.23	0.71	36.99	45.16	1.82	3.10
2014	面积/hm^2	3.26	0.08	11.50	16.73	0.55	2.50
	(%)	9.42	0.23	33.22	48.31	1.60	7.22

表 4-6 显示，1984—2014 年天目山自然保护区实验区不同植被类型面积均有所变化，具体变化趋势如下：

(1) 实验区毛竹林面积较核心区和缓冲区要大，并在近 30 年呈现先爆发式增长后下降趋势。1984 年实验区毛竹林面积为 1.03 hm^2，占实验区面积的 2.99%。2003 年实验区毛竹林面积为 4.23 hm^2，占实验区面积的 12.23%。从 1984 年至 2003 年间，实验区毛竹林爆发式增长。而 2014 年毛竹林面积为 3.26 hm^2，占实验区面积的 9.42%，较 2003 年下降了 0.97 hm^2，所占实验区面积比下降了 2.81%。导致该现象的主要原因是裸地及建筑用地面积的增长，实验区裸地及建筑用地面积从 2003 年至 2014 年增长速度极快，2003 年裸地及建筑用地面积为 1.07 hm^2，占实验区面积的 3.1%，到 2014 年裸地及建筑用地面积为 2.5 hm^2，占实验区面积的 7.22%。

(2) 实验区针叶林面积较少，面积基本维持不变。1984 年实验区针叶林面积为 0.06 hm^2，到 2014 年针叶面积为 0.08 hm^2。针叶林面积占实验区面积的百分比 1984 年为 0.19%，到 2014 年为 0.23%。相较 3 个区(核心区、缓冲区和实验区)表明针叶林主要分布在核心区，缓冲区和实验区针叶林分布较少。

(3) 实验区常绿林面积较多，近 30 年来面积呈现下降趋势。1984 年实验区常绿林面积为 19.26 hm^2，占实验区面积的 55.8%。2014 年实验区常绿林面积为 11.5 hm^2，占实验区面积的 33.22%。导致实验区常绿林面积下降的主要原因是实验区落叶林面积的增长，同时毛竹林的爆发式增长也是导致常绿林的面积减少的原因之一。

(4) 实验区落叶林面积较多，近 30 年来面积呈现增长趋势。1984 年实验区落叶林面积为 12.03 hm^2，占实验区面积的 34.84%。2014 年实验区落叶林面积为 16.73 hm^2，占实验区面积的 48.31%。表 4-6 表明，在实验区落叶林正逐渐侵占常绿林面积，伴随着落叶林面积的增长，常绿林面积逐渐下降。

综上所述，实验区主要植被类型为常绿林和落叶林，但近 30 年来面积仍然有所减少，1984 年常绿林和落叶林面积合计为 31.29 hm^2，占核心区总面积的 90.65%，到 2014 年两者面积合计为 28.23 hm^2，占核心区总面积的 81.53%，面积下降了 9.12%。这主要是由于毛竹林的爆发式增长以及 2003 年开始的裸地与建筑用地的面积增长所致。

4.4　本章小结

本章首先介绍自中生代至今天目山自然保护区植物区系的演变过程，然后利用遥感技术，对天目山自然保护区近 30 年植被动态进行了研究。本研究选用天目山自然保护区 1983 年 11 月 30 日和 1984 年 8 月 4 日 Landsat 5 MSS 影像，1994 年 5 月 12 日和 1995 年 12 月 9 日 Landsat 5 TM 影像，2003 年 12 月 15 日和 2004 年 7 月 26 日 Landsat 5 TM 影像，2014 年 12 月 29 日和 2015 年 5 月 22 日 Landsat 8 OLI 影像共计 8 景影像，利用监督分类中的最大似然法对天目山自然保护区植被类型进行了分类。经精度检验证明天目山自然保护区植被类型分类图是有效的，精度达到 75.67%以上。

天目山自然保护区主要植被类型为常绿林和落叶林。但近 30 年来，天目山核心区、缓冲区和实验区常绿林和落叶林面积均呈现减小趋势。核心区减少的面积主要被针叶林和裸地与建筑用地占用。缓冲区减少的面积主要被毛竹林和裸地与建筑用地占用。实验区减少的面积主要是由于毛竹林的爆发式增长以及 2003 年开始的裸地与建筑用地的面积增长所致。

毛竹林的爆发式增长主要发生在天目山自然保护区实验区内，特别是 1984 年至 2003 年表现尤为明显。2003 年至 2014 年实验区毛竹林面积有所减小，主要原因是在这期间裸地及建筑用地面积增长迅速。

针叶林主要分布在天目山自然保护区核心区内，缓冲区和实验区针叶林分布较少。在核心区 1984 年至 2003 年针叶林面积呈增长趋势，但 2003 年至 2014 年针叶林面积有所减少，主要原因是在这期间裸地及建筑用地面积的增长，这一点需引起注意。

第5章
浙江天目山自然保护区森林景观格局分析

5.1 引言

景观格局是大小、形状、属性不一的区域单元（斑块）在空间上的分布与组合规律。景观格局不仅体现物理的、生物的和社会的各种生态过程在不同空间尺度上相互作用的结果，还决定各种自然环境因子在景观空间的分布和组合，进而制约各种生态过程。

1939年，德国著名植物学家C. Troll在利用航空照片研究东非土地利用问题时提出“景观生态学”一词，这标志景观生态学诞生。直到20世纪70年代，景观生态学才在欧洲和北美蓬勃发展起来，并成为一门具有广泛影响的综合性前沿学科。景观研究是以生态学理论框架为依托，吸收了现代生态学、地理学和其他系统科学之所长，以研究景观的结构特征、功能和演化过程以及景观与资源、管理问题和环境保护之间的问题，具有综合整体性和宏观区域性等特色。20世纪80年代以来，景观生态学逐渐成为资源、环境、生态方面研究的一个热点，随后人们逐渐运用景观指数进行定量预测、预报景观要素的种类、数量、形状及分布特征，这对资源有效利用、环境保护以及景观规划与管理具有重要实际意义。随着景观生态学的不断发展以及与各学科之间不断的交互渗透，其研究方法、理论和应用都得到极大的丰富和发展。与国外相比，国内在景观生态学研究方面起步较晚，20世纪80年代初，陈昌笃首次将“景观生态学”一词引入中国，并逐步成为国内地理学、生态学以及林学研究者的一个焦点。随后肖笃宁、邬建国、傅伯杰等人对景观生态学理论与应用方面有了更为深刻的探讨，由此以景观格局、景观功能和景观动态为研究蓬勃发展起来，涉及领域有森林景观、农业景观、城市景观、湿地景观等。

遥感（Remote Sensing，RS）技术与地理信息系统（Geographical Information System，GIS）技术的应用起始于20世纪70年代在自然资源和生态环境研究中的应用。遥感技术的飞速发展和广泛应用，也大大地推动了景观生态学的迅速发展，目前已广泛应用于资源环境、水文、气象、地质、地理、景观生态等多个领域。在景观生态学中，遥感及遥感图往往是唯一可行的数据收集手段，而GIS则为大系统分析所需数据的贮存和分析，提供必要的帮助。遥感与地理信息系统在景观生态学中的应用包括植被和土地利用分类，生态系统和景观特征的定量化（不同尺度上斑块的空间格局，植被的结构特征、生境特征和生物量、干扰的范围、严重程度和频率，生态系统中生理过程的特征)以及景观动态和生态系统管理(土地利用在时间和空间上的变化、植被动态、景观对人为干扰和全球气候变化的反应)等方面。

森林生态系统提供了重要的生态、社会、经济功能,包括温室气体的控制、水资源供给和调控、水土保持、营养物质循环、基因和物种多样性以及旅游等功能。当前,人为作用引起的干扰,造成土地利用/覆被变化,水、土、空气污染,生物多样性的退化等影响,这些越来越多地威胁着区域以至全球森林生态系统的结构与功能。由于森林在陆地生态系统中发挥着不可替代的作用,森林景观生态方面的研究已经成为近些年的景观生态学的研究热点。

森林景观是指人们在某一时空点上视野所及的以森林植被为主体的一种自然景色,由森林生态系统构成的自然保护区即为一种森林景观,其格局决定着保护区内的森林资源的分布和配置,制约着景观内的各种生态过程,影响着系统稳定性、抗干扰能力和生物多样性,对森林系统的价值具有重要意义。对其进行景观格局分析的目的是为了在看似无序的景观中发现潜在的有意义的秩序或规律,揭示景观功能与景观结构之间的关系以及景观动态演变的重要途径,为森林经营管理决策提供依据。在森林景观格局研究方面,国外关于森林景观格局和结构研究起步较早。

Forman 等人以美国新泽西州濒海平原松栎树为研究区域,对此地区进行较为系统地分析了森林景观的特征、格局以及景观组成,并在景观管理与规划方面得出重要的经验理论,这在森林景观生态研究中具有开创性的意义。Robert 以人工试验地为研究对象,探讨斑块大小和间距对斑块动态变化过程的影响。Odum 和 Turner 对美国佐治亚州景观变化做了研究,并构造了基于转移概率的随机模拟模型 Mladenoff 等从森林生态系统可持续性发展的角度出发,系统地分析了针阔混交林森林景观的变化特点,并阐述了传统森林经营理念与“动态景观异质性”理论之间存在的矛盾,提出了森林生态系统可持续管理的基本要求是应协调好基于群落生态学原理所采取的经营活动和景观整体结构与功能之间的关系,应着重解决林分经营活动在景观水平上的综合应用。Katsue 等对日本京都天然林进行了分析,探讨了景观规划和管理对景观变化的影响。Laidlaw 基于破碎化原理分析了玻利维亚高山气候带落叶林的景观变化问题,结果表明,人类定居后大面积种植业的发展是导致森林景观破碎化的主要原因,所以必须采取有效的保护措施 Turner 等利用 Markov 模型进行了空间模拟,选择 3 个不同时期的数据,用各类镶嵌体的景观转化比例作为矩阵中的元素,以年为单位求得转移矩阵,进而预测出该地区的发展趋势。

在我国,森林景观研究取得了一些显著性研究成果,主要集中在森林景观动态变化研究、森林景观功能结构研究、各种因子对森林景观格局的干扰生态效益评价等方面。1991 年徐化成利用航片资料分析了景观组成结构、粒级结构和年龄结构及其变化。1999 年郭晋平在 GIS 和 RS 软件支持下,结合景观生态学原理,对关帝山林区森林景观动态进行模拟和预测。同时,郭晋平等人首次对森林景观生态进行了比较全面、系统和深入的研究,其研究成果《森林景观生态研究》是我国森林景观生态研究领域的第一部专著。在景观破碎化和干扰方面,2001 年,赵光等运用和分析了东北原始针阔混交林的破碎过程。同年，管东生等采用多样性指数，分析了广州市城市森林的景观类型、格局和斑块破碎度等特征因子，表明了城市化与森林景观格局的相关性。2004 年，黄世能等在海南岛尖峰岭热带山地雨林的群落学研究中，应用基于分割线段模型的边缘效应测度公式，进行分析采伐迹地边缘的保留林和次生林的边缘效应强度问题。在景观时空动态模型方面，人工神经网络(ANN)模型以及马尔可夫模型是目前我国用于模拟森林景观动态的常用方法。2005 年，郭烁等应用 GIS 空间分析构建各景观要素的专题图层，建立了森林景观生态模拟的人工神经网络(ANN)模型，为森林景观格局预测和模拟分析提供了新方法。2007 年，杨慧等把景观格局和生态过程结合起来，提出了生物因素和环境因素对森林种群空间分布格局的影响。

可以发现上述研究中，在景观生态过程模拟和决策模型的研究方面，人们逐渐从以静态模型转变为以动态模型研究为主，从森林演替模型向着更为综合空间明晰化方向发展，并着重探讨了森林景观结构特征、景观类型分布布局、区域生态环境、土地规划利用之间的联系以及景观格局随着时间的演变等问题，这为以后的景观生态研究积累了大量的研究成果。

浙江天目山国家级自然保护区是我国亚热带常绿阔叶落叶混交林重要的保护区。天目山保护区属中亚热带季风气候区，土壤属于亚热带红黄壤类型，森林植被茂盛。随地形变化，区域内年平均气温 8.8～14.8 ℃，最冷月平均气温 3.4～−2.6 ℃，最暖月平均气温 28.1～19.9 ℃，降水量 1 390～1 870 mm，相对湿度 76%～81%。天目山自然保护区最新森林资源二类调查结果显示，全区土地总面积 42.84 km^2(4 284.0 hm^2)，其中森林面积占 98.2%，灌木林地占 1.3%；常绿、落叶阔叶混交林是该区的主要植被，此外还包括落叶矮林、针叶林、竹林。该保护区历史上人为活动相对较少，是我国陆地碳汇的重要组成部分。在天目山保护区景观格局分析方面，2002 年，王祖良和丁丽霞基于 RS 技术对天目山自然保护区的景观类型进行分析，结果表明，天目山自然保护区的景观保护完好，人为破坏较少。2003 年，章院秋等基于 RS，GIS 技术对天目山自然保护区进行植被空间分布规律研究，研究表明：把对植被类型的空间分布规律的定性理解转为定量描述，结合实际给出了理论解释。本章通过对天目山自然保护区 1984 年 TM，1994 年、2004 年、2015 年 ETM+卫星图像的解译，对保护区近 30 年的森林景观空间布局及景观动态进行了定量化分析。应用 RS，GIS 技术和 FRAGSTATS 软件进行数据的采集、分析及显示，希望从景观角度揭示森林类型空间结构及其空间变化的规律，为森林资源空间格局的优化配置和结构的优化调整提供参考依据，为天目山自然保护区森林生态系统的规划、管理和保护提供了科学依据。

5.2 研究区概况

天目山自然保护区地处临安市西北部，面积 4 284 hm^2，经度范围：119°24′11″～

119°28′21″，纬度范围：30°18′30″～30°24′55″，海拔范围300～1 556 m，具有典型的中亚热带的森林生态系统和森林景观。天目山1956年被批为“森林禁伐区”，1986年成立国家级自然保护区，均为全国首批，1996年被纳入联合国教科文组织国际生物圈保护区网络，在全国的自然保护区内有着较高的知名度。天目山之所以受到社会各界的青睐，是因为它是生物种多样性和文化多样性的集中点，不仅生物资源，保存较好，旅游文化资源和区位优势特别明显。原1 050 hm^2 范围内有高等植物2 160余种，其中以“天目”命名的37种，国家保护植物35种；有高等动物2 274种，昆虫2 000余种，其中国家一、二级保护动物34种，以“天目”命名的动物48种，是名副其实的“生物基因库”，被70余所大中院校定为教研实习基地。区内的森林生态有高、大、古、稀、美特点。有全国最高的57 m的金钱松，整个老殿景区的树木均为30 m以上的乔木；有古柳杉群，区内胸径1 m以上的古木600余棵，仅柳杉就有400余棵，胸径2 m以上的柳杉19棵，最大的材积达75.4 m^3；野生野杏、连香树、香果树、迎春木均为珍稀的古老种类，被称为“活化石”。丰富的森林生态形成了优美的森林景观，春至野花遍地，香气袭人；夏到绿树成荫，清新凉爽；秋来翠竹红枫，金黄的银杏满山皆是；冬天则是玉树银花的优美景象。

5.3 研究方法

5.3.1 遥感数据

选取8景landsat遥感影像用于保护区植被类型空间信息的提取，其中4景夏季影像(1984.8.4，1994.5.12，2004.7.26的TM5影像与2015.5.22的OLI影像)、4景冬季影像(1983.11.30的TM4影像，1995.12.19，2003.12.15的TM5影像和2014.12.29的OLI影像)。8景影像夏冬两两结合，分别用于提取1984年、1994年、2004年、2015年4个时段的森林信息。

为获取天目山地形数据，从地理空间数据云网站(http://www.gscloud.cn/)下载空间分辨率为30 m×30 m的DEM数据。

1) 遥感数据预处理

对Landsat遥感数据进行几何校正、大气校正、图像融合等预处理。在1∶10 000的地形图上选取地面控制点对遥感数据进行几何校正。几何校正方法选用二次多项式拟合，像元冲采样方法选用最近邻法。经校正后，误差小于0.5个像元。选取中等分辨率大气传输模型(MODTRAN)去除因大气条件对遥感影像造成的影响。MODTRAN的计算过程模拟了0.2～100 μm光谱范围内电磁辐射的大气传输过程。选取Gram-schmindt全色波段融合方法对OLI影像进行图像融合，将7个空间分辨率为30 m的多光谱波段(波段范围在1.36～1.39 μm)与一个空间分辨率为15 m的全色波段融合，将多光谱影像的空间分辨率提高到15 m×15 m，并保存了7个波段的原有空间信息。

2）特征光谱选择

经过现场野外调查与遥感影像的目视解释，决定将天目山自然保护区的土地类型划分为6类，分别为水体、竹林、针叶林、常绿阔叶林、落叶阔叶林与其他（包括裸地、建筑及道路等）。

分析各土地类型的光谱特征。植被夏季与冬季的光谱特征有明显差异；植被与非植被类型在夏季遥感影像中容易提取；夏季针叶林近红外波段（TM5影像的第4波段）的反射率低于其他植被类型；冬季竹林近红外波段反射率高于其他植被；夏季与冬季反射率的差异易于区分常绿阔叶林与落叶阔叶林。介于以上光谱特征，选择夏季影像与其最相近的冬季影像相结合的波段组合来进行信息提取。为通过叶片颜色与植被冠层结构来区分竹林与其他植被类型，选取了两个植被指数。归一化植被指数（NDVI），用于区分叶片颜色，通过近红外波段（TM5 - band 4）与红光波段（TM5 - band 3）的非线性归一化处理计算获得。冠层植被指数（CVI），用于区分植被冠层结构，通过近红外波段（TM5 - band 4）与中红外波段（TM5 - band 5）计算获得。因此，最后选取16个波段进行信息提取，分别为夏季与冬季影像的Band 1，Band 2，Band 3，Band 4，Band 5，Band 7，NDVI，CVI波段。

3）分类方法

选取3种监督分类方法进行天目山植被类型提取，分别为支持向量机方法（SVM）、最大似然法（MLC）和神经网络法（NNC）。分别在6种土地类型中选取训练样本，各类型中训练样本的栅格数分别为水体256个、竹林927个、针叶林130个、常绿阔叶林1 406个、落叶阔叶林1 236个、其他607个。

4）遥感分类结果及检验

利用SVM，MLC，NNC 3种分类器对天目山土地类型进行分类，结果表明3种分类器对于各土地类型时间变化的趋势相对一致。常绿阔叶林和落叶阔叶林所占面积最大，两者面积之和超过总面积的80%。竹林和针叶林仅占据较小面积（见图5 - 1）。

在影像中选取300个随机点用于分类结果精度检验，结果表明各分类器分类精度均在80%以上，Kappa系数均大于0.8，表明分类结果精度可靠（玉春等，2007）。然而，相较之下SVM为最优分类方法，MLC低估了竹林面积，NNC低估了针叶林面积。因此选择SVM分类结果作为天目山土地类型分类最终结果。

5.3.2 景观生态学软件FRAGSTATS简介

FRAGSTATS是定量分析景观空间格局、计算景观格局指数最为常用的一个软件，功能较强。FRAGSTATS由美国俄勒冈州立大学森林科学系的Kevin Mc Garigal和Barbara Marks开发。它有两种版本，矢量版本运行在ARC/INFO环境中，接受ARC/INFO格式的矢量图层；栅格版本可以接受ARC/INFO、IDRISI、ERADS等多种格式的格网数据。目前最新版本为Fragstats Version 4.2.1。FRAGSTATS 可从单个斑块层次、斑块类型层次以及景观水平3个层次上计算相应斑块镶嵌景观的景观格局指数，

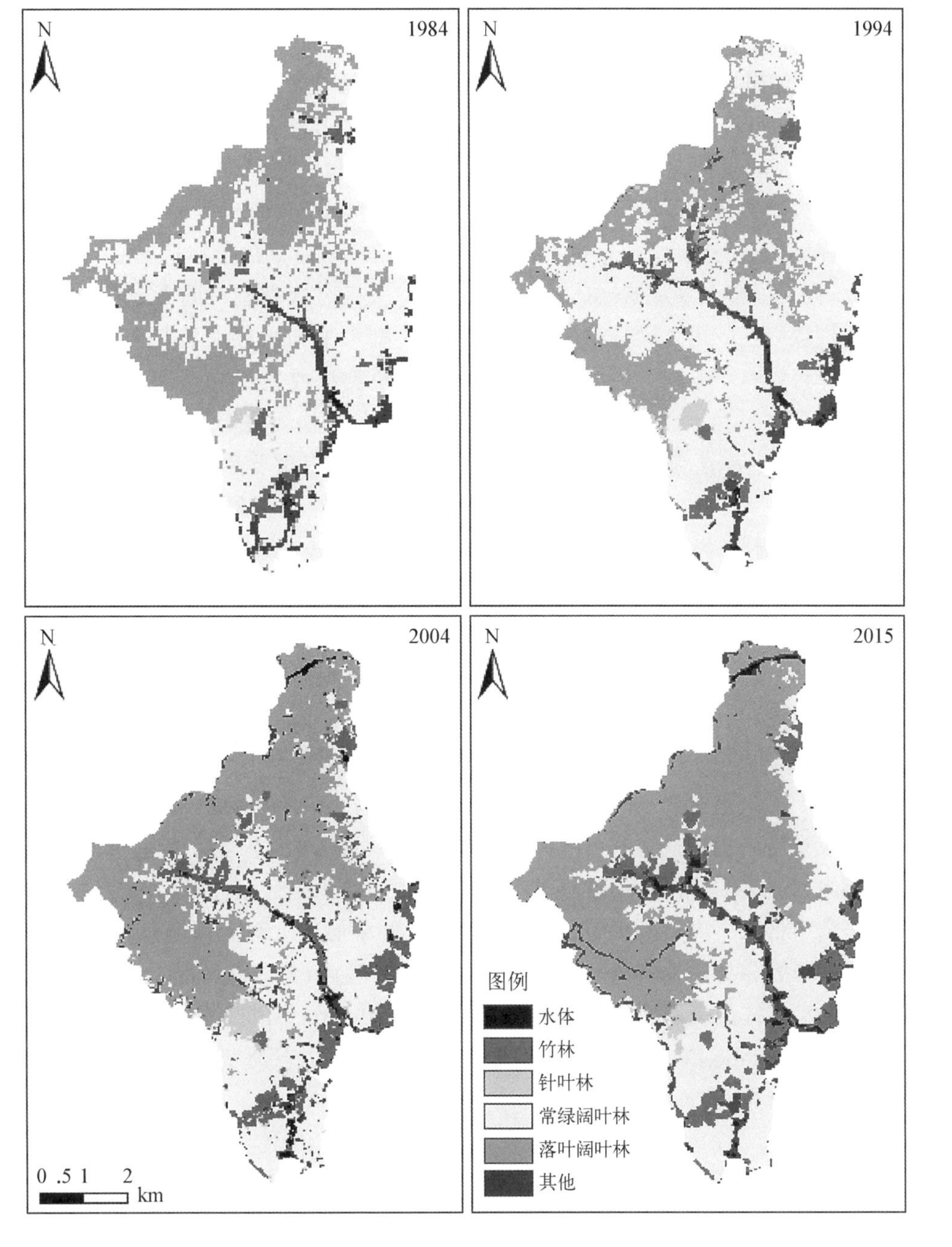

图5-1 4时段天目山植被分布遥感分类结果

因此，其输出的dBase(dbf)格式文件有3种：PATCH，CLASS和LAND格式。

本论文采用的是FRAGSTATS 4.2.1的栅格版本。FRAGSTATS可以计算200多种景观指标，但许多指标之间都是高度相关的，因此本书将着重选取有代表性的斑块类型指标和景观指标进行计算分析。

景观指数是指能够高度浓缩景观格局信息，反映其结构组成和空间配置某些方面特征的定量指标。通过计算景观指数的计算，可以对不同景观结构特征及其之间的差异进行定量化比较分析，也可以用来定量描述和监测景观空间结构随时间的变化。

由于景观格局特征可以在3个层次上分析：① 单个斑块(Individual Patch)；② 由若干单个斑块组成的斑块类型(Patch Type of Class)；③ 包括若干斑块类型的整个景观镶嵌体(Landscape Mosaic)。因此景观指数亦可相应地分为斑块水平指数(Patch Level Index)、斑块类型水平指数(Class Level Index)以及景观水平指数(Landscape Level Index)。

斑块类型指数代表了景观中单个斑块类型的空间分布和格局，因其针对某种斑块类型的具体结构进行测度，通常可看作破碎化指数解译；以量化整体景观格局为宗旨的景观指数，代表了整个景观镶嵌体的空间格局，将所有斑块类型一同考虑，大多可作为景观异质指数广泛应用。即使许多指数在斑块类型水平和景观水平上有相应指数，对它们的解译可能有所不同。以相应尺度(斑块、斑块类型或景观水平)的对应方式来解译各指数是很重要的。景观中斑块类型的多少及其分布格局决定了景观内部物种的丰富度，同时对物种运动、物质迁移、养分循环等生态过程有重要影响。故而在景观水平上除斑块类型水平上出现的相应指数之外，还计算各种多样性指数(如Shannon-Weaver多样性指数、Simpson多样性指数、均匀度指数等)和聚集度指数。

运用景观指数或指数体系描述景观格局时须考虑：① 该指数代表景观组成或结构，或兼而有之，究竟代表组成或结构的哪些方面；② 该指数是否空间明确，是属于斑块水平、斑块类型水平或景观水平；③ 该指数反映的是景观格局的岛屿生物地理观点还是景观镶嵌的观点，基质元素的选择对该指数怎样影响；④ 该指数对生态变化和数据误差是否敏感；⑤ 指数本身是否难以解译，该指数对景观格局差异的反应如何且在合适的时空参照框架下指数差异的范围怎样；⑥ 所选指数之间正交与否，也就是说，所选指数是否可表征景观格局相互独立的不同特征。对景观指数的评价不但要考虑单个景观指数的描述能力和适应性，还要将其置于整个景观指数体系中进行综合研究。

本研究中将在斑块类型水平和整体景观水平两个层次上对天目山自然保护区4个时段遥感解译的森林景观格局特征进行描述分析。因此，景观格局指数亦相应地选取反应斑块类型特征的斑块类型水平指数(Class Level Index)以及反映景观特征的景观水平指数(Landscape Level Index)。根据研究区的景观生态类型系统，选取13个指标计算景观格局指数，如表5-1所示。

表5-1 森林景观格局指标选取

指　标	指标简称	应用尺度	生　态　学　意　义
景观类型面积	CA	类型	描述景观总面积，可以反映出其间物种、能量和养分等信息流的差异
斑块数量	NP	类型	描述景观差异性，反映景观破碎程度
斑块密度	PD	类型	反映了不同类型斑块的破碎化及空间异质性程度，斑块密度越大景观破碎化越严重
斑块类型占景观类型百分比	PLAND	类型	确定景观中优势斑块类型

(续表)

指　标	指标简称	应用尺度	生　态　学　意　义
最大斑块指数	LPI	类型	最大斑块占景观的面积，有助于确定景观的优势模板和优势类型，其值的大小决定着景观中的优势种、内部种的丰度等生态特征
形状指数	LSI	类型	反映斑块形状的复杂程度，对于研究功能，如"景观中物质的扩散"能量的流动和物质的转移等情况有非常重要的意义，反映人类活动的强度及方向
相似毗邻百分比	PLADJ	类型	反映斑块类型在景观中的比例，如果该斑块类型达到最大程度的散布，PLADJ 最小，如果斑块类型极度分散，PLADJ 最小
散布毗邻指数	IJI	类型	取值越小说明某斑块类型仅与少数其他类型相邻接，当 IJI=100 时说明该类型与其他所有类型完全、等量相邻
斑块结合度	COHESION	类型	斑块结合度指数可衡量相应景观类型的自然连接程度，当景观类型分布变得聚集，其值增加；在高于渗透极限值的情况下，则该值对斑块形状不够敏感
蔓延度	CONIAG	景观	蔓延度是描述景观中不同类型成分团聚程度的指标，高蔓延度说明景观中的某种优势斑块类型形成了良好的连接性
Shannon 多样性指数	SHDI	景观	香农多样性也就是景观多样性，指景观元素或生态系统在结构、功能及时间变化方面的多样性，反映了景观的复杂性及景观异质性，特别对景观中各斑块类型非均衡分布状况较敏感
Shannon 均匀度指数	SHEI	景观	香农均匀度是表示景观镶嵌体中不同景观类型在其数目或面积方面的均匀程度
聚集度	AI	景观	反映景观中不同斑块类型在非随机性或聚集程度，即景观组分的空间配置特征

5.4　结果与分析

5.4.1　天目山景观格局的多年平均情况

1) 类型水平

将 fragstats 软件对 4 时段植被遥感分类图在类型水平和景观水平上得到的景观格局指数求均值，得到天目山景观格局的多年平均情况。由表 5-2 可见，天目山森林景观类型中，常绿阔叶林景观所占比重最大(46.0%)，其次为落叶阔叶林(39.6%)，体现了天目山森林植被中常绿落叶阔叶混交林的主导性。LPI 表示某景观类型中最大板块的面积占该景观类型总面积比例，由表 5-2 可见，落叶阔叶林 LPI 最大，达到 34.4%，其次为常绿阔叶林，为 29.8%。说明落叶阔叶林较为集中连片，破碎度小，受人类活动干扰相对较小，有利于维系生物多样性和保持良好的生态功能。通过对 LSI 的分析表明，针叶林、水体和落叶阔叶林受人工干预较小的景观类型 LSI 值较小，而对于受到人工管理干预较强的竹林以及受到竹林入侵严重的常绿阔叶林，LSI 值比较大，表现出竹林和常绿阔叶林的斑块性状更加复杂。通过对 IJI 的分析，常绿阔叶林的 IJI 值最高(70.1)，说明常绿阔叶林与其他各景观类型间比邻的边长均等，与各类型有很好的等量相邻，有利于维系良好的整体生态系统。其他各景观类型的 IJI 值均较高，仅落叶阔叶林因连片分布在西北部区域，IJI 值较低。对 NP，PD，LSI 的分析表明竹林和落叶阔叶林有较高程度破碎化和空间异质性。在主要植被类型中，竹林和落叶阔叶林 PD 值最高，分别为 3.3 和 3.5，落叶阔叶林斑块数量(NP)最高，达到 153.5 个，较高的破碎度可以在一定程度上缓冲竹林扩展的不利影响，提高整体生态稳定性。

表 5-2 天目山景观格局在类型水平上的多年平均情况

景观类型	CA	PLAND	NP	PD	LPI	LSI	PLADJ	IJI	COHESION	AI
竹林	316.8	7.3	144.3	3.3	1.1	13.1	76.9	61.0	89.8	78.3
针叶林	53.9	1.2	50.8	1.2	0.9	5.2	78.3	53.3	88.2	82.1
落叶阔叶林	1 729.3	39.6	153.5	3.5	34.4	11.5	91.5	43.4	99.2	92.1
常绿阔叶林	2 002.5	46.0	113.3	2.6	29.8	14.4	90.2	70.1	99.2	90.8
水体	40.1	0.9	67.3	1.5	0.2	8.3	58.4	68.2	72.5	61.9
其他	217.0	5.0	199.5	4.6	0.8	16.6	64.8	67.8	85.4	66.2

2) 景观水平

通过对景观水平景观格局指数进行分析(见表 5-3)，shannon 多样性指数为 1.1，说明天目山森林景观异质性较强，有益于对自然生态环境的保护。通过对 shannon 均匀度指标的分析，天目山森林景观 SHEI 值为 0.6，表明天目山自然保护区内存在优势类型，即常绿阔叶林和落叶阔叶林，但总体而言各景观类型多样性程度较高，分布较为均匀，由散步与并列指标(IJI)为 64.6 可以得到相同的结论。由蔓延度指标 CONTAG (56.3%)可见，天目山保护区内各斑块类型中优势类型常绿阔叶林和落叶阔叶林占将近全区面积的 85%，但其并没能形成良好的连续性。

表5-3　天目山景观格局在景观水平上的多年平均情况

景观格局指数	CONTAG	IJI	COHESION	SHDI	SHEI	AI
值	56.3	64.6	98.7	1.1	0.6	89.2

5.4.2　天目山景观格局的年际变化情况

1) 类型水平

(1) 竹林。

根据fragstats软件在4时段植被遥感分类图在类型水平和景观水平上得到的景观格局指数，得到天目山各植被类型景观格局的年际变化情况。

由表5-4可见，天目山竹林景观类型中，2004年竹林景观所占比重最大(11.2%)，其次为2015年(9.4%)，体现了天目山地区竹林从自然扩展到人为砍伐限制的管理方式的转变过程。从1984年开始，竹林LPI逐渐增加，到2004年竹林LPI最大，达到1.6%，说明竹林扩张较为分散，破碎度大。直到2015年，LPI有所减小，人工干预增加，控制了竹林的扩张。尽管如此，相比于阔叶林，竹林破碎度是比较小的，体现了竹林分布的相对集中性，这与竹林的生长繁殖方式有关。通过对LSI的分析同样证明了这一点，通过人工干预，在2004年LSI从增大转为减小。通过对IJI的分析，竹林的IJI值在2004年最高(74.9)，说明此时竹林与其他各景观类型间比邻的边长均等，与各类型有很好的等量相邻。对NP,PD,LSI的分析表明竹林破碎化和空间异质性程度也体现了2004年以后人为砍伐限制了竹林的扩展。

表5-4　天目山毛竹景观格局在类型水平上的年际变化情况

景观类型	年份	CA	PLAND	NP	PD	LPI	LSI	PLADJ	IJI	COHESION	AI
竹林	1984	145.8	3.4	92.0	2.1	0.6	10.2	74.6	41.3	85.4	76.5
	1994	223.7	5.2	147.0	3.4	0.9	12.6	74.6	61.4	87.8	76.1
	2004	483.6	11.2	231.0	5.3	1.6	17.1	76.6	74.9	92.8	77.6
	2015	414.0	9.4	107.0	2.4	1.2	12.4	81.7	66.4	93.0	82.9

(2) 针叶林。

由表5-5可知，对于天目山自然保护区针叶林景观类型，2004年针叶林景观所占比重最大(2.1%)，其次为2015年(1.3%)。从1984年开始，针叶林LPI逐渐增加，到2004年竹林LPI最大，但也仅达到1.5%，说明针叶林相对于阔叶林而言，破碎程度并不大，相对比较集中。通过对LSI的分析同样证明了这一点。通过对IJI的分析，针叶林的IJI值在2004年最高(76.4)，说明此时针叶林与其他各景观类型间比邻的边长均等，与各类型有很好的等量相邻。对NP,PD,LSI的分析表明针叶林破碎化和空间异质性程度在2004年达到最大，这可能与竹林扩张入侵导致针叶林分布破碎有关。

表 5－5 天目山针叶林景观格局在类型水平上的年际变化情况

景观类型	年份	CA	PLAND	NP	PD	LPI	LSI	PLADJ	IJI	COHESION	AI
针叶林	1984	23.4	0.5	13.0	0.3	0.4	3.3	78.8	27.9	87.7	84.2
	1994	47.7	1.1	39.0	0.9	0.7	5.2	76.9	54.0	84.6	80.5
	2004	88.9	2.1	138.0	3.2	1.5	8.6	72.6	76.4	86.4	75.0
	2015	55.7	1.3	13.0	0.3	1.1	3.7	85.1	54.9	94.1	88.6

(3) 落叶阔叶林。

天目山保护区落叶阔叶林景观类型年际变化如表 5－6 所示，总体而言，20 世纪八九十年代，落叶阔叶林分布范围经历了一段衰减，之后逐年增加，在 2015 年落叶林景观所占比重最大(46.1%)。从 1984 年开始，落叶阔叶林 LPI 逐渐增加，到 2015 年竹林 LPI 最大，达到 43.8%，说明落叶阔叶林逐年集中连片，破碎度越来越小，受人类活动干扰也越来越小，有利于维系生物多样性和保持良好的生态功能。通过对 LSI 的分析表明，自 1994 年后，LSI 值逐渐减小，表明人类活动对于落叶阔叶林的影响逐年减小。通过对 IJI 的分析，落叶阔叶林的 IJI 值逐年增加，后基本稳定在 60 左右，表明落叶阔叶林与其他各景观类型间比邻的边长均等，与各类型有很好的等量相邻，有利于维系良好的整体生态系统。对 NP，PD，LSI 的分析表明落叶阔叶林在 1994 年时具有较高的破碎化和空间异质性，之后逐渐降低。

表 5－6 天目山落叶阔叶林景观格局在类型水平上的年际变化情况

景观类型	年份	CA	PLAND	NP	PD	LPI	LSI	PLADJ	IJI	COHESION	AI
落叶阔叶林	1984	1 582.2	36.5	164.0	3.8	30.8	13.7	89.6	19.8	99.1	90.3
	1994	1 381.6	31.8	236.0	5.4	20.6	14.6	88.2	34.0	98.8	89.0
	2004	1 913.0	44.1	152.0	3.5	42.3	10.3	92.9	63.0	99.5	93.6
	2015	2 040.6	46.1	62.0	1.4	43.8	7.5	95.0	57.0	99.6	95.7

(4) 常绿阔叶林。

天目山保护区常绿阔叶林景观类型年际变化如表 5－7 所示，总体而言，20 世纪八九十年代，常绿阔叶林分布范围经历了一段增加，之后逐年衰减，在 2015 年常绿阔叶林景观所占比重最小(35.1%)。从 1984 年开始，常绿阔叶林 LPI 逐渐降低，到 2015 年竹林 LPI 最小，仅为 16.9%，说明常绿阔叶林分布逐年呈破碎趋势，集中度越来越小，这可能与竹林扩展有一定关系，对维系生物多样性和保持的生态功能有一定影响。通过对 LSI 的分析表明，自 2004 年后，LSI 值达到最小，表明人类活动对于常绿阔叶林的影响减小。通过对 IJI 的分析，常绿阔叶林的 IJI 值逐年增加，后基本稳定在 80 左右，表明常绿阔叶林与其他各景观类型间比邻的边长均等，与各类型有很好的等量相邻，有利于维系良好的整体生态系统。对 NP,PD,LSI 的分析表明常绿阔叶林在研究期间具有一定的破碎化和空间异质性,但总体而言相对比较完整。

表 5-7　天目山常绿阔叶林景观格局在类型水平上的年际变化情况

景观类型	年份	CA	PLAND	NP	PD	LPI	LSI	PLADJ	IJI	COHESION	AI
常绿阔叶林	1984	2 359.8	54.4	70.0	1.6	34.9	14.5	91.1	57.5	99.5	91.6
	1994	2 447.6	56.4	115.0	2.7	50.1	14.3	91.3	64.2	99.6	91.9
	2004	1 649.1	38.0	176.0	4.1	17.3	16.8	87.5	81.5	98.9	88.2
	2015	1 553.4	35.1	92.0	2.1	16.9	11.9	91.0	77.3	98.8	91.7

2）景观水平

通过对景观水平景观格局指数年际变化进行分析(见表 5-8),shannon 多样性指数于 1984 年开始至 2004 年逐渐增加,后基本保持平稳,表明天目山森林景观异质性逐步增加,有益于对自然生态环境的保护。通过对 shannon 均匀度指标的分析,天目山森林景观 SHEI 值从 1984 年的 0.6 增长为 2015 年的 0.7,表明天目山自然保护区内的优势类型,即常绿阔叶林和落叶阔叶林,主导性在减弱,各景观类型多样性程度增加,分布更为均匀,由散步与并列指标(IJI)可以得到相似的结论。由蔓延度指标 CONTAG(56.3%)可见,天目山保护区内各斑块类型中优势类型常绿阔叶林和落叶阔叶林连续性有逐年减弱的趋势。

表 5-8　天目山景观格局在景观水平上的年际变化情况

年份	CONTAG	IJI	COHESION	SHDI	SHEI	AI
1984	61.0	47.1	99.1	1.0	0.6	89.9
1994	58.0	59.3	99.0	1.1	0.6	88.8
2004	51.8	77.7	98.5	1.2	0.7	87.4
2015	54.2	74.3	98.4	1.2	0.7	90.5

第6章 天目山植被生物量和净初级生产力

可持续发展、全球变化和生物多样性问题是当代生态科学和环境科学的三大研究前沿领域。围绕人类正面临的一系列重大而紧迫的全球环境变化问题，如温室气体引起的全球变暖、臭氧层破坏、沙漠化、热带森林减少、酸雨危害等问题，国际科联理事会(ICSU)于1986年发起并组织了规模空前的全球变化国际性协作研究课题，国际地圈-生物圈计划(IGBP)。在IGBP计划中，全球尺度的模型化工作最初集中于碳循环。对碳循环的认识是了解生物圈的关键。因为碳循环对于估计未来二氧化碳和其他温室气体的含量以及这些气体与生物圈的相互作用是至关重要的。

森林生态系统是维持生物圈和地圈动态平衡的重要陆地生态系统类型，在地圈、生物圈的生物地球化学过程中起着重要的“缓冲器”和“阀”的功能，是地球上最大的碳汇。联合国粮食和农业组织(FAO)2005年发表的《世界森林状况报告》指出，世界森林总面积近20亿hm^2，约占地球土地面积的30%。据估计，森林生态系统生物量约占整个陆地生态系统生物量的90%，生产量约占陆地生态系统的70%。森林生物量和生产力的大小受光合作用、呼吸作用、死亡、收获等自然和人类活动因素共同影响。因此森林生物量和生产力的变化反映了森林的演替、人类活动、自然干扰(如林火、病虫害等)、气候变化和人为污染等影响，森林生态系统生物量与生产力在全球陆地生态系统碳循环和气候变化研究中具有重要意义。

天目山国家级自然保护区自然生态环境优越，拥有着典型的中亚热带森林植被类型。在第四季冰川，天目山成为大量植物的庇护所，至今很多标本植被出自天目山，天目山的森林植被资源在亚热带乃至全国都有着重要地位，因此，对天目山森林生态系统生物量及净初级生产力的调查也更显紧迫重要。

6.1 天目山植被生物量估算

生物量(Biomass)是指生态系统中单位面积上所有生物生产的有机物质的总量，以t/hm^2表示。其包括林木的生物量(根、茎、叶、花果、种子和凋落物的总重量)和林下植被层的生物量。生物量可以表征生态系统生产力的积累，对于森林而言生物量表明森林的状况和利用价值。森林生物量的分布格局和动态变化，能够反映森林生态生产力水平和物质循环能量流动的复杂关系，一定程度上反映系统的健康水平。自然保护区植被无人为干扰，完全处于自然的更新演替状态，对其进行生物量调查还可以反映保护区内植被状况和森林的更新过程。

6.1.1　森林生物量估算研究现状

生物量研究最早可以追溯到一百多年前，1876年Ebermeryer在德国进行了几种森林树枝落叶量和木材重量的测定。1929—1953年，Burger研究了树叶生物量和木材生产的关系。1944年，Kittredge利用叶重和胸径的拟合关系，成功拟合了预测白松等树种叶重的对数回归方程。但这些研究都是局限于少数树种局部地段针对某项目的独立研究，因此并未引起人们的重视。20世纪50年代以来，世界上开始重视对森林生物量的研究，日本、美国相继开展了对森林生产力的研究，其中包括大量对生物量的调查。20世纪60年代，在以研究生物量为中心的IBP(国际生物学计划)的推动下，在世界范围内对生物资源进行了一次大普查。20世纪70年代，以合理利用和保护自然资源并改善人类与环境的关系为宗旨的MAB(人与生物圈)计划在全球范围内展开，预测了人类活动对全球环境的影响，其中生物产量的调查和调控研究占有重要地位。这一时期生物量的研究得到了迅速发展，调查的树种多、区域广、范围大，有关学者研究了地球上主要森林植被类型的生物量和生产力，估算了地球生物圈的总生物量。研究方法变得多样化，精度也逐渐提高。

我国森林生物量的研究开始于20世纪70年代后期，最早是潘维俦等于1979年对杉木人工林的研究，其后是冯宗炜(1982年)对马尾松人工林以及李文华(1981年)等对长白山温带天然林的研究。刘世荣(1984年)、陈灵芝(1984年)、党承林(1992年)和Xue(1996年)等先后建立了主要森林树种生物量测定相对生长方程，估算了其生物量。冯宗炜等(1999年)总结了全国不同森林类型的生物量及其分布格局。目前，我国有关研究者对几十种树种的生物量进行了研究，研究最多的是杉木，对松类、桉树类、其他阔叶树种和竹类也有较多的研究，常绿阔叶林生物量的研究更是发展迅速，先后对青冈林和木荷林等诸多常绿阔叶林群落生物量进行了系统研究。

目前，样地实测建模法在森林生物量的研究中应用十分广泛，样地实测估算森林生态系统的生物量方法可分为收获法建模，平均木法和维量分析法，生物量转换因子法建模3类。收获法建模，模型估算精度较高，可以进行大尺度森林生物量的估算，但建模样本数量和分布都需达到统计要求。其中，收获法精度高，但需要大量时间和人力，对森林破坏性大。平均木法和维量分析法精度高，但是由于实测资料较少，实测时往往选择林分生长较好的地段为样地，平均生物量偏大。生物量转换因子法建模，是推算大尺度森林生物量的简易方法，但估算精度不高，生物量转换因子连续函数法建模，弥补了平均生物量法所带来的人为的差异，实现了由样地调查向区域推算的尺度转换，可以对区域尺度的森林生物量进行估算。

6.1.2 森林生物量估算方法及技术路线

本研究利用生物量模型估计方法对天目山自然保护区森林生物量进行估算。该方法是利用林木易测因子来推算难于测定的林木生物量，从而减少测定生物量的外业工作。虽然在建模过程中，需要测定一定数量样木生物量的数据，但一旦模型建立后，在同类的林分中就可以利用森林资源清查资料来估计整个林分的生物量，而且有一定的精度保证。特别是在大范围的森林生物量调查中，利用生物量模型能大大减小调查工作量。为此，浙江省于2005年开展了浙江省重点公益林森林植物生物量模型的研究，为开展森林生态效益监测与评价提供科学手段。

林木生物量模型的方程很多，有线性模型、非线性模型、多项式模型。线性模型和非线性模型根据自变量的多少，又可分为一元和多元模型。非线性模型应用最为广泛，其中相对生长模型最具有代表性，是所有模型中应用最为普遍的一类模型。在以往单木生物量模型的研究中，国内外研究者普遍采用的研究方法是，按林木各分量分别进行选型，模型确定后根据各分量的实际观测数据分别拟合各自方程中的参数，然后代入不同的自变量，得到各分量的干质量。也就是说各分量之间干质量的估计都是独立进行的，因而造成各生物量之和不等于总生物量模型的估计值，甚至有的估计值相差很远。唐守正等开发的相容性生物量模型有效地解决了这一问题，为构建生物量模型提供了更为科学的手段。

本研究首先通过样地调查，获得天目山自然保护区不同类型植被样地调查数据，包括植物名称、树高、胸径、冠幅、枝下高等数据；然后利用浙江省重点公益林样地调查构建的生物量模型，计算各个森林类型的生物量；最后根据第5章获得的1984年、1994年、2003年和2014年天目山植被类型专题图，利用GIS的空间分析技术估算1984年、1994年、2003年和2014年天目山自然保护区碳储量动态变化情况，并结合天目山自然保护区核心区、缓冲区和实验区分布专题图进一步分析3个区域碳储量动态变化情况。研究技术路线如图6-1所示。

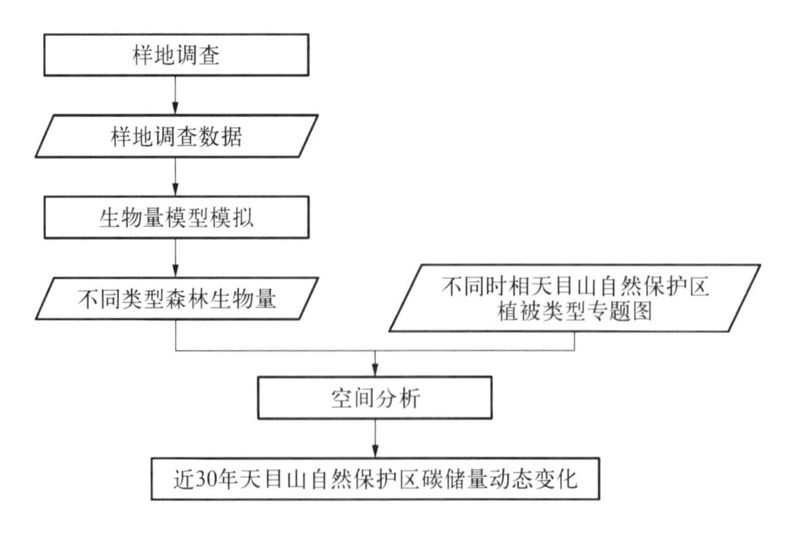

图6-1 天目山自然保护区生物量及碳储量估算技术路线图

6.1.3 样地调查

天目山自然保护区森林植被垂直分布明显，不同海拔地带上依植被垂直带谱，形成以常绿阔叶林、常绿落叶阔叶林混交林、落叶阔叶林和落叶矮林 4 个明显的森林植被类型，并有毛竹林、杉木林、马尾松林等林型穿插其间。综合天目山植被分布特征，本研究于 2000—2010 年在天目山自然保护区内选择林龄和林分密度适中，具有代表性的植被类型，且受人为干扰较少、交通又相对方便的地方设置永久样地。每种森林类型设样地一个，面积 20 m×20 m，共设置了 8 个永久样地，用全站仪平距放样，长宽均为 20 m，再将样地分为 4 个 10 m×10 m 的小样地。样地调查因子为群落类型、郁闭度、起源、林龄、人为干预情况、海拔、坡度、坡位、坡向、立地状况等。表 6 - 1 列出了 8 个标准样地的类型。

表 6 - 1　天目山自然保护区标准样地类型

样地类型	海拔/m	坡度/(°)	坡向	坡位
杉木林	300	26	东	中坡
马尾松林	470	28	东南	下坡
针阔混交林	600	39	东南	上坡
常绿阔叶林	620	38	东南	中坡
毛竹林	796	33	东南	上坡
常绿落叶混交林	1 090	25	西南	上坡
落叶阔叶林	1 241	5	东南	上坡
落叶矮林	1 455	15	东南	上坡

乔木层调查：标准样地面积为 20 m×20 m，主林冠层每木检尺。胸径 1.0 cm 起测，调查因子为胸径、树高、枝下高、冠幅，并分树种统计各径级的平均值，平均胸径计算是 5 cm 起算，选取各径级的标准木。

灌木层（下层木）调查：沿标准样方的对角各设 2 m×2 m 的小样方 3 个，调查下木层的盖度、株数和平均高度、各树种数量、地径、高度。选择主要树种平均木收获干、枝叶、花果、根称质量，根据树种组成比例，分别抽取各树种的干、枝叶、花果、根混合样品 500 g，带回实验室烘干，计算含水率，测定单位面积生物量。

草本层调查：在灌木层小样方的左小角和右下角设 1 m×1 m 的小样方，调查草木层种类、盖度和平均高度。全株收获称质量，根据各草种比例取混合样品 200～300 g，带回实验室烘干，计算含水率，测定单位面积生物量。

表 6 - 2 列出了 8 种样地类型的调查统计数据。

表 6-2 天目山自然保护区样地调查统计数据

样地类型	林龄/年	郁闭度	林分密度/(株/hm²)	优势树种(2～3 种)	平均胸径/cm	灌木盖度	草本盖度
杉木林	35	0.9	3 525	杉　木	11.13	20%	12%
马尾松林	60	0.85	4 725	马尾松、枫香	6.98	40%	33%
针阔混交林	70	0.85	4 225	杉木、细叶青冈、榧树	19.1	20%	33%
常绿阔叶林	70	0.9	7 250	细叶青冈、浙江樟	5.28	30%	26%
毛竹林	50	0.9	3 700	毛　竹	11.5	4%	20%
常绿落叶混交林	350	0.85	4 350	交让木、中国绣球	7.1	50%	20%
落叶阔叶林	150	0.9	3 150	大柄冬青、杜鹃	8.35	45%	60%
落叶矮林	150	0.9	6 400	小叶石楠、四照花	5.71	85%	75%

由表 6-2 可知，林分年龄杉木林最小 35 年，常绿落叶阔叶林最老为 350 年；保护区内郁闭度较大都在 0.85～0.9，林分密度在 3 150～7 250 株/hm²。常绿阔叶林中有很多丛生细叶青冈，因此林分密度较大；因此落叶矮林密度最大，树种也最多(达到 41 种)。平均胸径计算是 5 cm 起算，以针阔混交林最大(为 19.1 cm)，落叶矮林最小(为 5.7 cm)。

6.1.4 生物量模型模拟

本研究根据袁位高等研究浙江重点生态公益林大量样地调查已得到的生物量计算模型计算样地生物量。模型利用浙江省树木各分量生物量之间的相对生长关系，乔木以树高、胸径、冠长为变量构建各分量生物量模型通式，构建松类、杉类、硬阔(Ⅰ、Ⅱ)、软阔、毛竹组主要树种(组)生物量模型，模型测算因子简单易得，与实测数据具有较好的拟合精度和预估水平。然后将本次样地调查数据，分树种代入模型，分别得到各类型森林的生物量。浙江省重点公益林不同树种生物量模型如表 6-3 所示。

表 6-3 浙江省重点公益林不同树种生物量模型

生物量模型名称	生物量模型	主要树种
松类相容性生物量模型	$W_1 = W_2 + W_3 + W_4$ $W_2 = 0.060\,0H^{0.793\,4}D^{1.800\,5}$ $W_3 = 0.137\,708D^{1.487\,266}L^{0.405\,207}$ $W_4 = 0.041\,7H^{-0.078\,0}D^{2.261\,8}$	马尾松(*Pinus. massoniana*)、湿地松(*P. elliottii*)、火炬松(*P. taeda*)、黑松(*P. thunbergii*)、黄山松(*P. taiwanensis*)等
杉木相容性生物量模型	$W_1 = W_2 + W_3 + W_4$ $W_2 = 0.064\,7H^{0.895\,9}D^{1.488\,0}$ $W_3 = 0.097\,1D^{1.781\,4}L^{0.034\,6}$ $W_4 = 0.061\,7H^{-0.103\,74}D^{2.115\,252}$	杉木(*Cunninghamia lanceolata*)

（续表）

生物量模型名称	生物量模型	主要树种
硬阔相容性生物量模型（Ⅰ）	$W_1 = W_2 + W_3 + W_4$ $W_2 = 0.0560H^{0.8099}D^{1.8140}$ $W_3 = 0.0980D^{1.6481}L^{0.4610}$ $W_4 = 0.0549H^{0.1068}D^{2.0953}$	木荷（*Schima superba*）、栲树（*Castanopsis ssp.*）、红楠（*Machilus thunbergii*）、刨花楠（*M. pauhoi*）、华东楠（*M. leptophylla*）、香樟（*Cinnamomum camphora*）、杜英（*Elaeocarpus sylvestris*）等
硬阔相容性生物量模型（Ⅱ）	$W_1 = W_2 + W_3 + W_4$ $W_2 = 0.0803H^{0.7815}D^{1.8056}$ $W_3 = 0.2860D^{1.0968}L^{0.9450}$ $W_4 = 0.2470H^{0.1745}D^{1.7954}$	青冈（*Cyclobalanopsis glauca*）、苦槠（*Castanopsis sclerophylla*）、甜槠（*C. eyrei*）、冬青（*Ilex purpurea*）、栎（*Quercus spp.*）等
软阔相容性生物量模型	$W_1 = W_2 + W_3 + W_4$ $W_2 = 0.0444H^{0.7197}D^{1.7095}$ $W_3 = 0.0856D^{1.22657}L^{0.3970}$ $W_4 = 0.0459H^{0.1067}D^{2.0247}$	桤木（*Alnus cremastogyne*）、柳树（*Salix babylonica*）、枫杨（*Pterocarya stenoptera*）、枫香（*Liquidamba formosana*）、檫木（*Sassafras tzumu*）等
毛竹相容性生物量模型	$W_1 = W_2 + W_3 + W_4$ $W_2 = 0.0398H^{0.5778}D^{1.8540}$ $W_3 = 0.280D^{0.8357}L^{0.2740}$ $W_4 = 0.371H^{0.1357}D^{0.9817}$	毛竹（*Phyllostachys heterocycla cv. pubescens*）

注：W_1为总生物量(kg)，W_2为树干生物量(kg)，W_3为树冠生物量(kg)，W_4为树根生物量(kg)；H为树高(m)，D为胸径(cm)，L为冠长(m)。

根据表6-3所得主要组成树种生物量回归关系，推算天目山自然保护区8个样地群落乔木层主要树种生物量，结合直接测定的乔木层其他树种和群落其他层生物量，获得群落总生物量，如表6-4所示。

表6-4 天目山自然保护区样地群落生物量及其各层分配

样地类型	乔木层		灌木层		草本层		合计生物量
	生物量	比例	生物量	比例	生物量	比例	
杉木林	147.21	99.07	0.68	0.46	0.69	0.47	148.58
马尾松林	129.33	97.17	3.34	2.51	0.43	0.32	133.10
针阔混交林	131.02	99.01	0.90	0.68	0.41	0.31	132.33
常绿阔叶林	428.14	99.80	0.39	0.09	0.48	0.11	429.02
毛竹林	100.10	98.64	0.25	0.24	1.13	1.11	101.47
常绿落叶混交林	424.67	99.28	1.57	0.37	1.50	0.35	427.74
落叶阔叶林	241.78	97.30	5.75	2.31	0.95	0.38	248.48
落叶矮林	61.84	84.69	8.06	11.04	3.12	4.27	73.03

注：生物量的单位为 t/hm^2，比例的单位是%，合计生物量的单位是 t/hm^2。

由表 6-4 可知，天目山自然保护区所有样地中，乔木层生物量占群落总生物量的比例非常高，最高的常绿阔叶林乔木层生物量所占比例达到 99.80%，最小的落叶矮林乔木层生物量所占比例也达到 84.69%。乔木层生物量由大到小排序为常绿阔叶林（428.14 t/hm^2）>常绿落叶混交林（424.67 t/hm^2）>落叶阔叶林（241.78 t/hm^2）>杉木林（147.21 t/hm^2）>针阔混交林（131.02 t/hm^2）>马尾松林（129.33 t/hm^2）>毛竹林（100.10 t/hm^2）>落叶矮林（61.84 t/hm^2）。总体来看，灌木层生物量比草本层高或基本持平，但毛竹林除外。在毛竹林中灌木层生物量只有 0.25 t/hm^2，远低于草本层生物量的 1.13 t/hm^2。这主要是由于毛竹强大的扩鞭能力影响林地表层土壤基本理化性质，亦对土壤水稳性团聚体及化学性质产生影响，从而使林下土壤逐渐贫瘠，生境质量下降，从而影响保护区丰富的生物多样性。灌木层生物量由大到小排序为落叶矮林（8.06 t/hm^2）>落叶阔叶林（5.75 t/hm^2）>马尾松林（3.34 t/hm^2）>常绿落叶混交林（1.57 t/hm^2）>针阔混交林（0.90 t/hm^2）>杉木林（0.68 t/hm^2）>常绿阔叶林（0.39 t/hm^2）>毛竹林（0.25 t/hm^2）。草本层生物量由大到小排序为落叶矮林（3.12 t/hm^2）>常绿落叶混交林（1.50 t/hm^2）>毛竹林（1.13 t/hm^2）>落叶阔叶林（0.95 t/hm^2）>杉木林（0.69 t/hm^2）>常绿阔叶林（0.48 t/hm^2）>马尾松林（0.43 t/hm^2）>针阔混交林（0.41 t/hm^2）。落叶矮林灌木层生物量和草本层生物量均最高，说明落叶矮林生物多样性丰富，物种达到 41 种。

海拔 1 000 m 以下的 5 种森林类型中，杉木林、马尾松林、针阔混交林合计生物量相差不大，范围在 132.33～148.58 t/hm^2 之间，这说明针叶林之间合计生物量相差较小。常绿落叶林合计生物量最高，达到 429.02 t/hm^2，这是由于常绿阔叶林中有很多丛生细叶青冈，林分密度较大，林分密度达到 7 250 株/hm^2。毛竹林合计生物量最低，为 101.47 t/hm^2，这是由于毛竹林为纯林只有毛竹，因毛竹发达的地下竹鞭，对水分和矿物质有很强的争夺能力，杉木及阔叶树种很难生存。

海拔 1 000 m 以上的 3 种森林类型中，常绿落叶混交林合计生物量为 427 t/hm^2，落叶阔叶林合计生物量为 248.48 t/hm^2，落叶矮林合计生物量为 73.03 t/hm^2。由此看出，海拔在 1 000 m 以上，随着海拔的升高，合计生物量显著降低。在亚热带常绿落叶混交林为主要群落类型，在能量利用和物质循环上都有优势，使其生物量最大，优势树种为常绿阔叶树种交让木（Daphniphyllum macropodum）。

6.2 天目山自然保护区碳储量动态

本研究在第 5 章运用监督分类中的最大似然法对天目山自然保护区植被类型进行了分类，得到了 1984 年、1994 年、2003 年和 2014 年 4 个不同时相天目山植被类型专题图，经精度检验证明天目山自然保护区植被类型分类图是有效的，精度达到 75.67%以上。本小节将利用这 4 个不同时相的专题图，结合天目山样地各森林类型合计生物量数据，利用 GIS 空间分析技术，计算得出天目山区域范围内碳储量。

第 5 章将天目山植被类型划分为 4 类，即毛竹林、针叶林、常绿林和落叶林，而本章 8 个样地的植被类型分别为杉木林、马尾松林、针阔混交林、常绿阔叶林、毛竹林、常绿落叶混交林、落叶阔叶林、落叶矮林，有必要确定毛竹林、针叶林、常绿林和落叶林 4 种类型的生物量。由表 6－4 可知，杉木林、马尾松林、针阔混交林合计生物量相差不大，且针阔混交林优势树种为杉木，这说明针叶林之间合计生物量相差较小，故本研究取杉木林、马尾松林、针阔混交林生物量的平均值作为针叶林的合计生物量，即 138.00 t/hm^2；毛竹林合计生物量取表 6－4 中的数据，即 101.47 t/hm^2；因常绿阔叶林和常绿落叶混交林合计生物量相差不大，且常绿落叶混交林优势树种为常绿阔叶树种交让木(Daphniphyllum macropodum)，故常绿林生物量取常绿阔叶林和常绿落叶混交林生物量的平均值，即 428.38 t/hm^2；落叶阔叶林是天目山自然保护区高海拔的植被类型，主要分布于海拔 1 100～1 350 m，其为落叶林的主体类型，落叶矮林分布于天目山自然保护区最高地段，为山顶矮林，面积较小，故落叶林合计生物量取落叶阔叶林生物量，即 248.48 t/hm^2。4 种类型生物量数据如表 6－5 所示。

表 6－5　天目山自然保护区不同植被类型生物量

植被类型	生物量/(t/hm^2)	植被类型	生物量/(t/hm^2)
毛竹林	101.47	常绿林	428.38
针叶林	138.00	落叶林	248.48

目前，我国对森林碳储量的估计，无论在森林群落或森林生态系统尺度上，还是在区域、国家尺度上，普遍采用的方法是通过直接或间接测定森林植被的生产量与生物现存量再乘以生物量中碳元素的含量推算而得。森林生物量及其组成树种的含碳率值是研究森林碳储量的两个关键因子，对它们的准确测定及估计是估算森林碳储量的基础。但是，迄今为止国内对不同区域及不同森林类型的生物量和生产力的研究已经有数百例，而对森林群落组成树种的含碳率的测定仅见数例报道。在过去的估算研究中，国内外研究者大多采用 GEF 中国林业温室气体清单课题组的研究成果，取 0.5；也有采用 0.45 作为平均含碳率。考虑到不同树种生物量含碳率虽略有差异，差别不是很大，一般为 0.45～0.5 之间，因此本研究采用森林碳储量测算时，含碳率取均值 0.5。

森林碳储量计算按下式计算：

$$C = W_1 \times A \times C_c$$

式中，C 为碳储量，单位 t；W_1 为生物量，单位 t/hm^2，各植被类型生物量见表 6－5；A 为面积，单位 hm^2，各植被类型面积见第 5 章表 5－3；C_c 为含碳率，取 0.5。

天目山自然保护区 1984 年、1994 年、2003 年、2014 年各植被类型碳储量及占区域总碳储量百分比(C%)，各植被类型面积如表 6－6 所示。

表 6－6 天目山区域植被类型碳储量及占总碳储量百分比

年 份	类 型	毛竹林	针叶林	常绿林	落叶林	合 计
1984	面积/hm^2	145.24	23.25	2 351.09	1 594.46	4 114.05
	碳储量/t	7 368.95	1 604.48	503 580.34	198 096.18	710 649.96
	C%	1.04	0.23	70.86	27.88	100.00
1994	面积/hm^2	224.27	47.58	2 445.84	1 383.99	4 101.68
	碳储量/t	11 378.59	3 283.32	523 873.66	171 946.50	710 482.07
	C%	1.60	0.46	73.73	24.20	100.00
2003	面积/hm^2	484.62	89.12	1 648.43	1 914.79	4 136.96
	碳储量/t	24 587.26	6 149.04	353 077.34	237 893.86	621 707.50
	C%	3.95	0.99	56.79	38.26	100.00
2014	面积/hm^2	389.01	54.09	1 494.96	2 023.18	3 961.24
	碳储量/t	19 736.62	3 732.34	320 205.31	251 359.80	595 034.06
	C%	3.32	0.63	53.81	42.24	100.00

表 6－6 显示，天目山自然保护区碳储量主要集中在常绿林和落叶林，其占到天目山总碳储量的 95.06%以上。其原因，一是天目山主要植被类型为常绿林和落叶林，其面积占到天目山自然保护区总面积的 81.04%以上；二是常绿林和落叶林生物量都较毛竹林和针叶林为高。1984—2014 年天目山不同植被类型碳储量均有所变化，具体变化趋势如下：

（1）毛竹林碳储量总体呈增长趋势，从 1984 年的 7 368.95 t 增长至 2014 年的 19 736.62 t，碳储量百分比从 1984 年的 1.04%增长至 2014 年的 3.32%。其中，1984 年至 2003 年毛竹林碳储量呈增长迅速，碳储量从 7 368.95 t 增长至 24 587.26 t，碳储量百分比从 1.04%增长至 3.95%。2003 年至 2014 年毛竹林碳储量有所减少，碳储量从 24 587.26 t 下降至 19 736.62 t，碳储量百分比从 3.95%下降至 3.32%。导致该现象的主要原因是毛竹林面积的变化，毛竹林面积 1984 年至 2003 年呈现爆发式增长，2003 年至 2014 年呈下降趋势。

（2）针叶林碳储量总体呈增长趋势，从 1984 年的 1 604.48 t 增长至 2014 年的 3 732.34 t，碳储量百分比从 1984 年的 0.23%增长至 2014 年的 0.63%。其中，1984 年至 2003 年针叶林碳储量呈增长趋势，碳储量从 1 604.48 t 增长至 6 149.04 t，碳储量百分比从 0.23%增长至 0.99%。但 2003 年至 2014 年针叶林碳储量有所减少，碳储量从 6 149.04 t 下降至 3 732.34 t，碳储量百分比从 0.99%下降至 0.63%，主要是由于针叶林面积的变化，毛竹林面积 1984 年至 2003 年呈现增长趋势，2003 年至 2014 年呈下降趋势。

（3）常绿林碳储量总体呈下降趋势，从 1984 年的 503 580.34 t 下降至 2014 年的 320 205.31 t，碳储量百分比从 1984 年的 70.86%下降至 2014 年的 53.81%。其中，1984

年至 1994 年常绿林碳储量呈增长趋势，碳储量从 503 580.34 t 增长至 523 873.66 t，碳储量百分比从 70.86%增长至 73.73%，主要是由于常绿林面积的变化，常绿林面积 1984 年至 1994 年呈现增长趋势，1994 年至 2014 年呈下降趋势。

（4）落叶林碳储量总体呈增长趋势，从 1984 年的 198 096.18 t 增长至 2014 年的 251 359.80 t，碳储量百分比从 1984 年的 27.88%增长至 2014 年的 42.24%。其中，1984 年至 1994 年落叶林碳储量呈下降趋势，碳储量从 198 096.18 t 下降至 171 946.50 t，碳储量百分比从 27.88%下降至 24.20%，主要是由于落叶林面积的变化，落叶林面积 1984 年至 1994 年呈现下降趋势，1994 年至 2014 年呈增长趋势。

由表 6-6 可以看出，近 30 年来天目山自然保护区碳储量呈减少趋势，从 1984 年的 710 649.96 t 下降至 2014 年的 595 034.06 t，导致这一现象的主要原因在于常绿林碳储量的下降，常绿林生物量远高于毛竹林、针叶林和阔叶林，常绿林面积的下降直接导致天目山自然保护区碳储量的下降。近 30 年来天目山自然保护区植被覆盖面积的下降也是导致碳储量减少的原因之一，1984 年天目山自然保护区植被覆盖面积为 4 114.05 hm^2，到 2014 年植被覆盖面积下降到 3 961.24 hm^2。为此，天目山自然保护区需关注常绿林的保护。

6.2.1　核心区碳储量动态

利用天目山自然保护区核心区 4 个不同时相的专题图，结合表 6-5 生物量数据，利用 GIS 空间分析技术，计算得出天目山核心区范围内碳储量。天目山自然保护区核心区 1984 年、1994 年、2003 年、2014 年各植被类型碳储量及占区域总碳储量百分比（C%），各植被类型面积如表 6-7 所示。

表 6-7　天目山核心区植被类型碳储量及占总碳储量百分比

年份	类型	毛竹林	针叶林	常绿林	落叶林	合计
1984	面积/hm^2	21.38	11.05	274.02	290.06	596.50
	碳储量/t	1 084.72	762.20	58 692.57	36 036.57	96 576.05
	C%	1.12	0.79	60.77	37.31	100.00
1994	面积/hm^2	13.68	31.21	284.25	267.88	597.02
	碳储量/t	694.07	2 153.17	60 882.77	33 281.89	97 011.90
	C%	0.72	2.22	62.76	34.31	100.00
2003	面积/hm^2	22.81	52.59	253.05	248.13	576.58
	碳储量/t	1 157.21	3 629.04	54 199.82	30 827.17	89 813.25
	C%	1.29	4.04	60.35	34.32	100.00
2014	面积/hm^2	24.85	38.49	240.71	247.92	551.98
	碳储量/t	1 261.01	2 655.81	51 558.72	30 801.11	86 276.64
	C%	1.46	3.08	59.76	35.70	100.00

表 6－7 显示，天目山自然保护区核心区碳储量主要集中在常绿林和落叶林，其占到天目山总碳储量的 94.67％以上。其原因，一是天目山主要植被类型为常绿林和落叶林，其面积占到天目山自然保护区总面积的 81.92％以上；二是常绿林和落叶林生物量都较毛竹林和针叶林为高。1984—2014 年天目山自然保护区核心区不同植被类型碳储量均有所变化，具体变化趋势如下：

（1）核心区毛竹林碳储量较少，且增长趋势缓慢，从 1984 年的 1 084.72 t 增长至 2014 年的 1 261.01 t，碳储量百分比从 1984 年的 1.12％增长至 2014 年的 1.46％。这是由于核心区保护较好，毛竹林没有呈现爆发式增长。

（2）核心区针叶林碳储量较少，总体呈增长趋势，从 1984 年的 762.20 t 增长至 2014 年的 2 655.81 t，碳储量百分比从 1984 年的 0.79％增长至 2014 年的 3.08％。其中，1984 年至 2003 年针叶林碳储量呈增长趋势，碳储量从 762.20 t 增长至 3 629.04 t，碳储量百分比从 0.79％增长至 4.04％。但 2003 年至 2014 年针叶林碳储量有所减少，碳储量从 3 629.04 t 下降至 2 655.81 t，碳储量百分比从 4.04％下降至 3.08％，主要是由于针叶林面积的变化，毛竹林面积 1984 年至 2003 年呈现增长趋势，2003 年至 2014 年呈下降趋势。

（3）核心区常绿林碳储量较多，总体呈下降趋势，但下降趋势缓慢，从 1984 年的 58 692.57 t 下降至 2014 年的 51 558.72 t，碳储量百分比从 1984 年的 60.77％下降至 2014 年的 59.76％。其中，1984 年至 1994 年常绿林碳储量呈增长趋势，碳储量从 58 692.57 t 增长至 60 882.77 t，碳储量百分比从 60.77％增长至 62.76％，主要是由于常绿林面积的变化，常绿林面积 1984 年至 1994 年呈现增长趋势，1994 年至 2014 年呈下降趋势。

（4）核心区落叶林碳储量较多，总体呈下降趋势，但下降趋势缓慢，从 1984 年的 36 036.57 t 下降至 2014 年的 30 801.11 t，碳储量百分比从 1984 年的 37.31％下降至 2014 年的 35.70％。主要是由于落叶林面积的变化，落叶林面积 1984 年至 2014 年呈现下降趋势。

由表 6－7 可以看出，近 30 年来天目山自然保护区核心区碳储量呈减少趋势，从 1984 年的 96 576.05 t 下降至 2014 年的 86 276.64 t，导致这一现象的主要原因在于常绿林和落叶林碳储量的下降，常绿林和落叶林生物量远高于毛竹林、针叶林，常绿林和落叶林面积的下降直接导致天目山自然保护区核心区碳储量的下降。近 30 年来天目山自然保护区核心区植被覆盖面积的下降也是导致碳储量减少的原因之一，1984 年天目山自然保护区核心区植被覆盖面积为 596.50 hm^2，到 2014 年植被覆盖面积下降到 551.98 hm^2。由此看出，虽然天目山自然保护区核心区植被覆盖面积及碳储量下降趋势缓慢，但仍需引起重视，需加强对天目山自然保护区核心区的保护。

6.2.2 缓冲区碳储量动态

利用天目山自然保护区缓冲区 4 个不同时相的专题图，结合表 6－5 生物量数据，利用 GIS 空间分析技术，计算得出天目山缓冲区范围内碳储量。天目山自然保护区缓冲区 1984 年、1994 年、2003 年、2014 年各植被类型碳储量及占区域总碳储量百分比（C%），各植被类型面积如表 6－8 所示。

表 6－8 显示，天目山自然保护区缓冲区碳储量主要集中在常绿林和落叶林，其占到天目山总碳储量的 92.75%以上。其原因，一是天目山主要植被类型为常绿林和落叶林，其面积占到天目山自然保护区总面积的 73.4%以上；二是常绿林和落叶林生物量都较毛竹林和针叶林为高。1984—2014 年天目山自然保护区缓冲区不同植被类型碳储量均有所变化，具体变化趋势如下：

(1) 缓冲区毛竹林碳储量较少，且增长趋势缓慢，从 1984 年的 1 066.64 t 增长至 2014 年的 1 932.17 t，碳储量百分比从 1984 年的 2.28%增长至 2014 年的 5.13%。从 2003 年至 2014 年毛竹林碳储量基本不变，主要是由于这 10 年毛竹林面积没有变化。

表 6－8　天目山缓冲区植被类型碳储量及占总碳储量百分比

年份	类型	毛竹林	针叶林	常绿林	落叶林	合计
1984	面积/hm^2	21.02	6.77	156.07	95.14	279.01
	碳储量/t	1 066.64	467.15	33 429.58	11 820.35	46 783.72
	C%	2.28	1.00	71.46	25.27	100.00
1994	面积/hm^2	30.58	10.64	176.32	58.30	275.84
	碳储量/t	1 551.45	734.18	37 766.85	7 242.92	47 295.40
	C%	3.28	1.55	79.85	15.31	100.00
2003	面积/hm^2	38.46	14.76	116.01	104.74	273.98
	碳储量/t	1 951.38	1 018.35	24 848.77	13 013.20	40 831.70
	C%	4.78	2.49	60.86	31.87	100.00
2014	面积/hm^2	38.08	8.17	104.48	103.23	253.97
	碳储量/t	1 932.17	563.87	22 377.73	12 825.85	37 699.63
	C%	5.13	1.50	59.36	34.02	100.00

(2) 缓冲区针叶林碳储量较少，呈现先增长后下降的趋势。1984 年缓冲区针叶林碳储量为 467.15 t，占缓冲区碳储量的 1%，到 2003 年缓冲区针叶林碳储量为 1 018.35 t，占缓冲区碳储量的 2.49%，但 2014 年缓冲区针叶林碳储量又下降至 563.87 t，占缓冲区碳储量的 1.5%，主要是由于针叶林面积的变化，毛竹林面积 1984 年至 2003 年呈现增长趋势，2003 年至 2014 年呈下降趋势。

(3) 缓冲区常绿林碳储量较多，总体呈下降趋势，从 1984 年的 33 429.58 t 下降至 2014 年的 22 377.73 t，碳储量百分比从 1984 年的 71.46%下降至 2014 年的 59.36%。其中，1984 年至 1994 年常绿林碳储量呈增长趋势，碳储量从 33 429.58 t 增长至 37 766.85 t，主要是由于常绿林面积的变化，常绿林面积 1984 年至 1994 年呈现增长趋势，1994 年至

2014 年呈下降趋势。

(4) 缓冲区落叶林碳储量较多，呈现缓慢增长趋势，从 1984 年的 11 820.35 t 增长至 2014 年的 12 825.85 t，碳储量百分比从 1984 年的 25.27%增长至 2014 年的 34.02%。

由表 6-8 可以看出，近 30 年来天目山自然保护区缓冲区碳储量呈减少趋势，从 1984 年的 46 783.72 t 下降至 2014 年的 37 699.63 t，导致这一现象的主要原因在于常绿林碳储量的下降，常绿林生物量远高于毛竹林、针叶林和落叶林，常绿林面积的下降直接导致天目山自然保护区缓冲区碳储量的下降。近 30 年来天目山自然保护区缓冲区植被覆盖面积的下降也是导致碳储量减少的原因之一，1984 年天目山自然保护区缓冲区植被覆盖面积为 279.01 hm^2，到 2014 年植被覆盖面积下降到 253.97 hm^2。

6.2.3 实验区碳储量动态

利用天目山自然保护区实验区 4 个不同时相的专题图，结合表 6-5 生物量数据，利用 GIS 空间分析技术，计算得出天目山实验区范围内碳储量。天目山自然保护区实验区 1984 年、1994 年、2003 年、2014 年各植被类型碳储量及占区域总碳储量百分比(C%)，各植被类型面积如表 6-9 所示。

表 6-9 天目山实验区植被类型碳储量及占总碳储量百分比

年 份	类 型	毛竹林	针叶林	常绿林	落叶林	合 计
1984	面积/hm^2	103.34	6.41	1 925.99	1 202.63	3 238.37
	碳储量/t	5 242.80	442.57	412 527.07	149 414.51	567 626.95
	C%	0.92	0.08	72.68	26.32	100.00
1994	面积/hm^2	180.44	7.78	1 985.97	1 055.26	3 229.45
	碳储量/t	9 154.48	536.75	425 375.02	131 105.75	566 172.00
	C%	1.62	0.09	75.13	23.16	100.00
2003	面积/hm^2	422.73	24.42	1 278.56	1 560.94	3 286.64
	碳储量/t	21 447.03	1 684.91	273 853.75	193 931.11	490 916.80
	C%	4.37	0.34	55.78	39.50	100.00
2014	面积/hm^2	326.18	8.10	1 150.25	1 672.57	3 157.11
	碳储量/t	16 548.89	559.20	246 372.62	207 799.51	471 280.22
	C%	3.51	0.12	52.28	44.09	100.00

表 6-9 显示，天目山自然保护区缓冲区碳储量主要集中在常绿林和落叶林，其占到天目山总碳储量的 95.29%以上。其原因，一是天目山主要植被类型为常绿林和落叶林，其面积占到天目山自然保护区总面积的 82.15%以上；二是常绿林和落叶林生物量都较毛竹林和针叶林为高。1984—2014 年天目山自然保护区缓冲区不同植被类型碳储

量均有所变化，具体变化趋势如下：

(1) 实验区毛竹林碳储量较核心区和缓冲区要大，并在近30年呈现先爆发式增长后下降趋势。1984年实验区毛竹林碳储量为5 242.80 t，占实验区碳储量的0.92%。2003年实验区毛竹林碳储量为21 447.03 t，占实验区碳储量的4.37%，主要原因是1984年至2003年间，实验区毛竹林爆发式增长。而2014年毛竹林碳储量为16 548.89 t，占实验区碳储量的3.51%，较2003年下降了4 898.13 t，所占实验区碳储量比下降了0.86%，原因是这10年毛竹林面积下降了96.54 hm^2。

(2) 实验区针叶林碳储量相对较少，基本维持不变。1984年实验区针叶林碳储量为442.57 t，到2014年针叶林碳储量为559.20 t。针叶林碳储量占实验区碳储量的百分比1984年为0.08%，到2014年为0.12%。相较3个区(核心区、缓冲区和实验区)表明针叶林主要分布在核心区，缓冲区和实验区针叶林分布较少。

(3) 实验区常绿林碳储量较多，近30年来碳储量呈现下降趋势。1984年实验区常绿林碳储量为412 527.07 t，占实验区碳储量的72.68%。2014年实验区常绿林碳储量为246 372.62 t，占实验区碳储量的52.28%。导致实验区常绿林碳储量下降的主要原因是常绿林面积的下降。

(4) 实验区落叶林碳储量较多，近30年来碳储量呈现增长趋势。1984年实验区落叶林碳储量为149 414.51 hm^2，占实验区碳储量的26.32%。2014年实验区落叶林碳储量为207 799.51 hm^2，占实验区碳储量的44.09%。主要原因是近30年来落叶林面积呈现增长趋势。

由表6-9可以看出，近30年来天目山自然保护区实验区碳储量呈减少趋势，从1984年的567 626.95 t下降至2014年的471 280.22 t，导致这一现象的主要原因在于常绿林碳储量的下降，常绿林生物量远高于毛竹林、针叶林和落叶林，常绿林面积的下降直接导致天目山自然保护区实验区碳储量的下降。近30年来天目山自然保护区实验区植被覆盖面积的下降也是导致碳储量减少的原因之一，1984年天目山自然保护区实验区植被覆盖面积为3 238.37 hm^2，到2014年植被覆盖面积下降到3 157.11 hm^2。

6.3　天目山自然保护区净初级生产力估算

植被净第一性生产力(Net Primary Productivity，简称NPP)是表示植被活动的关键变量，通常定义为绿色植物在单位时间、单位面积上由光合作用所产生的有机物质总量中扣除自养呼吸后的剩余部分。植被NPP的形成与生物地球化学循环相互响应，尤其它是大气CO_2浓度季节变化的主要原因，准确估计NPP有助于了解全球碳循环。另外，NPP也是研究陆地生态系统中物质与能量动态和储存的基础，除了供给植物本身外，还为所有有机体生命提供了能量和物质，因而陆地生态系统NPP的研究也为合理开发利用自然资源提供科学依据。

6.3.1 净初级生产力研究现状

自 20 世纪 60 年代以来，各国学者对 NPP 的研究高度重视，国际生物学计划(International biological programme，IBP，1965—1974)期间，曾进行了大量的植物 NPP 的测定，并以测定资料为基础联系气候环境因子建立模型对植被 NPP 的区域分布进行评估。由于人们无法在地区和全球尺度上直接、全面地测量生态系统的生产力，因此，利用计算机模型估算陆地植被的生产力已成为一种重要而广泛接受的研究方法。目前国内外关于研究植被净第一性生产力的模型很多。Ruimy 等把这些模型概括为 3 类，即统计模型(Statistical Model)、参数模型(Parameter Model)和过程模型(Process-based Model)。统计模型也称为气候相关模型，以 Miami 模型、Thornthwaite Memorial 等模型为代表。统计模型是利用气候因子(温度、降水等)来估算植被净第一性生产力的，因此大部分统计模型估算的结果是潜在植被生产力。在参数模型中植被净第一性生产力是由植被吸收的光合有效辐射和光能转化效率 2 个因子来表示，其中把光能转化效率看成是只取决于植被类型的变量。过程模型是在参数模型上的引申，其中最为普遍的处理方式是在参数模型基础上加上温度、水分及养分等参数。以 CASA 模型、TEM 模型、BIOME - BGC 等模型为代表的过程模型则是从植被机理出发而建立的植被净第一性生产力的机理模型，因此在大尺度植被净第一性生产力研究和全球碳循环研究中被广泛应用。

近几年来，我国学者先后开展了 NPP 的遥感估算研究。郑元润等利用 13 组森林生产力数据建立了中国森林植被 NPP 与 NDVI 的回归模型。张宏等也根据野外实测 NPP 资料和样地蒸发量数据，建立了塔里木盆地盐花草甸植被的 NPP 回归模型。孙睿等在对我国陆地植被 NPP 估算的基础上，分析它的季节变化，得出了我国陆地植被 NPP 的季节差异。肖乾广等利用气象卫星 AVHRR 遥感方法估算目前中国 NPP 水平。朴世龙等基于地理信息系统和卫星遥感技术，利用 CASA 模型估算了我国 1997 年植被净初级生产力及其分布，该研究实现了对中国区域空间分辨率为 8 km 的 NPP 大尺度模拟。Chen 等利用 MODIS 遥感数据与 CASA 模型对青海湖流域的植被 NPP 进行了估算，并对不同植被类型的碳储量进行了分析，该研究实现了空间分辨率为 1 km 的 NPP 模拟。

6.3.2 净初级生产力估算方法及技术路线

本研究拟建立天目山自然保护区 NPP 与 NDVI 之间的回归模型，利用 NDVI 数据，估算近 30 年天目山自然保护区 NPP 的动态变化趋势，其中 NDVI，NPP 数据主要利用如下数据集。

1) NDVI 数据集

本研究所利用的 NDVI 产品数据集有 3 种，即 GIMMS(global Inventory Modelling and Mapping Studies) NDVI 数据集、SPOT Vegetation NDVI 数据集、MODIS

MOD13A2 NDVI 数据集。

GIMMS NDVI 数据集是美国国家航天航空局(NASA)C-J-Tucker 等人于 2003 年 11 月推出的最新全球植被指数变化数据。该数据集包括了 1981—2006 年间的全球植被指数变化,其时间分辨率是 15 天,空间分辨率为 8 km。GIMMS NDVI 数据来源于国家自然科学基金委员会"中国西部环境与生态科学数据中心"(http://westdc.westgis.ac.cn)。

由欧洲联盟委员会赞助的 VEGETATION 传感器于 1998 年 3 月由 SPOT-4 搭载升空,从 1998 年 4 月开始接收用于全球植被覆盖观察的 SPOTVGT 数据,该数据由瑞典的 Kiruna 地面站负责接收,由位于法国 Toulouse 的图像质量监控中心负责图像质量并提供相关参数(如定标系数),最终由比利时弗莱芒技术研究所(Flemish Institute for Technological Research, Vito) VEGETATION 影像处理中心(VEGETATION Processing Centre,CTIV)负责预处理成逐日 1 km 全球数据。预处理包括大气校正、辐射校正、几何校正,生产 10 天最大化合成的 NDVI 数据。SPOT Vegetation NDVI 数据来源于"黑河计划数据管理中心"(http://westdc.westgis.ac.cn)。

基于 MODIS 的 NDVI 产品(MOD13A2)利用改进的 HANTS 算法去云重建得到了 2000—2014 年 1 km 分辨率 NDVI 数据集,其时间分辨率是 16 天。

2) NPP 数据集

本研究所用的 NPP 数据为来自美国 NASA EOS/MODIS 的 2000—2010 年 MOD17A3 数据(https://ladsweb.nascom.nasa.gov/data/search.html),空间分辨率为 1 km。该数据集利用基于 BIOME-BGC 模型与光能利用率模型建立的 NPP 估算模型,模拟得到陆地生态系统年 NPP。该数据集已在全球和区域 NPP 与碳循环研究中得到广泛应用。

基于上述数据,本研究首先基于天目山自然保护区 2000—2014 年 MODIS MOD13A2 NDVI 数据集,计算每个像元年平均 NDVI 数据,并利用每个像元 2000—2010 年年平均 NDVI 数据与 MODIS MOD17A3 NPP 数据建立回归模型,并验证该模型;接着结合 2011—2014 年年平均 NDVI 数据,利用回归模型估算天目山自然保护区 2011—2014 年 1 km 空间分辨率 NPP 数据。SPOT Vegetation NDVI 数据集提供了天目山自然保护区 1998—2008 年 NDVI 产品数据,本研究首先计算了 1998—2008 年每个像元年平均 NDVI 数据,并将 2000—2008 年年均 NDVI 数据与 2000—2008 年 MODIS MOD17A3 NPP 数据建立回归模型,并验证该模型;接着结合 1998,1999 年年平均 NDVI 数据,利用回归模型估算天目山自然保护区 1998,1999 年 1 km 空间分辨率 NPP 数据。GIMMS NDVI 数据集空间分辨率为 8 km,对应天目山自然保护区,只有 1 个像元被天目山自然保护区完全覆盖,其余 3 个像元点只有少部分被天目山自然保护区覆盖,为了模拟的精确性,本研究只取被完全覆盖的 1 个像元点 GIMMS NDVI 数据。GIMMS NDVI 数据集包括了 1981—2006 年间天目山自然保护区 NDVI 数据,本研究首先基于前面得到的 1998—2006 年 1 km 空间分辨率 NPP,计算每年所有像元 NPP 的平均值，作为每年天目山自然保护区 NPP 数据，并用该数据与 1998—2006 年天目山自然保护区 GIMMS NDVI 数据建立回归模型，并验证该模型；接着结合 1981—1997 年 GIMMS NDVI 数据，利用回归模型估算天目山自然保护区 1981—1997 年 8 km 空间分辨率 NPP 数据。最后，利用计算所得的天目山自然保护区 2007—2014 年 1 km 空间分辨率 NPP，计算每年所有像元 NPP 的平均值，最终得到 1981—2014 年天目山自然保护区 8 km 空间分辨率 NPP 动态变化趋势。技术路线如图 6-2 所示。

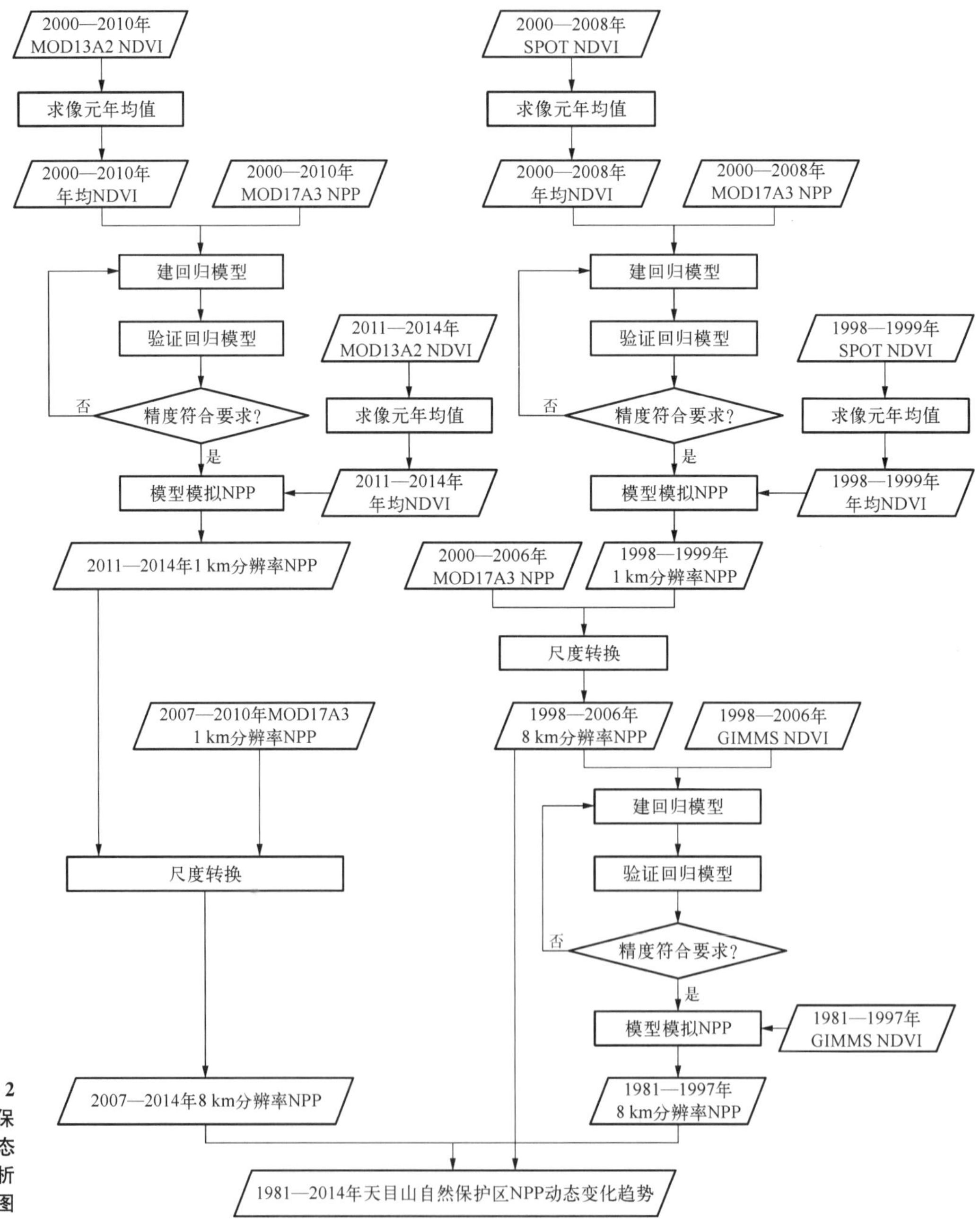

图 6-2 天目山自然保护区 NPP 动态变化趋势分析技术路线图

6.3.3 MODIS 回归模型

本研究首先利用 MRT(MODIS Reprojection Tool)软件将 MOD13A2 NDVI 1 km 数据和 MOD17A3 NPP 1 km 数据投影转换为 0.01°×0.01°经纬度网格数据；然后在 ArcGIS 10.1 中将天目山自然保护区剪切下来；MOD13A2 NDVI 1 km 数据时间分辨率为 16 天，所以需把 16 天合成 NDVI 数据转换到年均 NDVI，对于 NDVI 数据中某个像元(i, j)来说，转换公式为

$$ANDVI_{i,j} = \frac{1}{23}\sum_{K=1}^{23} NDVI_{i,j}(K)$$

式中，$ANDVI_{i,j}$ 为一年内 $NDVI$ 的平均值，$NDVI_{i,j}(K)$ 为第 K 个 16 天合成 $NDVI$ 数据。

本研究将 2000—2014 年 MOD13A2 16 天合成 NDVI 数据转化成年均 NDVI 后，基于 2000—2010 年年均 NDVI 数据与 MOD17A3 NPP 数据绘制了两者之间的散点图，如图 6－3(a)所示。

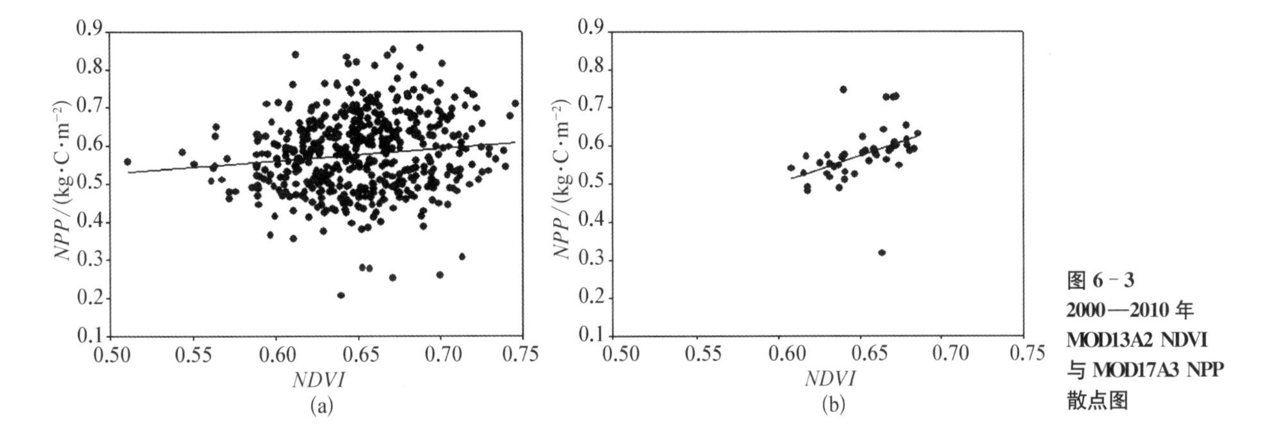

图 6－3 2000—2010 年 MOD13A2 NDVI 与 MOD17A3 NPP 散点图

本研究同时将 2000—2010 年这 11 年每个像元的 NDVI，NPP 数据求 11 年平均值，计算公式为

$$TNDVI_{i,j} = \frac{1}{11}\sum_{K=1}^{11} ANDVI_{i,j}(K)$$

$$TNPP_{i,j} = \frac{1}{11}\sum_{K=1}^{11} ANPP_{i,j}(K)$$

式中，$TNDVI_{i,j}$ 为像元(i, j)11 年平均 $NDVI$ 值，$ANDVI_{i,j}(K)$ 为像元(i, j)第 K 年年均 $NDVI$ 值，$TNPP_{i,j}$ 为像元(i, j)11 年平均 NPP 值，$ANPP_{i,j}(K)$ 为像元(i, j)第 K 年 MOD17A3 NPP 值。

本研究在计算了 11 年平均 NDVI，NPP 后，绘制了 11 年平均 NDVI，NPP 之间的

散点图，如图 6－3(b)所示。图 6－3 中(a)，(b)两图中 NDVI 和 NPP 之间的回归关系如表 6－10 所示。

表 6－10 2000—2010 年 NDVI 和 NPP 回归模型

类 型	回 归 模 型	R^2	P
年均值	$NPP=0.3242(NDVI)+0.3656$	0.014 8	0.006 1
11 年均值	$NPP=1.4372(NDVI)-0.3601$	0.181 2	0.003 2

表 6－10 表明，年均值和 11 年均值 NDVI 与 NPP 之间的相关性均较好，P 值均小于 0.01，其中 11 年均值 NDVI 与 NPP 之间的相关性更好，R^2 值为 0.181 2，P 值为 0.003 2。为了验证这两种回归模型的适用性，本研究分别计算了 2 种模型模拟 NPP 的均方根误差(RMSE)，结果表明，年均值回归模型 RMSE 为 0.099 6 kg・C・m^{-2}，11 年均值回归模型 RMSE 为 0.108 1 kg・C・m^{-2}。虽然 R^2($R^2=0.0148$)和 P($P=0.0061$)值较 11 年均值回归模型低，但其模拟的 NPP 均方根误差 RMSE 较 11 年均值回归模型低，故本研究采用年均值回归模型来模拟 2011—2014 年天目山自然保护区 NPP，模拟结果如图 6－4 所示。

由图 6－4 可知，2011—2014 年天目山自然保护区 NPP 低值区域主要分布在中西部及北部地区，高值区域主要分布在中东部及南部地区。NPP 值在 0.537 2～

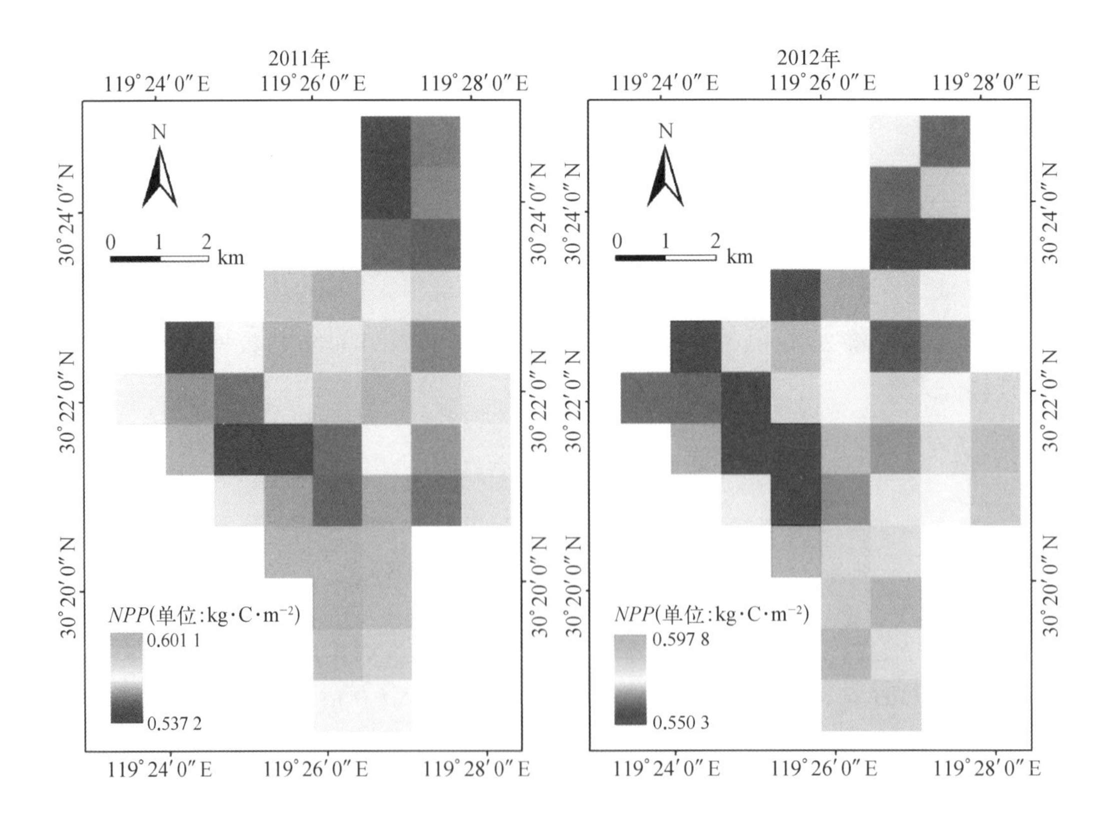

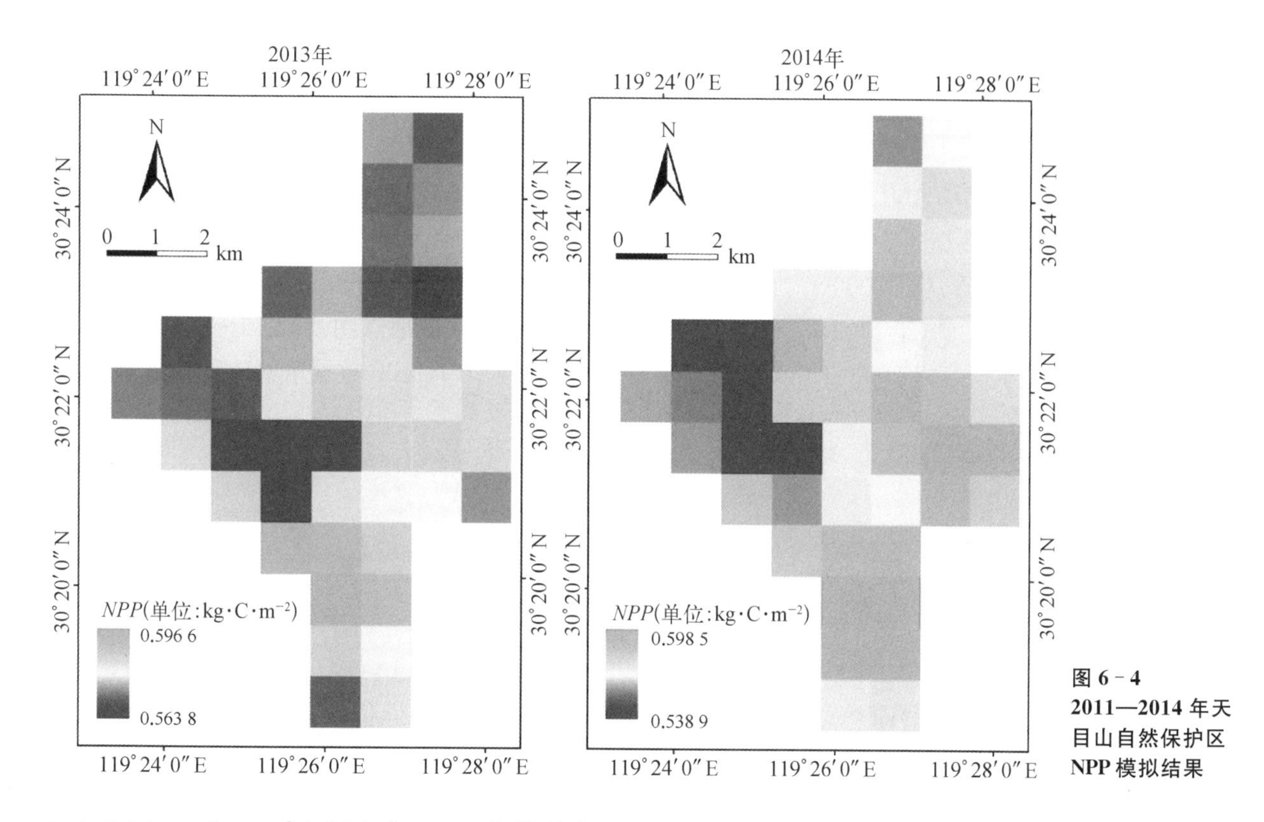

图 6-4 2011—2014 年天目山自然保护区 NPP 模拟结果

0.601 1 kg·C·m^{-2}之间变化，2012 年较其他 3 年 NPP 低值区域较多。表 6-11 统计了这 4 年 NPP 最高值、最低值、平均值。

表 6-11 2011—2014 年 NPP 模拟结果比较(NPP 单位：kg·C·m^{-2})

年	最高值	最低值	平均值
2011	0.601 1	0.537 2	0.575 063
2012	0.597 8	0.550 3	0.574 16
2013	0.596 6	0.563 8	0.579 974
2014	0.598 5	0.538 9	0.575 714

表 6-11 表明，2011—2014 年天目山自然保护区 NPP 均值呈现震荡上升趋势，2012 年 NPP 均值最低，2013 年 NPP 均值最高，2014 年 NPP 均值均较 2013 年有所下降，但较 2011，2012 年都有所上升。

6.3.4 SPOT 回归模型

在 ArcGIS 10.1 中利用天目山自然保护区边界矢量图，对 1998—2008 年 SPOT NDVI 数据集进行剪切，从而获得天目山自然保护区 1998—2008 年 1 km NDVI 数据集，时间分辨率为 10 天，所以需把 10 天合成 NDVI 数据转换到年均 NDVI，对于 NDVI

数据中某个像元(i, j)来说，转换公式为

$$ANDVI_{i,j} = \frac{1}{36}\sum_{K=1}^{36} NDVI_{i,j}(K)$$

式中，$ANDVI_{i,j}$ 为一年内 NDVI 的平均值，$NDVI_{i,j}(K)$ 为第 K 个 10 天合成 NDVI 数据。

本研究将 2000—2008 年 SPOT NDVI 10 天合成数据转化成年均 NDVI 后，与 2000—2008 年 MOD17A3 NPP 数据绘制了两者之间的散点图，如图 6 - 5(a)所示。同时，本研究将 2000—2008 年这 9 年每个像元的 NDVI，NPP 数据求 9 年平均值，计算公式为

$$TNDVI_{i,j} = \frac{1}{9}\sum_{K=1}^{9} ANDVI_{i,j}(K)$$

$$TNPP_{i,j} = \frac{1}{9}\sum_{K=1}^{9} ANPP_{i,j}(K)$$

式中，$TNDVI_{i,j}$ 为像元(i, j)9 年平均 NDVI 值，$ANDVI_{i,j}(K)$ 为像元(i, j)第 K 年年均 NDVI 值，$TNPP_{i,j}$ 为像元(i, j)9 年平均 NPP 值，$ANPP_{i,j}(K)$ 为像元(i, j)第 K 年 MOD17A3 NPP 值。

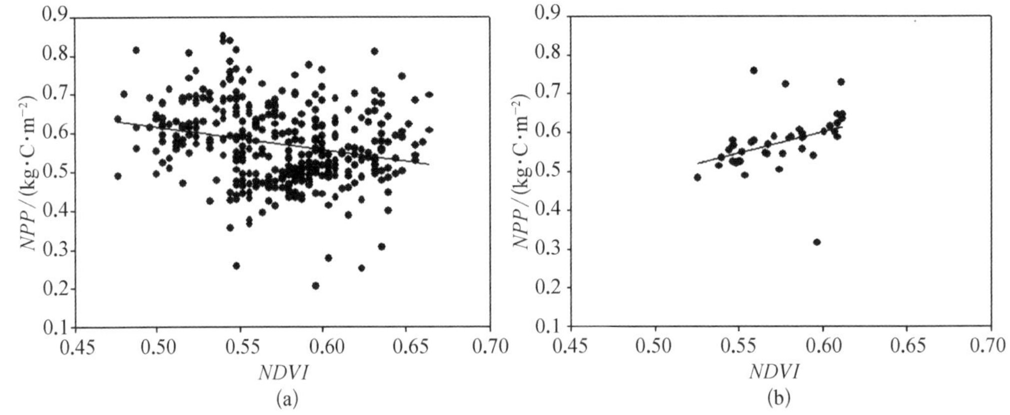

图 6 - 5 2000—2008 年 SPOT NDVI 与 MODIS MOD17A3 NPP 散点图

本研究在计算了 9 年平均 NDVI，NPP 后，绘制了 9 年平均 NDVI，NPP 之间的散点图，如图 6 - 5(b)所示。图 6 - 5 中(a)，(b)两图中 NDVI 和 NPP 之间的回归关系如表 6 - 12 所示。

表 6 - 12 2000—2008 年 NDVI 和 NPP 回归模型

类　型	回　归　模　型	R^2	P
年均值	$NPP = -0.5895(NDVI) + 0.9113$	0.057 6	<0.0001
9 年均值	$NPP = 1.0868(NDVI) - 0.0508$	0.139 4	0.016 2

表6-12表明，年均值NDVI与NPP之间的相关性显著，P值小于0.000 1，而9年均值NDVI与NPP之间的相关性较好，但没有年均值回归模型好，R^2值为0.139 4，P值为0.016 2。为了验证这两种回归模型的适用性，本研究分别计算了2种模型模拟NPP的均方根误差（RMSE），结果表明，年均值回归模型RMSE为0.098 7 kg·C·m^{-2}，而9年均值回归模型RMSE为0.120 7 kg·C·m^{-2}。故本研究采用年均值回归模型来模拟1998—1999年天目山自然保护区NPP，模拟结果如图6-6所示。

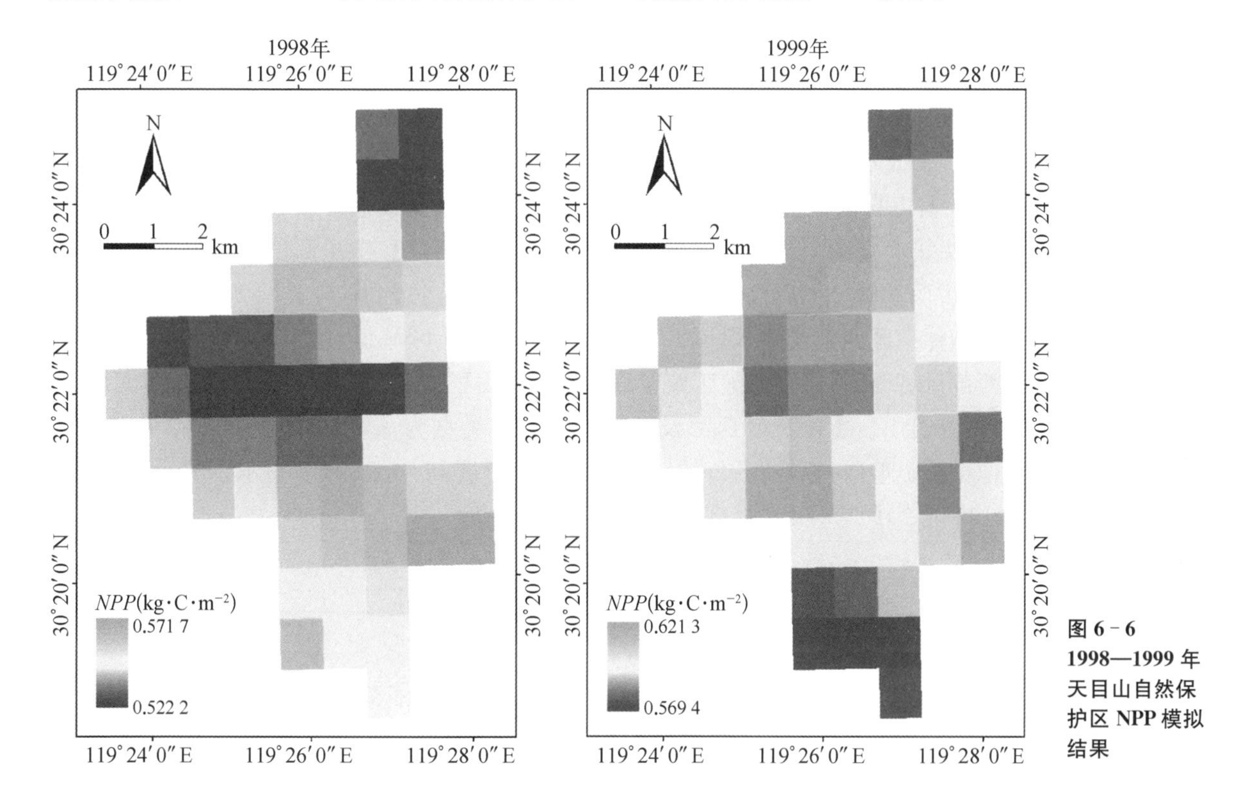

图6-6 1998—1999年天目山自然保护区NPP模拟结果

由图6-6可知，1998年天目山自然保护区NPP值明显比1999年低。1998年NPP低值区域主要分布在中西部及北部地区，高值区域主要分布在中东部及南部地区，NPP值在0.522 2～0.571 7 kg·C·m^{-2}之间变化。1999年NPP低值区域主要分布在南部及北部地区，高值区域主要分布在中东部及中西部地区，NPP值在0.569 4～0.621 3 kg·C·m^{-2}之间变化。表6-13统计了这2年NPP最高值、最低值、平均值。

表6-13 1998—1999年NPP模拟结果比较（NPP单位：kg·C·m^{-2}）

年	最高值	最低值	平均值
1998	0.571 7	0.522 2	0.539 0
1999	0.621 3	0.569 4	0.599 6

表6-13表明，1998—1999年天目山自然保护区NPP均值呈现上升趋势，1998年

绝大多数像元 NPP 值均比 1999 年低，天目山自然保护区 1998 年 NPP 年平均值为 0.539 0 kg·C·m^{-2}，而 1999 年 NPP 年平均值上升为 0.599 6 kg·C·m^{-2}。导致这一现象的主要原因是由于 1998 年长江中下游地区长期降水，致使 NDVI 值的偏高，从而使得 NPP 值偏低。

综上所述，本研究基于 SPOT VEGETATION 1998—2008 年 1 km 分辨率 NDVI 数据集和 MODIS MOD13A2 2000—2014 年 1 km 分辨率 NDVI 数据集，利用表 6-10 和表 6-12 年均值回归模型模拟出了 1998—1999 年以及 2011—2014 年天目山自然保护区 NPP 数据，结合 2000—2010 年 MODIS MOD17A3 1 km 分辨率 NPP 数据集，分析得到 1998—2014 年天目山自然保护区 NPP 时空分布数据集，如图 6-7 所示。

图 6-7 显示，天目山自然保护区南部和中东部区域 NPP 值普遍较其他区域高，仅 1999 年天目山自然保护区南部区域 NPP 值较其他区域偏低。由天目山植被类型分类结果图（见第 5 章图 5-2）可知，天目山自然保护区南部和中东部区域植被类型为常绿林，由此说明常绿林 NPP 比其他植被类型（落叶林、毛竹林、针叶林）NPP 值要高。而天目山自然保护区西部及北部区域 NPP 值普遍较其他区域低，仅 1999 年天目山自然保护区西部区域 NPP 值较其他区域偏高。由天目山植被类型分类结果图（见第 5 章图 5-2）可知，天目山自然保护区西部及北部区域植被类型为落叶林，由此说明落叶林 NPP 比其他植被类型（常绿林、毛竹林、针叶林）NPP 值要高。表 6-14 显示了天目山自然保护区 1998—2014 年 NPP 最高值、最低值和平均值。

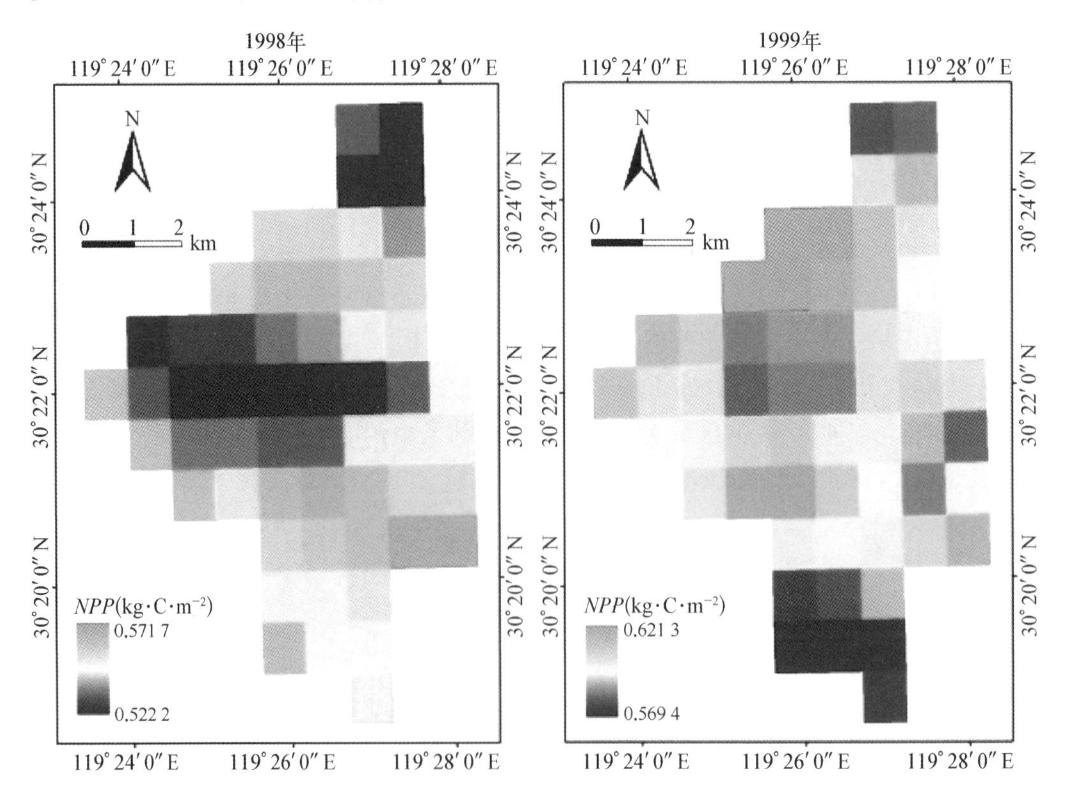

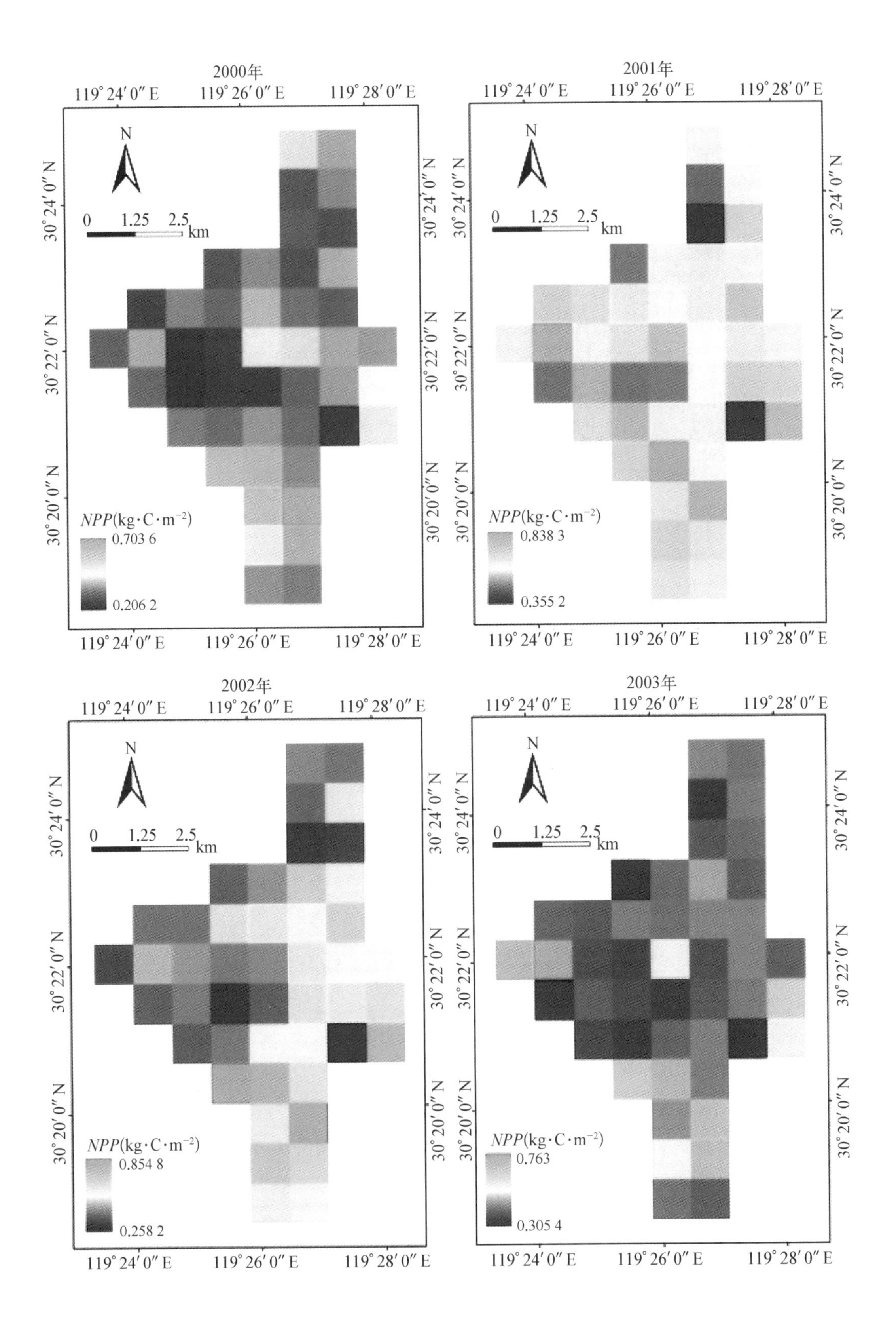
2000年
119° 24′ 0″ E
119° 26′ 0″ E
119° 28′ 0″ E
30° 24′ 0″ N
30° 22′ 0″ N
30° 20′ 0″ N
N
0 1.25 2.5 km
NPP(kg·C·m⁻²)
0.703 6
0.206 2
2001年
NPP(kg·C·m⁻²)
0.838 3
0.355 2
2002年
NPP(kg·C·m⁻²)
0.854 8
0.258 2
2003年
NPP(kg·C·m⁻²)
0.763
0.305 4

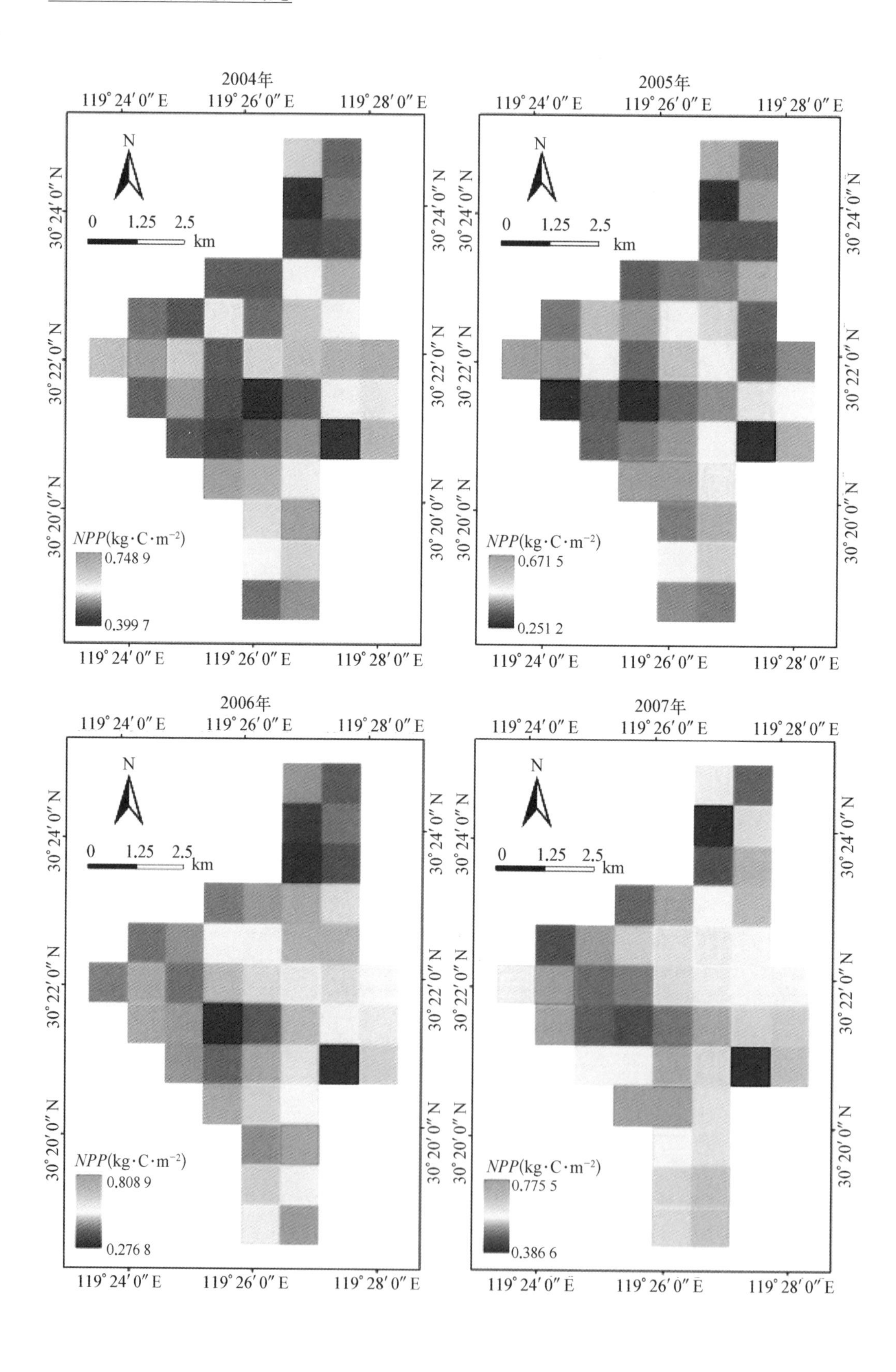

2004年
119° 24′ 0″ E
119° 26′ 0″ E
119° 28′ 0″ E
N
0 1.25 2.5
km
30° 24′ 0″ N
30° 22′ 0″ N
30° 20′ 0″ N
NPP(kg·C·m⁻²)
0.748 9
0.399 7
2005年
NPP(kg·C·m⁻²)
0.671 5
0.251 2
2006年
NPP(kg·C·m⁻²)
0.808 9
0.276 8
2007年
NPP(kg·C·m⁻²)
0.775 5
0.386 6

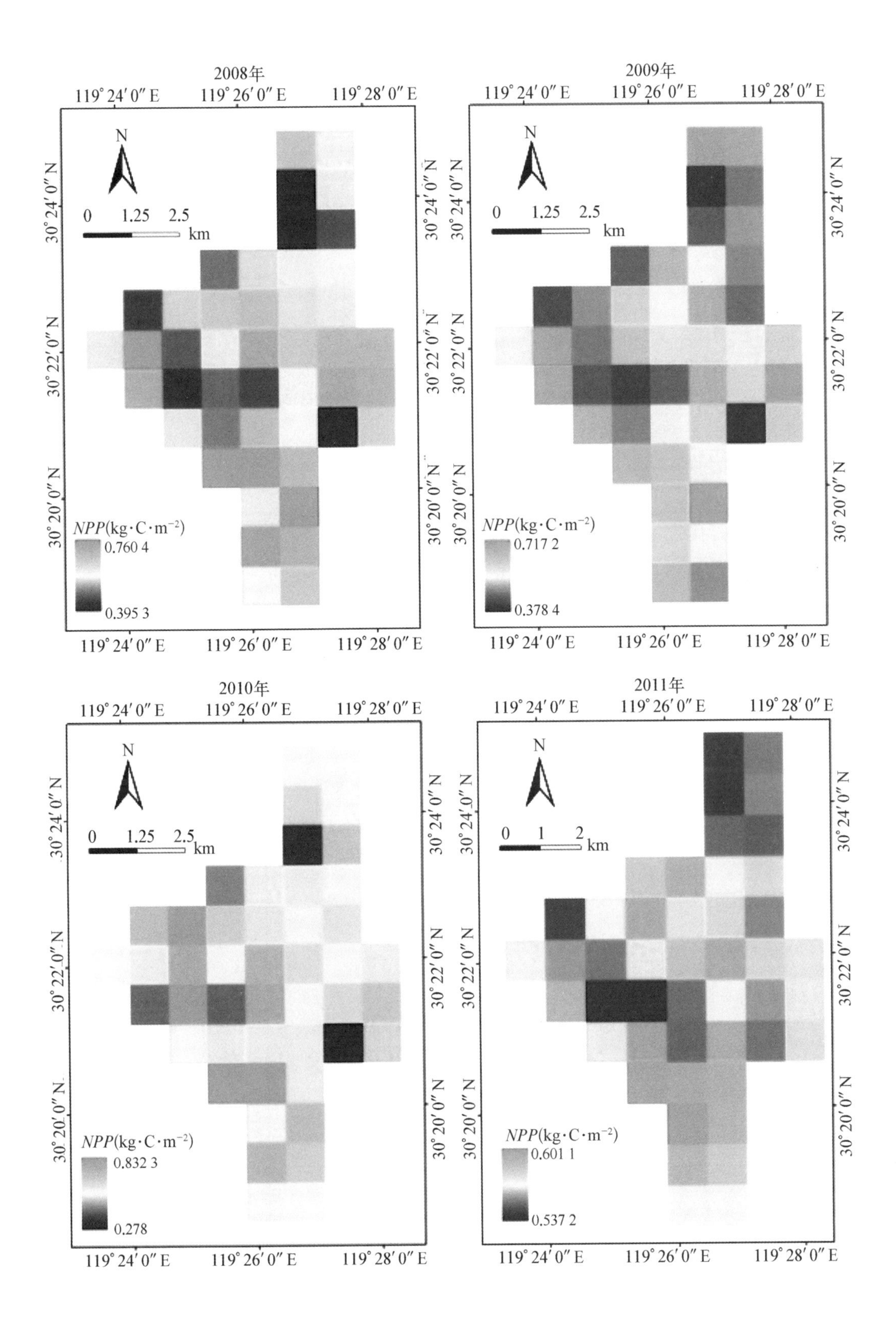
2008年
119° 24′ 0″ E
119° 26′ 0″ E
119° 28′ 0″ E
30° 24′ 0″ N
30° 22′ 0″ N
30° 20′ 0″ N
N
0 1.25 2.5 km
NPP(kg·C·m⁻²)
0.760 4
0.395 3
2009年
0.717 2
0.378 4
2010年
0.832 3
0.278
2011年
0 1 2 km
0.601 1
0.537 2

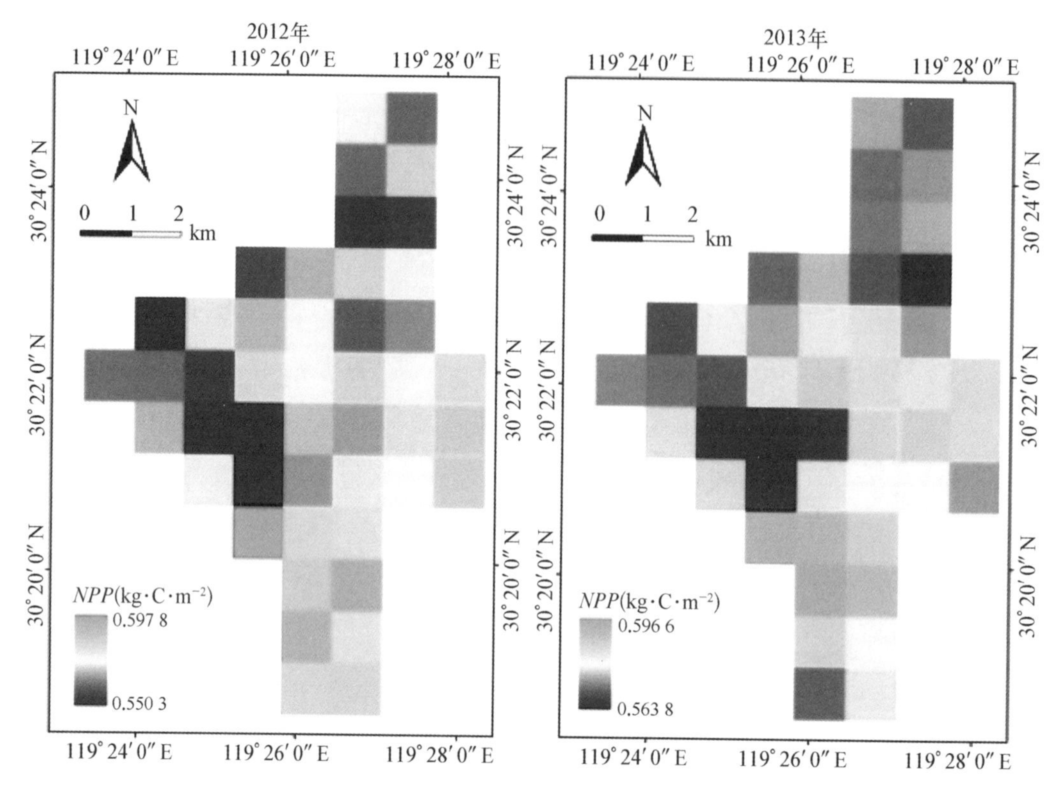

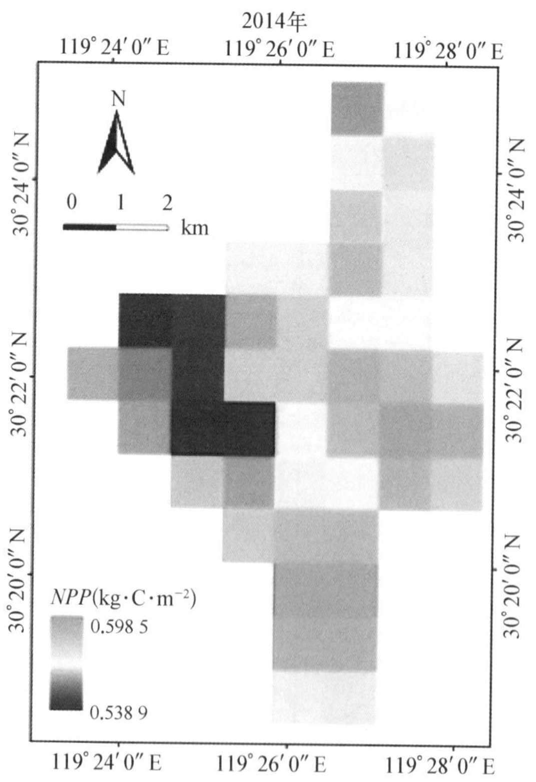

图 6-7
1998—2014 年天目山自然保护区 NPP 时空分布

表 6-14　1998—2014 年 NPP 最高值、最低值和平均值(NPP 单位: $kg \cdot C \cdot m^{-2}$)

年	最高值	最低值	平均值	年	最高值	最低值	平均值
1998	0.571 7	0.522 2	0.539 0	2007	0.775 5	0.386 6	0.577 4
1999	0.621 3	0.569 4	0.599 6	2008	0.760 4	0.395 3	0.608 2
2000	0.703 6	0.206 2	0.501 0	2009	0.717 2	0.378 4	0.539 2
2001	0.838 3	0.355 2	0.662 3	2010	0.832 3	0.278	0.638 7
2002	0.854 8	0.258 2	0.675 1	2011	0.601 1	0.537 2	0.575 1
2003	0.763	0.305 4	0.531 0	2012	0.597 8	0.550 3	0.574 2
2004	0.748 9	0.399 7	0.541 1	2013	0.596 6	0.563 8	0.580 0
2005	0.671 5	0.251 2	0.472 2	2014	0.598 5	0.538 9	0.575 7
2006	0.808 9	0.276 8	0.600 0				

表 6-14 显示,1998 年至 2014 年天目山自然保护区 NPP 呈现震荡上升趋势,2002 年 NPP 均值最高,达到 0.675 1 $kg \cdot C \cdot m^{-2}$,2005 年 NPP 均值最低,仅为 0.472 2 $kg \cdot C \cdot m^{-2}$,2000 年至 2005 年 NPP 震荡较剧烈。NPP 最低值出现在 2005 年,仅为 0.251 2 $kg \cdot C \cdot m^{-2}$。NPP 最高值出现在 2002 年,达到 0.854 8 $kg \cdot C \cdot m^{-2}$。

6.3.5　GIMMS 回归模型

在 ArcGIS 10.1 中利用天目山自然保护区边界矢量图,对 1981—2006 年 GIMMS NDVI 数据集进行剪切,从而获得天目山自然保护区 1981—2006 年 NDVI 数据集。GIMMS NDVI 数据空间分辨率为 8 km,对应天目山自然保护区,只有 1 个像元被天目山自然保护区完全覆盖,其余 3 个像元点只有少部分被天目山自然保护区覆盖,为了模拟的精确性,本研究只取被完全覆盖的 1 个像元点 GIMMS NDVI 数据。GIMMS NDVI 数据时间分辨率为 15 天,所以需把 15 天合成 NDVI 数据转换到年均 NDVI,转换公式为

$$ANDVI = \frac{1}{24}\sum_{K=1}^{24} NDVI(K)$$

式中,$ANDVI$ 为一年内 $NDVI$ 的平均值,$NDVI(K)$ 为第 K 个 15 天合成 $NDVI$ 数据。

本研究拟利用 1998—2006 年 GIMMS NDVI 数据与 1998—1999 年 SPOT NPP 模拟数据、2000—2006 年 MODIS MOD17A3 NPP 产品数据建立相关关系,从而建立 GIMMS NDVI 与 NPP 之间的回归模型。因 GIMMS NDVI 数据集中完全被天目山自然保护区边界覆盖的像元点只有 1 个,故需对 1998—2006 年 NPP 数据进行处理,将这 9 年 NPP 数据集中对应像元点的 NPP 求平均值,然后与 GIMMS NDVI 数据结合绘制散点图,如图 6-8 所示。

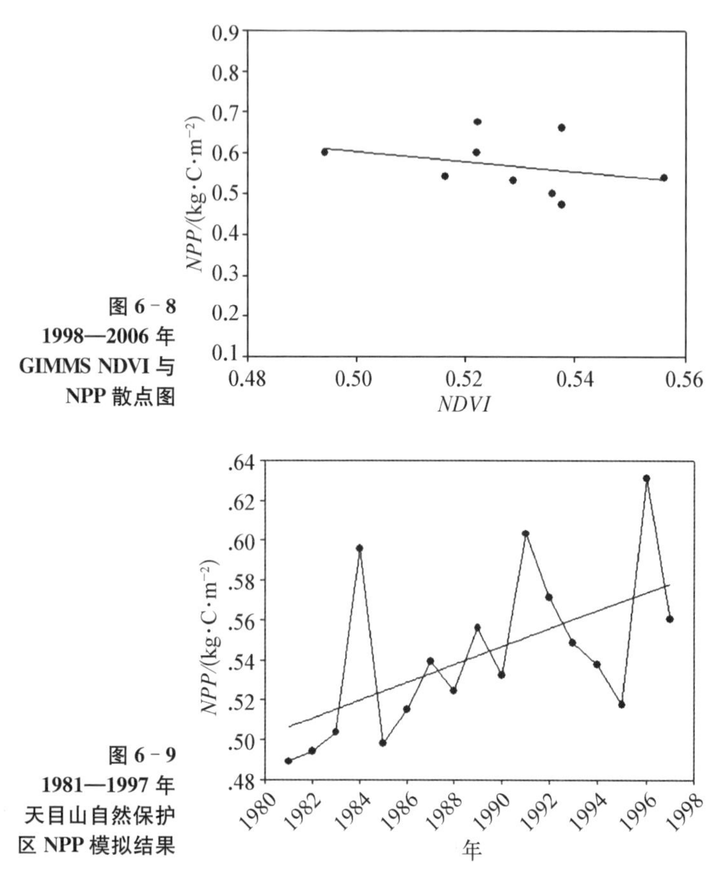

图 6-8 1998—2006 年 GIMMS NDVI 与 NPP 散点图

图 6-9 1981—1997 年天目山自然保护区 NPP 模拟结果

图 6-8 表明，1998—2006 年 GIMMS NDVI 与 NPP 呈现负相关关系。基于图 6-8 得到 GIMMS NDVI 与 NPP 之间的回归模型为

$$NPP = -1.2312(NDVI) + 1.2190$$

该回归模型 R^2 为 0.0931，P 值为 0.4247，为了验证回归模型的适用性，本研究计算了模型模拟 NPP 的均方根误差（RMSE），结果表明，年均值回归模型 RMSE 为 0.0627 kg·C·m^{-2}，该模型可用于 1981—1997 年天目山自然保护区 NPP 值的模拟。1981—1997 年天目山自然保护区 NPP 模拟结果如图 6-9 所示。

图 6-9 表明，1981—1997 年天目山自然保护区 NPP 呈现震荡上升趋势，从 1981 年的 0.4890 kg·C·m^{-2} 上升到 1997 年的 0.5604 kg·C·m^{-2}，增加幅度达到 14.59%，年均增长率为 0.86%。NPP 最高值出现在 1997 年，为 0.6309 kg·C·m^{-2}，NPP 最低值出现在 1981 年，为 0.4890 kg·C·m^{-2}。此外，1981—1997 年天目山自然保护区 NPP 出现了两次比较大的波动，1985，1995 年 NPP 分别降到了波谷，其年均 NPP 分别为 0.4981 kg·C·m^{-2} 和 0.5176 kg·C·m^{-2}。

6.3.6 天目山自然保护区 NPP 动态

因 GIMMS NDVI 数据集中完全被天目山自然保护区边界覆盖的像元点只有 1 个，故需对 2007—2010 年 MODIS MOD17A3 NPP 数据集以及 2011—2014 年 NPP 模拟数据集进行处理，将这 8 年 NPP 数据集中与 GIMMS NDVI 8 km 分辨率像元对应的所有像元点的 NPP 求平均值，从而得到 2007—2014 年天目山自然保护区 NPP 年均值变化趋势，结合 1981—1997 年天目山自然保护区 NPP 模拟结果，得到 1981—2014 年单位面积年均 NPP 动态变化趋势，如图 6-10(a)所示。将单位面积年均 NPP 乘以天目山自然保护区总面积（4341 hm^2），得到天目山自然保护区 1981—2014 年年均总 NPP 动态变化趋势，如图 6-10(b)所示。

图 6-10(a)表明，1981—2014 年天目山自然保护区单位面积年均 NPP 呈现震荡上升趋势，从 1981 年的 489.001 g·C·m^{-2}·yr^{-1} 上升到 2014 年的 575.714 g·C·m^{-2}·yr^{-1}，增

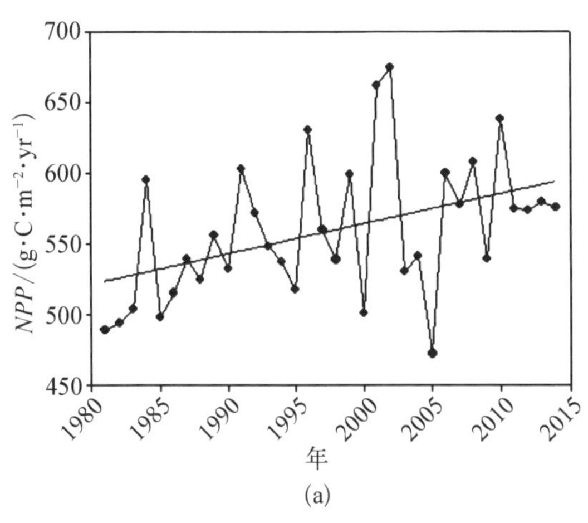

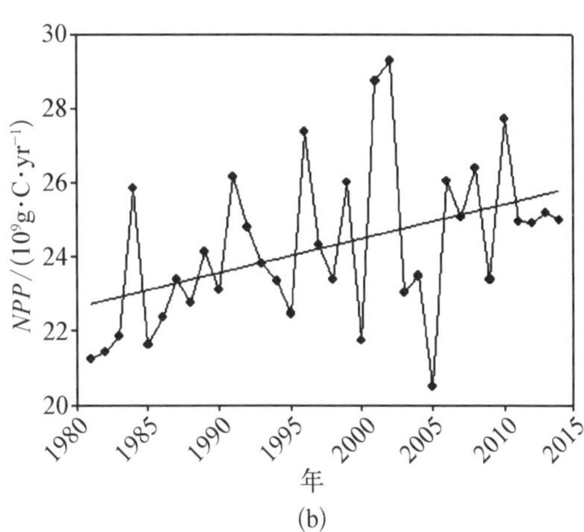

图 6-10
近 30 年天目山自然保护区 NPP 动态变化趋势

加幅度达到 17.73%，年均增长率为 0.52%。单位面积年均 NPP 最高值出现在 2002 年，为 675.146 g・C・m^{-2}・yr^{-1}，最低值出现在 2005 年，为 472.180 g・C・m^{-2}・yr^{-1}。此外，1981—2014 年天目山自然保护区单位面积年均 NPP 出现了 4 次比较大的波动：1985，1995，2000，2005 年单位面积年均 NPP 分别降到了波谷，其值分别为 498.132，517.575，500.996，472.180 g・C・m^{-2}・yr^{-1}，而 1984，1991，1996，2002 年单位面积年均 NPP 分别上升至波峰，其值分别为 595.705，603.349，630.948，675.146 g・C・m^{-2}・yr^{-1}。导致这一现象的原因可能是大气降水和温度两个因素的综合影响所致。

从图 6-10(b)可以看出，1981—2014 年天目山自然保护区年均总 NPP 呈现震荡上升趋势，从 1981 年的 21.227 5×10^9 g・C・yr^{-1} 上升到 2014 年的 24.991 7×10^9 g・C・yr^{-1}。年均总 NPP 最高值出现在 2002 年，为 29.308 1×10^9 g・C・yr^{-1}，最低值出现在 2005 年，为 20.497 4×10^9 g・C・yr^{-1}。此外，1981—2014 年天目山自然保护区年均总 NPP 出现了 4 次比较大的波动：1985，1995，2000，2005 年年均总 NPP 分别降到了波谷，其值分别为 21.623 9×10^9，22.467 9×10^9，21.748 2×10^9，20.497 4×10^9 g・C・yr^{-1}，而 1984，1991，1996，2002 年年均总 NPP 分别上升至波峰，其值分别为 25.859 6×10^9，26.191 4×10^9，27.389 5×10^9，29.308 1×10^9 g・C・yr^{-1}。

6.3.7　天目山自然保护区核心区、缓冲区及实验区 NPP 动态

MODIS 回归模型、SPOT 回归模型及 GIMMS 回归模型模拟的天目山自然保护区 NPP 空间分辨率较低，MODIS 回归模型以及 SPOT 回归模型模拟的 NPP 空间分辨率为 1 km，而 GIMMS 回归模型模拟的 NPP 空间分辨率仅为 8 km。本研究拟利用 Landsat TM 影像，计算 1984，1994，2003，2014 年年均 NDVI，利用 2003 年 Landsat TM NDVI 数据与 MODIS 17A3 NPP 数据建立回归模型，并验证该模型的准确性，然后利用该模型模拟天目山自然保护区 1984，1994，2003，2014 年年均 NPP，再利用第 5 章图 5-3 天目山自然保护区核心区、缓冲区和实验区分布图，通过 ArcGIS 空间分析功能，分析 1984，1994，2003，2014 年天目山自然保护区核心区、缓冲区和实验区 NPP 动态变

化情况。具体的技术流程图如图 6－11 所示。

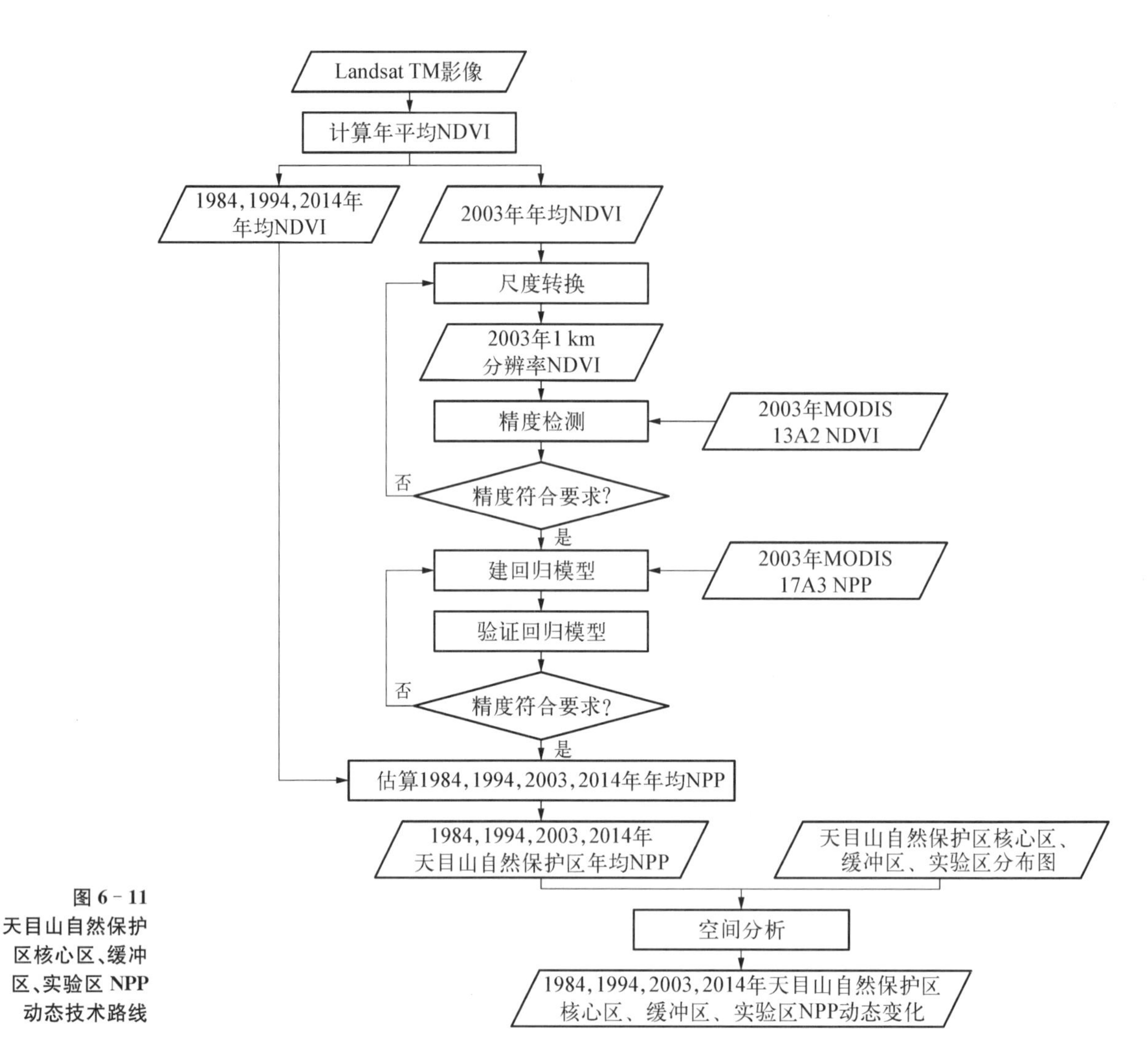

图 6－11 天目山自然保护区核心区、缓冲区、实验区 NPP 动态技术路线

由于 2003 年 Landsat TM NDVI 数据(空间分辨率为 30 m)与 MODIS MOD17A3 NPP 数据(空间分辨率为 1 km)空间分辨率不一致，必须将 Landsat TM NDVI 数据尺度转换到 1 km 空间分辨率。本研究利用平均法将相邻 33×33 像元 NDVI 数据合成到 1 个像元中，从而得到 2003 年 1 km 分辨率的 Landsat TM NDVI 数据，如图 6－12 所示。

图 6－12 表明，尺度转换后的 Landsat NDVI 数据值普遍高于 MODIS NDVI 数据，Landsat NDVI 数据的范围为 0.639 6～0.805 6，而 MODIS NDVI 数据的范围为 0.632 3～0.746 2。对图 6－12 中 2003 年 Landsat TM 1 km 空间分辨率 NDVI 数据和 2003 年 MODIS MOD13A2 1 km 空间分辨率 NDVI 数据进行对比分析，如图 6－13 所示。

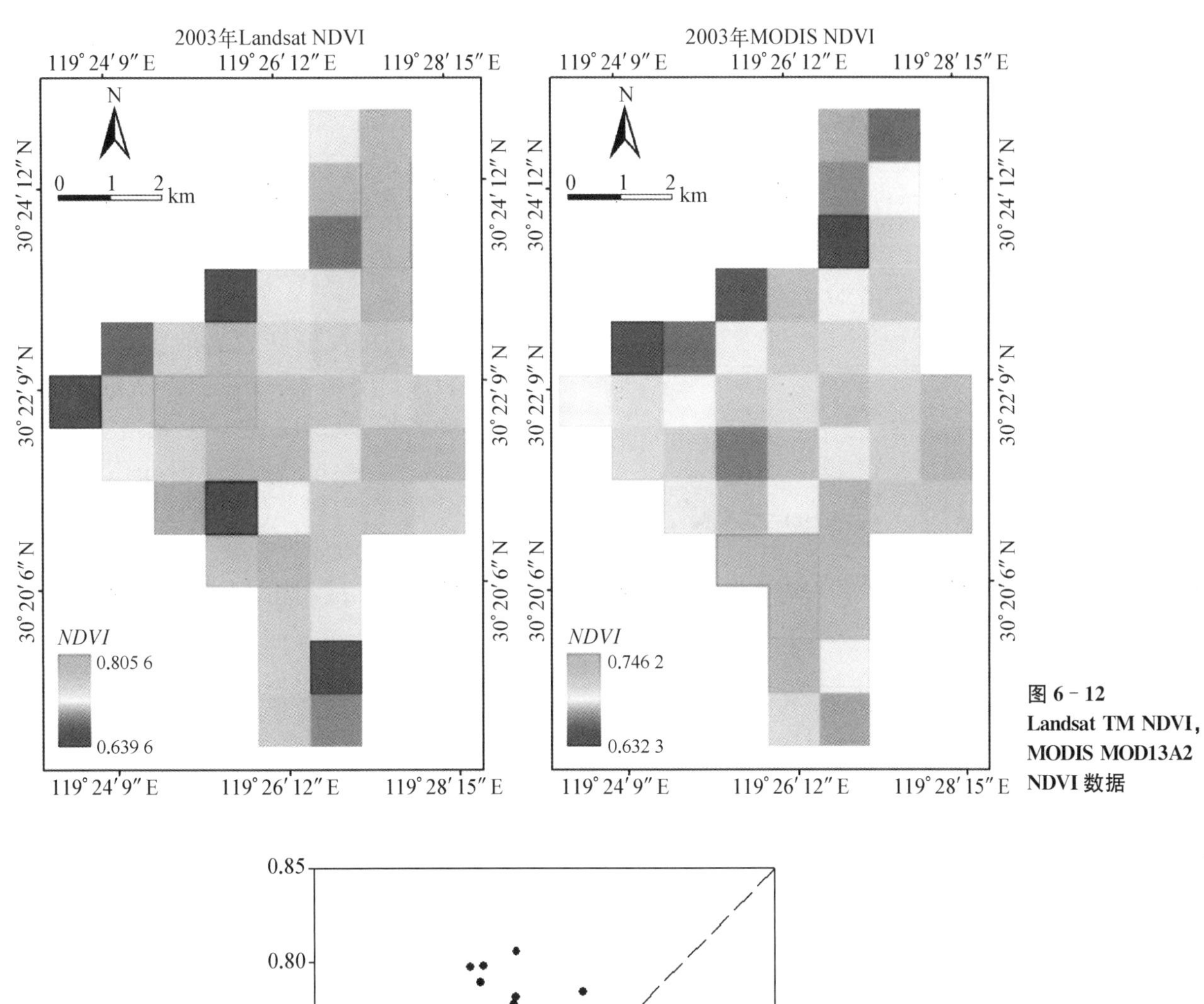

图6-12 Landsat TM NDVI, MODIS MOD13A2 NDVI数据

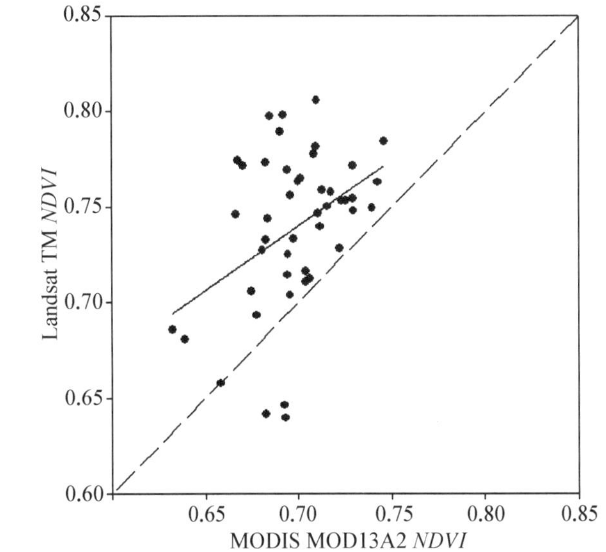

图6-13 MODIS MOD13A2 NDVI与Landsat TM NDVI散点图

图6-13表明,尺度转换后的Landsat TM NDVI数据与MODIS MOD13A2 NDVI数据之间具有较高的相似度,但Landsat TM NDVI数据略高于MODIS MOD13A2 NDVI数据,两者之间的回归方程为

$$NDVI_{landsat} = 0.6789(NDVI_{MODIS}) + 0.2647$$

回归方程的 R^2 为 0.164 7，P 为 0.005 1，其值小于 0.01，说明 Landsat TM NDVI 数据与 MODIS MOD13A2 NDVI 数据之间的相关性较高。经过检验发现，用 MODIS MOD13A2 NDVI 数据估算 Landsat TM NDVI 的均方根误差(RMSE)为 0.055。由此表明，尺度转换后的 Landsat TM NDVI 数据具有较高的精度，将其与 MODIS MOD17A3 NPP 数据建立相关关系，并利用两者之间的回归模型模拟 1984，1994，2003，2014 年 30 m 空间分辨率 NPP 数据的可行性较高。

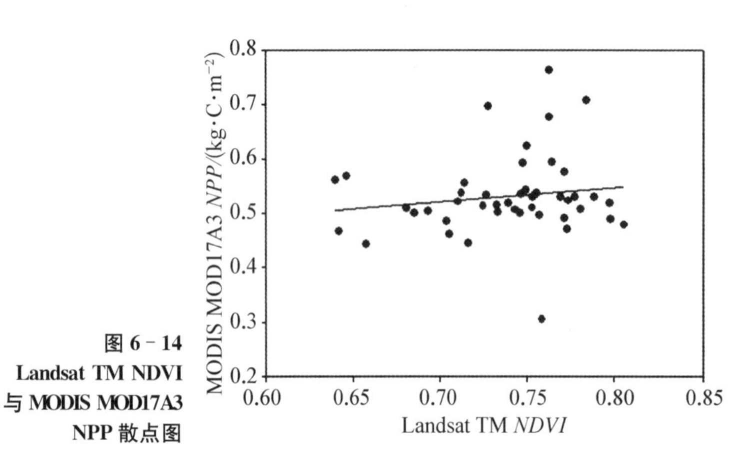

图 6-14 Landsat TM NDVI 与 MODIS MOD17A3 NPP 散点图

利用尺度转换后的 Landsat TM NDVI 数据（1 km 空间分辨率）与 MODIS MOD17A3 NPP 数据(1 km 空间分辨率)绘制散点图如图 6-14 所示。

图 6-14 表明，尺度转换后的 Landsat TM NDVI 数据与 MODIS MOD17A3 NPP 数据之间的相关性较高，两者之间的回归方程为

$$NPP = 0.2583(NDVI_{landsat}) + 0.3401$$

回归方程的 R^2 为 0.020 5，P 为 0.342 3。经过检验发现，用 Landsat TM NDVI 数据估算 NPP 的均方根误差(RMSE)为 0.072 9 kg·C·m^{-2}。由此表明，该回归模型能用于 1984，1994，2003，2014 年 30 m 空间分辨率 NPP 数据的模拟。

结合 1984，1994，2003，2014 年 Landsat TM 30 m 空间分辨率年均 NDVI 数据，利用回归模型，计算得出天目山自然保护区 1984，1994，2003，2014 年 NPP 数据，如图 6-15 所示。

图 6-15 表明，天目山自然保护区 1984 年 NPP 值最高，其值的范围为 0.347 2～0.588 8 kg·C·m^{-2}。而 2014 年 NPP 值最低，其值的范围为 0.347 4～0.525 6 kg·C·m^{-2}。2003 年 NPP 值比 1994 年高，2003 年 NPP 值的范围为 0.347 9～0.589 8 kg·C·m^{-2}，而 1994 年 NPP 值的范围为 0.359 3～0.585 7 kg·C·m^{-2}。1984，1994，2003 年 NPP 数据的变化趋势与图 6-10(a)吻合，即 1984 年 NPP 值最高，其值为 595.705 g·C·m^{-2}·yr^{-1}，1994 年 NPP 值有所下降，其值为 537.787 g·C·m^{-2}·yr^{-1}，2003 年 NPP 值有所上升，其值为 567.798 g·C·m^{-2}·yr^{-1}。图 6-10(a)显示 2014 年 NPP 值比 2003 年高，其值为 575.714 g·C·m^{-2}·yr^{-1}。

本研究利用 ArcGIS 10.1 软件，根据天目山自然保护区核心区、缓冲区、实验区分布图从图 6-15 中将天目山自然保护区核心区、缓冲区、实验区裁剪出来，得到 1984，1994，2003，2014 年天目山自然保护区核心区、缓冲区、实验区 NPP 动态变化趋势图。图 6-16 为天目山自然保护区核心区 NPP 动态变化趋势图。

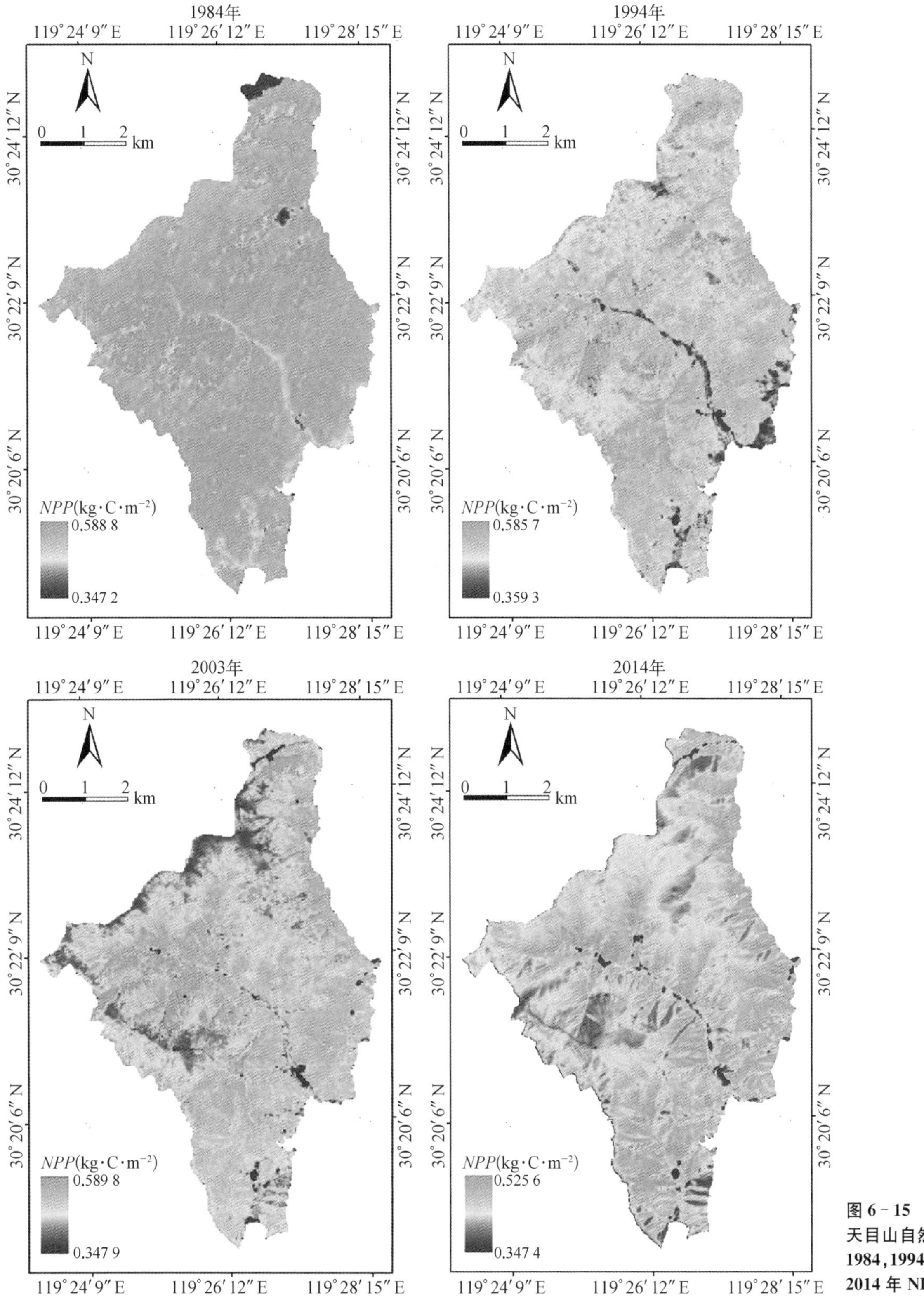

图 6-15
天目山自然保护区
1984,1994,2003,2014 年 NPP 数据

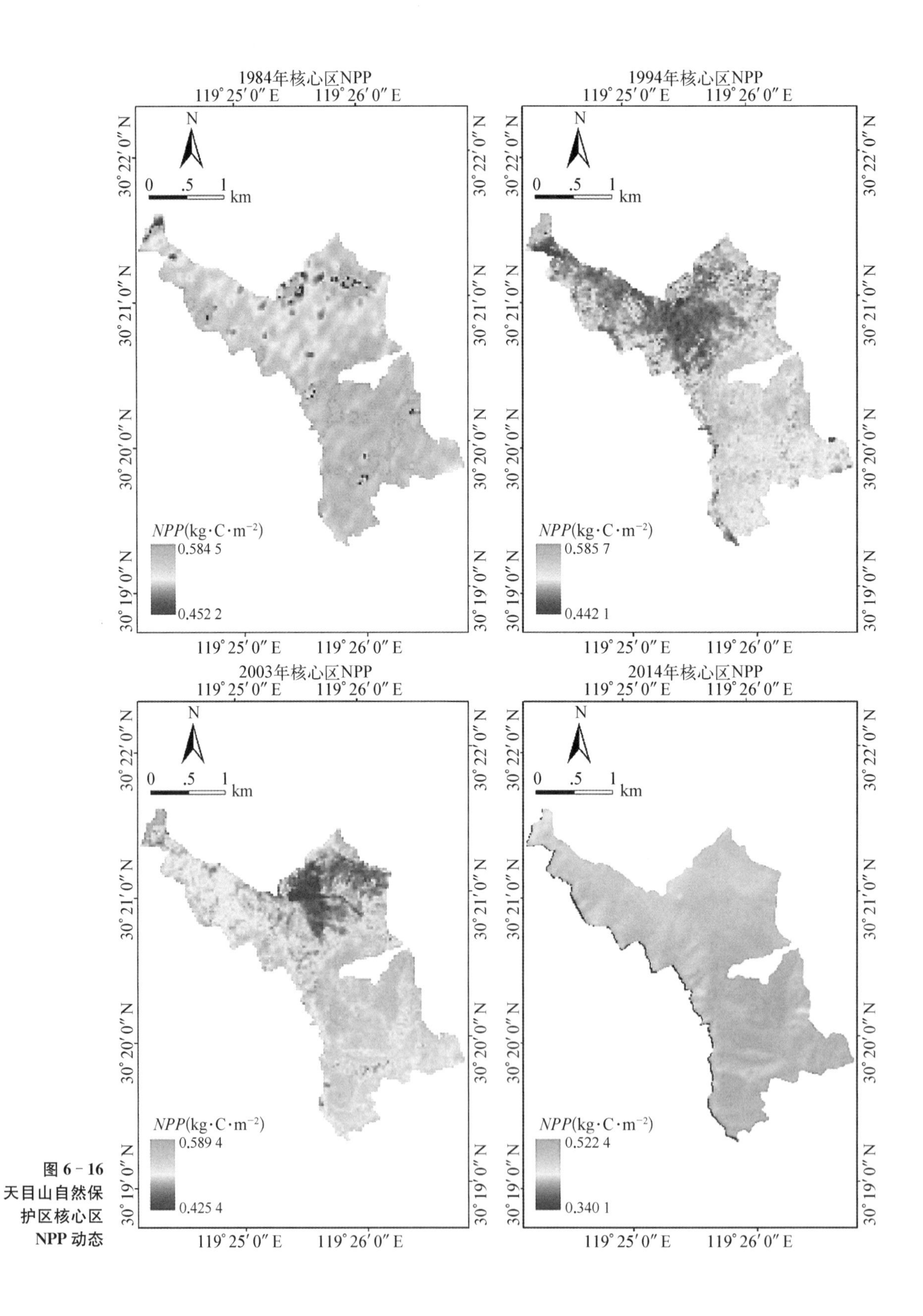

图 6－16 天目山自然保护区核心区 NPP 动态

图6-16表明,天目山自然保护区核心区在1984,1994,2003,2014年这4年NPP年均值呈现递减趋势。1984年NPP值最高,其值的范围为0.452 2~0.584 5 $kg \cdot C \cdot m^{-2}$,NPP平均值为0.551 8 $kg \cdot C \cdot m^{-2}$。而2014年NPP值最低,其值的范围为0.340 1~0.522 4 $kg \cdot C \cdot m^{-2}$,NPP平均值为0.48 $kg \cdot C \cdot m^{-2}$。1994年NPP值比2003年高,1994年NPP值的范围为0.442 1~0.585 7 $kg \cdot C \cdot m^{-2}$,NPP平均值为0.534 6 $kg \cdot C \cdot m^{-2}$。而2003年NPP值的范围为0.425 4~0.589 4 $kg \cdot C \cdot m^{-2}$,NPP平均值为0.528 5 $kg \cdot C \cdot m^{-2}$。

天目山自然保护区缓冲区在1984,1994,2003,2014年这4年NPP年均值变化趋势如图6-17所示。

图6-17表明,天目山自然保护区缓冲区在1984,1994,2003,2014年这4年NPP年均值呈现递减趋势,其中1984,1994,2003年NPP年均值递减趋势缓慢。1984年NPP值最高,其值的范围为0.452 8~0.585 7 $kg \cdot C \cdot m^{-2}$,NPP平均值为0.548 3 $kg \cdot C \cdot m^{-2}$。而2014年NPP值最低,其值的范围为0.340 1~0.525 6 $kg \cdot C \cdot m^{-2}$,NPP平均值为0.479 7 $kg \cdot C \cdot m^{-2}$。1994年NPP值较1984年略微降低,1994年NPP值的范围为0.464 9~0.581 3 $kg \cdot C \cdot m^{-2}$,NPP平均值为0.536 2 $kg \cdot C \cdot m^{-2}$。而2003年NPP值较1994年略微降低,平均值基本不变。2003年NPP值的范围为0.451 1~0.587 0 $kg \cdot C \cdot m^{-2}$,NPP平均值为0.530 3 $kg \cdot C \cdot m^{-2}$。

天目山自然保护区实验区在1984,1994,2003,2014年这4年NPP年均值变化趋势如图6-18所示。

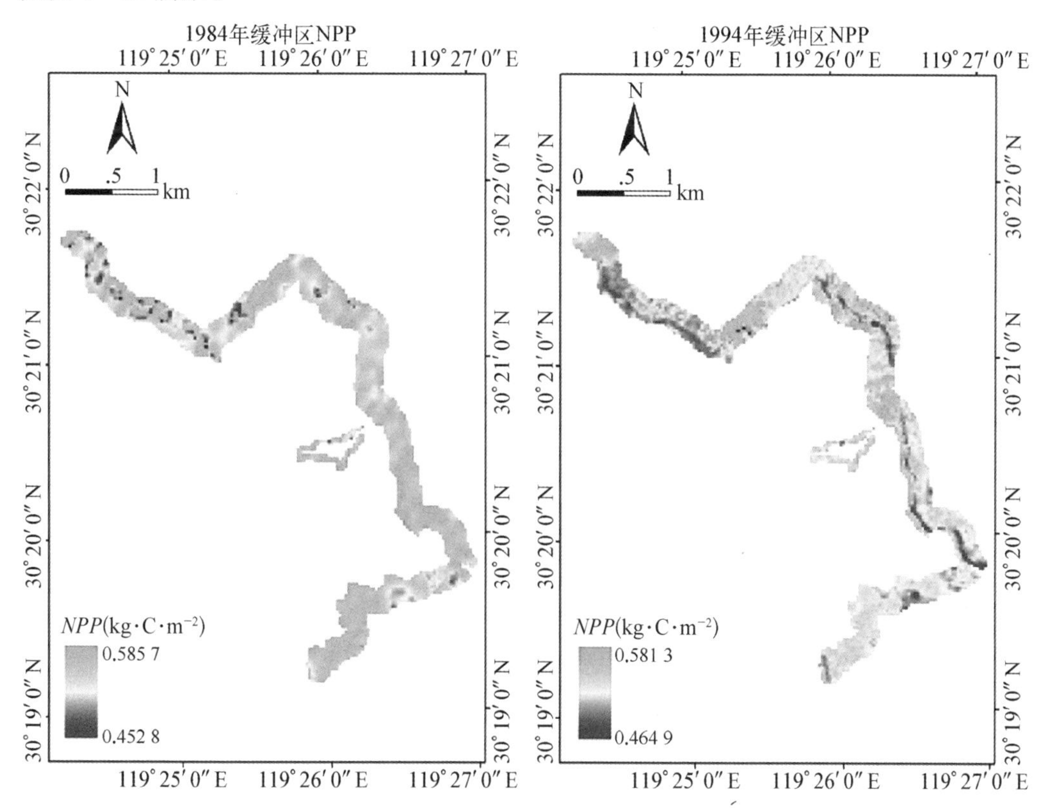

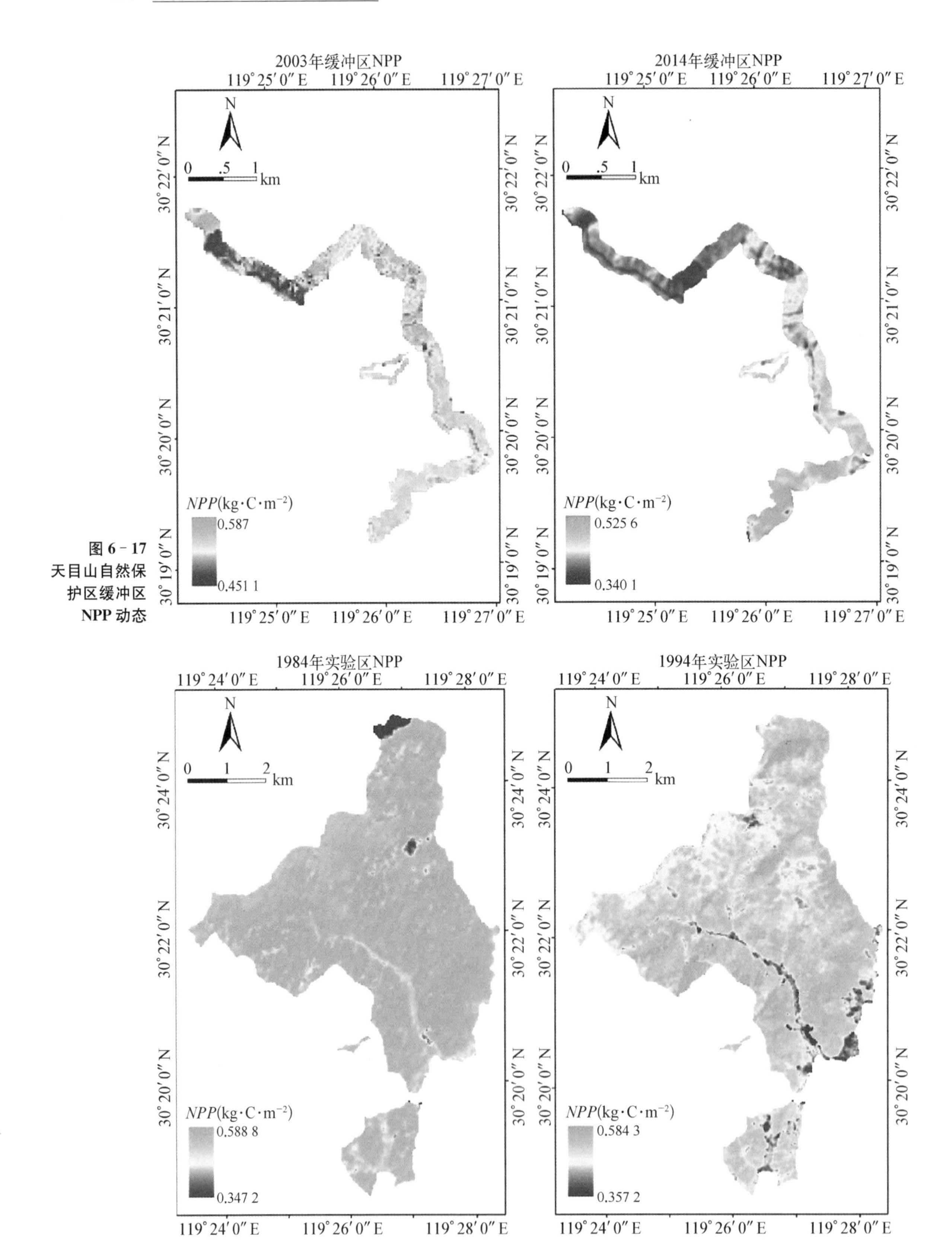

图 6-17 天目山自然保护区缓冲区NPP 动态

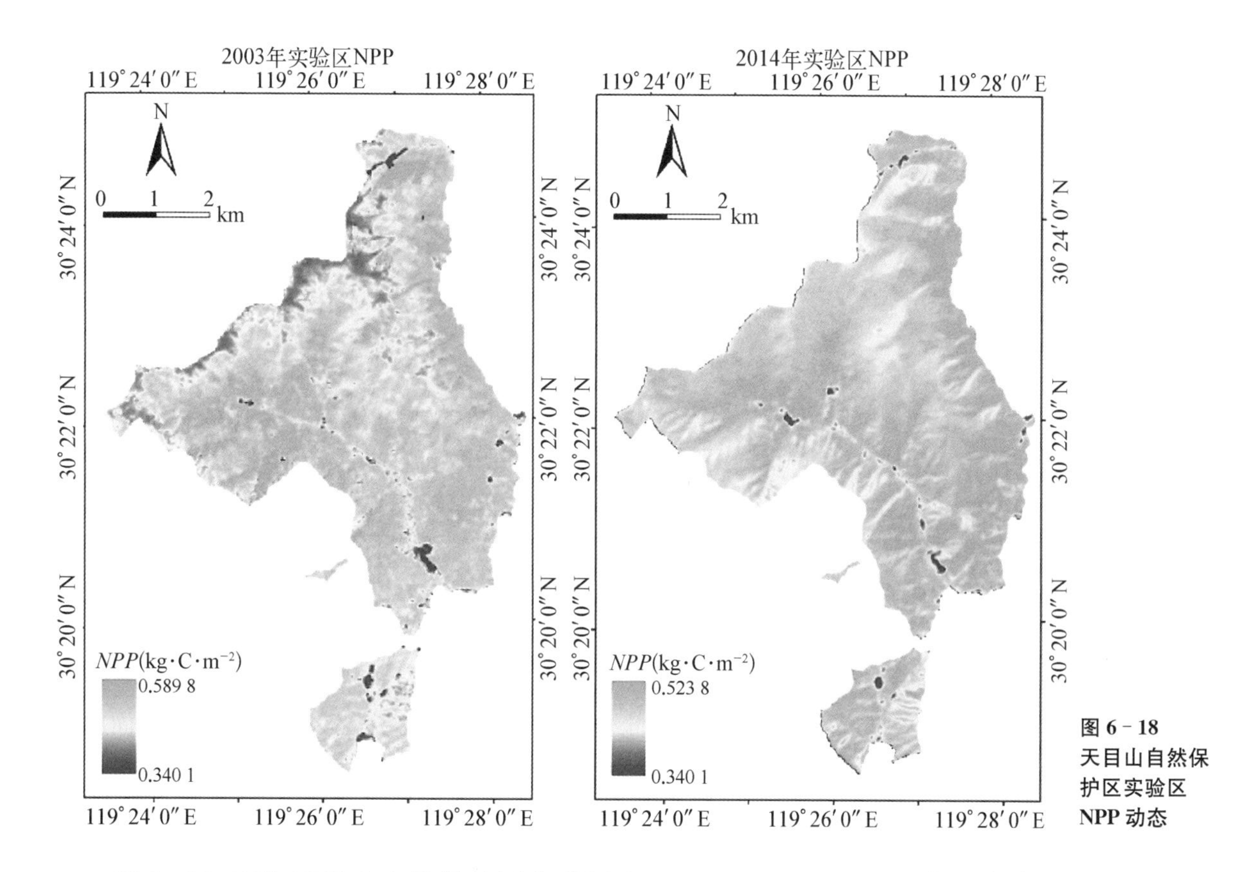

图6-18 天目山自然保护区实验区NPP动态

图6-18表明，天目山自然保护区实验区在1984，1994，2003，2014年4年年均NPP变化趋势与天目山自然保护区总的NPP变化趋势一致。1984年NPP值最高，其值的范围为0.347 2～0.588 8 kg·C·m^{-2}，NPP平均值为0.545 0 kg·C·m^{-2}。而2014年NPP值最低，其值的范围为0.340 1～0.523 8 kg·C·m^{-2}，NPP平均值为0.483 8 kg·C·m^{-2}。1994年NPP值较1984年略微降低，1994年NPP值的范围为0.359 3～0.584 3 kg·C·m^{-2}，NPP平均值为0.526 7 kg·C·m^{-2}。而2003年NPP值较1994年略有上升，2003年NPP值的范围为0.340 1～0.589 8 kg·C·m^{-2}，NPP平均值为0.530 1 kg·C·m^{-2}。

6.4　本章小结

本章结合样地调查数据，利用浙江省重点公益林样地调查构建生物量模型，计算了天目山自然保护区各个森林类型的生物量。研究发现，天目山自然保护区所有样地中，乔木层生物量占群落总生物量的比例非常高，最高的常绿阔叶林乔木层生物量所占比例达到99.80%，最小的落叶矮林乔木层生物量所占比例也达到84.69%。乔木层生物量由大到小排序为常绿阔叶林>常绿落叶混交林>落叶阔叶林>杉木林>针阔混交林＞马尾松林＞毛竹林＞落叶矮林。

在此基础上，本研究计算了天目山自然保护区各植被类型碳储量近30年变化动态趋势。研究发现，天目山自然保护区碳储量主要集中在常绿林和落叶林，占到天目山总碳储量的95.06%以上。近30年来，毛竹林碳储量总体呈增长趋势，但2003年至2014年有所减少；针叶林碳储量总体呈增长趋势，但2003年至2014年有所减少；常绿林1984年至1994年碳储量呈增长趋势，但1994年至2014年总体呈下降趋势；落叶林碳储量1984年至1994年呈下降趋势，但1994年至2014年呈增长趋势。同时，本研究发现，近30年来天目山自然保护区3个区(核心区、缓冲区、实验区)碳储量均呈减少趋势。导致这一现象的主要原因在于常绿林碳储量的下降，常绿林生物量远高于毛竹林、针叶林和落叶林，常绿林面积的下降直接导致天目山自然保护区缓冲区碳储量的下降。

本章基于1981—2014年NDVI产品数据集以及2000—2010年NPP产品数据集，建立了天目山自然保护区NPP与NDVI之间的回归模型。研究发现，建立的NPP与NDVI之间的回归模型相关性较好，NPP模拟结果精度评价的结果(*RMSE*＜0.1 kg·C·m^{-2})较好。在此基础上，本章利用NDVI数据估算近30年天目山自然保护区NPP的动态变化趋势。结果表明，1981—2014年天目山自然保护区单位面积年均NPP以及年均总NPP均呈现震荡上升趋势。此外，1981—2014年天目山自然保护区单位面积年均NPP以及年均总NPP出现了4次比较大的波动，导致这一现象的原因可能是大气降水和温度两个因素的综合影响所致。

针对MODIS,SPOT,GIMMS数据空间分辨率低的问题，本研究利用Landsat TM 30 m分辨率NDVI数据，利用尺度转换建立了天目山自然保护区Landsat TM NDVI与NPP之间的回归模型，进而估算出30 m分辨率NPP数据。研究发现，建立的NPP与NDVI之间的回归模型相关性较好，NPP模拟结果精度评价的结果(*RMSE*为0.072 9 kg·C·m^{-2})较好。在此基础上，本章利用1984,1994,2003,2014年天目山自然保护区年均Landsat TM 30 m分辨率NDVI数据估算了这4年单位面积年均NPP。结果表明，1984,1994,2003年单位面积年均NPP变化趋势与1981—2003年天目山自然保护区单位面积年均NPP变化趋势相吻合，即1984年NPP值最高，1994年NPP值有所下降，2003年NPP值有所上升。但2014年单位面积年均NPP较其他3年为低，导致这一现象的原因可能是2014年NDVI值的低估所致。最后，本章利用天目山自然保护区核心区、缓冲区、实验区分布图，分析了3个区1984,1994,2003,2014年NPP变化情况。

第 7 章
天目山毛竹林的扩张

竹林是一种速生丰产的森林类型(崔瑞蕊等,2011),依靠其地下竹鞭的无性繁殖(Suzuki 2014),容易对其他森林类型造成入侵。在 20 世纪八九十年代植被分布状况图(中国科学院中国植物图编委会, 2001)中提取的毛竹现实空间分布,我国竹林分布范围为 23.57°N～31.91°N,103.95°E～121.70°E,总面积约为 2.2 万 hm^2(Jin 等,2013)。2004—2008 年第 7 次森林资源清查结果显示,我国竹林面积已增长到 538 万 hm^2(杜华强等,2012)。近 30 年内竹林的年增长量约为每年 14 万 hm^2。扩张的竹林与原有植被争夺阳光、土壤营养、水分等必要的生长要素。并且竹林的扩张严重破坏了原有森林的物种多样性,尤其是具有稀缺物种及濒临灭绝的动植物物种的森林(丁丽霞等,2006)。浙江省的天目山保护区就是具有稀缺及濒临灭绝的植被、受到竹林入侵严重的林区。

相比森林样地调查的方法,遥感监测在时间及空间分辨率方面都有明显的优势,成为监测竹林扩张过程被认可的有效手段。利用遥感进行竹林信息提取的方法也在不断改进。丁丽霞等(2006)首次用目视解释的方法利用 Landsat 和 Spot 数据提取天目山竹林空间信息。随后,支持向量机(SVM)、后向神经网络(BP)、混合像元分解、光谱特征模式等分类方法纷纷应用于竹林信息提取,以改进分类精度。由于研究区域与影像条件的差异,目前对竹林遥感提取的最有效方法尚没有统一定论。

浙江天目山国家自然保护区,位于 30°18′30″N～30°25′00″N, 119°23′30″E～119°28′30″E,总面积为 4 284 hm^2,主峰仙人顶,海拔为 1 506 m。作为国家自然保护区,天目山物种丰富,保护良好。最主要的植被类型为常绿落叶阔叶混交林,除此之外还包括落叶矮林、针叶林和竹林。气候具有中亚热带向北亚热带过渡的特征,受海洋暖湿气流的影响较深,形成季风强盛、四季分明、气候温和、雨水充沛、光照适宜且复杂多变的森林生态气候。天目山的气候条件适宜竹林生长。同时,由于自然保护区内禁止砍伐,现有竹林的生长状态反映了竹林在自然条件下的发展过程。

7.1 毛竹林扩张对自然保护区生物多样性的影响

由于毛竹林的逐年扩张和扩散,天目山常绿阔叶林、常绿落叶阔叶林等地带性天然森林植被被逐年蚕食，使阔叶林面积和数量减少，从而影响了天目山丰富的生物多样性，已经成为天目山自然保护区的重大问题，长期下去，天目山最具特点的阔叶林植被和其内丰富的生物多样性将消失，天目山将成为毛竹林单一物种的天下，这是与保护珍稀动植物资源、保护生物多样性的保护区宗旨相违背的。近几年来，为最大限度保护天目山的生物多样性、保护乡土树种资源、保护自然景观，最大限度减少损失，使珍贵树种益寿延年，我们开展了一系列关于毛竹林扩张对生物多样性的影响的野外样地调查和分析。

7.1.1 毛竹林扩张对植物多样性影响

通过样带法对天目山自然保护区从阔叶林向毛竹林深入的物种组成进行了调查，探讨自然状态下毛竹纯林向亚热带常绿阔叶林或针阔混交林扩张蔓延过程中植物群落物种组成及多样性变化，结果显示：① 根据不同群落及其交错带的种类组成统计。毛竹纯林到针阔混交林的植物种类数量呈增多的趋势，毛竹纯林从中心到边缘物种的数量在 6 条样带中均增加，也就是说有毛竹在混交林中出现时，物种的数量在减少，不同样带中有一定的差异，但趋势基本一致，尤其是乔木树种的种数减少明显。② 毛竹通过地下竹鞭繁育。由于毛竹林郁闭度高，严重影响了其他物种的正常生活。毛竹强大的扩鞭能力对周边环境中的其他植物种群会产生影响，从而对植物的多样性形成威胁。通过计算各条样带上的物种多样性指数，可以看出，植物多样性指数和均匀度指数沿着针阔混交林交错区到毛竹纯林的整个样带上呈现出规律性的变化。植物多样性具有明显的水平分布格局，即毛竹林群落最低，相应的典型针阔混交林群落的植物多样性与两者的过渡区群落植物多样性较高。毛竹扩张蔓延使群落中的乔木层树种减少的同时，灌木层植物多样性有增加的趋势。而草本层植物多样性在多数样带中，过渡区相应较高。说明毛竹林向其他群落扩张蔓延时草本植物多样性也有增加的趋势，但到毛竹纯林又有所减少。③ 群落的均匀度指数在样带 3,4,5 和 6 中都是随毛竹的出现而降低，反映出毛竹扩张蔓延使群落中物种分配出现不均匀，尤其是乔木层的树种分配不均。灌木层的均匀度指数在样带 2,3 和 5 的毛竹林中要比过渡区的相应要高些，这说明，灌木层物种多样性增加与物种分布的均匀性相关较大。草本层的均匀度在样带 2 的各样方中基本相近，说明了物种多样性的变化主要受物种数量的影响。在样带 4 和 5 中的过渡区较低，而毛竹纯林和没有毛竹的林分相对较高。说明草本层植物种类在后两者中的分配较均匀。

7.1.2 毛竹林扩张对动物多样性的影响

依据 2007 年的观察记录，常绿阔叶林样区的鸟类有 14 种，而毛竹林样地内的鸟类仅有 2 种，且两种植被区的鸟类个体数量和种数相差较大。常绿阔叶林与毛竹林植被内的鸟类种类比为 7∶1、个体数量比为 6∶1 左右。究其原因，一是食物链影响。将常绿阔叶林和毛竹林分别视作一个独立的生态系统，则植物、昆虫、鸟类三者形成的食物链关系可以简单表述为:"植物—昆虫—鸟类"。从某种意义上讲,鸟类的多样性取决于该生态系统中昆虫的多样性,而昆虫的多样性又取决于该生态系统中寄主植物的多样性,这三者是紧密联系、相互影响的,并维持着一个动态平衡。正是由于毛竹林这种单一的植被类型,大大限制了植食性昆虫的多样性,从而直接导致栖息于毛竹林中鸟类种类与数量的减少。可见,在食物链关系上,当处于低营养级位的植物多样性减少时,一定会引起处于高营养级位的鸟类多样性的减少。二是森林结构影响。常绿阔叶林是天目山地带性植被,存在明显的复层林现象,一般由乔木层—灌木层—草本层组成,所以不同种类的鸟类可以占据不同的生态位,从而大大提高了资源的利用效率,使得大量种类的鸟类可以和谐地处于同一片森林植被中。而对于毛竹纯林,群落外貌整齐,结构单一,成单层水平郁闭,总盖度一般在 75%~85%,林下灌木较少,从而大大降低了鸟类的多样性。

7.2　数据准备

选取 8 景 landsat 遥感影像用于竹林空间信息的提取,其中 4 景夏季影像(1984. 8. 4, 1994. 5. 12, 2004. 7. 26 的 TM5 影像与 2015. 5. 22 的 OLI 影像),4 景冬季影像(1983. 11. 30 的 TM4 影像,1995. 12. 19, 2003. 12. 15 的 TM5 影像和 2014. 12. 29 的 OLI 影像)。8 景影像夏冬两两结合,分别用于提取 1984,1994,2004,2015 年 4 个时段的竹林信息。

为获取天目山地形数据,从地理空间数据云网站(http://www.gscloud.cn/)下载空间分辨率为 30 m×30 m 的 DEM 数据。

为估算森林生物量,对天目山竹林、针叶林、常绿阔叶林、落叶阔叶林 4 种植被类型分别选取 4 个样地进行调查。2010—2011 年在保护区内选择林龄和林分密度适中、具有代表性的植被类型,且受人为干扰较少交通又相对方便的地方设置永久样地。每种森林类型设样地一个,面积 20 m×20 m。用全站仪平距放样,长宽均为 20 m,再将样地分为 4 个 10 m×10 m 的小样地。对样地内的乔木层每木进行其树高、胸径、冠幅、枝下高的测量。

7.3　研究方法

7.3.1　遥感数据预处理

对 Landsat 遥感数据进行几何校正、大气校正、图像融合等预处理。

在 1∶10 000 的地形图上选取地面控制点对遥感数据进行几何校正。几何校正方法选用二次多项式拟合,像元冲采样方法选用最近邻法。经校正后,误差小于 0.5 个像元。

选取中等分辨率大气传输模型(MODTRAN)去除因大气条件对遥感影像造成的影响。MODTRAN 的计算过程模拟了 0.2～100 μm 光谱范围内电磁辐射的大气传输过程(Zhang 等,2013)。

选取 Gram-schmindt 全色波段融合方法对 OLI 影像进行图像融合,将 7 个空间分辨率为 30 m 的多光谱波段(波段范围在 1.36～1.39 μm)与一个空间分辨率为 15 m 的全色波段融合,将多光谱影像的空间分辨率提高到 15 m×15 m,并保存 7 个波段的原有空间信息。

7.3.2 特征光谱选择

经过现场野外调查与遥感影像的目视解释,决定将天目山自然保护区的土地类型划分为 6 类,分别为：水体、竹林、针叶林、常绿阔叶林、落叶阔叶林与其他(包括裸地、建筑及道路等)。

分析各土地类型的光谱特征。植被夏季与冬季的光谱特征有明显差异。植被与非植被类型在夏季遥感影像中容易提取。夏季针叶林近红外波段(TM5 影像的第 4 波段,后文中有关波段内容以 TM5 影像为例)的反射率低于其他植被类型。冬季竹林近红外波段反射率高于其他植被。(丁丽霞等,2006)夏季与冬季反射率的差异易于区分常绿阔叶林与落叶阔叶林。介于以上光谱特征,选择夏季影像与其最相近的冬季影像相结合的波段组合来进行信息提取。

为通过叶片颜色与植被冠层结构来区分竹林与其他植被类型,选取了两个植被指数。归一化植被指数(NDVI),用于区分叶片颜色,通过近红外波段(TM5 - band 4)与红光波段(TM5 - band 3)的非线性归一化处理计算获得。

$$NDVI = (band\ 4 - band\ 3)/(band\ 4 + band\ 3)$$

冠层植被指数(CVI),用于区分植被冠层结构,通过近红外波段(TM5 - band 4)与中红外波段(TM5 - band 5)计算获得。

$$CVI = (band\ 4 - band\ 5)/(band\ 4 + band\ 5)$$

因此,最后选取 16 个波段进行信息提取,分别为：夏季与冬季影像的 Band 1, Band 2, Band 3, Band 4, Band 5, Band 7, NDVI, CVI 波段(见图 7 - 1)。

7.3.3 分类方法

选取 3 种监督分类方法进行天目山植被类型提取,分别为支持向量机方法(SVM)、最大似然法(MLC)和神经网络法(NNC)。分别在 6 种土地类型中选取训练样本,各类型中训练样本的栅格数分别为：水体 256 个,竹林 927 个,针叶林 130 个,常绿阔叶林 1 406个,落叶阔叶林 1 236 个,其他 607 个。

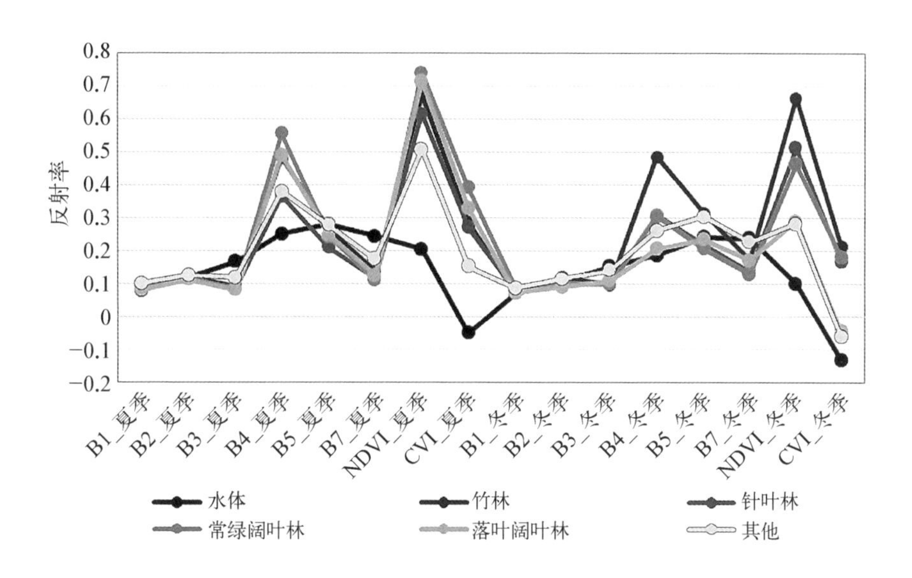

图 7-1
6 种土地类型波段反射率差异（以 TM5 影像为例）

7.3.4　碳储量计算方法

根据袁位高等(2009)研究浙江重点生态公益林大量样地调查已得到的生物量计算模型计算样地生物量(见表 7-1)。模型利用浙江省树木各分量生物量之间的相对生长关系,乔木以树高、胸径、枝下高为变量构建各分量生物量模型通式,构建松类、杉类、硬阔(Ⅰ,Ⅱ)、软阔、毛竹组主要树种(组)生物量模型,模型测算因子简单易得,与实测数据具有较好的拟合精度和预估水平。这样将本次样地调查数据,分树种代入模型,分别得到各类型森林的生物量。

表 7-1　浙江省重点公益林生物量模型

生物量模型名称	生物量模型	模型变量	主要树种
松类相容性生物量模型	$W_1 = W_2 + W_3 + W_4$ $W_2 = 0.0600\ H^{0.7934}\ D^{1.8005}$ $W_3 = 0.137708\ D^{1.487266}\ L^{0.405207}$ $W_4 = 0.0417\ H^{-0.0780}\ D^{2.2618}$	W_1 为总生物量(kg),W_2 为树干生物量(kg),W_3 为树冠生物量(kg),W_4 为树根生物量(kg);H 为树高(m),D 为胸径(cm),L 为冠长(m)	马尾松(*P. massoniana*)、湿地松(*P. elliottii*)、火炬松(*P. taeda*)、黑松(*P. thunbergii*)、黄山松(*P. taiwanensis*)等
杉木相容性生物量模型	$W_1 = W_2 + W_3 + W_4$ $W_2 = 0.0647\ H^{0.8959}\ D^{1.4880}$ $W_3 = 0.0971\ D^{1.7814}\ L^{0.0346}$ $W_4 = 0.0617\ H^{-0.10374}\ D^{2.115252}$		杉木(*Cunninghamia lanceolata*)
硬阔相容性生物量模型(Ⅰ)	$W_1 = W_2 + W_3 + W_4$ $W_2 = 0.0560\ H^{0.8099}\ D^{1.8140}$ $W_3 = 0.0980\ D^{1.6481}\ L^{0.4610}$ $W_4 = 0.0549\ H^{0.1068} D^{2.0953}$		木荷(*Schima superba*)、栲树(*Castanopsis ssp.*)、红楠(*Machilus thunbergii*)、刨花楠(*Machilus pauhoi*)、华东楠(*Machilus leptophylla*)、香樟(*Cinnamomum camphora*)、杜英(*Elaeocarpus sylvestris*)等

（续表）

生物量模型名称	生物量模型	模型变量	主要树种
硬阔相容性生物量模型（Ⅱ）	$W_1=W_2+W_3+W_4$ $W_2=0.0803\ H^{0.7815}\ D^{1.8056}$ $W_3=0.2860\ D^{1.0968}\ L^{0.9450}$ $W_4=0.2470\ H^{0.1745}\ D^{1.7954}$	W_1为总生物量(kg)，W_2为树干生物量(kg)，W_3为树冠生物量(kg)，W_4为树根生物量(kg)；H为树高(m)，D为胸径(cm)，L为冠长(m)	青冈(*Cyclobalanopsis glauca*)、苦槠(*Castanopsis sclerophylla*)、甜槠(*C. eyrei*)、冬青(*Ilex purpurea*)、栎(*Quercus* spp.)等
软阔相容性生物量模型	$W_1=W_2+W_3+W_4$ $W_2=0.0444\ H^{0.7197}\ D^{1.7095}$ $W_3=0.0856\ D^{1.22657}\ L^{0.3970}$ $W_4=0.0459\ H^{0.1067}\ D^{2.0247}$		桤木(*Alnus cremastogyne*)、柳树(*Salix babylonica*)、枫杨(*Pterocarya stenoptera*)、枫香(*Liquidamba formosana*)、檫木(*Sassafras tzumu*)等
毛竹相容性生物量模型	$W_1=W_2+W_3+W_4$ $W_2=0.0398\ H^{0.5778}\ D^{1.8540}$ $W_3=2.80^{E-01}\ D^{0.8357}\ L^{0.2740}$ $W_4=3.71^{E-01}\ H^{0.1357}\ D^{0.9817}$		毛竹(*Phyllostachys heterocycla* cv. *pubescens*)

引自袁位高等《浙江省重点公益林生物量模型研究》。

森林碳储量的计算方法为：某一森林类型(树种)碳储量＝某一森林类型(树种)生物量×森林类型(树种)含碳系数。研究中所用含碳系数如表7－2所示。

表7－2　树种含碳系数

树　种	含碳系数	参考文献
马尾松	0.4596	Li等(2010)
杉　木	0.5201	
樟　树	0.4916	
楠　木	0.503	
栎　类	0.5004	
檫　木	0.4848	
软阔类	0.4834	
硬阔类	0.4956	
竹　林	0.5042	Zhou等(2004)

7.4　遥感分类结果及检验

利用SVM，MLC，NNC 3种分类器对天目山土地类型进行分类，6种土地类型在

1984,1994,2004,2015年4个时期所占面积比率结果如表7-3所示。3种分类器对于各土地类型时间变化的趋势相对一致。常绿阔叶林和落叶阔叶林所占面积最大,两者面积之和超过总面积的80%。竹林和针叶林仅占据较小面积。作为本研究目标的竹林,3种分类器均表现为先升后降的时间变化趋势,最高值均为2004年。

表7-3 SVM,MLC,NNC 3种分类器的分类结果,各土地类型所占面积比率的时间变化

分类方法	时间	水体/(%)	竹林/(%)	针叶林/(%)	常绿阔叶林/(%)	落叶阔叶林/(%)	其他/(%)
SVM	1984	0.72	3.41	1.24	46.05	43.73	4.85
	1994	0.87	5.25	1.1	42.04	45.88	4.86
	2004	1.55	11.34	1.52	37.97	44.11	3.51
	2015	1.32	8.91	1.23	34.45	46.62	7.47
MLC	1984	1.05	1.56	2.10	48.08	40.78	6.43
	1994	1.63	3.77	7.54	45.07	33.90	8.09
	2004	1.08	9.94	3.29	40.27	43.44	1.98
	2015	0.60	6.70	2.27	38.99	45.38	6.06
NNC	1984	0.64	3.77	0.10	47.86	40.79	6.84
	1994	0.79	9.02	0.75	40.24	39.13	10.07
	2004	0.89	16.82	0.16	36.58	40.77	4.78
	2015	0.82	10.51	0.00	34.95	48.65	5.07

在影像中选取300个随机点用于分类结果精度检验。表7-4展示了各分类器总的分类结果与竹林的分类结果。其分类精度均在80%以上,Kappa系数均大于0.8,表明分类结果精度可靠(玉春等,2007)。然而,相较之下SVM为最优分类方法,MLC低估了竹林面积,NNC低估了针叶林面积。因此选择SVM分类结果作为天目山土地类型分类最终结果。

表7-4 三种分类方法的分类精度

分类方法	总分类精度		竹林分类精度	
	精度/(%)	Kappa系数	精度/(%)	Kappa系数
SVM	88.6	0.854	87.1	0.832
MLC	85.7	0.839	84.5	0.807
NNC	83.5	0.842	84.1	0.815

7.5 近30年天目山竹林扩张过程

根据遥感影像分类结果,天目山1984,1994,2004,2015年毛竹的面积分别是146.16,

224.82，486，381.78 hm^2（见图 7－2）。仅 30 年内，毛竹总面积扩张了 235.62 hm^2。1984—2004 年扩张过程非常明显，扩张速率分别为 1984—1994 年：7.86 hm^2/y；1994—2004 年：26.12 hm^2/y。然而，最近的 10 年内竹林面积减少了 104.22 hm^2。这一变化主要是为保护天目山原有森林，对毛竹生长进行了人为控制。

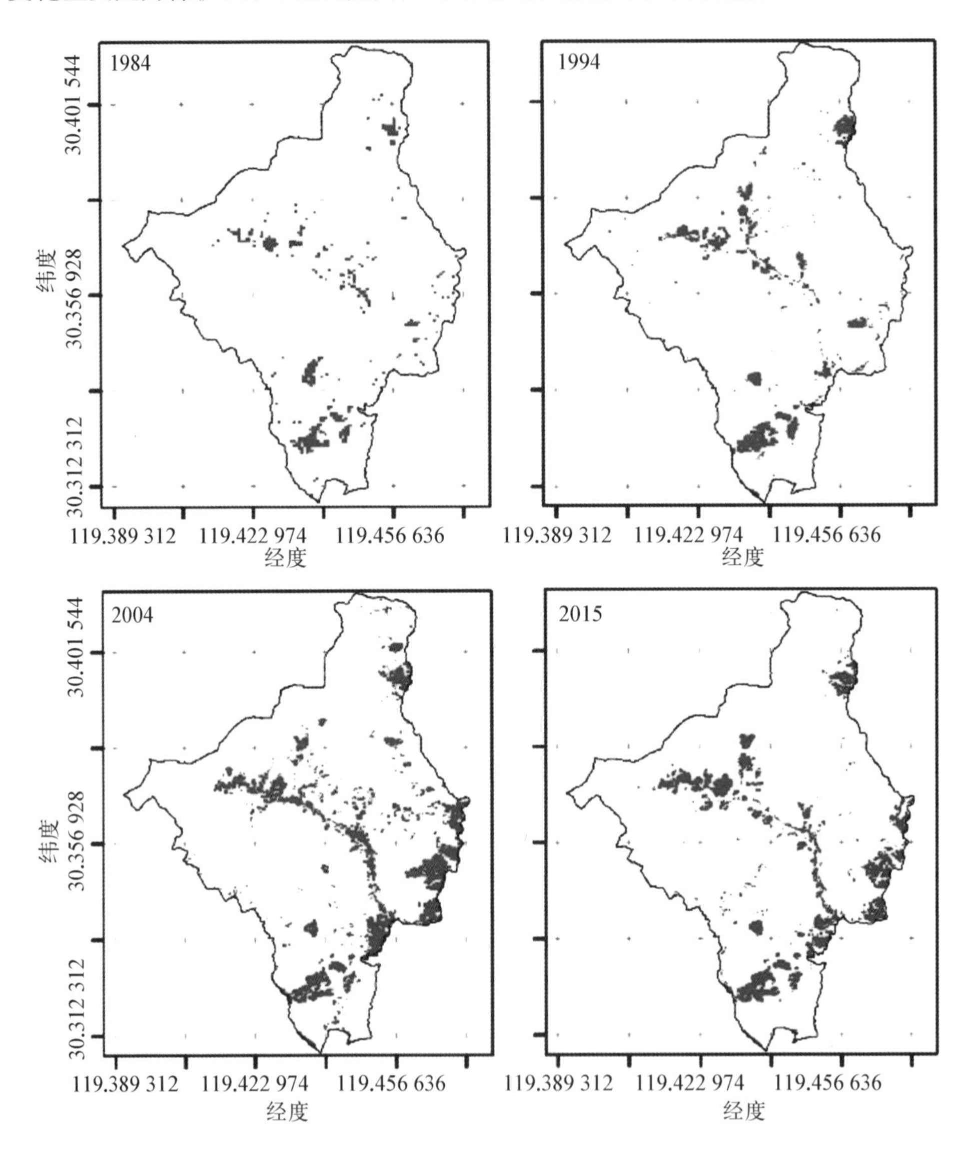

图 7－2 近 30 年天目山竹林扩张过程

天目山竹林近 30 年内随高度的变化特点如图 7－3 所示。竹林在温暖湿润、阳光充足的区域容易生长，因此主要分布于低海拔区域（海拔高度小于 1 100 m）或是易于沿河流分布。由于靠竹鞭无性繁殖的特点，竹林容易在已有竹林的基础上进行扩张。沿河区域也是竹林扩张占据的主要区域。竹林扩张面积最大的区域分别在海拔 500 m 和 800 m 的高度。然而在最近 2004—2014 年内，海拔 500 m 高度竹林面积有所减少。

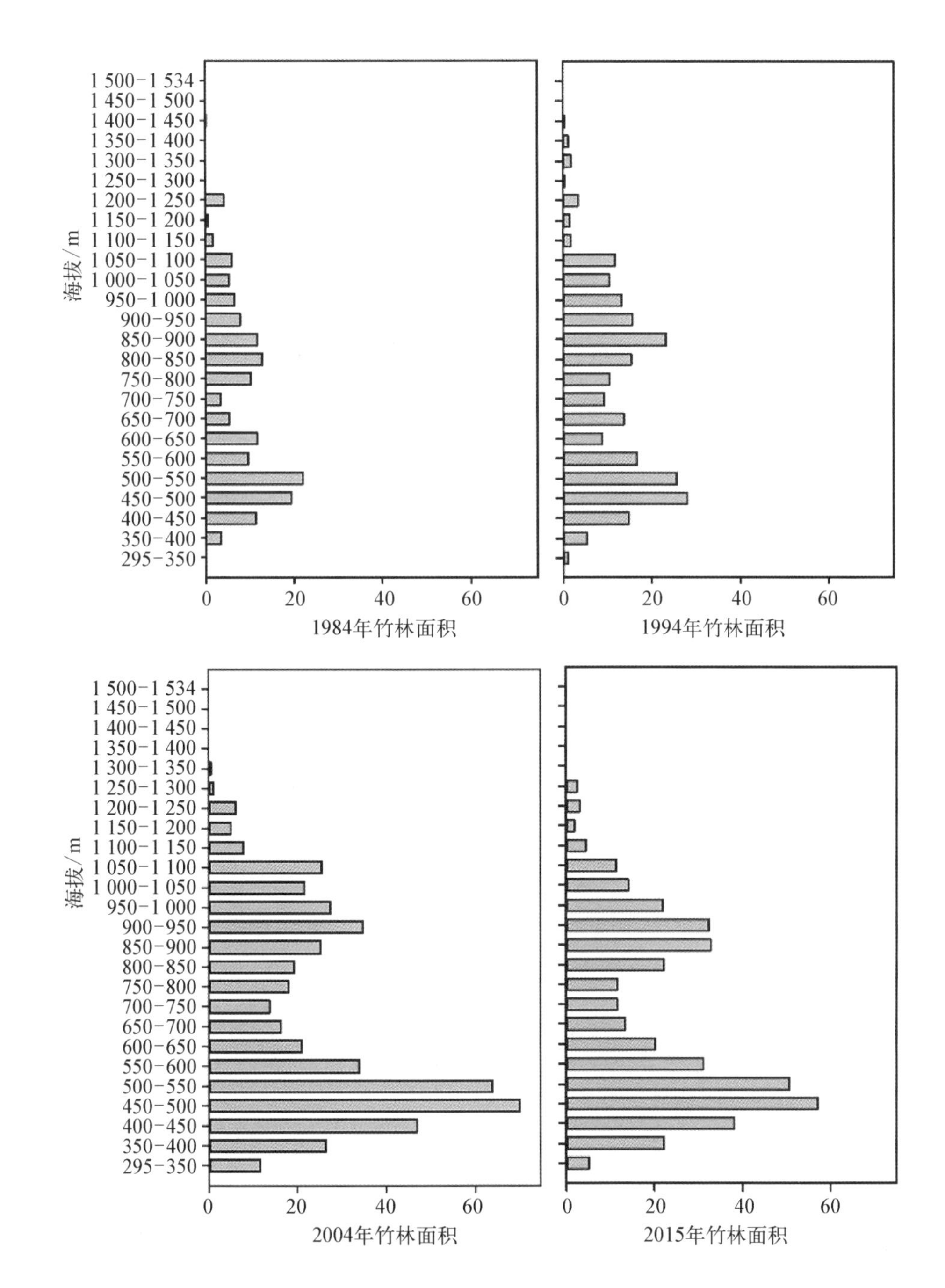

图7-3 近30年天目山竹林随高度变化过程

研究中分析了竹林扩张占据其他土地类型的面积及扩张率，如表7-5所示。表7-5行标题表示竹林扩张占据的土地利用类型及扩张率。列标题表示各个时间段内竹林占据不同土地类型的面积。扩张率表示各时间段内毛竹扩张的面积占总面积的比率。1994—2004年为毛竹扩张最旺盛，并没有人类干预的时段，该时段内竹林扩张所占据面积最大的是常绿阔叶林，随后依次为其他类型、落叶阔叶林、水体、针叶林。常绿阔叶林面积高达所有扩张面积的65%。竹林扩张趋势在2004—2015年时段内得到有效控制。竹林的砍伐导致了 82.35 hm^2 裸地的增加。竹林扩张率由 1994—2004 年时段的56.7%减少到了 2004—2015 年时段的 19.8%。

表 7-5 竹林扩张占据其他土地类型的面积及扩张率

	水体/hm^2	竹林/hm^2	针叶林/hm^2	常绿阔叶林/hm^2	落叶阔叶林/hm^2	其他/hm^2	扩张率/(%)
竹林 1984—1994	0.4	128.5	0.4	57.2	15.8	22.6	42.8
竹林 1994—2004	2.1	210.3	0.6	177.8	41.1	54.1	56.7
竹林 2004—2015	4.4	306.2	2.6	52.9	8.2	7.5	19.8

7.6 毛竹扩张的原因及对策

竹林扩张的原因，一是自 2001 年以来，因国家森林法重新修订实施，天目山毛竹林停止了采伐，数年来，毛竹林平均密度由原来的 240 株猛增到 500 株以上，致使毛竹林形成水平郁闭，林下光线阴暗，无法再生长其他植物，也包括毛竹，新生毛竹只能向外扩展。二是天目山毛竹林周围基本是生长年代久远的阔叶林和针阔混交林，长年落下的枯枝落叶，形成了肥沃的土壤，为扩展的新生毛竹提供了充足的养分来源。三是因森林和野生动物类型自然保护管理办法和国家自然保护区条例同国家森林法有冲突，导致各级林业主管部门无法审批，根据各个自然保护区的保护对象要求，为保护重点保护对象而采取的适度的人为干预措施方案。

为了科学保护天目山自然保护区的生物多样性及有效维护天目山整个森林生态系统的稳定和安全，宜采取一些行之有效的控制措施，对毛竹林进行适度人为干预，以恢复和稳定天目山地带性森林生态系统。

1）抚育间伐法

即每年制订毛竹林间伐作业方案，报林业主管部门批准后实施。现毛竹林侵入周边天然林的范围越来越大，而中心地带立竹量也迅速增加，据调查，毛竹林最大密度已达每亩 700 株之多，林下植被因光照不足而变得稀少，林中的古树名木和珍稀植物受挤压致死的情况也越来越严重，已严重影响了天目山生物多样性保护。因此必须每年对毛竹林采取抚育间伐措施，一方面控制毛竹林继续向周边天然林发展的速度，另一方面有利于减轻毛竹林内古树名木和珍稀植物受挤压的程度，不影响森林景观外貌和森林覆盖率。此方案需要每年向林业主管部门报批，间伐作业方案必经批准才能实施。

2）边界控制法

我区 2004 年在制定总体规划时对功能区划进行了调整，将保护区划分为核心区、缓冲区和实验区 3 个区，并通过国家林业局批复实施。通过近 5 年的实施，特别是在制定示范保护区建设规划中发现，国有林南坡核心区与缓冲区、缓冲区与实验区界线虽在图中有所标示，但在实地并无明确的界线和标志，这给我们森林消防管理、资源保护管理、基础设施建设管理和示范保护区建设规划的实施带来了巨大困难。因此，根据《浙江天目山国家级自然保护区总体规划》中功能分区方案和分区图件，实地进行区划定界，开辟 1.5 m 宽的巡护步道作为分界线，设置标桩，作为核心区与缓冲区、缓冲区与实验区的界线，有利于维护各功能分区的稳定，有利于保护和建设管理，有利于控制毛竹林的扩展。经勘测，核心区与缓冲区分界线总长为 3 948 m，缓冲区与实验区分界线总长为 6 006 m，两条分界线总长度为 9 954 m。我们计划对其中涉及 817 m 长分界线上的阔叶乔木予以保留，只对林下的灌木和草本进行清理，对 9 137 m 长分界线上的 20.6 亩毛竹进行采伐处理，每亩 600 株则为 12 360 株。采伐面积为 1.37 hm^2(20.6 亩)，相当于现有毛竹林的 1/64，国有林面积的 0.2%不到，植被损失小，对森林覆盖率几乎没有影响，此方案符合总体规划和示范保护区建设的要求，但也要经过审批才能实施。

7.7　近 30 年天目山森林碳储量变化

根据样地调查数据及第 6 章提到的碳储量计算方法，天目山各种植被类型的单位面积碳储量依次为竹林：50.43 t/hm^2，针叶林：67.46 t/hm^2，常绿阔叶林：64.93 t/hm^2，落叶阔叶林：116.88 t/hm^2。根据各植被类型单位面积碳储量及其面积，计算天目山总碳储量及近 30 年内的变化特征。如图 7－4 所示，近 30 年内，天目山总碳储量下降了 5 945.9 t。常绿阔叶林与落叶阔叶林贡献碳储量的绝大部分。竹林碳储量的贡献率由 1984 年的 2.06%增加到 2004 年的 6.89%，然而在 2015 年下降到了 5.47%。

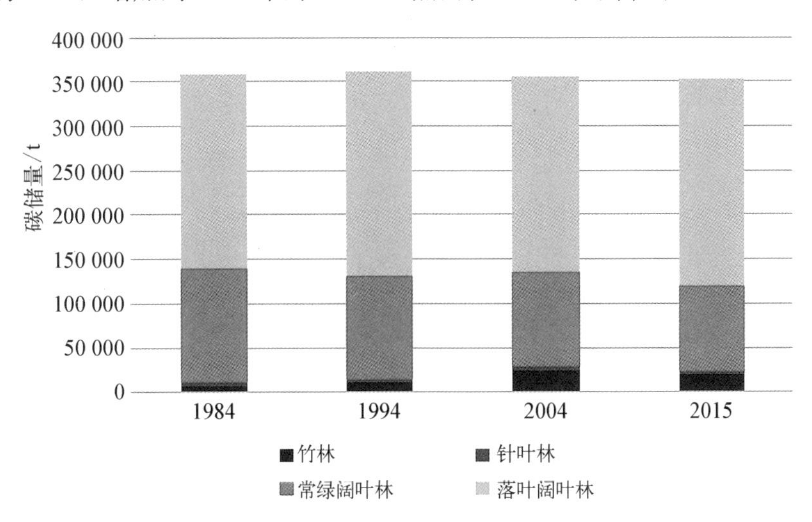

图 7－4
近 30 年天目山森林碳储量变化

7.8 小结

基于 Landsat 遥感影像信息提取，监测了近 30 年天目山国家自然保护区竹林的扩张过程。选取夏季与冬季遥感影像，多光谱波段与植被指数相结合的波段组合进行竹林信息提取。利用 SVM，MLC，NNC 3 种分类器进行影像分类，经精度分析，选取 SVM 分类结果为天目山竹林信息提取的最优方法。

近 30 年内竹林扩张过程明显。竹林总的扩张面积达 235.62 hm^2，最大扩张速率为 26.1 hm^2/y。然而，最近 10 年内，竹林生长受到人为干预而减少。竹林生存于 1 100 m 海拔以下，且更容易在原有竹林的基础上进行扩张。河岸区域水分丰富，适合竹林生长。常绿阔叶林为最容易被竹林扩张所占据的树种。目前，竹林扩张形式以得到有效控制。因为毛竹扩张，30 年内天目山总碳储量减少了 6 703.8 t。

第8章 天目山典型树种生理生态特点

8.1 天目山典型树种的光合作用特性

碳素营养是植物的生命基础(王宝山,2007),其中最主要的是绿色植物光合作用,即绿色植物利用光能,吸收 CO_2 等无机物,在叶绿体中转化为糖类等有机物,并释放出 O_2 的过程。其固定的能量直接支持着植物的生长并产生动物和土壤微生物所需的有机物。此外,光合作用研究的历史悠久,合成的碳水化合物最多,维持着大气中 CO_2 和 O_2 的平衡,与人类的关系也最密切,同时,天目山植被的光合作用还决定着天目山森林的碳源/汇作用。

净光合作用是在叶片水平上测得的净碳获得的速率,它是同时进行的 CO_2 固定和叶片在光下呼吸(包括光呼吸和线粒体呼吸)之间的平衡。在低光照的最适条件下,光能转变为糖的总效率约为 6%,但在大多数野外条件下仅约 1%(Chapin 等,李博等译,2005)。天目山常绿阔叶落叶混交林的典型树种为小叶青冈[*Cyclobalanopsis myrsinaefolia* (Blume) Oerst]、交让木(*Daphniphyllum macropodum*)和中国绣球(*Hydrangea chinensis* Maxim.)。其中中国绣球为落叶灌木,而另两种为常绿乔木。选定该 3 个树种的"标准木",即胸径 20.33 cm,树高 8.58 m,枝下高 2.41 m 的小叶青冈植株;胸径 3.97 cm,树高 3.5 m,枝下高 1.13 m 的交让木;胸径 1.55 cm,树高 2.45 m,枝下高 0.83 m 的中国绣球。并就此 3 个树种的净光合作用速率(2014 年 10 月~2015 年 6 月)进行研究,进而得到其光合作用特性,以明确其光合生理特征,为研究天目山老森林的碳源/汇作用提供理论依据。

8.1.1 小叶青冈的光合作用特性

就 2014 年 10 月~2015 年 6 月各月小叶青冈的光响应曲线求取平均值,得到研究时间段的平均光响应曲线,如图 8-1 所示。

图 8-1 显示,小叶青冈的平均净光合速率为 1.136±0.635 $\mu mol \cdot m^{-2} \cdot s^{-1}$,与光照强度间有良好的响应关系。即在一定范围内,随着光照强度的增大,小叶青冈的净光合速率逐渐增加,直至最大值,即最大净光合速率,此时存在光饱和点。另外,期间在某一个光强下,交让木的净光合速率为 0,即其光合与呼吸相等,此时的光照强度

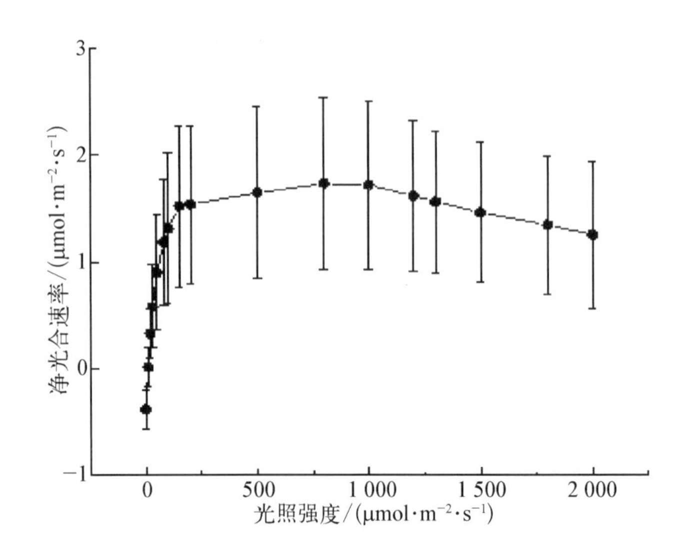

图 8-1 小叶青冈的平均光响应曲线

为光补偿点。再之后，随着光照的继续增大，其净光合作用速率不再增加，反而因为造成光抑制而有所降低。而且该物种在光照强度高于 1 000 μmol·m^{-2}·s^{-1}时，光抑制比较明显。利用 SPSS 统计软件通过非直角双曲线公式进行光响应曲线的拟合，得到其表观量子效率 α=0.039 μmol·μmol^{-1}，曲率系数 k=0.694，最大净光合速率 P_{max}=2.079 μmol·m^{-2}·s^{-1}，暗呼吸速率 R_d=0.369 μmol·m^{-2}·s^{-1}，光补偿点 LCP=10.09 μmol·m^{-2}·s^{-1}，光饱和点 LSP=854.5 μmol·m^{-2}·s^{-1}。就各月而言，10 月光合作用最强，平均净光合速率为 1.91±0.894 μmol·m^{-2}·s^{-1}，最大净光合速率为 2.75 μmol·m^{-2}·s^{-1}；受冻雨影响，3 月光合作用最弱，平均净光合速率为 0.58±0.460 μmol·m^{-2}·s^{-1}，最大净光合速率为 0.78 μmol·m^{-2}·s^{-1}。此外，6 月遭遇梅雨季节，雨天持续时间长，光照强度减弱，小叶青冈的光合能力反而被削弱。总之，小叶青冈的光合能力相对较强，对天目山常绿落叶阔叶林的碳汇作用有着重要的意义。

8.1.2 交让木的光合作用特性

交让木常生于海拔 800～1 500 m 的较湿润林中，常与木荷、楠木、杜英、丝栗栲、马尾松等混生(李晓征等，2006)。因其新叶集生枝顶端，老叶在春天新叶长出后齐落，故得名。

图 8-2 显示了 2014 年 10 月～2015 年 6 月交让木的平均光响应曲线，其结果表明，交让木的平均净光合速率为 1.430±0.878 μmol·m^{-2}·s^{-1}，高于小叶青冈，因为交让木叶片肥厚，叶绿素含量较大，光合能力更高。此外，交让木的净光合速率与光照强度间的响应关系更明显，且规律性较好，具体表现为：在一定范围内，交让木的净光合速率随着光照强度的增大而逐渐增加，直至最大净光合速率，此期间存在光补偿点和光饱和点，之后，随着光照强度的进一步增强，其净光合作用速率不再增加，反而因为光强过大造成光抑制而略微降低，且降低程度低于小叶青冈。利用 SPSS 统计

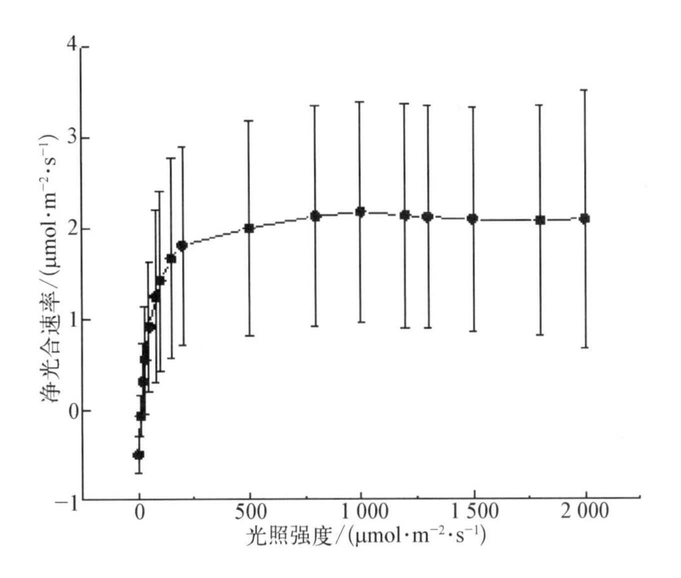

图 8-2 交让木的平均光响应曲线

软件通过非直角双曲线公式对其进行光响应曲线的拟合，得到其表观量子效率 α= 0.047 μmol·μmol^{-1}，曲率系数 k=0.402，最大净光合速率 P_{max}=2.696 μmol·m^{-2}·s^{-1}，暗呼吸速率 R_d=0.490 μmol·m^{-2}·s^{-1}，光补偿点 LCP=11.82 μmol·m^{-2}·s^{-1}，光饱和点 LSP=1 229.8 μmol·m^{-2}·s^{-1}，远高于小叶青冈。就各月而言，10 月光合作用最强，平均净光合速率为 3.13±1.536 μmol·m^{-2}·s^{-1}，P_{max}=4.32 μmol·m^{-2}·s^{-1}；受冻雨影响，3 月光合作用最弱，平均净光合速率为 0.22±0.343 μmol·m^{-2}·s^{-1}，P_{max}=0.48 μmol·m^{-2}·s^{-1}。此外，4，5 月交让木换叶，新叶尚未完全长出，老叶即将凋落，光合作用稍弱，而且 6 月遭遇梅雨季节，雨天持续时间长，光照时间短，光照强度减弱，交让木的光合能力反而被削弱。总之，交让木作为常绿乔木，具有相当强的光合能力，对天目山常绿落叶阔叶林的碳汇作用贡献较大。

8.1.3 中国绣球的光合作用特性

中国绣球作为天目山常绿落叶阔叶混交林典型的落叶灌木，11 月开始落叶，5 月长出新叶，有效的光合时间是 5～11 月，在研究时间段，有效的光合月份为 10，11，5，6 月。图 8-3 为这几个月份中国绣球的平均光响应曲线。

由图 8-3 可知，中国绣球的平均净光合速率为 1.536±0.866 μmol·m^{-2}·s^{-1}，具有较强的光合作用。此外，与交让木一样，其净光合速率与光照强度间的响应关系比较明显，且规律性也较好，即在一定范围内，中国绣球的净光合速率随着光照强度的增大而逐渐增加，直至最大净光合速率，此期间存在光补偿点和光饱和点，之后，随着光照强度的进一步增强，其净光合作用速率不再增加，维持在最大净光合速率，甚至反而因为光强过大造成光抑制而略微降低。利用 SPSS 统计软件通过非直角双曲线公式对其进行光响应曲线的拟合，得到其表观量子效率 α=0.043 μmol·μmol^{-1}，曲率系数 k=0.377，最大净光合速率 P_{max}=2.633 μmol·m^{-2}·s^{-1}，暗呼吸速率 R_d=0.311 μmol·m^{-2}·s^{-1}，光补偿点

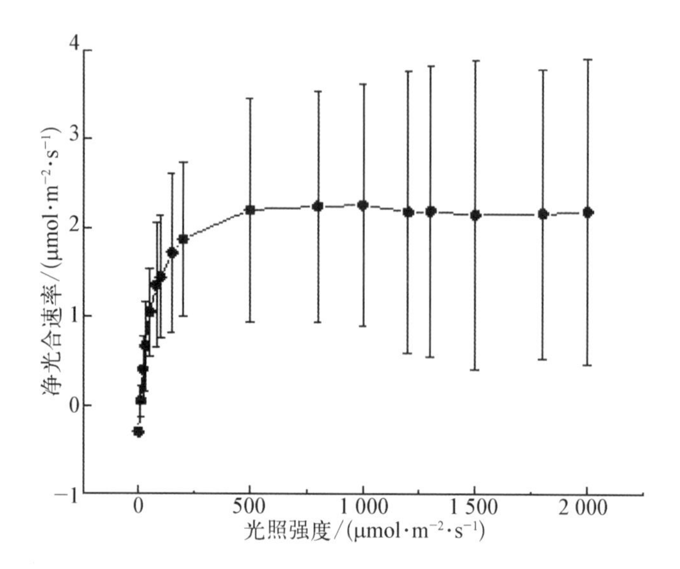

图 8-3 中国绣球的平均光响应曲线

LCP=7.84 μmol·m^{-2}·s^{-1}，光饱和点 LSP=810.5 μmol·m^{-2}·s^{-1}，远低于交让木。就各月而言，10 月光合作用最强，平均净光合速率为 2.96±1.680 μmol·m^{-2}·s^{-1}，P_{max}=4.52 μmol·m^{-2}·s^{-1}；5 月新叶长出，光合作用最弱，平均净光合速率为 0.73±0.556 μmol·m^{-2}·s^{-1}，P_{max}=1.42 μmol·m^{-2}·s^{-1}。此外，6 月遭遇梅雨季节，雨天持续时间长，光照时间短，光照强度减弱，中国绣球的光合能力被减弱，使之略高于 5 月，极不明显。总之，中国绣球作为落叶灌木，具有相对较高的光合能力，影响天目山常绿落叶阔叶林的碳汇作用。

8.1.4 典型针叶树种的光合作用特性

天目山自然保护区受海洋暖湿气候影响较深，而且区内地势较为陡峭，海拔上升快，气候差异大，植被的分布有着明显的垂直界限，自山麓到山顶垂直带谱为：海拔 850 m 以下为常绿阔叶林，850～1 100 m 为常绿、落叶阔叶混交林，1 100～1 380 m 为落叶阔叶林，1 380～1 500 m 为落叶矮林(汤孟平等，2006)。此外，针叶林是天目山的特色植被，尤以柳杉林最具特色，是其中的主要植物类型，在海拔 350～1 100 m 均有分布(芮璐，2008)。其中典型的针叶林有柳杉(*Cryptomeria fortunei* Hooibrenk ex Otto et Dietr.)、马尾松(*Pinus massoniana* Lamb.)和黄山松(*Pinus taiwanensis* Hayata)。

黄一名(2014)运用 PAM-2100 叶绿素荧光仪在光化光模式下通过调节不同的光化光强度来改变光照强度(PAR)，并得到了柳杉 PAR 与表观光合电子传递速率(ETR)的响应关系曲线，如图 8-4 所示。结果表明，当 PAR 位于 0～200 μmol·m^{-2}·s^{-1}的范围内时，柳杉的电子传递速率(即光合作用)随着 PAR 值的增大呈现线性上升趋势，而在 200～1 200 μmol·m^{-2}·s^{-1}的范围内时，曲线则逐渐平缓甚至下降。就天目山不同海拔梯度而言，开山老殿(1100 m)柳杉的光合作用最高，五里亭(780 m)略低于开山老殿，但两条曲线的差距基本不大，禅源寺(350 m)的柳杉光合作用最低；而三里亭(640 m)、仰止亭(530 m)的光响应曲线ETR值在PAR位于0～400 μmol・m^{-2}・s^{-1}范围内相差不大,这与两地具有相似的环境因子有关。以五里亭与三里亭之间的过渡区间为界,过渡区间以上的地带光照较为充裕。随着海拔的升高,光响应曲线总体呈现上升的趋势,而过渡地带以下的地区,受到光照因素的制约,柳杉光响应曲线反而呈现下降的趋势。也说明高海拔地区充足的光照能促进柳杉光合作用的进行,同时也反映出了海拔越高,柳杉光合速率越强的现象。

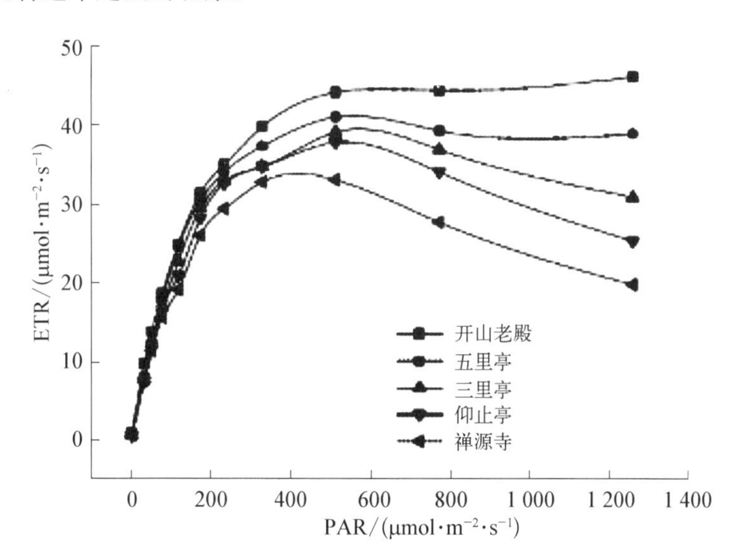

图8-4 不同海拔高度柳杉的光响应曲线(黄一名,2014)

刘欣欣(2012)研究了大棚中马尾松的光合作用,结果表明,马尾松的光合作用较强,高于水杉和红豆杉,其净光合速率日变化呈单峰型,即没有光合"午休"现象。

另外,黄山和天目山均属于亚热带气候,有着相同的自然条件,马元灿(2012)研究了黄山低海拔365 m(马尾松纯林)、中海拔882 m(马尾松和黄山松混交林)和高海拔1 575 m(黄山松纯林)3个梯度马尾松和黄山松的光合作用,结果表明两者对环境有极强的适应性。就光响应曲线而言,当PAR处于0～400 μmol・m^{-2}・s^{-1}时,两者净光合速率均随着PAR的增强而呈线性升高,之后随着PAR的继续升高,净光合速率继续升高并稳定在一定的水平,即最大净光合速率,整个光响应进程曲线呈抛物线状(见图8-5)。此外,当PAR处于0～200 μmol・m^{-2}・s^{-1}时,2个物种在不同海拔的光响应曲线基本一致,但当PAR大于200 μmol・m^{-2}・s^{-1}时,中海拔马尾松和黄山松的光合速率分别明显高于低海拔马尾松和高海拔黄山松,且中海拔马尾松光合速率明显高于中海拔黄山松光合速率。另外,中海拔马尾松光饱和点、最大净光合速率、最大水分利用效率、暗呼吸速率以及胞间CO_2浓度等指标均高于低海拔,但光补偿点较低;高海拔的黄山松光补偿点高于中海拔,而光饱和点、最大净光合速率和表观量子效率均较低;在同海拔(882 m)地区,马尾松有较高的光饱和点和光补偿点,其最大气孔导度、最大净光合速率、暗呼吸速率、胞间CO_2浓度和光量子效率也较高。

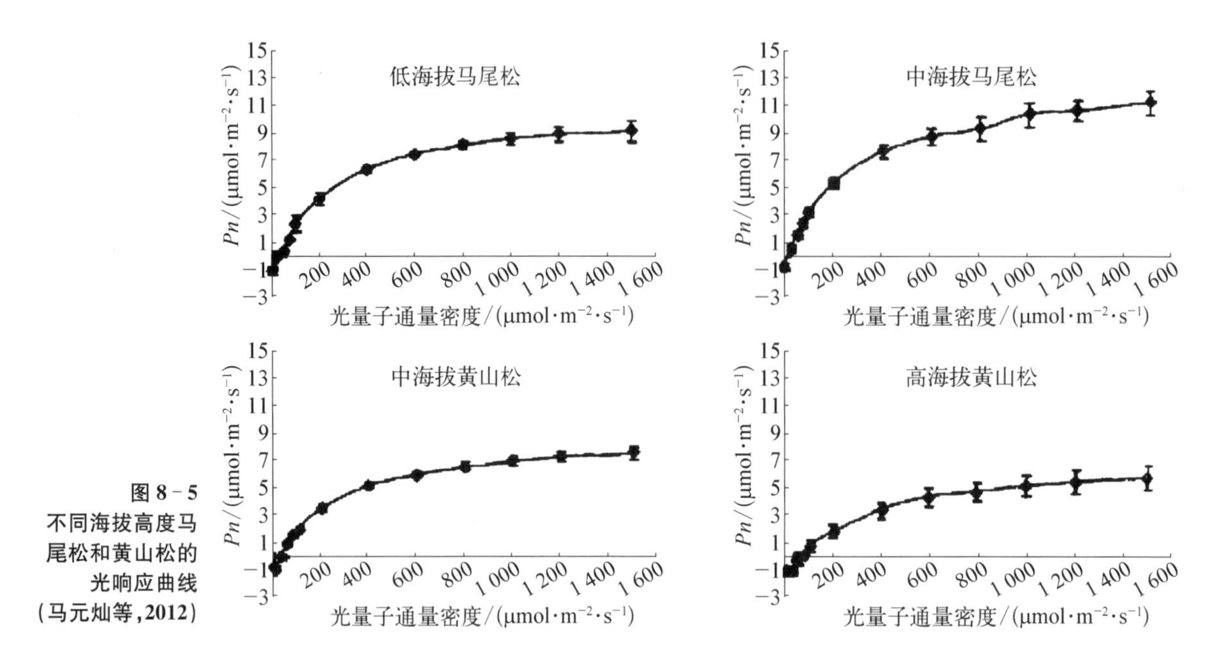

图 8-5 不同海拔高度马尾松和黄山松的光响应曲线（马元灿等，2012）

另有研究（洪淑媛等，2006）表明，黄山松具有阳生的特点，对光能的生态适应范围较广。其光补偿点为 110 μmol・m^{-2}・s^{-1}，光饱和点约为 1 099 μmol・m^{-2}・s^{-1}，表观光合量子产额为 0.017 左右，即表观量子需要量约为 59。不同季节黄山松针叶的光合速率都有明显的日变化，春、夏季且呈双峰型，有明显的光合“午休”现象；从季节变化来看，光合速率均表现为：夏季＞秋季＞春季＞冬季。

8.2 天目山典型树种的叶绿素荧光和相对叶绿素含量

叶绿素荧光与光合作用中各种反应过程密切相关，任何环境因子对植物光合作用的影响都可通过叶片叶绿素荧光动力学反映出来（殷秀敏等，2012），植物光合作用受到抑制最初影响的就是 *PSII*，*PSII* 在逆境下的响应机制被认为是植株光合作用适应逆境的最重要的生存策略，光合速率下降，必然会影响植物对光能的吸收、传递和转化，最主要的表现是光化学活性下降（管铭等，2015），所以叶绿素荧光分析技术常用来检测植物光合机构对环境胁迫的响应（李晓等，2006；温国胜等，2006；徐德聪等，2003；殷秀敏等，2010）。植物叶绿素含量说明了植物光合产物积累的情况，并与植物的光合能力大小呈正相关。

8.2.1 典型阔叶树种的叶绿素荧光和相对叶绿素含量特性

1）典型阔叶树种的叶绿素荧光特性

2014 年 10 月开始至 2015 年 9 月结束，采用 PAM－2500（德国 WALZ 公司生产）

测定典型阔叶林的叶绿素荧光参数，SPAD－502手持式叶绿素测定仪测定相对叶绿素含量，其中2015年3月末出现了冻雨。

由图8－6可知，交让木的实际光化学量子产量Y(Ⅱ)全年的趋势为：2015年6月＞2015年9月＞2015年5月＞2015年4月＞2014年10月＞2015年7月＞2014年11月＞2015年8月＞2015年3月＞2014年12月＞2015年1月，即随时间变化，从2014年10月到2015年1月是递减的，从2015年3月开始每个月都有所增加，全年最高值出现在2015年6月，最低是2015年的1月，低于6月45.61％；春季最高的5月、秋季最高的9月、冬季较高的12月分别比6月低了3.5％，0.1％，36.84％。差异显著性分析显示，2015年6月极显著，高于2014年12月和2015年1月($P<0.01$)，而与1月外的其余各月均是差异不显著($P>0.05$)，2014年12月与2015年1月之间差异不显著($P>0.05$)，但两者都极显著低于其余各月。也就是说，交让木在一年之中以2015年6月的实际光能捕获效率最高，冬季最低。

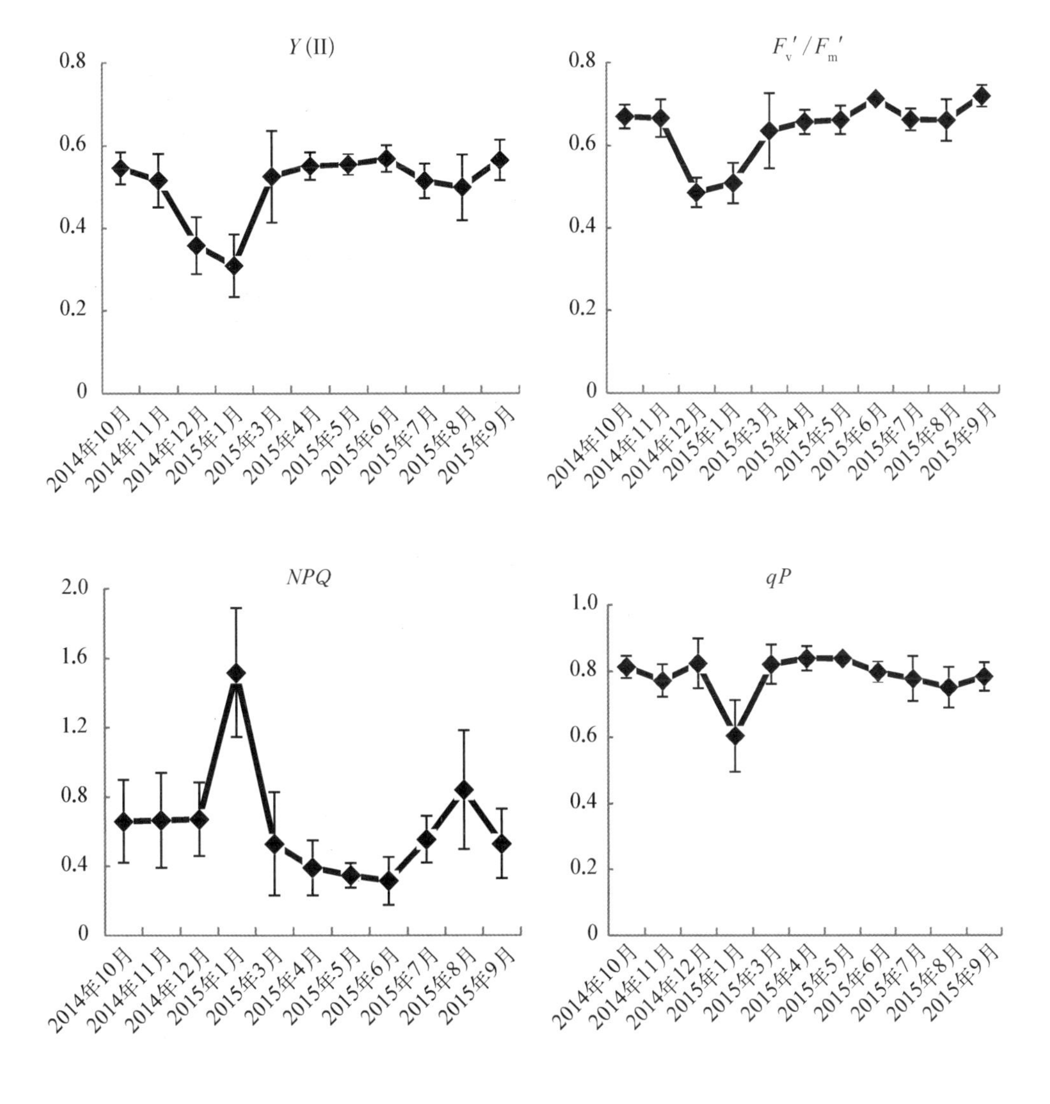

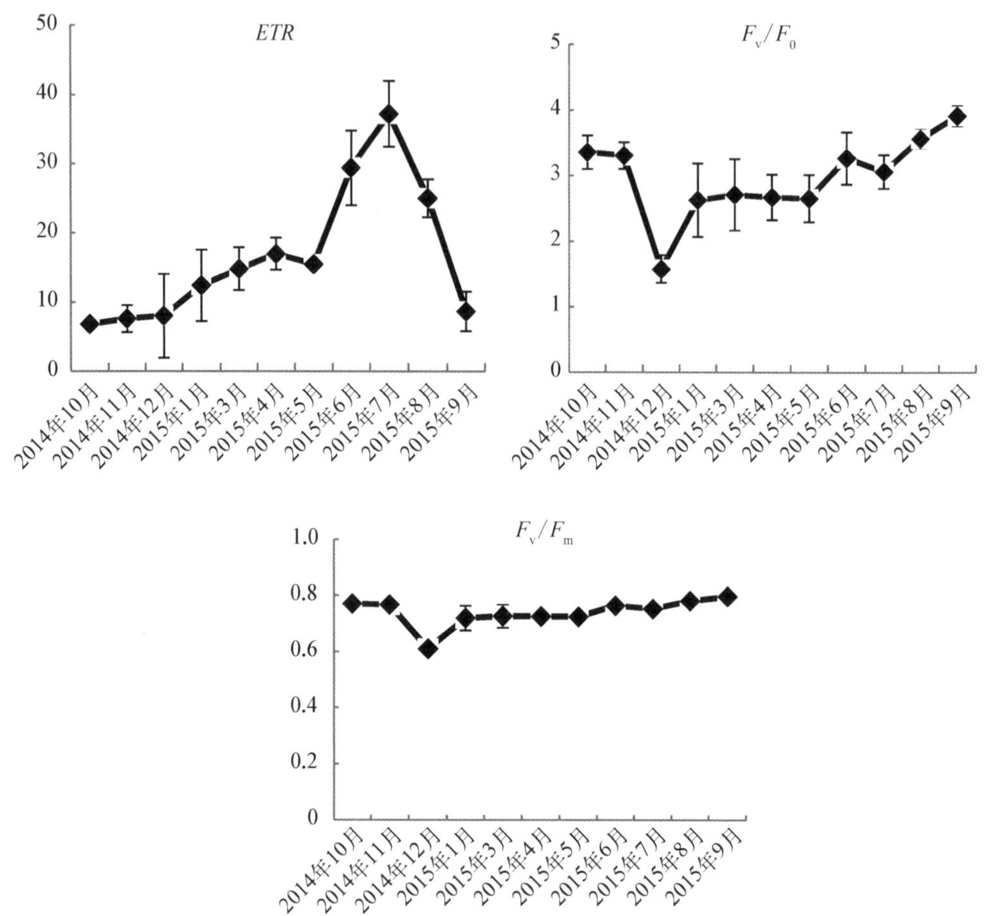

图 8-6 交让木不同月份的叶绿素荧光参数

注：不同小写字母代表差异显著($P<0.05$)，不同大写字母代表差异极显著($P<0.01$)，下同。

最大实际光化学效率 F_v'/F_m' 全年以 2015 年 9 月为最高值，紧跟其后的是 2015 年 6 月，这两个月份之间差异不显著($P>0.05$)，从 2014 年 10 月至 2014 年 12 月是递减的趋势，且 12 月极显著低于 2015 年 1 月之外的其余 9 个月，比最高月 9 月低了 48.3%；从 2015 年 1 月到 9 月开始不同程度地回升；春季的 3 个月份之间差异不显著($P>0.05$)，夏季为 6 月显著高于 7 月 7.5%($P<0.05$)，两者均与 8 月差异不显著($P>0.05$)；秋季表现为 9 月显著高于 10 月 7.5%、11 月 8.1%($P<0.05$)；冬季的两个月份是 2014 年 12 月高于 2015 年 1 月 4.7%，两者之间差异不显著($P>0.05$)。综合全年数据，交让木的 F_v'/F_m' 为秋季最高，夏季和春季居中，冬季最低。

非光化学猝灭系数 NPQ 随时间的变化，大体上呈现升—降—升—降的规律，具体表现为，从 2014 年 10 月到 2015 年 1 月逐渐增大，且 2015 年 1 月为全年最大，该月极显著($P<0.01$)高于全年的其余各个月份；从 2015 年 3 月到 2015 年 6 月是逐渐减小的趋势，并且在 2015 年 6 月达到全年最低值，该月数据显著低于其余各月，79.3%的大比例低于最高的 1 月；而后从 7 月开始上升，8 月达到另一个峰值。整体观察的结果显示，交

让木的非光化学猝灭系数以冬季最高，12 月比 1 月低了 55.7%，差异极显著（$P<0.01$）；其次是夏季的 8 月，且 8 月极显著高于同季节的 6 月 82.6%；秋季属于中间范围，且 9，10，11 三个月之间不显著（$P>0.05$）；4 个季节来看，春季为最低。

交让木的光化学猝灭系数 qP 一年之内的最低值是 2015 年 1 月，极显著（$P<0.01$）低于其余各个月份，最高值则在 2015 年 4 月，该月极显著（$P<0.01$）高于 2015 年 1 月 38.8%，显著（$P<0.05$）高于 2014 年 11 月 8.6%、2015 年 8 月 11.6%，与剩余的其他各月不显著（$P>0.05$）；且同一个季节内各月之间，春季夏季秋季均是不显著的，冬季是 2014 年 12 月极显著高于 2015 年 1 月 36.2%。

表观电子传递速率 ETR 全年的走势同 NPQ，亦是升—降—升—降，具体为 2014 年 10 月<2014 年 11 月<2014 年 12 月<2015 年 9 月<2015 年 1 月<2015 年 3 月<2015 年 5 月<2015 年 4 月<2015 年 8 月<2015 年 6 月<2015 年 7 月，两个峰值分别出现在 2015 年 4 月和 2015 年 7 月，且以 2015 年 7 月为全年最高，极显著（$P<0.01$）高于 6 月和 8 月之外的其余八个月；同一季节之内的月份之间差异均不显著（$P>0.05$）；7 月比 5 月（春季最高）、9 月（秋季最高）、1 月（冬季最高）分别高出 58.3%，76.7%，66.7%。全年来看，4 个季节的高低顺序为：夏季>春季>冬季>秋季。

潜在活性 F_v/F_0 随时间的变化先降后升，2014 年 10 月到 12 月是逐渐递减的，从 2015 年 1 月开始不同程度地上升，以 2015 年 9 月全年最高，该月显著（$P<0.05$）高于 2015 年 11 月 18.5%，极显著（$P<0.01$）高于 2015 年 4 月 46.6%、5 月 47.6%、1 月 49.2%和 2014 年 12 月（全年最低）59.7%；全年最低的 12 月与 2015 年 1 月、5 月之外的其余各月差异极显著；春季、夏季、冬季这 3 个季节中同一个季节内的各月份之间差异不显著，秋季里 9 月极显著高于 11 月 18.5%。综合这一整年的结果，总体上交让木的潜在活性表现为秋季>夏季>春季>冬季。

最大光化学效率 F_v/F_m 一年来的变化趋势与潜在活性 F_v/F_0 相同，由高到低顺序为：2015 年 9 月>2015 年 8 月>2014 年 10 月>2014 年 11 月>2015 年 6 月>2015 年 7 月>2015 年 3 月>2015 年 4 月>2015 年 5 月>2015 年 1 月>2014 年 12 月，仍以 2015 年 9 月为全年最大值，且其与同季节内的 10 月、11 月之间差异不显著，但与夏季的 7 月、春季的 3 个月以及冬季的两个月之间差异显著；最低值亦是 2014 年 12 月，它与同季节的 2015 年 1 月差异不显著，与其余 9 个月均差异显著，与最大的 9 月相差 30.5%；全年的测量结果表明，交让木的最大光化学效率 F_v/F_m 表现为秋季>夏季>春季>冬季。

小叶青冈在不同月份的叶绿素荧光参数如图 8－7 所示，由该图可知，对于 Y(II)来说，全年以 2015 年 6 月最高，极显著高于 2014 年 10 月、11 月，2015 年 4 月之外的其余 7 个月；最低值是 2015 年 1 月，它极显著低于 2015 年 7 月之外的其余 9 个月，比最高月 6 月低了 54.3%；秋季以 10 月为高，且 3 个月份之间差异不显著，冬季 2014 年 12 月极显著高于 2015 年 1 月 45.7%；春季 4 月比较高，3 个月份之间也差异不显著。简而言之，2015 年 6 月、4 月和 2014 年 10 月比较高，冬季两个月和夏季的 7 月较低。

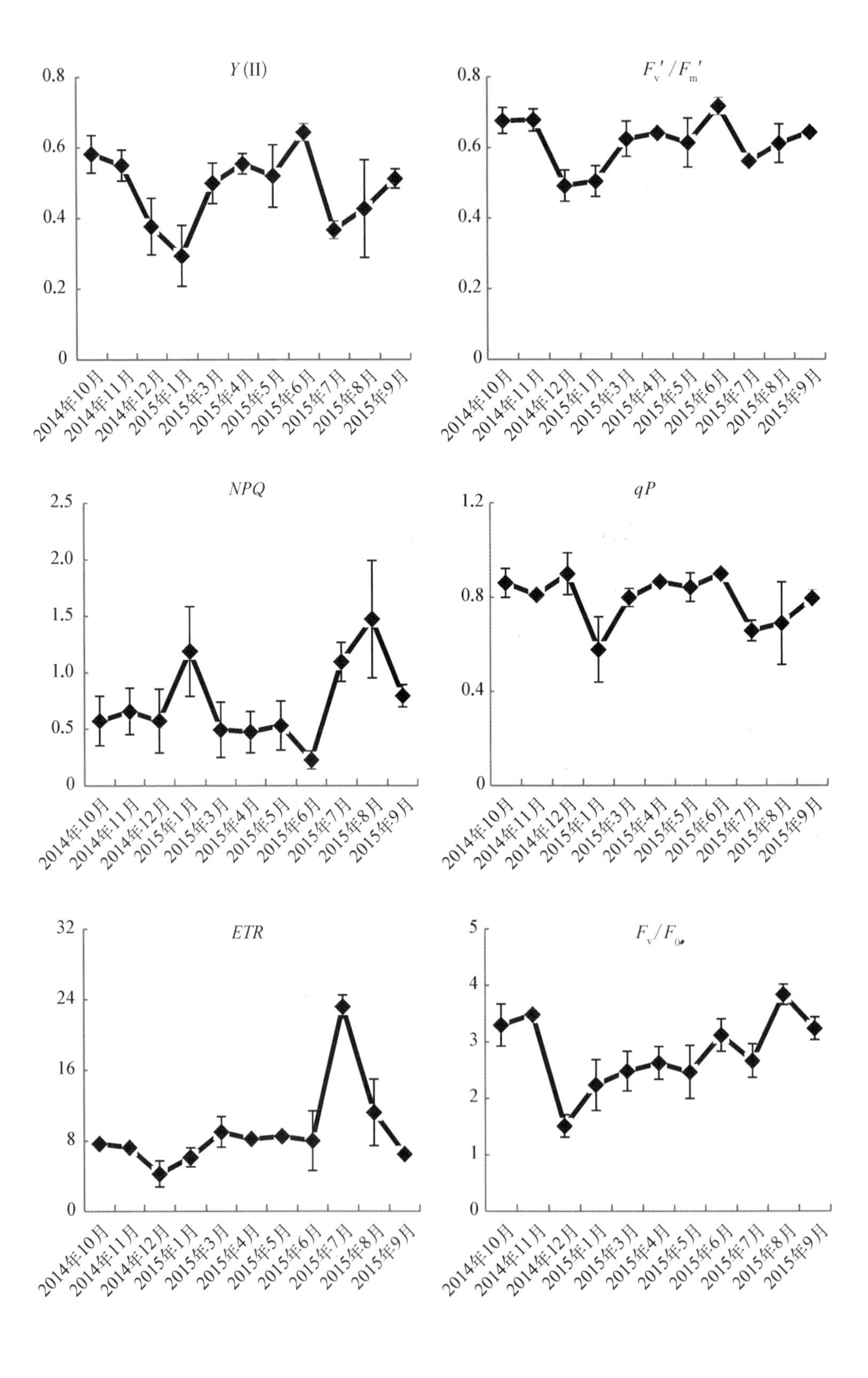
Y(II)
0.8
0.6
0.4
0.2
0
2014年10月
2014年11月
2014年12月
2015年1月
2015年3月
2015年4月
2015年5月
2015年6月
2015年7月
2015年8月
2015年9月
F_v'/F_m'
NPQ
2.5
2.0
1.5
1.0
0.5
qP
1.2
ETR
32
24
16
8
F_v/F_0
5
4
3
2
1

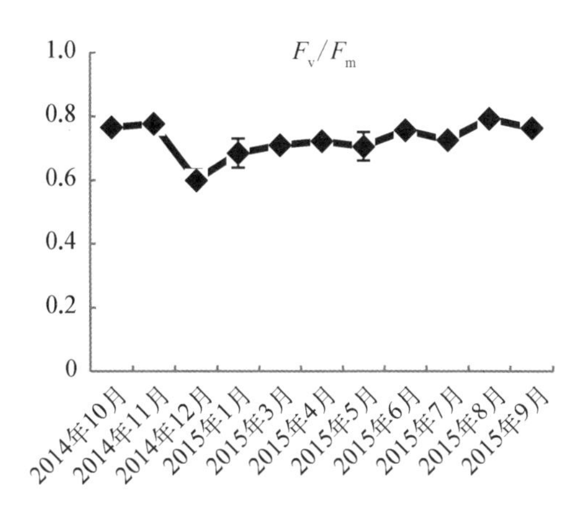

图 8-7 小叶青冈不同月份的叶绿素荧光参数

F_v'/F_m'从 2014 年 10 月到 2014 年 12 月是递减的，且 2014 年 12 月为全年最低值，他与同季节的 2015 年 1 月之外的其余各月均差异极显著($P<0.01$)，从 2015 年 1 月到 6 月出现大幅增加，且 2015 年 6 月成为全年最高值，比 12 月高出 45.8 个百分点，该月与 2015 年 10 月、11 月之外的其余各月差异均显著($P<0.05$)；之后 7 月出现明显降低，8 月、9 月重新回升；同一季节而言，春季的 3 个月之间差异不显著，夏季的 8 月与 7 月、9 月两个月均不显著，9 月极显著高于 7 月 14.7%；秋季、冬季季节内也是差异不显著。一年的数据表明小叶青冈的 Y(II)是夏、秋两季高于春、冬两季。

NPQ 不同季节的差异比较明显，2014 年 10 月、11 月、12 月基本持平，到 2015 年 1 月明显上升，3 月、4 月、5 月、6 月比之 1 月出现了大幅下降，7 月基本与 1 月持平，最大值是夏季的 8 月，显著高于 2015 年 1 月之外的其余 9 个月，全年最低值是同一季节的 6 月，比 8 月低出 84.6 个百分点；9 月又和同一季节的 10 月、11 月持平。秋季和春季同一季节 3 个月份之间均差异不显著，冬季 2014 年 12 月极显著低于 2015 年 1 月 51.9%。不同季节比较而言，是夏季、秋季>冬季、春季。

qP 的年变化规律是，2014 年 10 月、11 月基本持平，12 月稍微有所增加，至 2015 年 1 月出现了急剧下降，达到了全年最小值，极显著低于 2015 年 7 月之外的其余 9 个月，而后从 3 月到 6 月明显上升且这 4 个月份基本持平，差异不显著($P<0.05$)，7 月和 8 月又一次明显下降，9 月稍有增加。春季和秋季同一季节内 3 个月差异都不显著，夏季的 6 月极显著高于 7 月 36.7%、8 月 30.7%，与 1 月之外的其余各月之间差异不显著；冬季的 2014 年 12 月极显著高于 2015 年 1 月 55.9%。

ETR 的趋势表明，2014 年 10 月和 11 月基本持平，差异不显著($P<0.05$)，到 12 月和 2015 年 1 月出现了显著下降，从 3 月到 6 月回升到和 10 月相当的水平，这几个月份之间差异不显著，7 月出现了一个特别明显的拐点，是全年的峰值所在，极显著高于其余 10 个月，到 8 月、9 月比之 7 月又出现了大幅下降。春季、秋季、冬季同一季节内各个月份之间依然差异不显著。全年最低值是 2014 年的 12 月，该月极显著低于 2015 年 1 月和 9 月之外的其余 8 个月，比全年最高的 7 月低了 81.7%。小叶青冈在整个一年之中 ETR 总体呈现夏季>春季>秋季>冬季的规律。

F_v/F_0 随时间变化规律是先降后升再降，具体表现为 2014 年 10 月、11 月基本持平，到 12 月、2015 年 1 月出现了极显著的下降，而后从 3 月到 6 月开始明显升高，这几个月之间基本持平，7 月稍微有所下降，8 月明显上升，9 月降至 10 月、11 月水平。全年最高值出现在 8 月份，该月与 2014 年 11 月之外的其余 9 个月差异显著，最低值是 2014 年的 12 月，与其余 10 个月差异极显著，比 8 月低出 60.6%。春季和秋季同一季节内 3 个月份之间依然差异不显著，夏季 7 月显著低于 6 月 17%，极显著低于 8 月 30.5%，冬季是 2015 年 1 月极显著高于 2014 年 12 月 47.8%。4 个季节之间呈现秋季、夏季＞春季＞冬季的态势。

F_v/F_m 的年变化规律与潜在活性 F_v/F_0 完全一致，亦是 2014 年 12 月最低，与其余 10 个月差异极显著，2015 年 8 月最高，8 月比 12 月高了 32.2%，夏季和秋季的 6 个月份之间差异不显著，但都显著高于春季的 3 个月份，全年仍以夏、秋季居高，春季居中，冬季最小。

由于中国绣球是落叶灌木，所以相比常绿乔木交让木和小叶青冈缺少 2014 年 12 月、2015 年 1 月、3 月这 3 个月的数据。从图 8－8 可以看出，对于 Y(II)来说，全年以 2015 年 8 月最低，9 月最高，9 月极显著高于 8 月 90.5%，与其余 6 个月份之间差异不显著。全年最低值 8 月与 5 月、6 月、9 月差异显著，分别比他们低出 41.6%，41.7%，47.5%。整个周期之内，中国绣球的 Y(II)在春季以 5 月为高，夏季则是 6 月为高，秋季是 9 月为高。

F_v'/F_m' 整个周期内呈现先减后增再减又增的变化规律，具体表现为从 2014 年 10 月到 11 月是下降的，然后 4 月、5 月、6 月 3 个月明显增加，7 月出现大幅度下降，达到了全年最低，8 月、9 月又不同幅度上升，9 月达到全年最高值，比最低的 7 月高出 35.7%，这说明 7 月的高温高光对中国绣球的生长有一定的抑制作用；春季的两个月份之间差异不显著，秋季的 10 月、11 月之间差异不显著，都分别极显著低于全年最高值 9 月 20.2%，26%，此外，9 月极显著高于 6 月以外的其余 6 个月。

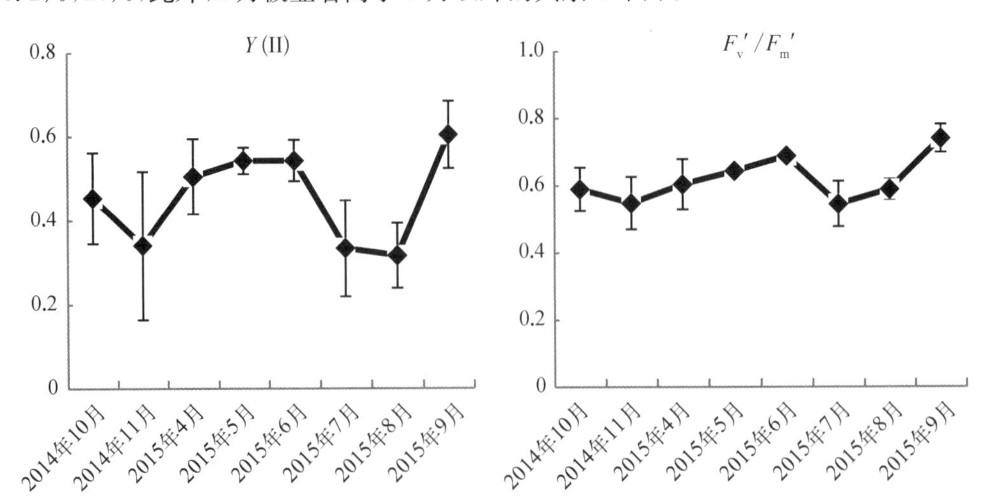

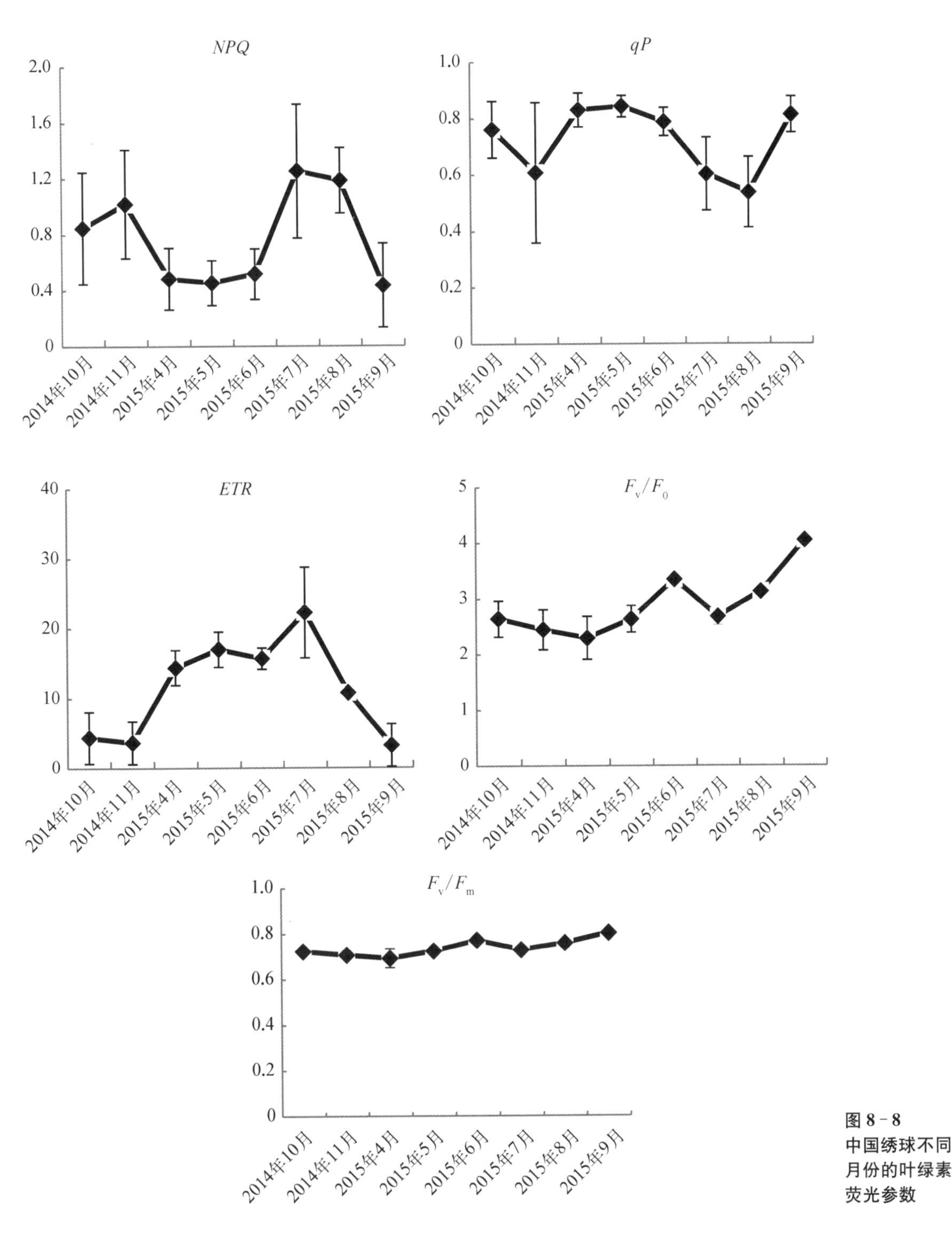

图 8-8 中国绣球不同月份的叶绿素荧光参数

NPQ 随时间的变化是升—降—升—降，即 2014 年 10 月到 11 月增加，到 2015 年 4 月、5 月明显降低，从 6 月又开始有所上升，7 月达到全年最大值，而后逐渐下降，9 月为全年最低值，比 7 月低出 65.5%，且 9 月还分别极显著低于同一月份的 10 月 48.9%、11

月 57.6%；6 月极显著低于同为夏季的 7 月 58.8%和 8 月 56.4%；春季的两个月份之间不显著。总体来看，中国绣球全年的非光化学猝灭系数为夏季＞秋季＞春季。

qP 整个周期内以 2015 年 5 月最高，8 月最低，比 5 月低了 36.2%，且两者之间差异极显著，夏季以 6 月为高，秋季以 9 月为高，并且全年除了最高的 5 月和 8 月，其余各月之间均不显著。对比所有月份，可以得出中国绣球的光化学猝灭系数总体上是春季＞秋季＞夏季。

ETR 从 2014 年 10 月到 11 月是下降的，4 月、5 月、6 月、7 月明显上升，且 7 月达到全年最高，与各月都差异极显著；而后 8 月、9 月明显下降，9 月为整个周期内最低值，且极显著低于 10 月、11 月之外的其余 6 个月，比最高月 7 月低出 85.6%。中国绣球表观电子传递速率在全年的趋势是春、夏季＞秋季。

F_v/F_0 随时间变化遵循先减后增再减再增的走势，即最小值为 2015 年 4 月，且该月极显著低于 2014 年 11 月之外的其余 6 个月，全年最高值出现在 9 月，它极显著高于其他所有月份，夏季 6 月为高，7 月显著低于 6 月 20.2%和 8 月 14.6%。全年最低是 4 月，比最高的 9 月低了 43.3%。整个周期而言，中国绣球的潜在活性表现为秋季、夏季＞春季。

F_v/F_m 随不同月份的变化趋势同 F_v/F_0，同样是 2015 年 9 月全年最高，4 月全年最低，比 9 月低出 13.6 个百分点，9 月极显著高于 6 月以外的其余 6 个月份，4 月显著低于除 2014 年 11 月的其余 6 个月份，综合全年观察，仍以秋季、夏季居高，春季最低。

总的来说：

(1) 3 种植物的最大光化学效率 F_v/F_m，实际光化学效率 F_v'/F_m' 和潜在活性 F_v/F_0 均是随季节变化先下降后上升，3 月冻雨时为最低值，通常高等植物 F_v/F_m 范围是 0.7～0.85，正常情况下变化极小，当受到胁迫时明显下降（王琰等，2011）。本研究中，交让木除 3 月之外，其余各月均无明显差异，冻雨时显著下降，这与余丽玲等（2013）低温胁迫对西洋杜鹃叶绿素荧光的影响分析相一致。小叶青冈则是随季节变换，开始降低，冻雨时最低，这与郑国华等（2009）研究低温和细菌对枇杷叶绿素荧光的结论相吻合。这说明两者的光系统受到了不同程度的胁迫，这与它们的净光合速率降低的结果相一致。然而，随着 4 月份温、湿度的升高，又都恢复正常，说明两者的光系统并未受到不可逆的破坏且交让木的耐胁迫能力更强。光化学猝灭系数 qP 和非光化学猝灭系数 NPQ 表征植物对胁迫做出的应对机制，前者反应植物光合活性的高低、光系统的开放比例，后者体现植物耗散过剩光能的自我保护能力（罗明华等，2010）。本研究发现，冻雨胁迫之下，交让木和小叶青冈都是以低的 qP 值减少光系统的开放比例，降低单位时间内光合电子传递的速度，同时通过高的 NPQ 来将过剩的光能以热能的形式耗散掉，从而避免植株被低温伤害，这与宋祥春等（2009）低温对沙冬青光合指标影响结论相符。实际量子产量 Y(II) 和表观电子传递速率 ETR 均随季节变化而降低，亦是 3 月冻雨时最低，说明冻雨损坏了其光合机构，导致光合电子传递效率下降，这与陈梅和唐运来（2012）对玉米低温胁迫研究的结果一致。

(2) 交让木的实际光化学量子产量 Y(II)、实际光化学效率 F_v'/F_m'、光化学猝灭系数 qP、潜在活性 F_v/F_0、最大光化学效率 F_v/F_m 和小叶青冈的 Y(II)，F_v/F_m 随时间变化均呈"V"形曲线，分别以1月、12月、1月、12月、12月，1月、12月为最小值；中国绣球的 $Y(II)$，F_v'/F_m'、qP，F_v/F_0 以及小叶青冈的 F_v'/F_m'，qP 大致呈"W"形，两个最低值分别出现在11月和8月、11月和7月、11月和7月、11月和8月、4月和7月；12月和7月，1月和7月。

(3) 表观电子传递速率 ETR 三者均是在7月最高，交让木和中国绣球随时间变化表现为单峰曲线；小叶青冈的 ETR 则是先降后升又降，大致呈"倒N"形，在12月有一个大幅下降。

(4) 三者的非光化学猝灭系数 NPQ 随时间的变化均呈现双峰曲线的走势，交让木和小叶青冈的峰值分别为温度最低的1月和最高温的8月，中国绣球则为11月和6月。

2) 典型阔叶树种的相对叶绿素含量特性

交让木全年的相对叶绿素含量值如图8-9所示，由高到低排列为：2014年10月、2015年9月、2014年12月、2014年11月、2015年4月、2015年1月、2015年8月、2015年7月、2015年5月、2015年6月、2015年3月。即整个一年周期内，从10月到11月是以2.6%的比例略有减小，12月稍有上升，但仍小于10月，1月、3月继续下降，并且3月为全年最低值，极显著低于6月以外的其余9个月份，这很可能是因为初春新叶刚刚长出，所以叶绿素含量比较少；然后4月显著增高，5月、6月又紧跟着稍稍下降，之后7月、8月、9月重新上升，10月为全年最高值，同时该月分别以极显著差异水平($P<0.01$)高出8月4.3%、5月8.4%、7月5.5%、6月13.4%、3月(全年最低月)14.3%。同一季节内不同月份而言，春季的3个月份之间差异不显著($P<0.05$)；夏季7月、8月之间差异不显著，分别以7.5%、8.7%的比率极显著高于6月；秋季的3个月份之间差异不显著，冬季两个月之间亦是差异不显著。总而言之，交让木的相对叶绿素含量在整个周期内呈现秋、冬季>夏、春季的规律。

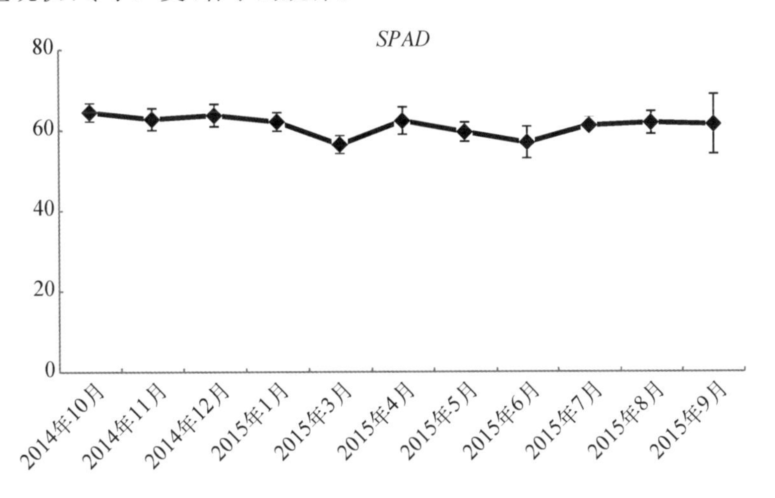

图8-9 交让木不同月份的相对叶绿素含量值(*SPAD*)

小叶青冈的全年相对叶绿素含量值如图 8－10 所示，从 2014 年 10 月到 2015 年 4 月分别以 5.9%，8.7%，14.5%，31.6%的比率逐渐递减，且 4 月为全年最低值，极显著低于 3 月外的其余 9 个月份，从 5 月开始比 4 月显著上升 18.2%，6 月又比 5 月下降了 11.1%，随后 7 月、8 月、9 月较之 6 月分别以 8.7%，6.0%，21.9%的比率不同程度地升高。整个一年周期内的最高值是 2014 年的 10 月，该月显著高于 9 月以外的其余 9 个月份，比最低月 4 月高出了 31.6%。同一季节来说，春季的 3 月和 4 月差异不显著，但分别以 11.6%，15.4%极显著低于 5 月；夏季是 7，8 两个月之间差异不显著，分别以 8.7%，6.0%显著高于 6 月；秋季以 10 月最高，9 月与同季节的这两个月差异都不显著；冬季表现为 12 月高于 1 月 5.4%，且差异极显著。一整年的结果显示，小叶青冈的相对叶绿素含量值在秋季最高，冬季次之，再其次是夏季，最低的是春季。

正如叶绿素荧光参数比交让木和小叶青冈缺少了 3 个月的数据，由于落叶，中国绣球的相对叶绿素含量值亦缺少相应的月份。如图 8－11 所示，中国绣球的全年相对叶绿素含量值从 2014 年 10 月到 2015 年 4 月分别以 25.8%，25.7%逐渐递减，且 4 月为

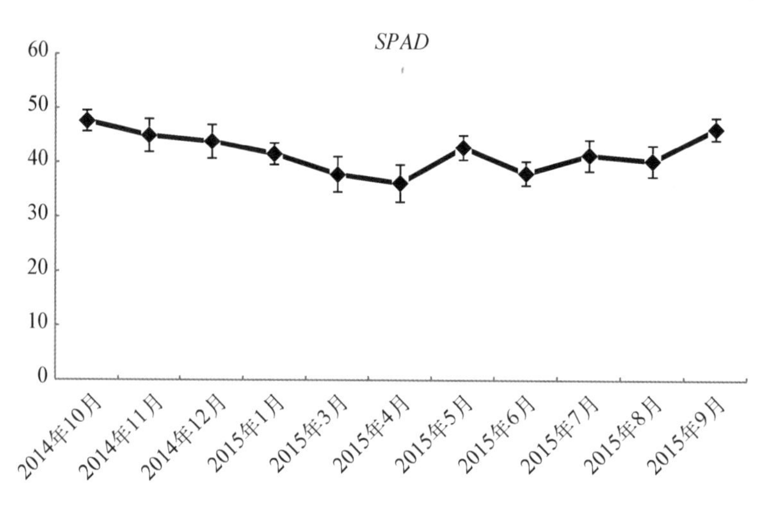

图 8－10
小叶青冈相对叶绿素含量值

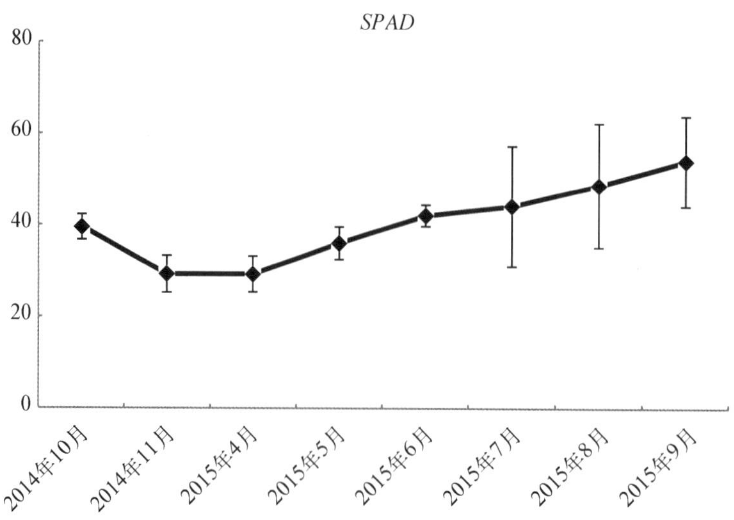

图 8－11
中国绣球相对叶绿素含量值

全年最低值，该月极显著低于 11 月之外的其余 6 个月份，然后从 5 月开始一直到 9 月每个月分别增加了 16.7%，22.6%，35.1%，49.7%，以增幅最大的 9 月为全年最高，同时最高值 9 月极显著高于 8 月以外的其余 6 个月份，更是比最低值 4 月高出 84.5 个百分点。同一个季节内不同月份差异显著性分析显示，春季 4 月极显著低于 5 月 18.8%，夏季 7 月与 6，8 月不显著，8 月显著高于 6 月 15.8%，秋季 9 月>10 月>11 月，9 月比 10 月、11 月分别高出 36.7%，84.4%，10 月比 11 月高了 34.8%，均达到差异极显著水平。总体上中国绣球的 *SPAD* 夏、秋季>春季。

综合而言，3 树种的相对叶绿素含量随季节变化先上升后下降，即轻度低温有利于植物叶绿素含量的增加（王致远等，2014），3 月冻雨时最低，4 月恢复正常水平，这与邵怡若等（2013）低温胁迫对幼苗光合影响结果一致。本研究中三者相对叶绿素含量在低温、冻雨胁迫下不同程度下降，一则可能是叶绿素合成酶活性下降，以致合成受阻，再则可能是突然冻雨引起了叶绿体功能紊乱，加速了其分解。相对叶绿素含量 *SPAD* 的季节动态规律，交让木和小叶青冈表现一致，均是秋季>冬季>夏季>春季；中国绣球是以秋季的 9 月最高，夏季的 8 月次之，最低的是春季的 4 月；相对叶绿素含量 *SPAD* 的季节动态规律，交让木和小叶青冈表现一致，均是秋季>冬季>夏季>春季；中国绣球是以秋季的 9 月最高，夏季的 8 月次之，最低的是春季的 4 月。

3）典型阔叶树种的 *Y*(II) 与生理生态因子的相关性分析

交让木不同月份的实际光量子产量 *Y*(II) 与气象因子（*PAR*，*Ta*，*RH*）和生理因子（*SPAD*）的相关性如表 8－1 所示，由表可知，2014 年 10 月的 *Y*(II) 与光合有效辐射显著正相关（$P<0.05$），与相对叶绿素含量极显著正相关（$P<0.01$），与空气相对湿度和温度低度正相关；2014 年 11 月时分别与 *PAR*，*Ta*，*SPAD* 中、中、高度正相关，与 *RH* 低度负相关；2014 年 12 月与 *Ta* 中度正相关，与其他 3 个因子低度正相关；2015 年 1 月与 *Ta*，*SPAD* 中、高等程度正相关，与 *PAR*，*RH* 低度正、负相关；2015 年 3 月与 *PAR*，*RH*，*Ta* 分别是中度、低度、中度正相关，与 *SPAD* 低度负相关；2015 年 4 月分别与 *Ta*，*RH* 低度正、负相关，与其他两个因子之间不相关；2015 年 5 月份的相关性为分别以中度和高度与 *PAR*，*Ta* 正相关，与 *RH*，*SPAD* 分别低度正、负相关；2015 年 6 月只与 *PAR* 中度显著负相关，与 *RH* 中度显著正相关，与其他两个因子不相关；2015 年 7 月同 6 月不同之处在于，与 *PAR* 的相关性变成了低度负相关，与 *Ta* 显著中度负相关；2015 年 8 月与 *PAR*，*Ta*，*SPAD* 分别中度、高度、高度正相关，且都在 0.05 水平，与 *RH* 0.01 水平正相关；2015 年 9 月分别与 *PAR*，*RH*，*SPAD* 高度负相关、低速正相关、中度正相关，与 *Ta* 不相关。

表 8－1　交让木实际光化学光量子产量 Y(II) 与生理生态因子相关性

月　份	光合有效辐射 *PAR* /($\mu mol \cdot m^{-2} \cdot s^{-1}$)	空气温度 *Ta*/(℃)	空气相对湿度 *RH*/(%)	相对叶绿素含量 *SPAD*
2014 年 10 月	0.773*	0.257	0.338	0.889**
2014 年 11 月	0.619*	0.736*	−0.308	0.802**

（续表）

月　份	光合有效辐射 PAR /（μmol·m^{-2}·s^{-1}）	空气温度 Ta/（℃）	空气相对湿度 RH/（%）	相对叶绿素含量 $SPAD$
2014 年 12 月	0.483	0.606	0.387	0.486
2015 年 1 月	0.297	0.612*	−0.287	0.888**
2015 年 3 月	0.547*	0.309*	0.345	−0.469
2015 年 4 月	0.242	0.382	−0.341	0.194
2015 年 5 月	0.675*	0.886**	0.257	−0.394
2015 年 6 月	−0.692*	0.225	0.743*	−0.187
2015 年 7 月	−0.348	−0.712	0.120	−0.180
2015 年 8 月	−0.672*	−0.766*	0.974**	−0.778*
2015 年 9 月	−0.867*	−0.153	0.293	0.513*

注：* 表示 0.05 水平上相关，** 表示 0.01 水平上相关，下同。

整体来看，交让木的实际光化学量子产量 Y(II) 在秋季主要与 *PAR*，*SPAD*，*RH* 相关，并且与 *SPAD* 始终是正相关，与 *PAR* 在 9 月负相关，即虽然光合有效辐射有所降低，但交让木的实际光化学量子产量依然是保持上升的，与 *RH* 在 9 月、10 月正相关，即随着相对湿度的减小，交让木的 Y(II) 也是下降的；*Ta* 的影响主要是 10 月、11 月随温度的降低，Y(II) 也是下降的趋势；冬季则主要是 *Ta* 相关性最大，随温度降低，Y(II) 继续下降，与 *PAR*，*RH* 相关性比较低，与 *SPAD* 始终保持正相关；春季与 *PAR* 和 *Ta* 显著正相关，*RH*，*SPAD* 相关度比较低。夏季高温高湿高光强的环境下，*PAR* 和 *Ta* 的增高对交让木的 Y(II) 的变化是抑制作用，8 月 *SPAD* 的增加也对交让木的光化学反应起到副作用，*RH* 的增加是有助于其光合作用的。

小叶青冈不同月份的实际光量子产量 Y(II) 与这些生理生态因子的相关性分析如表 8-2 所示，由此可以得到如下信息，2014 年 10 月小叶青冈的 Y(II) 与 *Ta* 显著中度负相关（$P<0.05$），与 *RH* 低度负相关，与其他两个因子之间相关度不大，基本可以忽略；2014 年 11 月则是与这 4 个因子不同程度的相关，具体为与 *PAR* 高度正相关，且达到了极显著差异水平（$P<0.01$），与 *Ta*，*RH*，*SPAD* 分别中度、高度、高度正相关，且在 0.05 水平差异显著；2014 年 12 月分别与 *SPAD* 中度正相关，且差异显著，与 *RH* 低度正相关，另外两个因子对其影响很微弱；2015 年 1 月变化很是明显，表现为和 *PAR* 中度显著正相关，和 *RH* 低度负相关，另外两个因子都属于不相关的范畴；2015 年 3 月与 *PAR* 之外的 3 个因子相关，但相关性都很微弱，且与 *SPAD* 是负相关，另外两个因子为正相关；2015 年 4 月受所有因子的影响都很明显，分别以高度正相关、高度负相关、低度负相关、低度正相关与 *PAR*，*SPAD*，*RH*，*Ta* 存在相关性，并且与 *PAR*，*SPAD* 这两个因子还是极显著水平上的相关；2015 年 5 月，分别与 *PAR*，*Ta*，*RH* 低度负相关、中度负相关、中度负相关，*SPAD* 的影响很微弱，不相关；2015 年 6 月分别与 *Ta*，*RH* 极显著水

平的高度正相关，与 *PAR* 和 *SPAD* 均是中度负相关；2015 年 7 月与 *PAR*，*Ta*，*RH* 低度负相关、高度负相关、低度正相关；2015 年 8 月的 *Ta* 和 *RH* 作用很是显著，都以极显著水平与小叶青冈的 Y(II)有相关性，且一正一负；*SPAD*，*PAR* 相关性达到中度水平，且都为负相关；2015 年 9 月的小叶青冈 Y(II)与 *SPAD*，*PAR* 这两个因子高度相关，且一正一负，本月的 *Ta*，*RH* 的影响较为微弱，不相关。

表 8-2 小叶青冈实际光化学光量子产量 Y(II)与生理生态因子相关性

月 份	光合有效辐射 *PAR* /(μmol · m^{-2} · s^{-1})	空气温度 *Ta*/(℃)	空气相对湿度 *RH*/(%)	相对叶绿素含量 *SPAD*
2014 年 10 月	−0.103	−0.697*	−0.294	0.021
2014 年 11 月	0.928**	0.559*	0.791*	0.789*
2014 年 12 月	0.223	0.108	0.356	0.756*
2015 年 1 月	0.677*	0.211	−0.463	0.240
2015 年 3 月	0.162	0.343	0.340	−0.353
2015 年 4 月	0.844**	0.323	−0.387	−0.915**
2015 年 5 月	−0.279	−0.740*	−0.682*	−0.059
2015 年 6 月	−0.143	0.868**	0.755	−0.473
2015 年 7 月	−0.246	−0.797*	0.253	−0.150
2015 年 8 月	−0.566*	0.862**	−0.921**	−0.477
2015 年 9 月	−0.769*	−0.232	0.238	0.999**

春季影响小叶青冈 *PSII* 实际光化学量子产量的生理生态因子主要是 *RH* 和 *Ta*。夏季受 *PAR*，*Ta*，*RH*，*SPAD* 4 个因子的影响都很明显，且 *PAR* 的增加对夏季的小叶青冈的光化学反应是抑制作用。秋季亦是 4 个因子不同程度对小叶青冈的 Y(II)施以影响；冬季 *PAR*，*RH*，*SPAD* 这 3 个因子的影响比较大。

中国绣球不同月份的实际光量子产量 Y(II)与这些生理生态因子的相关性，如图 8-3所示，首先 2014 年 10 月来说，以极显著水平与其高度正相关的因子是 *Ta*，*PAR* 对 Y(II)的影响稍弱于 *PAR*，为中度正相关，*RH* 的相关程度与 *PAR* 一个级别，但是负相关，生理因子 *SPAD* 则基本对其没有影响；到了 2014 年 11 月，则是以 *PAR* 的影响最为显著，*RH* 的影响力稍稍小于它，但两者都属于中度相关级别，*Ta*，*SPAD* 的影响均没有达到有相关性；2015 年 4 月中国绣球新叶刚长出，此时的 Y(II)受 *PAR* 的影响最大，为中度负相关，紧随其后的是 *SPAD*，*RH*，为低度负相关性，*Ta* 对其的影响没有达到相关的水平；2015 年 5 月随着新叶逐渐成长，中国绣球的 Y(II)受 *RH* 的影响变为了高度正相关，而且还达到了极显著的水平，同 4 月相似的依然是 *SPAD* 位居第二，但不同的是，相关性变成了低度正相关，唯一一个负相关的因子是 *Ta*，微弱的低相关，这个月份的 *PAR* 的影响最小，没有相关性；2015 年 6 月中国绣球的 Y(II)与这些因子均相关，相关性大小顺序为：*SPAD*>*Ta*>*PAR*>*RH*，分别以高度、高度、中度正相关和低度负相关对其发挥影响；2015 年 7 月 *RH*，*PAR*，*SPAD* 分别中等水平正相关、负相关、负相关。2015 年 8 月与 *PAR*，*Ta*，*SPAD* 3 个因子有正相关性，但相关度较小；2015 年 9 月，依然与 *SPAD* 低度正相关，同时与 *PAR* 低度负相关，另外两个因子基本不相关。

表 8－3　中国绣球实际光化学光量子产量 Y(II)与生理生态因子相关性

月　份	光合有效辐射 *PAR* /(μmol·m^{-2}·s^{-1})	空气温度 *Ta*/(℃)	空气相对湿度 *RH*/(%)	相对叶绿素含量 *SPAD*
2014 年 10 月	−0.514*	0.926**	0.417	0.056
2014 年 11 月	0.514*	0.169	−0.483	0.097
2015 年 4 月	−0.563*	0.232	−0.296	0.370
2015 年 5 月	0.227	0.399	0.905**	0.467
2015 年 6 月	−0.643*	0.802**	0.393	0.914**
2015 年 7 月	−0.486	−0.115	0.604*	0.689*
2015 年 8 月	−0.282	−0.319	0.097	−0.432
2015 年 9 月	−0.379	−0.049	0.141	0.570*

春季影响中国绣球的 *Y*(II)主要是 *RH*，*PAR*，*SPAD*，夏季 4 个因子的影响均是比较明显的，秋季主要是 *PAR* 和 *RH*。

与 *PAR*，*Ta*，*RH*，*SPAD* 的相关性分析可知，春季交让木的光合能力主要受 *PAR* 和 *Ta* 影响，小叶青冈主要是 *RH* 和 *Ta*，中国绣球是 *PAR*，*SPAD*，*RH* 这 3 个因子；夏季交让木主要被 *PAR*，*SPAD*，*Ta* 影响，小叶青冈和中国绣球受 4 个因子的影响都比较大；秋季交让木主要受 *PAR*，*SPAD*，*RH* 这 3 个因子的影响较大，小叶青冈是 *PAR*，*SPAD*，*Ta*，中国绣球是 *PAR*，*RH*；冬季交让木受 *Ta*，小叶青冈受 *PAR*，*SPAD*，*RH* 的影响明显。

以上研究结果说明这 3 种树木在正常条件下都能具有较高的 *PSII* 光能转化效率，可为光合碳同化积累更多的能量，以便促进碳同化的高效运转和碳水化合物的积累。当遇到胁迫时，三者均能通过增加热耗散，关闭一部分光反应系统、降低电子传递速率来启动自身光保护机制。可为天目山自然保护区植被的保护、修复、重建等以及通过尺度上推算生态系统和区域水平碳收支提供依据。

8.2.2　典型针叶树种的叶绿素荧光和相对叶绿素含量特性

柳杉作为天目山国家级自然保护区的主要针叶物种，它的健康状况受到当地林业部门的高度重视，杨淑贞等测定了输营养液处理柳杉近 1 年来叶绿素荧光参数、叶绿素相对含量等参数，如图 8－12 所示，F_v/F_m 相对值的变化直观呈现了输营养液对柳杉的促进作用，说明输营养液的柳杉的 *PS*II 潜在量子效率要明显大于作为对照的柳杉，输营养液对

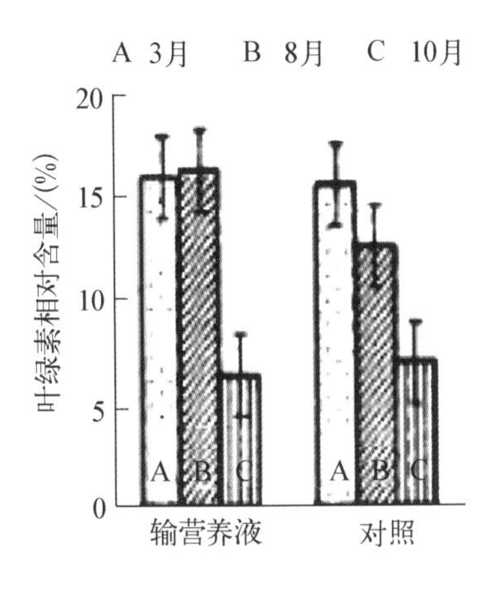

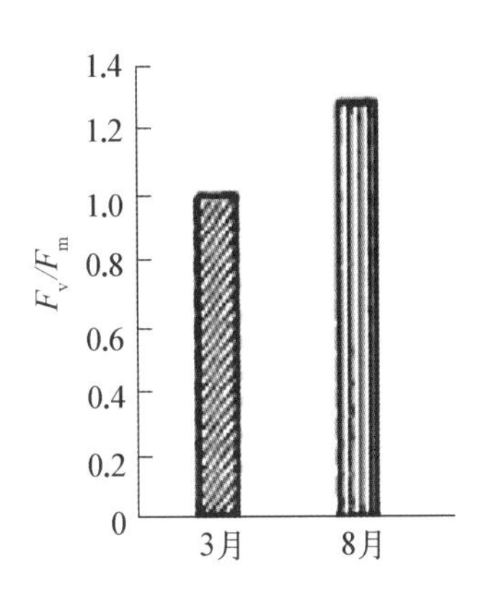

图8-12 典型针叶树种的叶绿素荧光和相对叶绿素含量特性

改善柳杉健康状况起到了明显的作用。从相对叶绿素含量的比较可以看出,在3月、8月和10月期间内输营养液柳杉的相对叶绿素含量的变化规律是先略有增加后急剧减少,在此期间作为对照的柳杉的相对叶绿素含量则呈现递减的趋势。即随时间变化,柳杉的相对叶绿素含量是递减的,增施营养液可以改变这个趋势,使得该值先增加后下降。

8.3 天目山阔叶混交林的水分生理和稳定同位素监测

水和水的循环对于生态系统具有特别重要的意义,水的主要循环路线是从地球表面通过蒸发进入大气圈的,同时又不断从大气圈通过降水而回到地球表面。水在蒸发和凝结时,组成水分子的氢和氧同位素含量将产生微小的变化,这种现象被称为同位素分馏作用。生态系统水分向大气的输出包括蒸腾和蒸发两个过程,统一称为地表蒸散。利用微气象法,人们已经能够测定生态系统水通量,但是不能精确量化蒸散通量中的蒸腾和蒸发对水通量变化的相对贡献。稳定性同位素贯穿于生态系统复杂的生物、物理、化学过程中,能够在时间和空间尺度上整合反映生物生理生态过程对环境变化的响应,并逐渐成为人们深入了解生态系统对环境变化响应的重要工具。随着激光痕量气体分析仪技术的发展,实现了大气水汽稳定同位素组成 δv 的原位连续观测。结合 Keeling Plot 技术可以更深入地了解生态系统水循环过程。

为了更深入地了解天目山常绿落叶阔叶混交林生态系统的水循环过程,浙江农林大学联合天目山管理局在西天目山幻住庵北侧一块常绿落叶阔叶混交林样地内建立40 m高的微气象观测塔,对区内常绿落叶阔叶混交林碳水通量、大气水汽稳定同位素以及常规气象进行长时间的监测。

8.3.1 观测站点及观测仪器

1) 观测站点简介

样地下垫面坡度6.6°左右,坡向南偏西16°,主要乔木有小叶青冈(*Cyclobalanopsis*

myrsinifolia)、交让木(*Daphniphyllum macropodum*)、小叶白辛树(*Pterostyrax corymbosus*)、短柄枹(*Quercus glandulifera*)、青钱柳(*Cyclocarya paliurus*)、天目槭(*Acer sinopurpurascens*)、秀丽槭(*Acer elegantulum*)、糙叶树(*Aphananthe aspera*)等，林龄 140 年，郁闭度 0.7，林分密度 3 125 株/hm^2。林分为复层结构，分 3 层，15 m 以上的乔木约占 3.2%，第二层 8～14 m 的乔木约占 43.2%，其余的乔木均在 8 m 以下。优势树种为小叶青冈(*Cyclobalanopsis myrsinifolia*)、交让木(*Daphniphyllum macropodum*)、小叶白辛树(*Pterostyrax corymbosus*)等。据 2012 年调查，小叶青冈活立木平均高度为 9.2 m，胸径 24.1 cm；交让木活立木平均高度 5.1 m，胸径 7.8 cm；小叶白辛树活立木平均高度 11.2 m，胸径 20.2 cm。小乔木或灌木主要有红脉钓樟(*Lindera rubronervia*)、微毛柃(*Eurya hebeclados*)、荚莲(*Viburnum*)、荚蒾(*Viburnum dilatatum*)、大青(*Clerodendrum cyrtophyllum*)、浙江大青(*Clerodendrum kaichianum*)、野鸦椿(*Euscaphis japonica*)、山胡椒(*Lindera glauca*)、鸡毛竹(*Shibataea chinensis*)、紫竹(*Phyllostachys nigra*)、牛鼻栓(*Fortunearia sinensis*)、四照花(*Dendrobenthamia japonica var. chinensis*)等。

2) 观测仪器介绍

利用 LGR 水汽同位素分析仪(WVIA)对大气水汽稳定同位素组成进行原位连续观测。该系统采用离轴积分腔输出光谱技术，可以实现对环境中水汽浓度，$\delta^{18}O$，δD 的原位连续观测，借助于外扩构件可以测量 5 个不同高度的大气水汽浓度及大气水汽稳定同位素组成。本试验地的系统的 5 个高度分别设在 2，4，8，16，32 m，取 16 m 高度的通道值代表森林生态系统的地表蒸散总量的大气水汽稳定同位素组成。数据采集频率为每通道 6 min/次，采样频率为 0.1 Hz，输出结果以相对于国际原子能机构推荐的 $\delta v-SMOW$值表示，$\delta^{18}O$ 的测量精度为($\delta^{18}O$)$<\pm 0.2‰$。

常规气象观测系统，由锦州阳光气象科技有限公司安装，包括 7 层风速，7 层大气温度和湿度，安装高度分别为 2，7，11，17，23，30，38 m。土壤温度和湿度观测深度为5，50，100 cm。土壤热通量为 3，5 cm。另外有 2 个 SI－111 红外温度仪分别置于 2 和 23 m 高处，用于采集地表和冠层温度。常规气象观测系统数据采集器隔 30 min 自动记录平均风速、环境温度、环境湿度、土壤温度、土壤湿度等常规气象信息。

3) 大气水汽稳定同位素组成的观测技术

传统的大气水汽稳定同位素组成的研究主要包括两个步骤，采用冷阱技术进行样本收集以及基于同位素质谱仪技术的样本分析，实践证明该方法耗时费力且其测定结果因操作上的人为差异较大。首先，利用冷阱技术将大气水汽凝结成液态水后收集装入样品瓶但收集样品的效率取决于冷阱装置的设计、冷阱温度和空气温湿度等一系列因素，如果收集样品效率小于 100%，那么收集来的液态水的同位素信息将比气态水同位素信息略重，这是因为大气水汽中会在第一时间优先凝结，若遇较低的大气湿度将加剧这种效应的产生。冷阱装置温度较高或过低都会导致收集来的液态水同位素信息过重，实际偏差的大小取决于所采用冷阱装置的设计和相关气流参数的大小。利用质谱仪进行样品同位素分析，其精度受到取样、操作等人为因素的限制。目前科研用同位素质谱仪的液态水测定精度可达 0.1‰，然而森林大气水汽稳定同位素组成的测定精度和准确性同时受到样品收集效率和分析仪器精度的双重制约，由于水汽取样数目的限定，极大地限制了森林生态系统大气水汽稳定同位素在不同区域以及全球尺度的应用与研究。因而以往大多关于大气水汽稳定同位素组成的研究都是短期和不连续的，只有少数研究观测时间较长。

然而，大气水汽稳定同位素组成的原位连续观测技术成功地突破了这个缺点。有关近地层大气水汽同位素组成时间序列的分析结果已有报道。Lee 等(2005)采用 $H_2^{18}O$和 $H_2^{16}O$ 激光痕量气体分析仪技术，首次实现了大气水汽 $\delta^{18}O$ 的野外原位连续观测。温等(2008)改进了 Lee 等的方法，使用可调谐二极管激光吸收光谱的激光痕量气体分析技术同时测试大气水汽中的 D/H 和$^{18}O/^{16}O$ 同位素比值，该系统精度在小时时间尺度上可以达到同位素质谱仪的观测精度。近几年，随着商业的原位观测系统的出现，使得研究者可以更加容易地测量大气中水汽的稳定同位素组成。

8.3.2 天目山森林生态系统大气水汽稳定同位素组成 δv 影响因素分析

1) 降雨对大气水汽稳定同位素组成 δv 的影响

试验采用 2013 年 8 月 1 日到 2013 年 10 月 1 日之间的数据，大气水汽稳定同位素组成 δv 采取了 2 m 和 16 m 两个高度，排除了高度对于同位素值的影响，每日选取每小时作平均值，一天 24 个同位素值。

对图 8-13 进行分析：整体来看，试验地大气水汽稳定同位素组成 δv 的变化趋势与降雨量有明显关系。每次降雨过后，高低两层大气水汽稳定同位素组成 δv 都明显降低。比如 8 月 22 日、9 月 11 日、9 月 24 日 3 次比较大的降雨过后，大气水汽稳定同位素组成 δv 都明显降低。这可能是因为降雨过程中，水汽的冷凝消耗了森林生态系统中的大量水蒸气中的 $\delta^{18}O$，使得大气水汽中的同位素组成 δv 也随之降低。

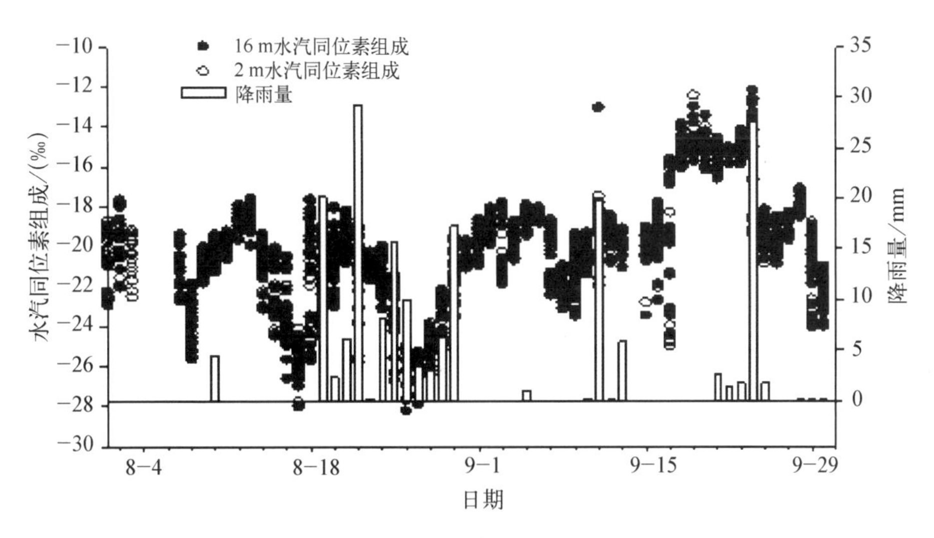

图 8-13 不同高度大气水汽稳定同位素组成的值(小时平均)以及降雨的变化

2）环境温度对大气水汽稳定同位素组成 δv 的影响

从图 8-14 可以看出，森林生态系统的环境温度的变化趋势与大气水汽稳定同位素组成 δv 的变化趋势不一致，当环境温度下降时，大气水汽稳定同位素组成 δv 上升，当环境温度上升时，大气水汽稳定同位素组成 δv 呈下降趋势，9 月开始尤其明显。对两者进行回归分析，从图 8-15 我们可以看到环境温度和大气水汽稳定同位素组成 δv 的拟合曲线。$y=-0.347x-13.87$，$R^2=0.212$，$F=15.907$，$P=0.0002$。说明森林生态系统中环境温度和大气水汽稳定同位素组成 δv 有极显著的相关性。分析原因可能为：环境温度对于叶片蒸腾和土壤水的蒸发都有很大影响，进而影响到同位素分馏作用，而大气水汽稳定同位素组成 δv 主要包括大气本底的水汽同位素组成和叶片蒸腾的水汽同位素组成以及土壤水蒸发的水汽同位素组成，因而环境温度的变化会引起大气水汽稳定同位素组成 δv 的变化。

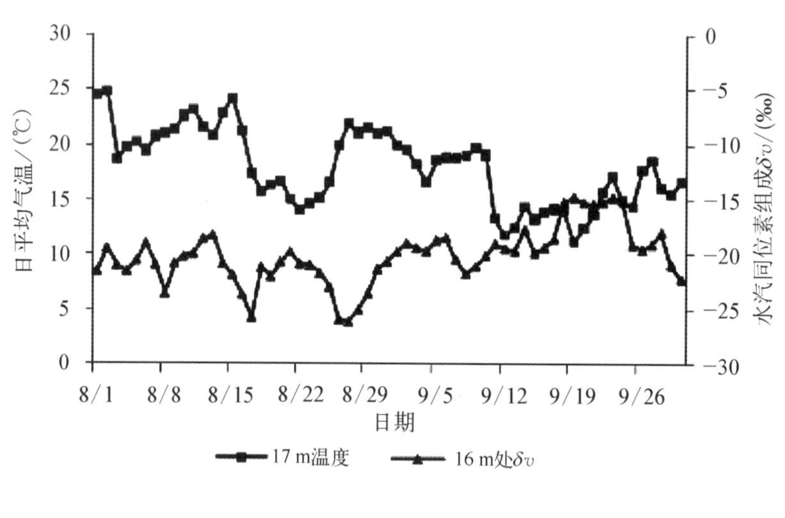

图 8-14 气温和大气水汽稳定同位素组成的变化

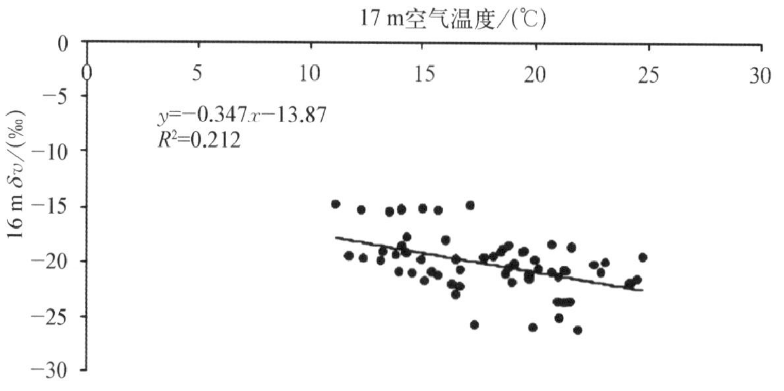

图 8-15 环境温度和大气水汽稳定同位素组成的关系

3）土壤 5 cm 温度对大气水汽稳定同位素组成 δv 的影响

土壤 5 cm 深度处为土壤蒸发面，此处的温度可能会影响到土壤蒸发面液态水的蒸发，进而影响到土壤蒸发水汽的同位素组成，因此选取土壤 5 cm 深度的温度和大气水汽稳定同位素组成 δv 作相关性分析。对图 8-16 进行分析，土壤温度的变化趋势和图

8-14 中环境温度的变化趋势类似，土壤 5 cm 温度最大值为 8 月 2 日 22.49 ℃，大气水汽稳定同位素组成为−19.47‰，土壤 5 cm 温度最小值为 9 月 20 日 13.38 ℃，大气水汽同位素组成为−15.24‰。图 8-17 是土壤 5 cm 温度和大气水汽稳定同位素组成 δv 的拟合曲线及方程，拟合方程为：$y = 0.135x^2 - 5.381x + 31.91$，$R^2 = 0.336$，$F = 14.732$，$P < 0.0001$，两者相关性极显著。

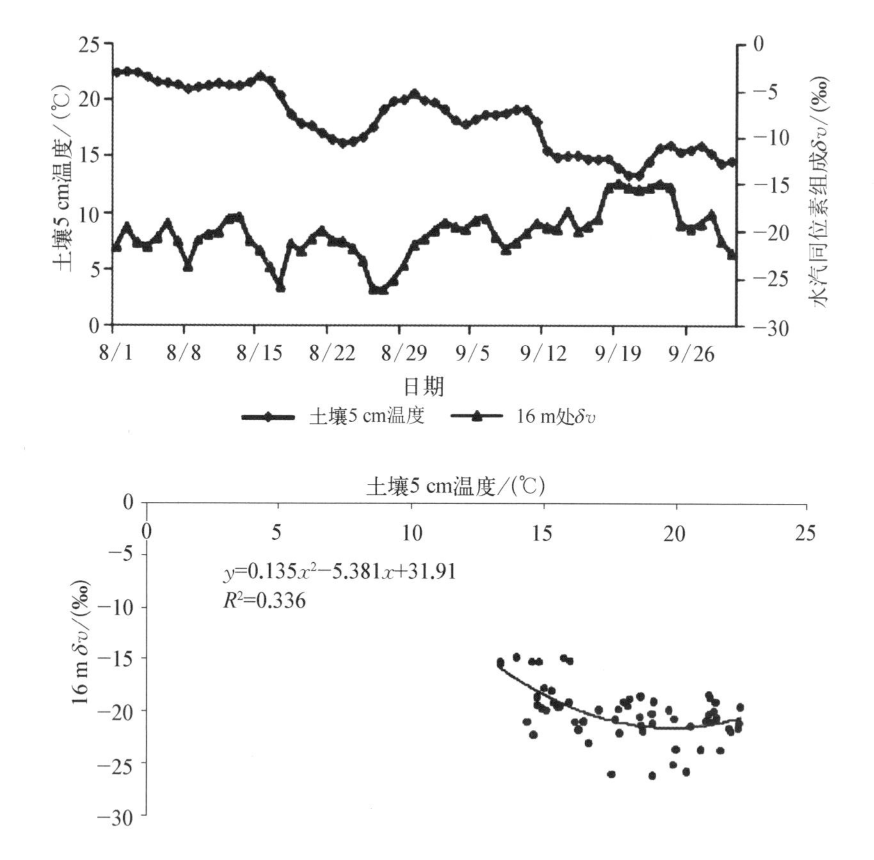

图 8-16 土壤 5 cm 温度和大气水汽稳定同位素组成 δv 的变化

图 8-17 土壤 5 cm 温度与大气水汽稳定同位素组成 δv 的关系

4）环境相对湿度对大气水汽稳定同位素组成 δv 的影响

对图 8-18 和图 8-19 进行分析：从图 8-18 可以看出，试验地的相对湿度值很高，最小值出现在 9 月 28 日，为 54%，大气水汽稳定同位素组成为−17.97‰；达到相对湿度最大值 100%的天数有 20 天，期间大气水汽稳定同位素组成最大值出现在 9 月 23 日的−14.79‰，最小值为 8 月 28 日的−25.04‰。对两者进行拟合，得到 $y = -0.032x - 17.15$，$R^2 = 0.022$，$F = 0.6605$，$P = 0.5204$，两者相关性不显著。

5）土壤 5 cm 湿度对大气水汽稳定同位素组成 δv 的影响

对图 8-20、图 8-21 进行分析：图 8-20 可以看到土壤 5 cm 相对湿度最大值为 8 月 23 日 43.84%，大气水汽稳定同位素组成 δv 为−20.97‰；土壤 5 cm 相对湿度最小值为 25.91%，大气水汽稳定同位素组成 δv 因自然原因缺失，但这不影响我们探讨两者之间的关系。图 8-21 为两者的拟合曲线及方程：$y = 0.038x^2 - 2.941x + 35.92$，$R^2 = 0.075$，$F = 2.3608$，$P = 0.1034$，两者相关性不显著。

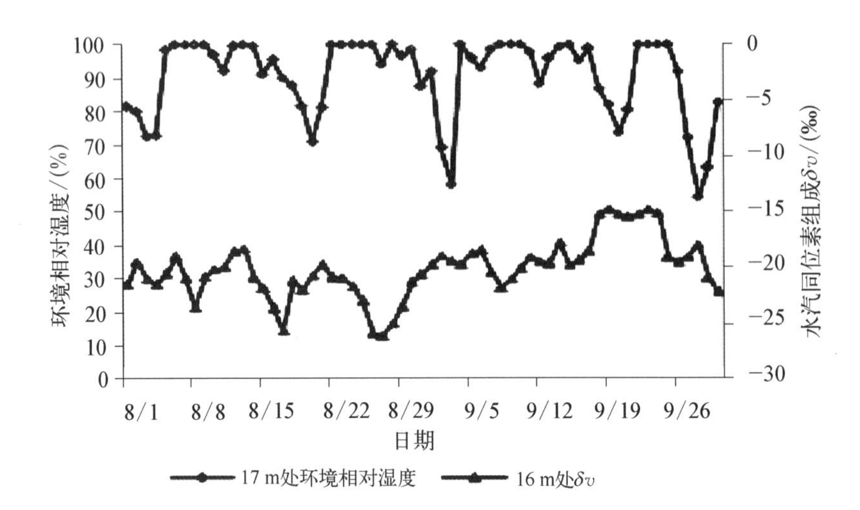

图 8-18 环境相对湿度与大气水汽同位素 δv 组成的变化

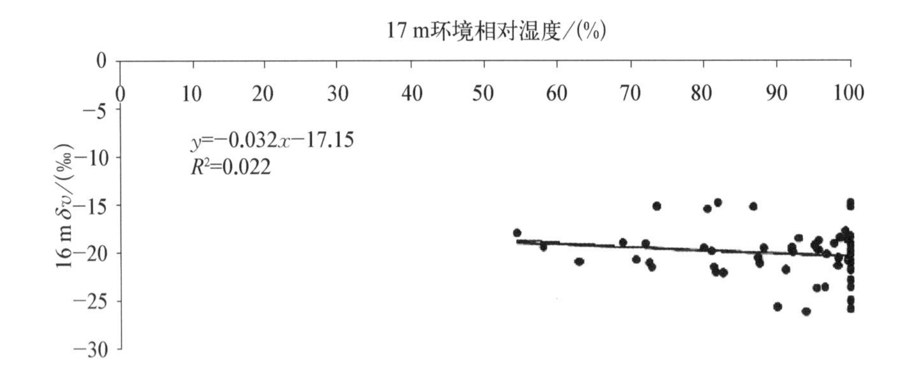

图 8-19 环境相对湿度与大气水汽稳定同位素 δv 组成的关系

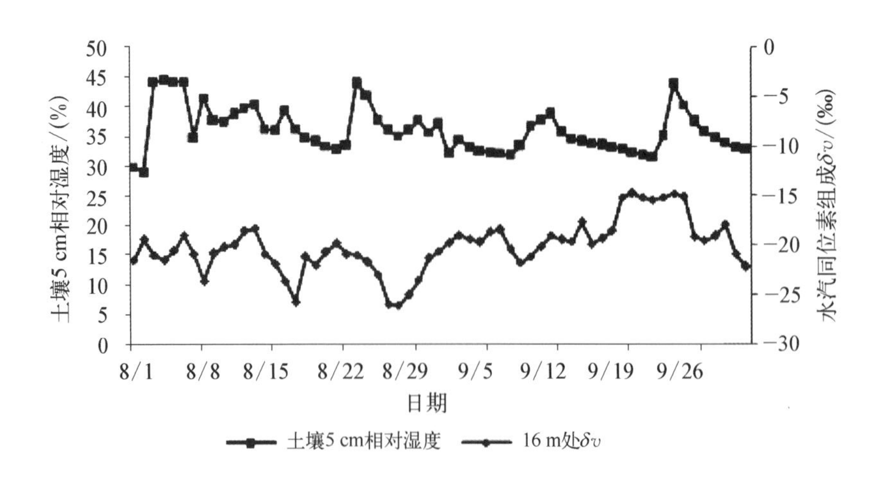

图 8-20 土壤 5 cm 湿度和大气水汽稳定同位素 δv 组成的变化

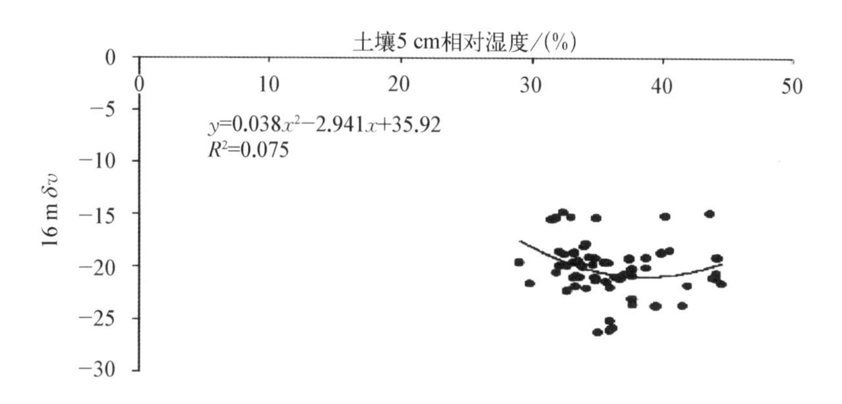

图 8－21
土壤 5 cm 相对湿度和大气水汽稳定同位素 *δv* 组成的关系

6）平均风速对大气水汽稳定同位素组成 δv 的影响

对图 8－22 进行分析：平均风速最大值为 9 月 18 日 2.56 m/s，相应大气水汽稳定同位素组成为－15.18‰；平均风速最小值为 8 月 24 日和 8 月 25 日 0 m/s，相应大气水汽稳定同位素组成分别为－21.69‰和－22.97‰。图 8－23 为两者拟合后的结果：$y = 0.594x - 20.50$，$R^2 = 0.017$，$F = 1.0729$，$P = 0.3045$，表明两者相关性不显著。

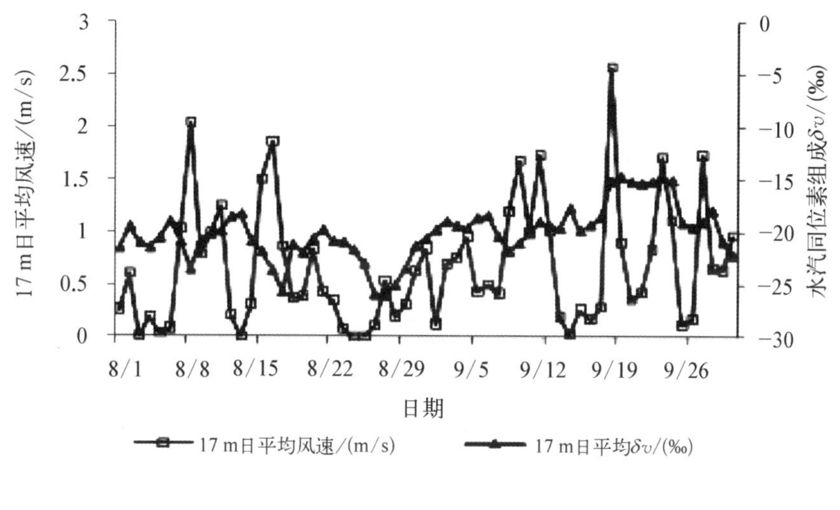

图 8－22
17 m 风速和大气水汽同位素组成 *δv* 的变化

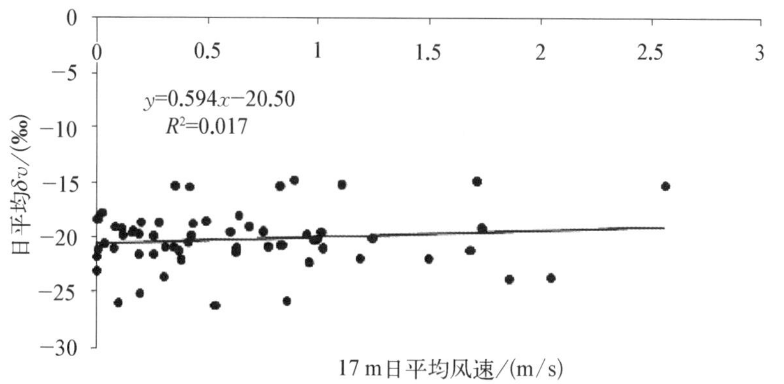

图 8－23
风速和大气水汽稳定同位素组成 *δv* 的关系

7) 净辐射对大气水汽稳定同位素组成 δv 的影响

对图 8-24 进行分析：是每日平均瞬时净辐射值同大气水汽稳定同位素组成的变化趋势，图 8-25 是两者的拟合曲线，$y = -0.82\ln(x) - 16.36$，$R^2 = 0.046$，$F = 1.6618$，$P = 0.1987$，两者相关性不显著。

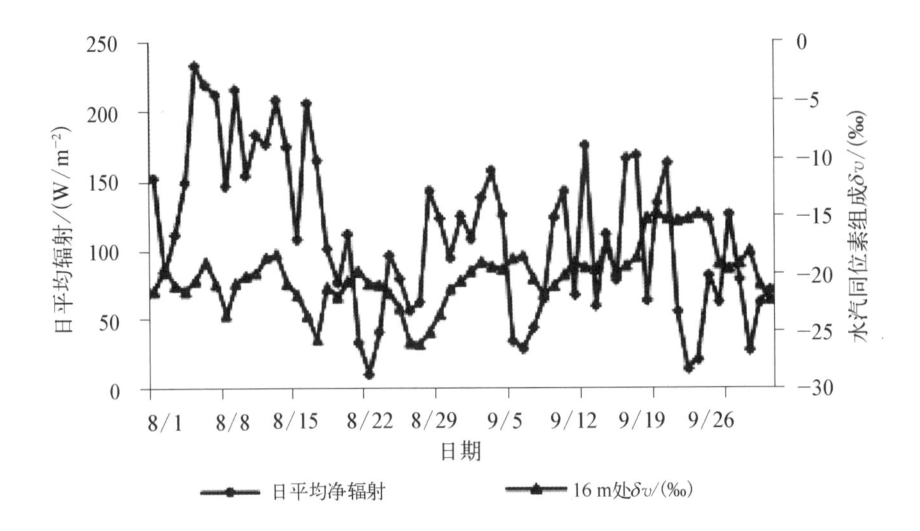

图 8-24 日平均净辐射和日平均大气水汽同位素组成 δv 的变化

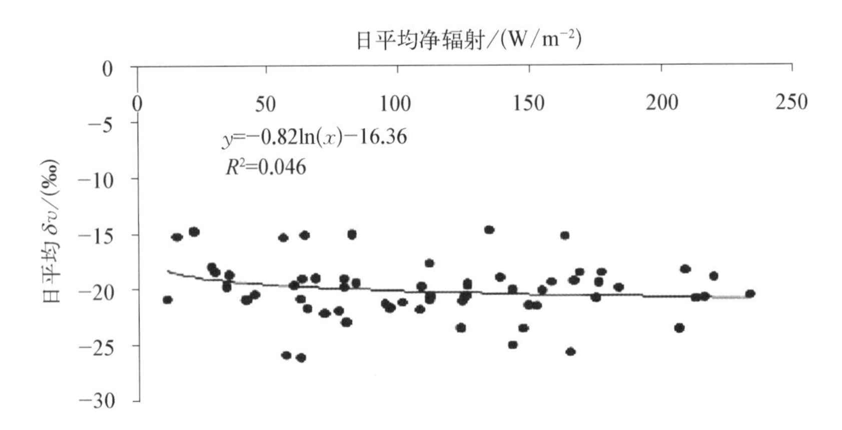

图 8-25 净辐射和大气水汽稳定同位素组成 δv 的关系

8.4 本章小结

通过对大气降雨、环境温度、土壤 5 cm 温度、土壤 5 cm 湿度、环境湿度、平均风速、净辐射与大气水汽稳定同位素组成的相互关系分析，研究表明：

(1) 将每日的大气水汽稳定同位素组成值做每小时平均，1 天 24 个值，与每日的降雨量放一起做图，研究表明：每次降雨过后，高低两层大气水汽稳定同位素组成 δv 都明显降低。比如 8 月 22 日、9 月 11 日、9 月 24 日 3 次比较大的降雨过后，大气水汽稳定同位素组成 δv 都明显降低。这可能是因为降雨过程中，水汽的冷凝消耗了森林生态系统中的大量水蒸气中的 $\delta^{18}O$，使得大气水汽中的同位素组成 δv 也随之降低。

（2）环境温度、土壤 5 cm 温度、土壤 5 cm 湿度、环境湿度、平均风速和净辐射的日平均值分别与大气水汽稳定同位素组成的日平均值进行拟合，显示的拟合的相关系数 R^2 值为 0.212，0.336，0.022，0.075，0.017，0.046，表明在森林生态系统中，大气降雨、环境温度、土壤 5 cm 温度与大气水汽稳定同位素组成的相关性显著。土壤 5 cm 湿度、环境湿度、平均风速、净辐射与大气水汽稳定同位素组成的相关性不显著。和农田生态系统相比，森林生态系统中对大气水汽稳定同位素组成产生影响的环境因素有一定差别。

第9章 天目山阔叶混交林能量和水分平衡

9.1 天目山阔叶混交林通量观测系统

阔叶混交林是中国南方重要的森林生态系统，广泛分布在亚热带区域，在森林固碳中具有突出的作用，天目山阔叶混交林碳通量观测系统利用国际上先进的通量观测(Eddy Flux)仪器，分7层安装在40米高的塔上，观测阔叶混交林二氧化碳通量、二氧化碳垂直分布廓线、阔叶混交林能量和水分平衡以及小气候等的动态变化、分析阔叶混交林碳同化和释放的昼夜及季节等时态过程及其与环境的关系；同时结合其他观测和遥感与模型等研究手段，可以精确地计算阔叶混交林的固碳能力，为天目山区域森林碳汇的管理提供科学依据。

碳通量观测塔安装在研究区的一块常绿落叶阔叶混交林样地(30°20′59″N，119°26′13.2″E)内，海拔1 139 m，坡度6.6°左右，坡向南偏西16，主要乔木有小叶青冈(Cyclobalanopsis myrsinifolia)、交让木(Daphniphyllum macropodum)、小叶白辛树(Pterostyrax corymbosus)、短柄枹(Quercus glandulifera)、青钱柳(Cyclocarya paliurus)、天目槭(Acer sinopurpurascens)、秀丽槭(Acer elegantulum)、糙叶树(Aphananthe aspera)等，林龄140年，郁闭度0.7，林分密度3 125株/hm^2。林分为复层结构，分3层，15 m以上的乔木约占3.2%，第二层8～14 m的乔木约占43.2%，其余的乔木均在8 m以下。优势树种为小叶青冈(Cyclobalanopsis myrsinifolia)、交让木(Daphniphyllum macropodum)、小叶白辛树(Pterostyrax corymbosus)等。

观测地建有40 m高的微气象观测塔，开路涡度相关系统的探头安装在距地面38 m高度上，由三维超声风速仪(CSAT3，Campbell Inc.，USA)和开路CO_2/H_2O分析仪(EC150)组成，原始采样频率为10 Hz，利用数据采集器(CR3000，Campbell Inc.，USA)存储数据，同时在线计算并存储30 min的CO_2通量(F_c)、摩擦风速(U_{star})、潜热通量(LE)和显热通量(HS)等参数。

常规气象观测系统，由锦州阳光气象科技有限公司安装，包括7层风速、7层大气温度和湿度。安装高度分别为2，7，11，17，23，30，38 m。土壤温度和湿度观测深度为5，50，100 cm。土壤热通量为3，5 cm。另外有2个SI－111红外温度仪分别置于2 m和23 m高处，用于采集地表和冠层温度。常规气象观测系统数据采集器隔30 min自动记录平均风速、环境温度、环境湿度、土壤温度、土壤湿度等常规气象信息。

9.2　天目山阔叶混交林水汽通量

9.2.1　水汽通量意义和研究方法

水和水的循环对于生态系统具有特别重要的意义，水的主要循环路线是从地球表面通过蒸散进入大气圈，同时又不断地从大气圈通过降水而回到地球表面。水汽通量是生态系统水循环过程的重要特征参数，同时又是潜热输送的载体，是能量平衡的重要影响因子以及水量平衡中的组成部分。森林作为地球上最大的陆地生态系统，在全球水循环和能量再分配中都发挥着重要作用。森林水汽通量主要指林下土壤表面蒸发、植被蒸腾和树冠截留水分蒸发 3 部分的总和，是森林植被水分状况的重要指标，热量耗散的一种形式，同时又是影响区域和全球气候的重要因素。目前，涡度相关技术已在全球范围内广泛应用于陆地生态系统碳水通量和能量交换的观测，并取得了很好的成效。该方法已经成为国际通量观测网(FLUXNET)的标准方法。

本书以 2013 年 7 月到 2014 年 6 月一整年的通量观测数据为依据，介绍浙江天目山常绿落叶阔叶混交林生态系统的水汽通量的动态变化特征。采用的数据为通量观测的 30 min 平均值。数据处理采用目前普遍采用的比较成熟的方法，主要包括 2 次坐标旋转来矫正地形以及观测仪器的不水平，并使垂直方向的风速平均值为 0，水平方向的风速和主导风向一致，且剔除由于恶劣天气(有降水)、湍流不充分等导致的不合理数据，剔除后全年还有 64%的有效值；对于打雷、仪器故障等原因导致的缺失数据采取如下方法插补：其中≤2 h 的用平均值来插补，即用平均日变化法(Mean Diurnal Variation)“MDV”插补缺失的数据，对于缺失的数据采用相邻几天相同时刻的平均值来进行插补，此方法首先要确定平均时段的长度，另有研究表明白天取 14 d、夜间取 7 d 的平均时间长度所得结果的偏差是最小的；>2 h 的用其与净辐射的方程插补。水汽通量(E)通过实时测定的垂直风速与其浓度的协方差来求得。采用的公式为

$$E = \rho \overline{w'q'}$$

式中，ρ 为干空气密度，q 为比湿脉动，w 为垂直风速；横线表示一段时间内的平均值；撇号表示脉动。并规定若气体由大气圈进入生态系统，通量符号为负，若气体由生态系统进入大气圈，则通量符号为正。

9.2.2　水汽通量各月平均日变化

图 9-1 显示，浙江天目山常绿落叶阔叶混交林生态系统全年水汽通量基本为正

值，即从森林向大气中释放，是一个水汽源。各月水汽通量日变化趋势基本呈单峰型曲线，1 月、2 月、7 月、8 月单峰型明显，其他月份除单峰外，各有几个小峰。大部分月份的中午时段会有一个明显下降的值，如 2 月、5 月、6 月、7 月、8 月、10 月、11 月。

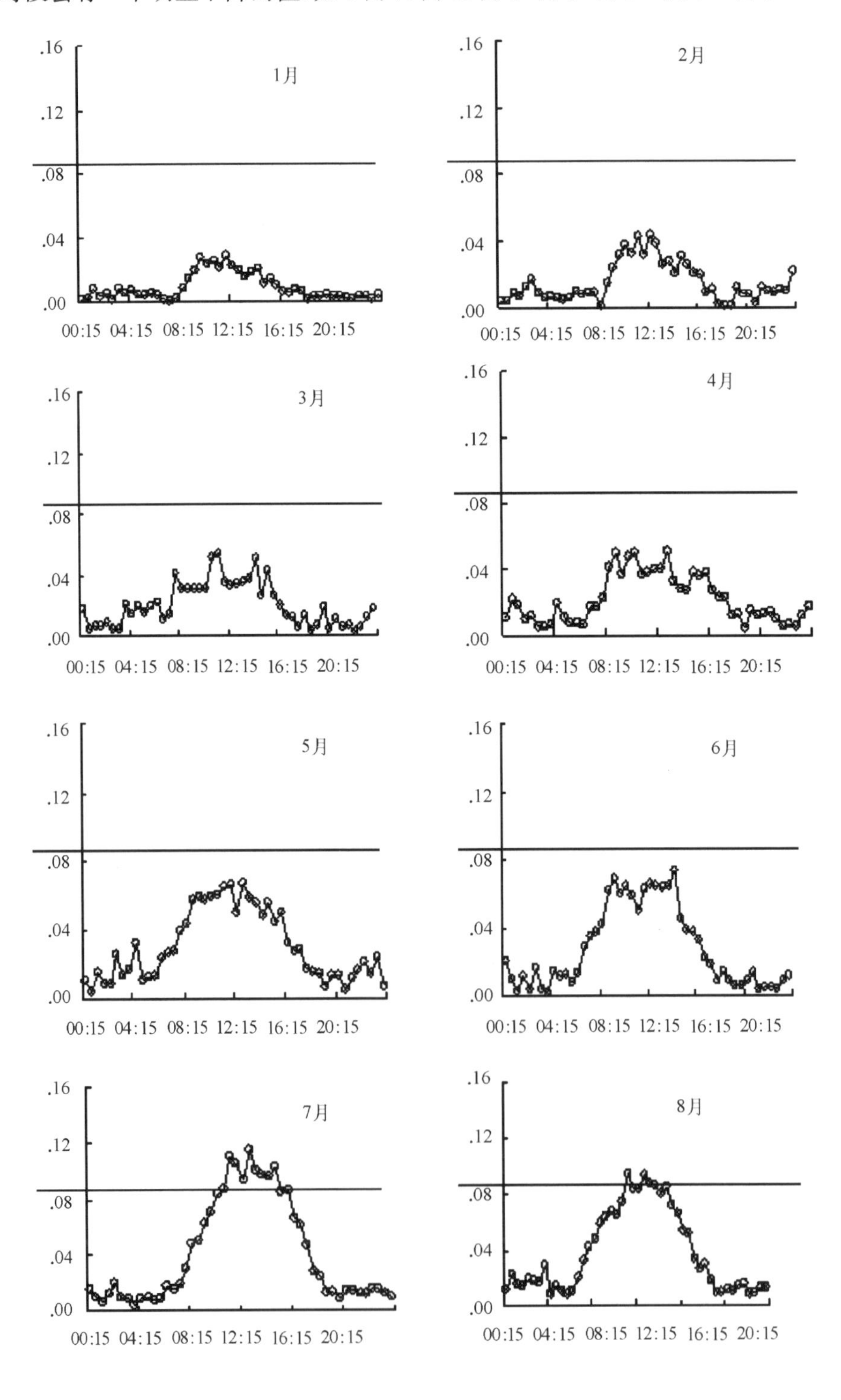

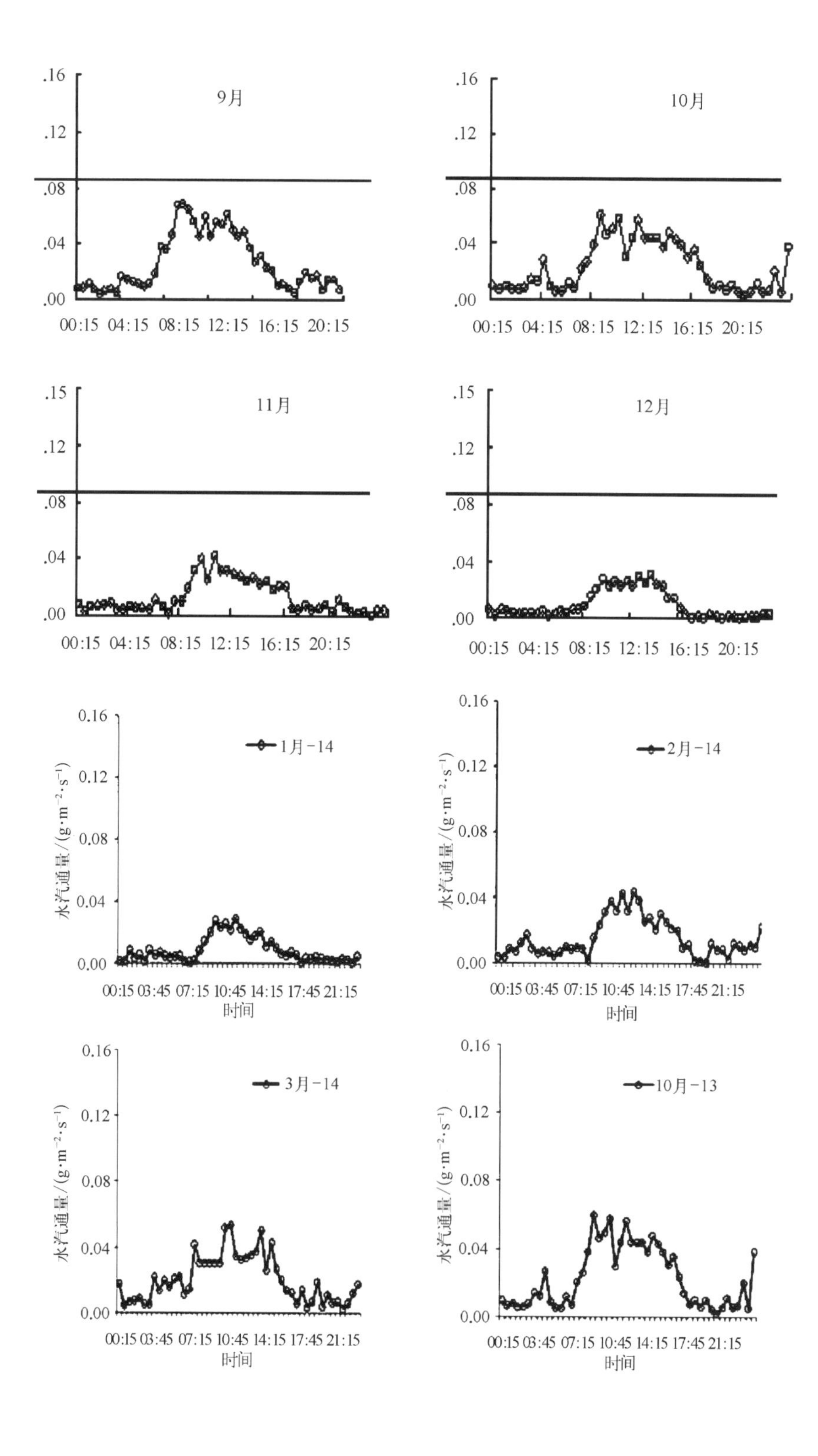

9月
10月
11月
12月
1月-14
2月-14
3月-14
10月-13
水汽通量/(g·m⁻²·s⁻¹)
时间
00:15 04:15 08:15 12:15 16:15 20:15
00:15 03:45 07:15 10:45 14:15 17:45 21:15

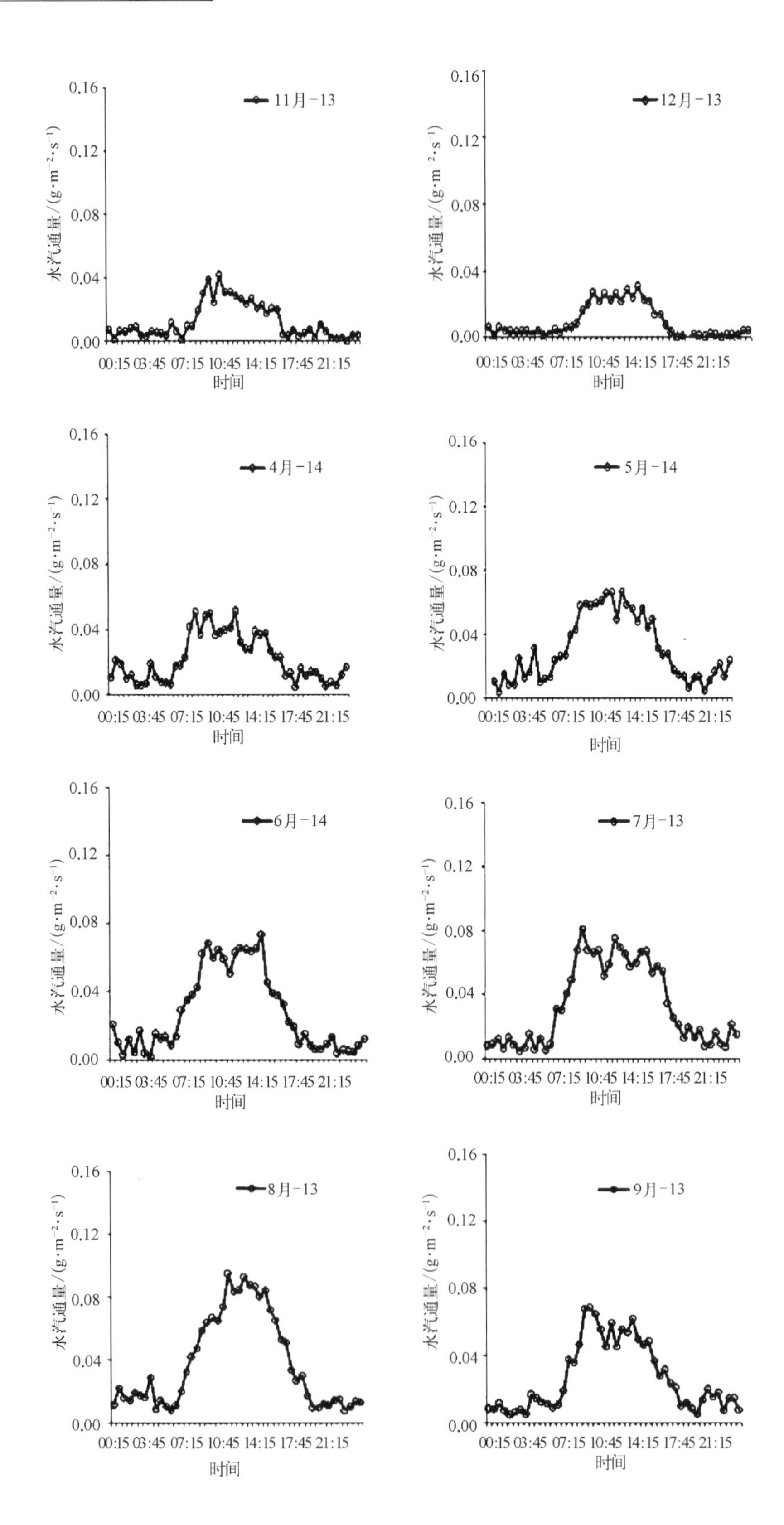

图 9-1
各月水汽通量
平均日变化分布

各月的平均日变化一般为夜间较低，白天较高。尤其在 1 月、11 月、12 月，夜间水汽通量值趋近于 0，而其他月份夜间温度较这 3 个月较高。全年各月水汽通量最大值在 0.029～0.115 $g \cdot m^{-2} \cdot s^{-1}$之间，各月差异明显。最大值出现在 7 月，最小值出现在 1 月。峰值出现时间一般在 11:45～14:15 时段。全年水汽通量最小值在 −0.000 43～0.007 9 $g \cdot m^{-2} \cdot s^{-1}$之间，各月差异明显。最大值出现在 8 月，最小值出现在 12 月。基本出现在夜间或凌晨。11 月、12 月、1 月、2 月这 4 个月水汽通量最小值明显低于其余月份。

9.2.3　全年水汽通量季节变化特征

由图 9－2 可见，四季的水汽通量日变化趋势一致，夜间水汽通量值低，变化小；白天水汽通量值大，变化较大。一般从早晨 6:15～8:15 开始，水汽通量开始明显变大，到中午 11:45～14:15 水汽通量值达到一天中最大，而后开始明显下降，在 17:45～19:15 达到一天中最小值，然后开始趋于平缓。夏冬季节这种变化最为明显，白天有明显的峰值。春秋季节天气变化无常，白天水汽通量往往有几个小峰。

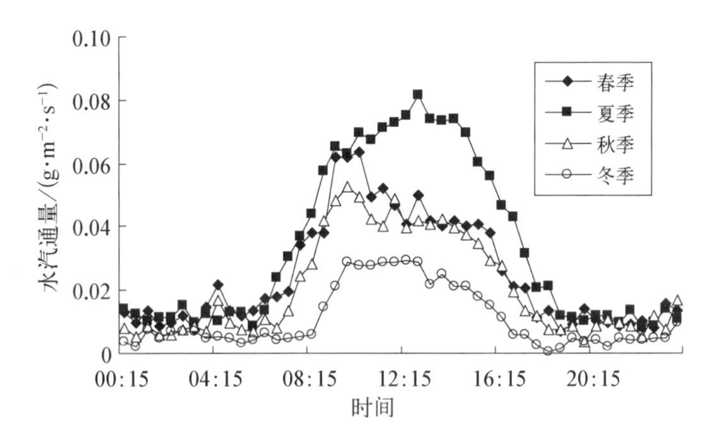

图 9－2
水汽通量各季节平均日变化特征

四季的水汽通量值的平均日变化中，夜间水汽通量值相差不大。白天的通量值差异较大，具体表现为夏季＞春季＞秋季＞冬季。夏季白天水汽通量日变化值在 0.021～0.082 $g \cdot m^{-2} \cdot s^{-1}$之间，最大值出现在 12:45，达到 0.082 $g \cdot m^{-2} \cdot s^{-1}$，春季白天水汽通量日变化值在 0.019～0.064 $g \cdot m^{-2} \cdot s^{-1}$之间，秋季白天水汽通量日变化值在 0.024～0.052 $g \cdot m^{-2} \cdot s^{-1}$之间。冬季白天水汽通量日变化值在 0.015～0.029 $g \cdot m^{-2} \cdot s^{-1}$之间。

9.2.4　降雨量与蒸散量

由图 9－3 可见，浙江天目山常绿落叶阔叶混交林生态系统蒸散量一年的季节变化大致呈单峰曲线，8 月蒸散量最高，为 102.16 mm，1 月最低，为 23.15 mm。一年降雨量季节变化也大致呈单峰曲线，7 月降雨量最高，为 279.5 mm，11 月降雨量最低，为 31.9 mm。全年各月蒸散量均小于降雨量。一般来讲，月降雨量较大时，下月的蒸散量也会升高。

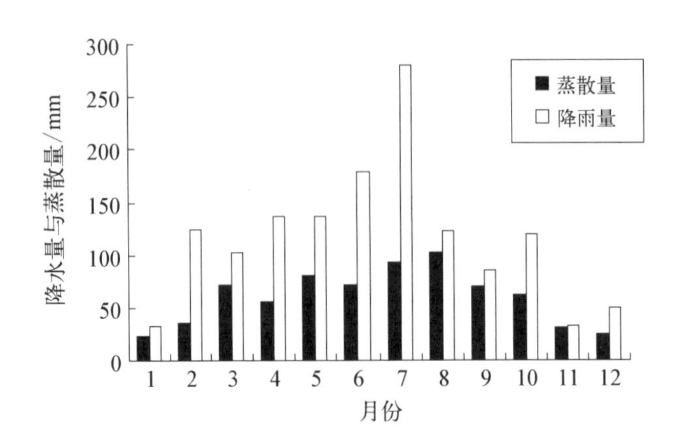

图 9-3 蒸散量与降雨量的季节变化

表 9-1 为生态系统各季节降水量、蒸散量以及占全年的比例。浙江天目山常绿落叶阔叶混交林生态系统观测期间年降雨量为 1 401.7 mm，夏季降雨量最大，为 581.7 mm，占全年降雨量的 41.47%，春季降雨量次之，占比 26.83%，和夏季相比差距较大，蒸散量方面，研究地全年蒸散量为 721.25 mm，夏季蒸散量最大，为 266.96 mm，占比 37.01%，春季次之，为 207.8 mm，占比 28.82%，秋季占比 22.57%，冬季占比 11.6%。生态系统全年蒸散量占全年降雨量的 51.46%。

表 9-1 各季度降水量与蒸散量及其占全年降水量与蒸散量的比重

季节	月份	降水量/mm	比例/(%)	蒸散量/mm	比例/(%)
春季	3,4,5	376.1	26.83	207.8	28.82
夏季	6,7,8	581.3	41.47	266.96	37.01
秋季	9,10,11	237.4	16.94	162.81	22.57
冬季	12,1,2	206.9	14.76	83.66	11.60
全年		1 401.7		721.25	

9.3 天目山阔叶混交林能量通量

9.3.1 能量通量意义和研究方法

陆地生态系统对环境的响应是全球变化研究的重要课题，而森林生态系统作为陆地生态系统的主体，覆盖了全球陆地表面的 40%，在陆地生态系统碳循环中发挥着重要的作用。近年来，涡度相关技术由于具有不干扰生态系统、时间分辨率高等优点，被广泛应用于陆地生态系统和大气之间物质传输和能量交换的研究之中。但是涡度相关技术本身还有许多理论和技术性问题未得到很好的解决,如根据热力学第一定律和涡度相关技术的基本假设,观测的能量闭合状况可以作为评价数据可靠性的方法之一,可是现在大多数站点的能量都不闭合。

所谓的能量平衡闭合,指的是利用涡度相关仪器直接测量显热、潜热通量之和与净辐射通量、土壤热通量之和之间的平衡。生态系统观测中,能量平衡的表达式为

$$LE + H = R_n - G - S - Q$$

式中,LE 为潜热通量,H 为显热通量,R_n 为净辐射,G 为土壤热通量,S 为植被冠层热储存量,Q 为附加能量项总和。由于 S 和 Q 项小而常被忽略,此时能量平衡的方程又可以表示为

$$LE + H = R_n - G$$

式中,$R_n - G$ 项简称为有效能量,$(LE + H)$ 项简称为湍流能量。当有效能量与湍流能量相等时,称为能量平衡闭合,否则称为能量平衡不闭合。

国际上通用的能量平衡状况的方法有最小二乘法(Least Squares Method, LS)、压轴回归法(Reduced Major Axis Regression, RMA)、能量平衡比率法(Energy Balance Ratio, EBR)和能量平衡残差频率分布图法。本书采用能量平衡比率法和线性回归(Linear Regression, LR)分析 2013 年 7 月到 2015 年 6 月天目山阔叶混交林能量平衡情况。

9.3.2 能量通量日变化

在太阳辐射的驱动下,生态系统完成能量流动、物质和合成转移和碳水循环等生理活动,不同类型生态系统的群落类型和下垫面不同,造成蒸发和热传导能力的差异,因此生态系统获得净辐射能量后,能量在系统内的分配变化特点各异。图 9-4 选取 2013 年 7 月~2014 年 6 月的数据,将有典型季节性代表的 1 月、4 月、7 月、10 月半小时时间间隔时刻下的能量通量数据作月平均处理,以表征该月的能量日变化进程。

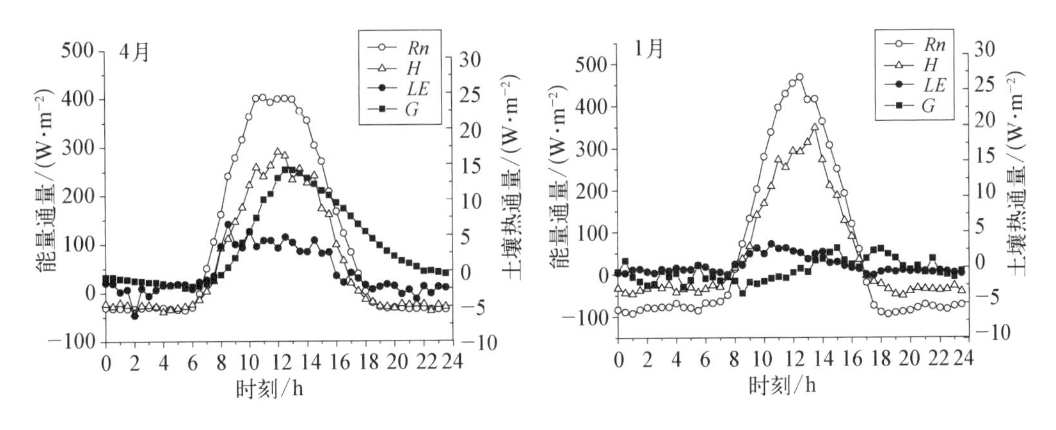

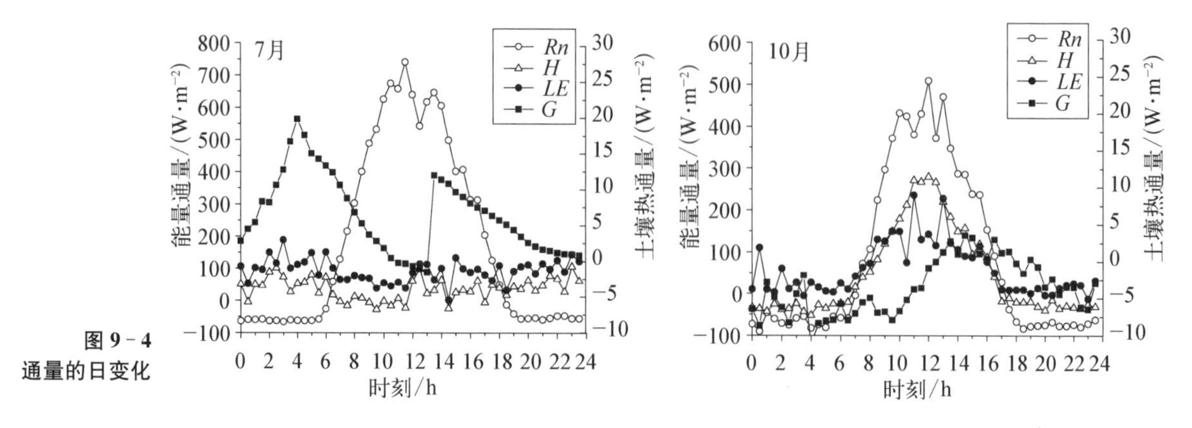

图 9-4
通量的日变化

从 4 个月全天的变化趋势来看，能量分量均以净辐射变化为基础，呈单峰型曲线变化。夜间净辐射值全为负，1 月净辐射变为正值的时间较晚，为 8:00，而 4 月、7 月和 8 月较早，分别为 7:00、6:30 和 7:30，这与日出时间有关，之后净辐射值逐渐增大，约在 11:00～12:30 间达到最大，此后逐渐减小，在日落后 17:00～18:30 间减到负值。净辐射最大值出现在 7 月，为 740.8 MJ·m^{-2}，最小值出现在 4 月，为 402.4 MJ·m^{-2}。显热通量、潜热通量的日变化曲线较净辐射平缓，峰值时刻比净辐射滞后，最大显热通量出现在 1 月，为 348.3 MJ·m^{-2}，最大潜热通量出现在 10 月，为 235.7 MJ·m^{-2}。

土壤热通量为负值表示热量由土壤辐射到植被-大气，土壤为热源；土壤热通量为正值表示热量计入土壤，由植被-大气辐射到土壤，土壤为热汇，其提变化差异很大。因不同季节土壤理化性质不同，土壤热导率也不同，影响到土壤吸热散热在延迟时间上的差异，在热源/汇上也有差异。1 月和 10 月土壤表现为热源，土壤热通量的值基本全为负，4 月和 10 月表现为热汇，土壤热通量变为正值的时间要比净辐射滞后 1～3 个小时。

图 9-5 为 2014 年 7 月～2015 年 6 月，春、夏、秋、冬 4 个季节，净辐射、土壤热通量、潜热通量和显热通量的平均日变化，所有曲线基本全呈现为单峰型变化，都以净辐射的变化为基础。

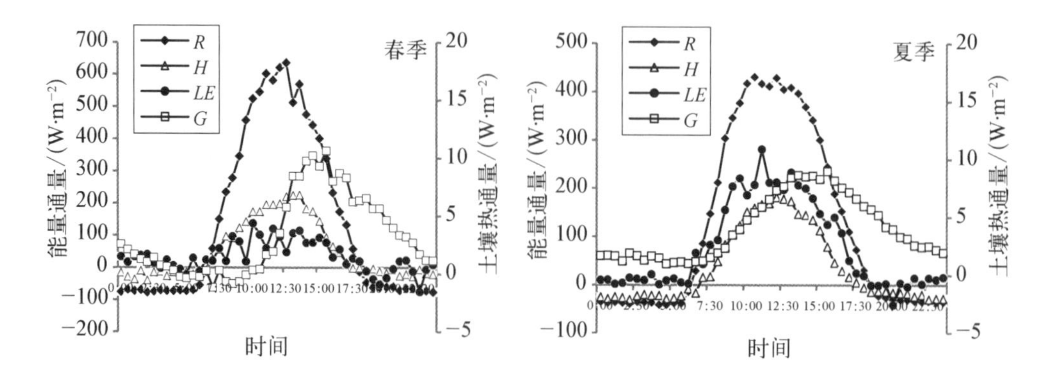

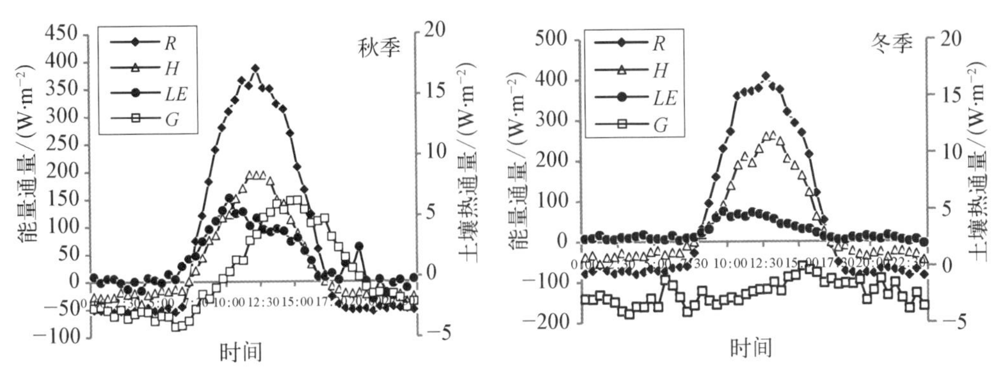

图 9-5 不同季节能量通量的日变化

白天,净辐射入射生态系统,全为正值,夜间相反,土壤、植被等向外辐射能量,净辐射值全为负。太阳高度角的变化是引起净辐射随时间变化的原因,各个季节由于日出、日落时间以及太阳高度角的不同,净辐射正负值转变时间略有不同,基本从日出后不久,在6:30~8:00范围内,净辐射转变为正值,净辐射由负转正的时间,4个季节中夏季最早,然后依次为春、秋、冬。之后净辐射值逐渐增大,在正午达到最大值,春、秋、冬3个季节在12:00~12:30间达到最大值,分别为635.8 MJ·m^{-2}, 387.6 MJ·m^{-2},409.1 MJ·m^{-2},夏季在10:30~11:00间达到最大值,为431.2 MJ·m^{-2}。午间后,净辐射值开始逐渐降低,于17:00~18:30之间转变为负值。夜间净辐射变化比较平稳,冬季和春季约稳定在−70 MJ·m^{-2},夏季约稳定在−30 MJ·m^{-2},秋季约稳定在−50 MJ·m^{-2}。春、夏、秋、冬4个季节净辐射的总值分别为376.3,327.3,195.5,148.4 MJ·m^{-2}。

显热是由湍流、热传导等运输的能量,物体不发生相变,其通量变化主要取决于近地面层空气的湍流运动。显热通量的变化规律与净辐射大致相同,都为单峰型变化,在夜间全为负值,在白天于中午11:30~13:30间达到最大,这可能是因为正午时的温度高、风速大,粗糙的冠层上方乱流交换比较强烈。负值转为正值时间为7:00~7:30,正值转为负值时间为17:00~18:00,春、夏、秋、冬潜热总值分别为135.6,97.6,87.1,107.0 MJ·m^{-2},潜热通量的变化趋势相对更为平缓,即使在夜间,也大多为正值,春、夏、秋、冬的潜热量依次为89.1,208.8,106.1,64.0 MJ·m^{-2},夏季明显大于其他几个季节,这是由于夏季气温较高,降水充沛,导致植物的蒸腾作用和林地蒸发作用较强。春季和冬季,潜热大于显热,夏季和秋季显热大于潜热。

土壤热通量大于0,代表热量进入土壤,即土壤表现为热汇;土壤热通量小于0,代表热量从土壤进入大气,即土壤表现为热源。土壤热通量的数值,比其他几个能量通量值小了一到两个数量级,春、夏、秋、冬总值分别为8.70,10.97,0.12,−6.34 MJ·m^{-2},春、夏、秋3个季节土壤热通量变化曲线要滞后于其余3个能量通量,土壤表现为热汇,冬季土壤热通量全为负值,土壤表现为热源,变化规律不明显。

9.3.3 能量通量分配特征

由图9-6可见,各个能量的变化都以净辐射为基础。2013年7月~2014年6月,天目山阔叶混交林净辐射总量为 3 122.3 MJ・m^{-2}，显热通量为 1 596.1 MJ・m^{-2}，占净辐射的 51%，潜热通量为 1 686.5 MJ・m^{-2}，占净辐射的 54%，土壤热通量为 17.4 MJ・m^{-2}，占净辐射的 0.5%，土壤表现为热汇。生长季(4～9 月)净辐射总量 2 076.4 MJ・m^{-2}，显热通量为 779.2 MJ・m^{-2}，占净辐射的 38%，潜热通量 1 151.8 MJ・m^{-2}，占净辐射的 55%，潜热是主要支出，土壤热通量为 38.8 MJ・m^{-2}，表现为热汇。非生长季净辐射总量为 1 046.0 MJ・m^{-2}，显热通量为 817.0 MJ・m^{-2}，占净辐射 78%，潜热通量 534.7 MJ・m^{-2}，占净辐射的 51%，显热是主要支出，土壤热通量为−21.4 MJ・m^{-2}，表现为热源。

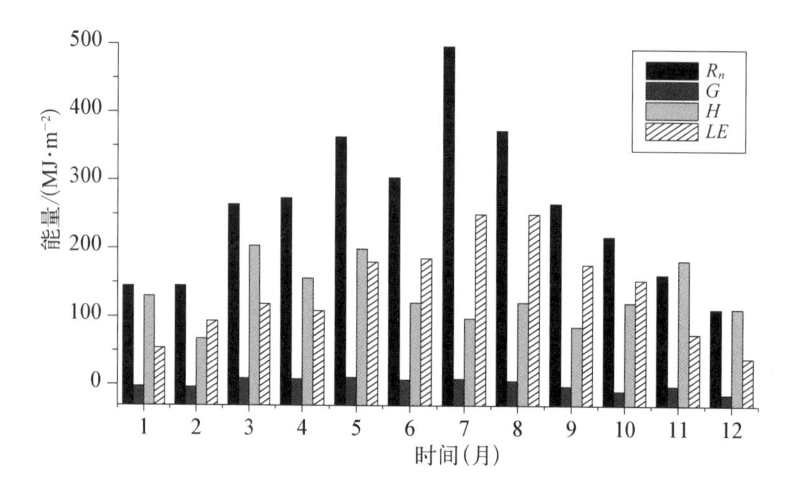

图 9-6 能量分量的月积累

显热与潜热之比即波文比，波文比能够表征大气-地表能量交换，多用于能量平衡计算，波文比的大小决定能量在生态系统中的分配。2013 年 7 月～2014 年 6 月，波文比 1 月最大，为 2.4；7 月最小，为 0.4，2 月及 6～10 月，潜热大于显热，其余月份显热大于潜热(见图 9-7)。月平均波文比为 1.2，年波文比为 0.95。全年能量分配显热通量小于潜热通量。

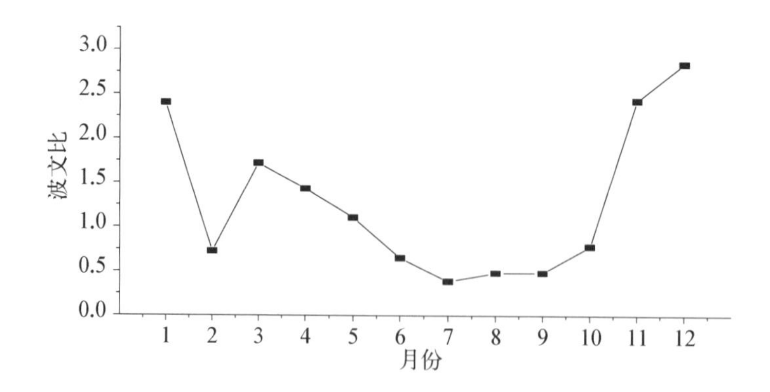

图 9-7 波文比月变化

图 9-8 为 2014 年 7 月～2015 年 6 月，全年能量通量的月积累量，全年净辐射、潜热通量、显热通量、土壤热通量分别为 3 142.15，1 470.34，1 339.01，40.33 MJ・m^{-2}，显热通量、潜热通量、土壤热通量值分别占据了净辐射的 42.6%，46.8%，1.3%。6～10 月，潜热是主

要的净辐射支出项，尤其是夏季(6,7,8 月)，潜热通量占据了净辐射的 64%，这主要是因为夏季降雨量大，土壤和植被含水量大，温度也高，所以蒸发、蒸腾作用强烈所至。常绿、阔叶落叶混交林的生长季(3～9 月)，净辐射总值为 2 210.63 MJ・m^{-2}，潜热通量为 1 088.53 MJ・m^{-2}，占净辐射的 52%，显热通量为 818.88 MJ・m^{-2}，占净辐射的 38%，潜热通量是主要的支出项，这主要是因为在生长季植被叶面积指数增大、温度高、降水多。非生长季，净辐射总值为 1 031.53 MJ・m^{-2}，潜热通量为 381.81 MJ・m^{-2}，占净辐射的 37%，显热通量为 528.12 MJ・m^{-2}，占净辐射的 51%，显热是主要的支出项。

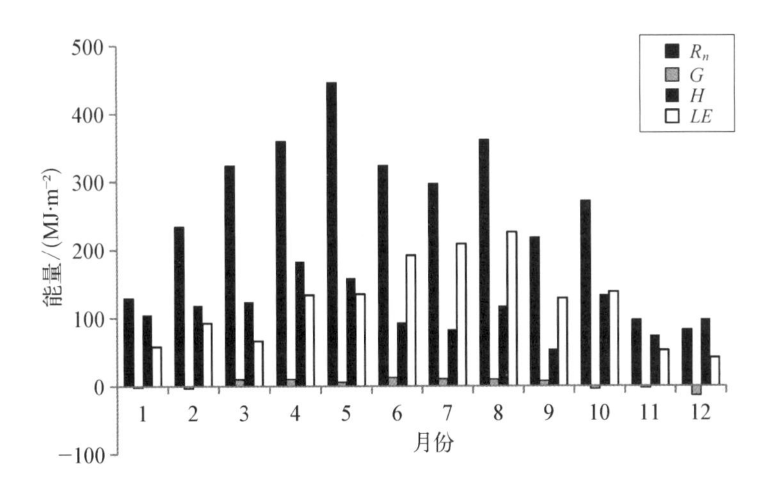

图 9－8 能量分量的月积累

由图 9－9 可见，2014 年 7 月～2015 年 6 月，全年每月的波文比变化中，6～10 月，波文比小于 1，代表这几个月潜热是主要的支出项。6 月、7 月、8 月这 3 个月，由于正值夏季，降雨量大，使得土壤湿度大，加之温度也高，净辐射能主要用于蒸腾和蒸散，使得潜热成为主要支出项，9 月份虽然降水量降低，但前 3 个月的大降水量，使得土壤湿度得以保持，且 9 月的气温也高，所以潜热仍然为主要支出，而 10 月份，随着降雨的减少，气温的降低，波文比已经升高为 0.97，潜热通量只是略高于显热通量。剩余的月份，波文比均大于 1，代表显热是这期间主要的支出项。全年平均波文比为 1.2，即就一整年而言，净辐射主要分配给了显热。

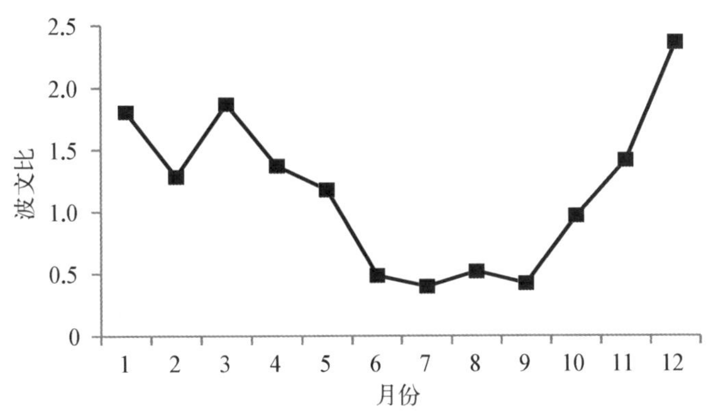

(R_n-G：有效能量；$H+LE$：湍流能量；EBR：能量平衡比率)

图 9－9 波文比月变化

9.3.4 能量平衡分析

由图 9－10 可知，2013 年 7 月～2014 年 6 月，能量平衡比率（EBR）最大值在 12 月，为 1.44，最小值在 9 月，为 0.87，生长季闭合情况要好于非生长季。月平均闭合度为 1.10，年闭合度为 1.06，闭合情况较好，说明位于天目山保护区内的通量观测系统的性能和数据质量都较为理想。

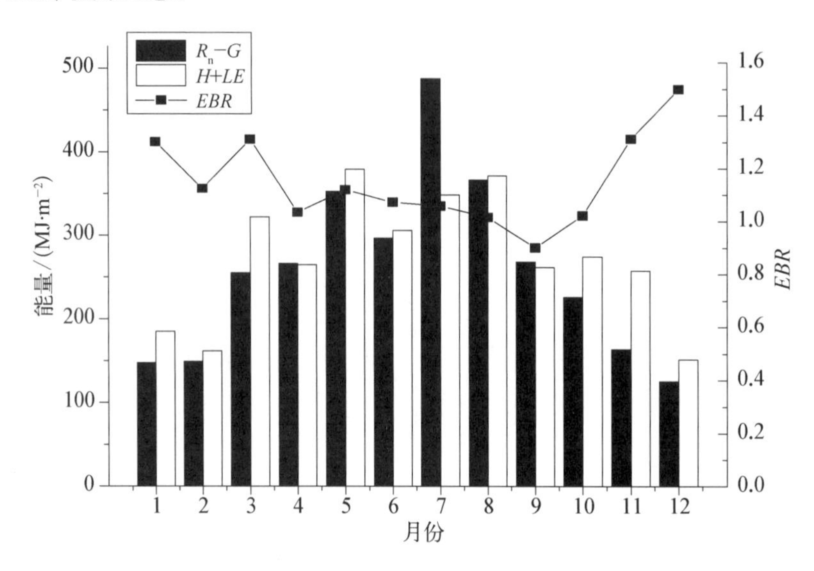

图 9－10 能量的月积累与能量闭合度变化

能量平衡闭合比率（Energy Balance Ratio），定义为是在某观测期间，涡度仪器测量的湍流能量和有效能量的比值，可以作为评价能量平衡闭合情况的指标。图 9－11 是用能量平衡比率法逐月计算 2014 年 7 月～2015 年 6 月的能量平衡闭合度，能量平衡闭合度有显著的月变化特征，2～6 月、8～10 月 EBR 值小于 1，假定 R_n 和 G 的测量准确，则说明通量仪器观测出的湍流能量小于有效能量，即涡动相关仪器对于效能量的观测存在低估的现象。其他月份（1，7，11，12 月）的 EBR 值大于 1，通量仪器观测的湍流能

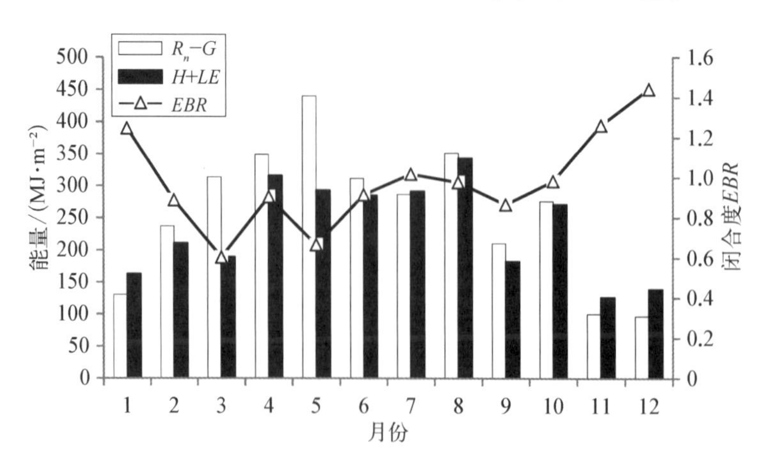

图 9－11 能量的月积累与能量闭合度变化

量大于有效能量，有效能量被涡动相关仪器高估。最大值出现在 12 月份，为 1.44；最小值出现在 3 月份，为 0.67。全年平均闭合度为 0.98，不闭合率为 0.2%，即有 0.2%的有效能量被低估。

能量平衡不闭合是普遍存在的现象，这是因为在通量系统建设过程中，涡动相关仪器与测量 R_n，G 的仪器有着不同的通量贡献区面积，或者经过坐标旋转后仍然不能完全消除垂直平流的影响，又或仪器本身的系统误差、略去了其他能量吸收项等诸多方面的原因。

9.3.5 小结

2013 年 7 月～2014 年 6 月，天目山阔叶混交林全年净辐射为 3 122.3 MJ·m^{-2}，显热通量为 1 596.1 MJ·m^{-2}，潜热通量为 1 686.5 MJ·m^{-2}，各能量分量的变化基本呈单峰型曲线。在能量分配上，潜热通量通过蒸发耗散为能量散失的主要形式，占净辐射的 54%，显热通量占净辐射的 51%，土壤热通量为 17.4 MJ·m^{-2}，占净辐射的比例很小，土壤表现为热汇。其中生长季潜热为主要支出，占净辐射的 38%，土壤热通量为 38.8 MJ·m^{-2}，表现为热汇；非生长季显热为主要支出，占净辐射的 78%，土壤热通量为−21.4 MJ·m^{-2}，表现为热源。波文比波动较大，在 0.4～2.4 之间变化，阔叶林月平均闭合度为 1.10，年闭合度为 1.06。

2014 年 7 月～2015 年 6 月，能量的各个分量(净辐射、土壤热通量、潜热通量、显热通量)分别在日尺度、月尺度、年尺度上进行分析其变化规律，将土壤热通量分别和净辐射、土壤 3 层温度作回归分析，得到他们之间的相关性，最后计算能量平衡闭合度和波文比，评价涡动相关系统，数据的可靠程度，结论如下：

(1) 净辐射、土壤热通量、潜热通量、显热通量，日变化曲线在春、夏、秋、冬 4 个季节表现一致，均为单峰型变化。夜间净辐射为负值，且比较稳定，随着太阳高度的变化，净辐射于日出后改变为正值，之后逐渐增大，在太阳高度角最大的正午达到全天最大值，之后逐渐减小，于日落后又变成负值。在各个不同的季节，净辐射发生正负转变的时间也不尽相同，相比较下，夏季净辐射保持在正值的时间最长。显热通量和潜热通量的日变化规律，和净辐射大致相同，只是比净辐射变化趋势平缓一些，土壤热通量的值比其他几个通量要小 1～2 个数量级，而且曲线的变化趋势，无论在峰值出现的时间还是正负值转换的过程，要滞后于其他几个能量通量。

(2) 全年净辐射、潜热通量、显热通量、土壤热通量分别为 3 142.15，1 470.34，1 339.01，40.33 MJ·m^{-2}。6～10 月，潜热通量大于显热通量，潜热是主要的支出项，尤其夏季，在强烈的蒸发蒸腾作用下，潜热通量占据净辐射的 64%。在生长季(3～9 月)，潜热是主要的支出项，非生长季，显热是主要的支出项。

(3) 显热通量与潜热通量月累计值相比，得到逐月波文比特征，全年平均波文比为 1.2。1～5 月份，波文比大于 1，显热是主要的支出，3 月开始，波文比逐渐下降，在 6～10 月间，波文比小于 1，潜热变为主要的支出，从 9 月开始波文比逐渐增大，11 月和 12

月显热为主要支出。

(4) 能量平衡闭合比率，全年平均值为0.98，不闭合率为0.2%，即有0.2%的有效能量被低估。最大值出现在12月份，为1.44；最小值出现在3月份，为0.67。除1，7，11，12月能量平衡闭合度大于1，其余月份均小于1。*EBR* 日变化特征表现为，白天高于夜间，夜间值在0.3上下波动，夜间值稳定在0.75左右，白天与夜间交替的时刻，*EBR* 值存在异常。

第 10 章
天目山常绿和落叶阔叶混交林的碳收支过程

自工业革命以来，由于大规模的人类活动，大气中以 CO_2 为主的温室气体含量不断上升，引起了全球变暖等一系列严重的全球环境问题，严重威胁着人类生存和社会可持续性发展，其中 CO_2 对全球变暖的贡献率达 60%。森林可以通过光合作用固定大气中的二氧化碳，同样由于自身呼吸作用及土壤微生物呼吸、凋落物分解等又会将储存的碳释放到大气中。森林生态系统作为陆地生态系统的主体，覆盖了全球陆地表面的 40%，它对固定大气中二氧化碳有着重要的作用，因此量化森林生态系统的碳通量有很大的意义。天目山地处我国东南沿海丘陵山区中亚热带北缘，北亚热带南缘。其气候具有中亚热带向北亚热带过渡的特征，拥有典型的中亚热带森林生态系统。受气候与地形海拔的影响，天目山森林植被垂直分布明显，不同海拔地带上依植被垂直带谱，形成了以常绿落叶林、常绿落叶阔叶混交林、落叶阔叶林和落叶矮林 4 个明显的森林植被类型，其他森林植被穿插其中。而落叶阔叶混交林是西天目山精华植被，植物区系古老，种类丰富，群落结构复杂多样，分布于海拔 850～1 150 m，是山下常绿阔叶林向山上落叶阔叶林过渡的森林类型，也是我国中亚热带重要的森林类型。植被演替方向和演替的序列是介于这两种演替的过渡类型，有一定的不稳定性。且在海拔 300～1 200 m 的 1 000 hm^2 保护区范围内，集中分布着古树 2 327 株。古树优势种明显，有柳杉(*Cryptomeria fortunei*)、银杏(*Ginkgo biloba*)、枫香(*Liquidambar formosana*)、金钱松(*Pseudolarix amabilis*)、响叶杨(*Populus Adenopoda*)、天目木姜子(*Litsea auriculata*)。尤以柳杉种群高大无比，最大植株胸径达 2.34 m^3，最高树体 52 m，为天目山最具特色的古树种群，为“世界罕见的巨大柳杉群”，在中亚热带地区的老龄林中具有典型性。因此对该老龄落叶阔叶混交林进行碳收支通量过程的研究对于陆地生态系统动态模型及全球碳收支都有十分重要的意义。

10.1 碳通量观测铁塔和观测仪器

10.1.1 观测站点简介

为研究常绿落叶阔叶混交林碳收支通量过程，浙江农林大学联合天目山管理局在西天目山幻住庵北侧一块常绿落叶阔叶混交林样地内建立 40 m 高的微气象观测塔，对区内常绿落叶阔叶混交林碳水通量以及常规气象进行长时间监测。样地下垫面坡度 6.6°左右，坡向南偏西 16°，主要乔木有小叶青冈(*Cyclobalanopsis myrsinifolia*)、交让木(*Daphniphyllum macropodum*)、小叶白辛树(*Pterostyrax corymbosus*)、短柄枹(*Quercus glandulifera*)、青钱柳(*Cyclocarya paliurus*)、天目槭(*Acer sinopurpurascens*)、秀丽槭(*Acer elegantulum*)、糙叶树(*Aphananthe aspera*)等，林龄 140 年，郁闭度 0.7，林分密度 3 125 株/hm^2。林分为复层结构，分 3 层，15 m 以上的乔木约占 3.2%，第二层 8～14 m 的乔木约占 43.2%，其余的乔木均在 8 m 以下。优势树种为小叶青冈(*Cyclobalanopsis myrsinifolia*)、交让木(*Daphniphyllum macropodum*)、小叶白辛树(*Pterostyrax corymbosus*)等。据 2012 年调查，小叶青冈活立木平均高度为 9.2 m，胸径 24.1 cm；交让木活立木平均高度 5.1 m，胸径 7.8 cm；小叶白辛树活立木平均高度 11.2 m，胸径 20.2 cm。小乔木或灌木主要有红脉钓樟(*Lindera rubronervia*)、微毛柃(*Eurya hebeclados*)、荚蒾(*Viburnum*)、荚蒾(*Viburnum dilatatum*)、大青(*Clerodendrum cyrtophyllum*)、浙江大青(*Clerodendrum kaichianum*)、野鸦椿(*Euscaphis japonica*)、山胡椒(*Lindera glauca*)、鸡毛竹(*Shibataea chinensis*)、紫竹(*Phyllostachys nigra*)、牛鼻栓(*Fortunearia sinensis*)、四照花(*Dendrobenthamia japonica var. chinensis*)等。

10.1.2 观测仪器介绍

开路涡度相关系统的探头安装在距地面 38 m 高度上，由三维超声风速仪(CSAT3, Campbell lnc., USA)和开路 CO_2/H_2O 分析仪(EC150, LiCor Inc., USA)组成，原始采样频率为 10 Hz，利用数据采集器(CR3000, Campbell Inc., USA)存储数据，同时在线计算并存储 30 min 的 CO_2 通量(Fc)、摩擦风速(U_{star})、潜热通量(LE)和显热通量(HS)等参数。

常规气象观测系统，由锦州阳光气象科技有限公司安装，包括 7 层风速，7 层大气温度和湿度，安装高度分别为 2，7，11，17，23，30，38 m。土壤温度和湿度观测深度为 5，50，100 cm。土壤热通量为 3，5 cm。另外有 2 个 SI－111 红外温度仪分别置于 2，23 m 高处，用于采集地表和冠层温度。常规气象观测系统数据采集器隔 30 min 自动记录平均风速、环境温度、环境湿度、土壤温度、土壤湿度等常规气象信息。

10.1.3 研究方法

1）微气象观测

采用涡度相关微气象观测方法，通过测定大气中湍流运动产生的风速脉动和气体浓度脉动，计算两者协方差求解通量值。开路系统数据采集器对 Fc 在线计算中自动作了虚温订正和空气密度变化订正，但没有考虑到地形和仪器倾斜的影响。当下垫面有倾斜度时，由于地球引力作用，顺着山坡走向大气会发生汇流、漏流现象，此时平均垂直风速不为零。目前,大量研究都是通过旋转风向坐标轴来计算通量。在中尺度大气环流时,可以旋转坐标轴迫使平均垂直风速为零。根据风向、仪器底座、主风向地形坡度等建立一新的坐标轴参考系统,经过坐标旋转后,净生态系统交换量即为涡度相关通量、储存项、水平和垂直方向的平流3项的和。常见的有二次坐标旋转、三次坐标旋转和平面拟合,本书采用二次坐标旋转(DR),使坐标系 x 轴与平均水平风方向平行,从而使平均侧向风速度和平均垂直风速度为零。

净生态系统碳交换量(*NEE*)主要是指生态系统中植物光合作用、植被冠层空气的碳储存和生态系统呼吸消耗的碳排放综合引起的陆地生态系统与大气系统间的碳交换的变化。当 CO_2 从大气进入到生态系统时,定义 *NEE* 符号为负;当 CO_2 从生态系统排放到大气中时,定义 *NEE* 符号为正。

净生态系统生产力(*NEP*),定义的符号刚好和 *NEE* 符号相反,生态系统总交换量(*GEE*)与生态系统总初级生产力(*GPP*)符号也是相反的,这样陆地和大气之间的气体交换过程中的关系,可用下列方程描述:

$$GEE = NEE - RE \tag{10-1}$$

$$NEE = Fc + Fs \tag{10-2}$$

$$RE = RE_{\mathrm{night}} + RE_{\mathrm{day}} \tag{10-3}$$

式中,Fc 为大气和生态系统冠层的碳通量,即涡度探头观测值,Fs 为冠层内的碳储存通量;RE 为生态系统呼吸包括植物自养呼吸以及土壤微生物分解有机质和凋落物呼吸通量,分为白天与夜晚计算。夜间生态系统完全为 CO_2 排放状态,*NEE* 数值上就等于生态系统呼吸值 *RE*。通过拟合半小时时长的5 cm土壤温度数据与夜间 *NEE* 数据,建立温度与生态系统呼吸的关系式,可以推算出 RE_{day}。根据式(10-1)和式(10-3),可以推算出 *GEE*。

冠层内的二氧化碳储存通量(Fs)采用单层 CO_2 浓度变化计算:

$$Fs = \frac{\Delta C(z)}{\Delta t}\Delta z \tag{10-4}$$

式中,$\Delta C(z)$ 为高度 z 处 CO_2 浓度;Δt 为时间间隔(1 800 s);Δz 为 CO_2 浓度测定高度(38 m)。

2) 通量数据的校正、剔除与插补

基于涡度原理开路系统采集的10 Hz原始数据,是用红外气体仪观测的 CO_2 气体浓度,相当于干空气的质量混合比,大气的温度、压力、湿度发生变化会引起 CO_2 质量浓度的变化,需要根据理想气体状态方程校正气体密度为摩尔质量比。进行水汽校正,即WPL校正。根据垂直平均风速为零假设,做坐标轴旋转校正。

实际观测中,由于受到降水、凝水、昆虫以及随机电信号异常等的影响,需要对通量数据进行有条件的剔除。结合涡度相关法通量观测原理和China-FLUX推荐筛选标准，剔除满足以下任一条件的 30 min 记录数据：① 湍流不充分($U^* < 0.2\ m \cdot s^{-1}$)；② 有降水出现；③ 超过仪器测量量程或合理范围的记录，CO_2 通量超出 −2.0～2.0 $mgCO_2 \cdot m^{-2} \cdot s^{-1}$，$CO_2$ 浓度超出 500～800 $mgCO_2 \cdot m^{-3}$，水汽浓度超出 0～40 $g \cdot m^{-3}$；④ 异常突出数据(某一个数值与连续 5 点平均值之差的绝对值>5 个点方差的 2.5 倍)。经过筛选后得到本站点白天数据有效率为 70.22%；夜间有效数据为 47.31%。通过以上方法剔除后还要对通量数据进行插补，常用的插补方法有平均日变化法(MDV)、查表法(LookUp-table)、非线性回归法(NLR)。本书中采用平均日变化法。平均日变化法即对丢失数据用相邻几天同时刻数据的平均值进行插补。使用此方法的最大不确定性在于所取的平均时间段的长度不同(4～15 d)，通量数据通常在 3～4 d 时出现一个峰值，因此平均时间段的选取要长于 3～4 d，本研究中白天取 14 d，夜间取 7 d 的平均时间长度。

10.2 常绿和落叶阔叶混交林碳通量特征

选取 2013 年 7 月～2015 年 6 月两年的观测数据，按照 2014 年 1～6 月，2013 年 7～12 月进行排列，构成全年数据，同理 2014 年 7 月～2015 年 6 月进行排列，构成全年数据。并对结果进行描述分析，以便于了解天目山落叶阔叶混交林的碳收支通量过程。

10.2.1 碳储存通量特征

涡度相关系统观测高度以下的 CO_2 储存通量 *Fs* 对准确评价森林生态系统与大气间净 CO_2 交换量(*NEE*)有着重要的影响。

本章内容对生态系统 CO_2 储存通量的变化作了简单的分析，2013 年 7 月～2014 年 6 月数据如图 10-1 和图 10-2 所示。图 10-1 为生长季节的生态系统 CO_2 储存通量的日变化，可以看出白天湍流作用较强的时候 CO_2 储存通量的变化量几乎为 0，下午15:45 和夜晚 22:15 之间湍流强度减弱，导致森林生态系统呼吸释放的 CO_2 聚集，*Fs* 增大，这一阶段的 *NEE* 也明显高于 *Fc*。日出后到早晨 6:15 之间随着湍流作用的加强和光合作用的进行 *Fs* 开始下降，与此同时该阶段的 *NEE* 也低于 *Fc*。图 10-2 为通过计算全年每日的 *Fs* 累积量做出的 *Fs* 的全年逐日动态。从图 10-1 可以看出 *Fs* 逐日动态在 0 值上下波动，全年每日 *Fs* 值有峰值出现，最小值为−4.94 $mg \cdot m^{-2} \cdot d^{-1}$，最大值为 4.82 $mg \cdot m^{-2} \cdot d^{-1}$。经过计算，全年的 *Fs* 总量为−19.97 $mg \cdot m^{-2} \cdot a^{-1}$。

2014 年 7 月～2015 年 6 月数据如图 10-3 和图 10-4 所示。*Fs* 日变化值在−0.1～0.1 之间波动，夜间的波动要大于白天，夜晚的 *NEE* 值和 *Fc* 值的差值要大于白天，尤其在 *NEE* 值和 *Fc* 值发生正负转换的时候，6:00～6:30 和 17:00～17:30 间，也是大气层结发生转换的时刻，*NEE* 值为 *Fc* 的 1.4～2.8 倍，即此时的

Fs 值大于 *Fc* 值，*Fs* 对 *NEE* 有显著的贡献。在不计算 *Fs* 时，全年碳通量 *Fc* 为 $-735.95\ gC \cdot m^{-2} \cdot a^{-1}$，全年 CO_2 储存量 *Fs* 值为 $-15.563\ gC \cdot m^{-2} \cdot a^{-1}$，加上 *Fs* 后 *NEE* 值为 $-751.515\ gC \cdot m^{-2} \cdot a^{-1}$，即年尺度上，忽略 *Fs* 值会造成 *NEE* 值 2.1%的低估。就每日动态看，全年 *Fs* 在 0 附近来回波动，日累计最小值为 $-4.01\ mg \cdot m^{-2} \cdot d^{-1}$，最大值为 $4.48\ mg \cdot m^{-2} \cdot d^{-1}$。

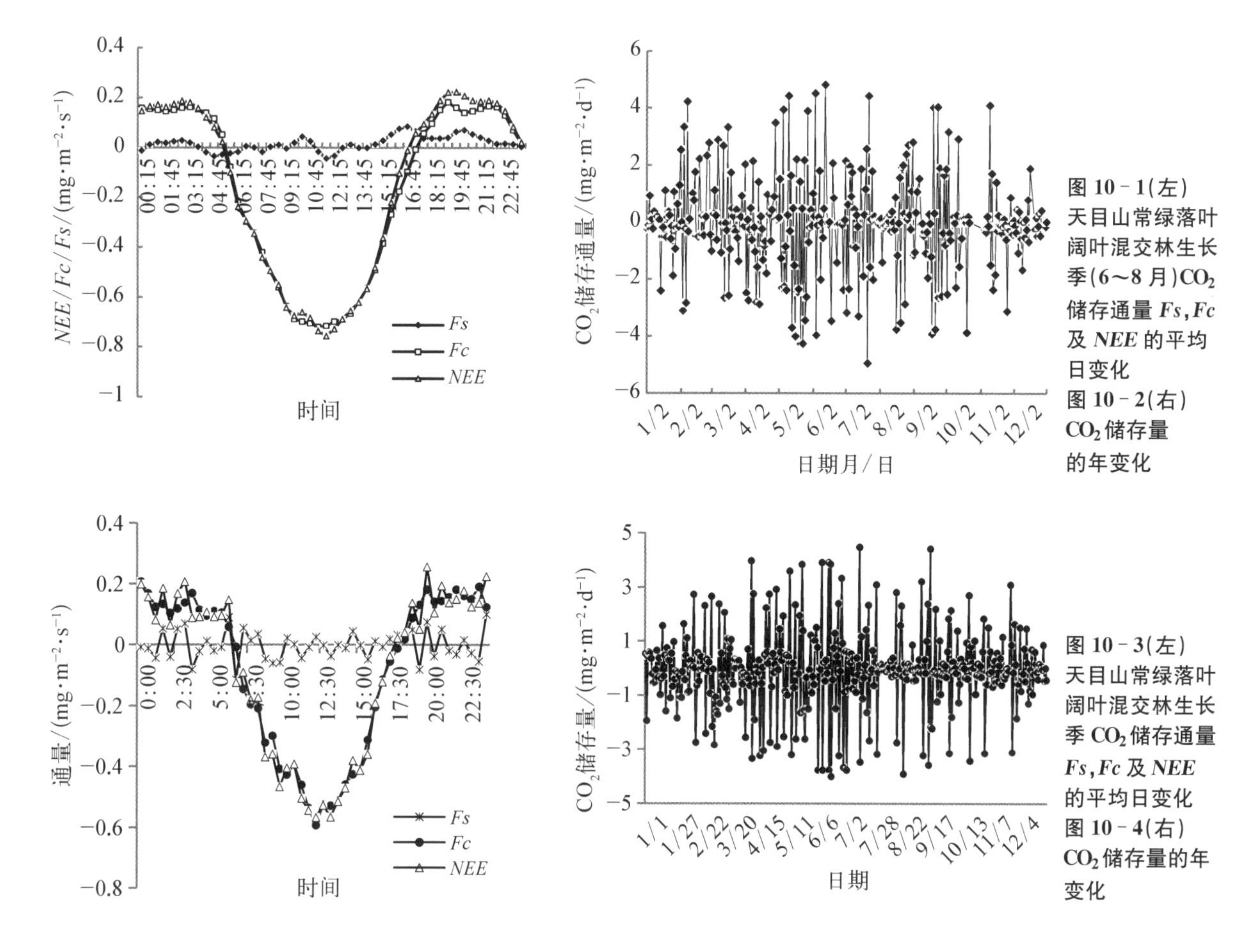

图 10-1(左)　天目山常绿落叶阔叶混交林生长季(6～8 月)CO_2 储存通量 *Fs*, *Fc* 及 *NEE* 的平均日变化
图 10-2(右)　CO_2 储存量的年变化

图 10-3(左)　天目山常绿落叶阔叶混交林生长季 CO_2 储存通量 *Fs*, *Fc* 及 *NEE* 的平均日变化
图 10-4(右)　CO_2 储存量的年变化

10.2.2　CO_2 通量日变化特征

1) NEE 的日变化特征(各月)

图 10-5 表示 2013 年 7 月～2014 年 6 月，天目山老龄落叶阔叶混交林生态系统的一年中不同月份 *NEE* 的平均日变化，它是通过对各个月每日相同时刻的数据进行平均得到的。由图 10-5 可以看出，每个月的 *NEE* 平均日变化都呈 U 型。夜间大部分都为正值，白天为负值。负值越大表示森林吸收的 CO_2 量越大，正值越大表示生态系统放出的 CO_2 量越大。全年来看，6 月的通量峰值最大，达到 $-1.06\ mg \cdot m^{-2} \cdot s^{-1}$；12 月的通量峰值最小，为 $-0.35\ mg \cdot m^{-2} \cdot s^{-1}$。各个月 *NEE* 由正变负和由负变正的时间是不一样的，*NEE* 由正变负表明植物光合作用大于呼吸作用，生态系统开始吸

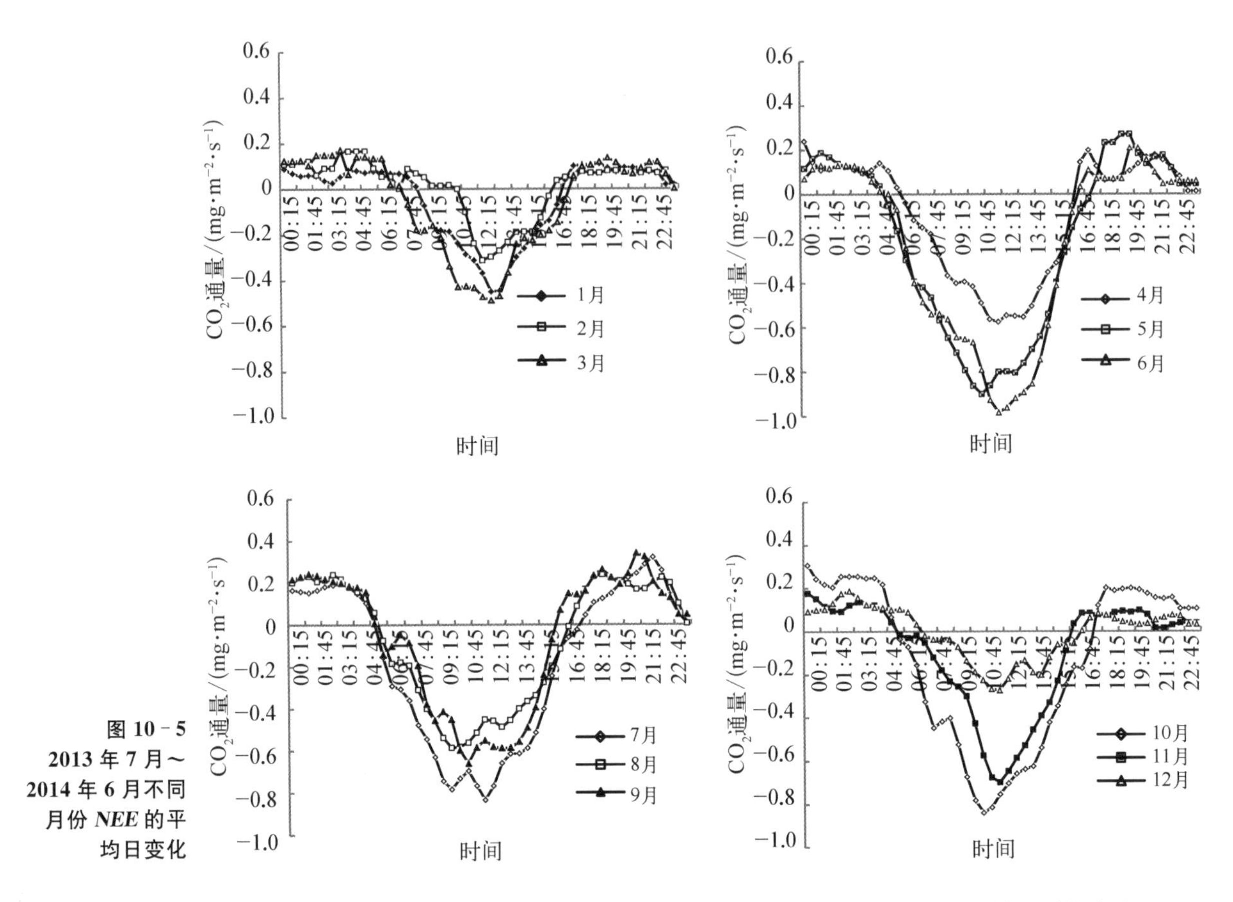

图 10-5 2013 年 7 月～2014 年 6 月不同月份 *NEE* 的平均日变化

收 CO_2，*NEE* 由负变正表明植物呼吸作用大于光合作用，生态系统开始放出 CO_2。*NEE* 由正变负时间最早的月份是 5，6 月，时间为 6:15；由正变负时间最迟的月份是 12，1，2 月，时间为 9:45，其余月份 *NEE* 由正变负的时间介于两者之间；*NEE* 由负变正时间最迟的月份是 7 月，时间为 18:15，由负变正时间最早的月份是 11 月，时间为 16:15。

图 10-6 表示 2014 年 7 月～2015 年 6 月间不同月份 *NEE* 的平均日变化。所有的曲线走势大致为字母“U”形，夜间 *NEE* 为负，森林为碳源；白天相反，*NEE* 全部为正，森林为碳汇。

从图上看来，12 月、1 月、2 月，*NEE* 曲线振幅明显小于其余月份，最大碳汇在－0.4～－0.69 $mg \cdot m^{-2} \cdot s^{-1}$之间，*NEE* 由负转正的时间及其达到峰值的时间，相比其余月份，要晚 1～2 小时左右。6，7，8 月的日变化幅度最为强烈，每日正午的碳汇峰较大，大约在－0.6～－1 $mg \cdot m^{-2} \cdot s^{-1}$之间，森林从早上 6:30 到晚上 17:30，表现为碳汇。3，4，5 月的最大碳汇在－0.6～－0.8 $mg \cdot m^{-2} \cdot s^{-1}$之间，变化曲线比夏季的 3 个月要缓和，秋季的 9 月和 11 月变化趋势则较春季又更为平缓，碳汇峰值约在－0.4～－0.7 $mg \cdot m^{-2} \cdot s^{-1}$。夜间的通量值，季节变化规律不明显，春夏稍大于秋冬，都在很小的范围内变化。

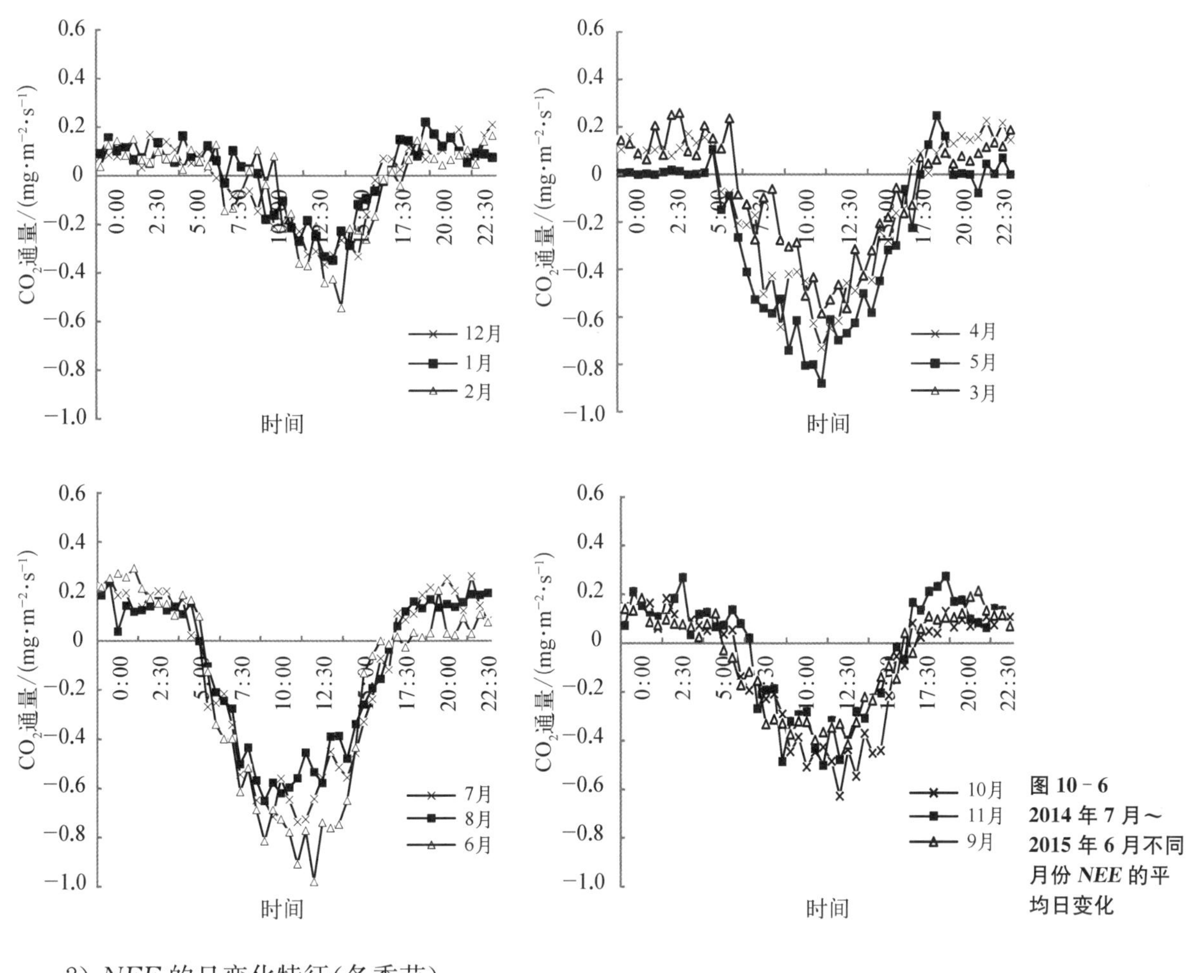

图 10-6　2014 年 7 月～2015 年 6 月不同月份 *NEE* 的平均日变化

2) *NEE* 的日变化特征(各季节)

图 10-7 为 2013 年 7 月～2014 年 6 月,天目山老龄落叶阔叶混交林生态系统 4 个季节的 *NEE* 的平均日变化,图中可以更直观地看到生态系统的四季的 *NEE* 的平均日变化的不同。

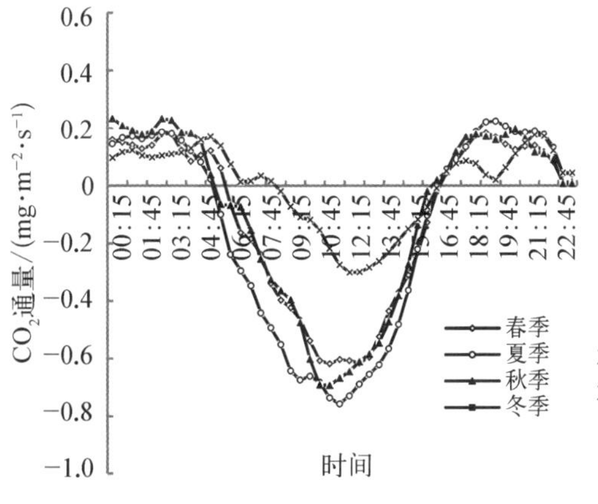

图 10-7　2013 年 7 月～2014 年 6 月不同季节 *NEE* 的日变化

4 个季节都为碳汇,碳汇量的大小排序为夏季＞春季＞秋季＞冬季。不同季节的每日的碳汇时间也是不一样的:春季的每日的碳汇时间为 6:15～16:45,夏季的每日的碳汇时间为 5:45～16:45,秋季的每日的碳汇时间为 5:45～16:15,冬季的碳汇时间为8:45～16:45。夏季的碳汇的时间明显长于冬季,这与日照长度有关。另外不同季节的通量峰值也是变化的,夏季最高,达到$-0.76\ mg\cdot m^{-2}\cdot s^{-1}$。冬季最低,通量峰值为$-0.3\ mg\cdot m^{-2}\cdot s^{-1}$。

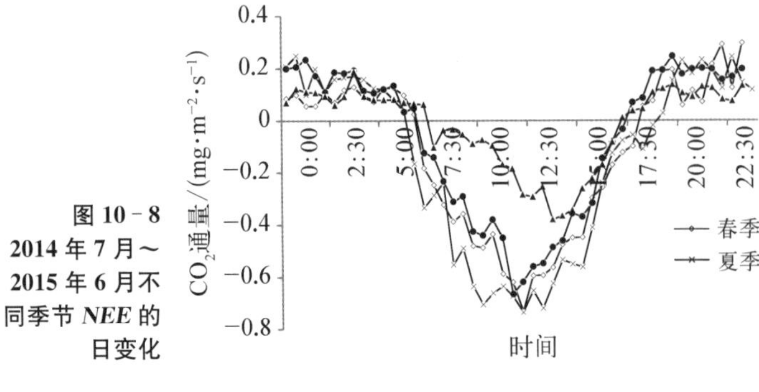

图 10－8 2014 年 7 月～2015 年 6 月不同季节 *NEE* 的日变化

图 10－8 为 2014 年 7 月～2015 年 6 月，天目山老龄落叶阔叶混交林生态系统 4 个季节的 *NEE* 的平均日变化。平均日变化曲线在 4 个季节都为字母“U”形，夜间 *NEE* 大于零，白天 *NEE* 小于零。天目山阔叶混交林在 4 个季节里，全部表现为碳汇，碳汇能力夏季(－322.688 gC·m^{-2})＞春季(－273.936 gC·m^{-2})＞秋季(－146.912 gC·m^{-2})＞冬季(－23.555 gC·m^{-2})。

夏季的 *NEE* 是 4 个季节中最早从正值转换为负值(6:00～6:30)，也是最晚从负值转换为正值(18:30～19:00)的，这是因为夏季的日照充沛，强度大，时间长。冬季碳汇能力明显地弱于其他几个季节，*NEE* 在正负转换时间上，也是最晚由正值转负值(7:00～7:30)，最早由负值转正值(16:30～17:00)的。春、秋两季正负交替的时间较一致，分别为 6:30～7:00，17:30～18:00，春季碳汇量高于秋季。就夜间通量值而言，变化规律不明显，存在一定程度的波动。

10.2.3 净生态系统交换量(*NEE*)月变化特征和 *NEE* 年总量

2013 年 7 月～2014 年 6 月的 *NEE* 的月变化特征如图 10－9 所示，天目山老龄落叶阔叶混交林生态系统 *NEE* 月总量除 12 月，2 月为正值，表现为碳源外，其余月份均为负值，表现为碳汇。碳汇强度在 5～7 月份最大，分别为－143.92，－149.40，－119.58 gC·m^{-2}，其中 6 月份碳汇强度最大，其余月份碳汇量在－24.03～－85.61 gC·m^{-2}之间。最大碳源出现在 2 月份，数值为 23.45 gC·m^{-2}。生态系统 *RE* 月变化为单峰型变化，*RE* 最大量出现在 8 月，数值为 127.21 gC·m^{-2}，*RE* 最小量出现在 12 月，为 41.55 gC·m^{-2}。生态系统总初级生产力最大出现在 7 月，为－246.37 gC·m^{-2}，*GEE* 最小量出现在 2 月，为－20.12 gC·m^{-2}。生态系统的年 *NEE*，*RE*，*GEE* 分别为－738.18，931.05，－1 669.23 gC·m^{-2}。与纬度、林型比较接近，林龄较小的鼎湖山常绿针阔混交林相比(见表10－1)，*NEE* 计算结果也是较高的。可见，浙江天目山老龄落叶阔叶混交林固定大气中 CO_2的能力较强。

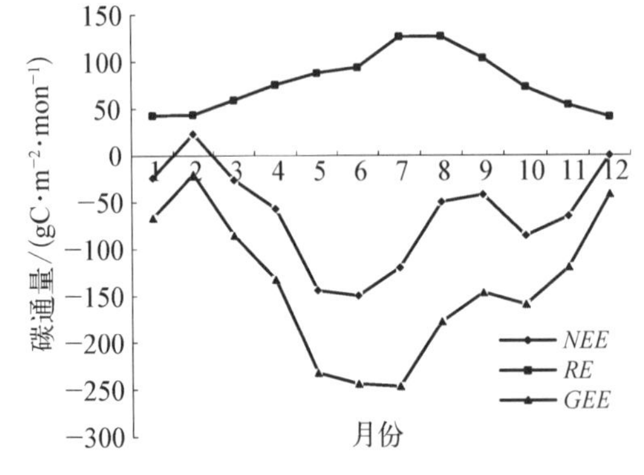

图 10－9 全年 *NEE*，*RE*，*GEE* 的月总量变化

2014 年 7 月～2015 年 6 月，如图 10－10 所示。*NEE*，*GEE* 和 *RE* 的全年总值分别为－751.515，－1 694.38，942.864 gC·m^{-2}·a^{-1}。*GEE* 和 *NEE* 变化趋势一致，变化过程中出现了两个峰值，分别位于 6 月和 10 月，对应的 *NEE* 分别为－126.780 gC·m^{-2}·mon^{-1}和－86.785 gC·m^{-2}·mon^{-1}，6 月也是全年碳汇最大，1 月 *NEE* 值大于零，为

1.484 $gC \cdot m^{-2} \cdot mon^{-1}$，表现为全年唯一的碳源，之后从2月开始全为碳汇，3～5月碳汇值迅速增大，到6月增至全年最大，之后开始逐渐减小，10月再次达到峰值，之后又逐渐降低，12月为全年最小碳汇，仅为－12.755 $gC \cdot m^{-2} \cdot mon^{-1}$。

表10-1 与鼎湖山站点 *NEE* 计算结果的比较

站 名	纬度	经度	海拔	气候类型	森林类型	样地林龄	NEE/($gC \cdot m^{-2} \cdot a^{-1}$)	来源
广东鼎湖山	26°44′N	115°03′E	240 m	南亚热带季风湿润	常绿针阔叶混交林	约100 a	－441～－563	文献[6]
浙江天目山	30°20′N	119°26′N	1 139 m	中亚热带季风湿润	常绿落叶阔叶混交林	约140 a	－738.18	本书

生态系统呼吸值的估算，对于生态系统碳交换的平衡，有着重要作用。生态系统的呼吸受到土壤温度，冠层温、湿度等各种环境因子的影响。呼吸值(*RE*)没有显著的月变化特征，全年的变化范围为59.737～93.117 $gC \cdot m^{-2} \cdot mon^{-1}$，呈单峰型变化趋势，7月为全年最大，93.116 $gC \cdot m^{-2} \cdot mon^{-1}$，2月的呼吸值(59.737 $gC \cdot m^{-2} \cdot mon^{-1}$)为全年最小。就季节而言，夏季的6,7,8月，*RE* 值很大，平均值为91.307 $gC \cdot m^{-2} \cdot mon^{-1}$，冬季最小，平均值为60.955 $gC \cdot m^{-2} \cdot mon^{-1}$。

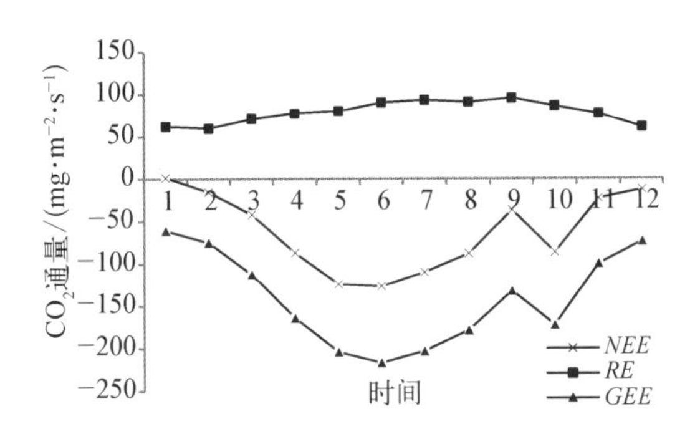

图10-10 全年 *NEE*,*RE*,*GEE* 的月总量变化

10.2.4 CO_2 通量同气象因子的关系

1) 夜间 *NEE* 与土壤温度的关系

夜间 *RE* 是生态系统的呼吸强度，在数值上就等于夜间 *NEE*，利用每日的夜间 *NEE* 和土壤5 cm温度的平均值作拟合，分析土壤5 cm温度值对于夜间 *NEE* 的影响，结果如图10-11所示。夜间 *NEE* 与土壤5 cm温度值呈指数关系，R^2 为0.417 7，这表明随着土壤温度的升高，夜间 CO_2 的排放也逐渐增加，

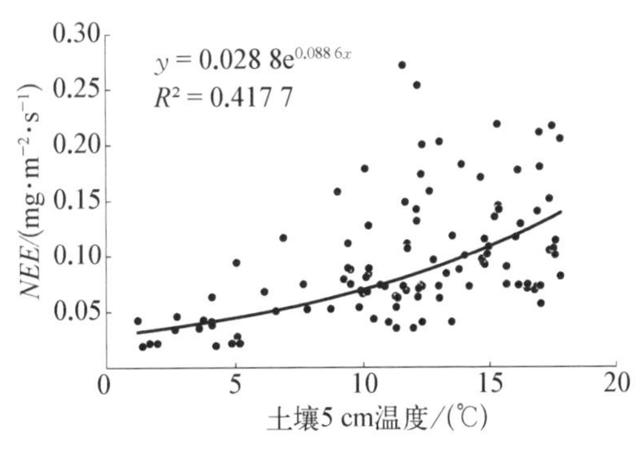

图10-11 夜间 *NEE* 与土壤5 cm温度的关系

这也说明温度对于生态系统呼吸有很大影响，这和赵仲辉的研究结果一致。

2）空气温度及光合有效辐射与NEP和GEP的关系

如图10-12所示，生态系统总生产力GEP月累积量与月平均气温和光合有效辐射均表现出极显著的正相关性，拟合系数R^2分别为0.806和0.715，两者间差异不明显。随着气温和光合有效辐射的升高GEP呈线性增大趋势，表明月尺度上温度和光合有效辐射是GEP的主要控制因子，且未出现“光合午休”现象。净生态系统生产力NEP同空气温度和光合有效辐射的相关性相对较小，但也达到极显著水平，其拟合系数R^2分别为0.504和0.526，类似于GEP，随着气温和光合有效辐射的升高NEP也呈线性增大趋势，这表明温度和光合有效辐射同样也是影响NEP的主要环境因子。

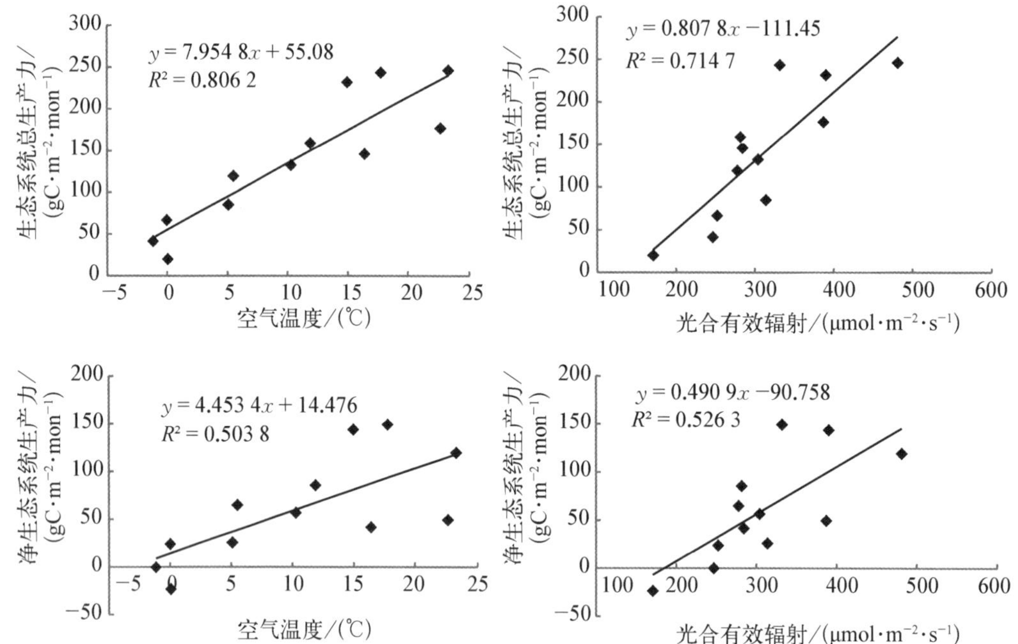

图10-12 月尺度上*GEE*，*NEE*与空气温度与光合有效辐射的关系

10.2.5 结论

1）2013年7月～2014年6月

从研究结果可以看出，中亚热带天目山地区老龄落叶阔叶混交林全年各个月和四季的*NEE*的平均日变化有明显特征。一天中，夜间大部分为正值，白天为负值。每天的*NEE*的正负转变的时间随着季节的不同而不同。夏季每日的*NEE*为负的时间要长于冬季3小时，春秋季每日*NEE*为负的时间介于夏季与冬季之间。这与各个季节的日照时间的长短有关。各个月的日变化中的通量峰值也是不同的。全年来看，6月的每日通量峰值最大，达到$-1.06\ mg\cdot m^{-2}\cdot s^{-1}$，6月光合有效辐射处于一年中高值，降水量丰富，生态系统的植物生理活动十分活跃，光合作用强，温度则低于7,8月份，土壤呼吸和植物呼吸作用相较于7,8月份也较低，在光合作用和呼吸作用的共同影响下，6月

的每日通量峰值达到全年最高；12 月的每日通量峰值最小，为−0.35 mg·m^{-2}·s^{-1}。

浙江天目山老龄常绿落叶阔叶混交林生态系统全年 12 个月中 *NEE* 月总量除 12 月，2 月为正值，表现为碳源，其余月份均为负值，表现为碳汇。2013 年 12 月生态系统几乎处于碳平衡状态，即光合作用吸收的 CO_2 量和呼吸作用放出的 CO_2 量大体相等。12 月份植物生理活动微弱，光合有效辐射处于全年低水平，光合作用微弱。2013 年 12 月 15 日出现了研究期间的第一次降雪，16～18 日还有 2 次强度较大的降雪。研究区海拔较高，降雪不易融化，消雪吸热导致整月温度更低，在 0 ℃以下，呼吸作用微弱。在光合作用和呼吸作用的共同影响下生态系统吸收和放出的 CO_2 量大致持平。研究区 2014 年 2 月份有 22 天是阴雨雪天气，光合有效辐射严重不足，植物光合能力受到抑制；温度则较 12 月份有小幅度提高，呼吸量有微弱增长。这种情况导致生态系统光合吸收的 CO_2 量明显小于呼吸放出的 CO_2 量，2014 年 2 月份成为研究期间唯一的明显的碳源。生态系统全年 *NEE* 月总量变化呈双峰型，峰值出现在 6 月和 10 月，研究区大部分植物在 10 月份还没开始落叶，光合作用强度较 8，9 月份无明显降低，但温度下降明显，对呼吸作用的影响较光合作用高，导致全月净 CO_2 吸收量较 8，9 月有小幅度提高。

全年 *NEE*，*RE*，*GEE* 分别为−738.18，931.05，−1 669.23 gC·m^{-2}，表明浙江天目山地区老龄常绿落叶阔叶混交林具有较高的固碳能力，这一结果与陈青青等人在对我国南方 4 种林型乔木层碳汇潜力的研究中得到的结果一致，她指出我国热带亚热带区域的阔叶林的过熟林仍具有较高的碳汇潜力。观测区地处亚热带地区，终年常绿、群落类型多样、物种丰富、结构复杂，处于森林演替后期，由于对养分和水分的竞争，或者树龄太老、病虫害等原因，林冠上层有个别死亡的现象，但由于冠层层次有 2～3 层，由此形成的空隙使得次一级冠层树木得以生长，并取代死亡的个体，继续旺盛生长保持较高的固碳能力。在计算全年 *NEE* 的同时，本书也初步分析了本站点中碳储存通量对于计算全年 *NEE* 的影响，结果表明在计算本站点全年 *NEE* 时考虑碳储存通量是十分必要的，这和张弥等的研究结果一致。通过对土壤 5 cm 温度值与夜间 *NEE* 值（即夜间 *RE*）以及月平均温度和光合有效辐射与月尺度 NEP 与 GEP 作拟合关系图得出，老龄落叶阔叶混交林生态系统呼吸主要受温度条件的影响，而生态系统总生产力以及净生态系统生产力主要受控于温度与光合有效辐射，其他气象条件对于老龄落叶阔叶混交林碳通量过程的影响还需更加深入的研究。

这部分用了一年的观测数据进行分析，时间可能较短。受环境因子调控，生态系统的碳收支情况年际差异较大，因此深入了解中亚热带天目山地区老龄常绿落叶阔叶混交林的碳循环过程还需要长时间的监测。目前，涡度相关技术测量生态系统碳通量依然存在较大的不确定性，在土壤理化性质、夜间碳通量数据订正技术和适合本站点的全天缺失数据的插补方法等方面仍需进一步研究探索。

2）2014 年 7 月～2015 年 6 月

在日尺度、月尺度和年尺度上分析天目山常绿、落叶阔叶混交林的 *NEE* 的变化规律，计算碳储存量，分析碳储存值对 *NEE* 的影响。

(1) 逐月日变化特征，夏季变化最为强烈，剩下的依次为春季、秋季、冬季。夏季的3个月，夏季由碳源转为碳汇的时间在4个季节里最早，为6:00～6:30左右，由碳汇转为碳源的时间最晚，为晚上18:00～18:30，春季和秋季正负转化时间稍微滞后于夏季大约半小时。冬季在7:00～7:30开始碳汇，17:00～17:30转为碳源，且冬季变化趋势曲线最为平缓，春、夏、秋3个季节碳汇峰值出现在正午左右，冬季则比较晚约在15:00前后。

(2) 日变化规律分别从4个季节来看，全部表现为碳汇。碳汇值夏季(-322.688 gC·m^{-2})＞春季(-273.936 gC·m^{-2})＞秋季(-146.912 gC·m^{-2})＞冬季(-23.555 gC·m^{-2})。夏季的日照时间长，日照充分，碳汇能力也较强，在4个季节中是最早从正值转换为负值(6:00)，也是最晚从负值转换为正值(18:30)。

(3) *NEE*,*GEE*,*RE* 全年总值分别为-751.515，$-1\ 694.38$，942.864 gC·m^{-2}·a^{-1}。*GEE*,*NEE* 变化趋势一致，都为双峰型曲线，两个峰值分别位于6月和10月，全年最大碳汇值为-126.780 gC·m^{-2}·mon^{-1}。*RE* 变化特征不明显，全年变化范围为59.737～93.117 gC·m^{-2}·mon^{-1}，呈单峰型变化趋势，7月为全年最大，93.116 gC·m^{-2}·mon^{-1}，2月全年最小，59.737 gC·m^{-2}·mon^{-1}。全年最小。年尺度上 *NEE*,*RE* 与 *GEE* 的相关性都很高，分别为0.994和0.922，且都为负的线性相关，*NEE* 和 *RE* 之间也存在较强的负线性相关，相关系数为0.485。

(4) 全年碳通量 *Fc* 为-735.95 gC·m^{-2}·a^{-1}，全年CO_2储存量 *Fs* 值为-15.563 gC·m^{-2}·a^{-1}，加上 *Fs* 后 *NEE* 值为-751.515 gC·m^{-2}·a^{-1}，即年尺度上，忽略 *Fs* 值会造成 *NEE* 值2.1%的低估。*Fs* 日变化值在-0.1～0.1之间波动，夜间的波动要大于白天，尤其在 *NEE* 值和 *Fc* 值发生正负转换的时候，*NEE* 值为 *Fc* 的1.4～2.8倍，即此时的 *Fs* 值大于 *Fc* 值。

第 11 章 天目山常绿落叶阔叶混交林土壤温室气体排放的分析

11.1 常绿落叶阔叶混交林土壤温室气体排放法的分析

森林土壤呼吸是全球碳循环的重要流通途径之一，其动态变化将直接影响全球 C 平衡。据统计，大气中的 CO_2 体积分数已经从 1750 年的 280×10^{-6} 增长到 2015 年的 400×10^{-6}，并且每年仍以年均 0.5%的速度在增长。主要来源于天然湿地、稻田、化石燃料开采和反刍动物肠胃发酵等的 CH_4 也是比较活跃的温室气体，具有较强的化学活性。在大气中停留时间较 CO_2 更长，具有更强的红外线吸收能力，对温室效应增强的贡献是温室气体总效应的 15%，仅次于 CO_2，增温潜势大约是 CO_2 的 23 倍，目前大气中 CH_4 的平均浓度为 $1.75\ \mu mol\cdot mol^{-1}$，并以每年约 1%的速率增长。在平流层中的 N_2O 可与电离层的氧原子发生反应生成 NO，进一步与同温层的臭氧(O_3)发生反应，从而消耗 O_3，破坏臭氧层，使到达地球表面的紫外辐射增强，具有更强的增温潜势，是 CO_2 的 150～200 倍，目前大气中 N_2O 体积分数约为 314×10^{-9}，并以年均 0.3%的速度在增长。在所有排放源中，土壤是温室气体产生的重要排放源，而土壤中最主要的生理过程是土壤呼吸。土壤呼吸所产生的温室气体不仅在不同的时间尺度、不同的水热环境、不同的森林生态系统中存在较大变异，而且对变异产生的驱动变量也存在争论。其中，土壤温度和湿度是影响森林土壤呼吸的主要因素，因此，研究温度和湿度对森林土壤呼吸的影响，对于调节大气中温室气体的含量有着重要的意义。

森林生态系统作为陆地上生物总量最高的生态系统，对陆地生态环境有决定性的影响。森林土壤是我国陆地生态系统的重要组成部分，有着旺盛的土壤呼吸，是研究温室气体排放的重要场所。研究表明，森林土壤温室气体的排放主要决定于其所属气候带的温度和湿度差异，通过两者的交互作用影响土壤微生物的活动和土壤呼吸，从而改变温室气体的排放特征。前人对森林的土壤温室气体排放研究较多，如温带森林、北亚热带落叶阔叶林、北亚热带-南温带典型森林、寒带针叶林森林、热带雨林等，但是对亚热带森林常绿落叶阔叶林，尤其是亚热带老森林的研究较少。本书以天目山常绿落叶阔叶混交老森林不同梯度的土壤为研究对象，就其土壤中温室气体 CO_2，CH_4 和 N_2O 在时间上和空间上的排放特点进行研究，明确这些温室气体排放的时空变化特征，为今后采取措施控制这些温室气体的排放提供理论支撑，进而缓解温室效应。

11.1.1 研究方法

1）研究地概况

研究区域位于浙江省西天目山自然保护区内，西天目山于1956年被国家林业局划分为森林禁伐区，作为自然保护区加以保护。该地区位于中国东部亚热带季风区（30°18′～30°25′N，119°23′～119°29′E）。山麓年平均气温在14.8～15.6℃之间，最冷月平均气温为3.4℃，极端最低气温为－13.1℃，最热平均气温为28.1℃，极端最高气温为38.2℃，无霜期为235天，年降水量为1 390～1 870 mm，形成了浙江西北部的多雨中心。冬季寒冷干燥，夏季炎热潮湿。试验区设在从山底部至海拔550 m处的一片区域，森林植被类型主要为常绿阔叶-落叶阔叶混交林。区域总面积约为100.0 hm^2。该区域的土壤类型多为红壤，也有少部分的黄红壤。

2）实验设计

不同坡度土壤温湿度差异较大，可能导致土壤硝化和反硝化过程的差异，N_2O等气体排放不同，由此可能会发现N_2O排放的"热区"。从流域尺度上来说能更好地评估N_2O等气体的排放，因此本实验在同一山坡的常绿-落叶阔叶混交林按照海拔由高到低设置A，B，C，D 4处样地，其海拔高度根据样地地形分别设置为423，360，331，325 m，每个样地设置3个重复。每层样地放置3个矩形框架（0.4 m×0.4 m×0.08 m）作为底座插进深度约4 cm的土壤内，保留约4 cm露在地表，尽量不破坏原位土壤的环境条件。土壤温室气体排放量则通过固定箱（0.4 m×0.4 m×0.2 m）方法测定，箱体采用银色不透光材质，矩形框架槽中粘贴了海绵条密封箱体。每个箱体有3个孔，分别用于平衡箱体气压、测定箱内温度和采集箱体中气样。样品采集孔上固定一个塞子，塞子上插入一根单向针头和一根双向针头用于样品采集。利用50 ml医用针管通过单向针头抽取混合箱体内气体，利用12 ml真空瓶通过双向针头每隔10 min采集一次气样，重复4次。为保证温度尽可能接近日平均值，自2013年3月下旬到11月上旬，每月进行两次气体样品的采集，每次采样时间固定在上午9:00～12:00，用此时测定通量代表采样日的日均通量，并将所采集的气样及时运回实验室进行分析。

3）气体分析与通量计算

实验室对采样的气体分析主要采用静态箱法-气象色谱法。温室气体排放通量是指单位时间通过某单位面积界面输送的物理量，正值表示气体从土壤排放到大气，负值表示土壤吸收大气中的该气体，可表示为

$$F=\frac{M}{V_0}\cdot\frac{P}{P_0}\cdot\frac{T_0}{T}\cdot H\cdot\frac{dt_1}{dt_0} \tag{11-1}$$

式中，M为物质的量，V_0为标准状态下1 mol的体积，$P_0=101.325$ Pa，P为箱内的气压（实测气压），T_0为绝对温度273.15 K，T为273.15加上实际所测温度，H为箱

体高度(单位为 m)。$\frac{P}{P_0}$ 默认情况下为 1，$\frac{dt_1}{dt_0}$ 为温室气体排放速率。标准状态下，CO_2 质量分数为 44，CH_4 质量分数为 16，N_2O 质量分数为 44。

4) 土壤温室气体通量的影响因子测量分析

森林土壤温室气体通量受多种环境因子的影响，如土壤温度、土壤湿度、土壤类型、空气温度、森林植被类型等，本书主要研究土壤温度和土壤湿度对于温室气体通量的影响。在采样过程中，用手持 TDR 在每个箱体周围随机选取 3 个地方，将探头插入土壤中，测量土壤 0～5 cm 的温湿度，取其平均值作为采样时的土壤温湿度。在进行环境因子影响分析时，分别对土壤温度和土壤湿度与不同温室气体通量作 Person 相关系数分析，以研究土壤温湿度因子对于森林土壤温室气体的影响。

11.1.2　土壤温室气体的排放特点

1) 土壤温度和含水量的变化

通过对 4 个采样点土壤温度和含水量的测量(见图 11－1)。由于 4 个采样地海拔差不足 100 m，且前后测量时间差在 2 h 以内，因此 A～D 层采样点 1～5 cm 深土壤温度

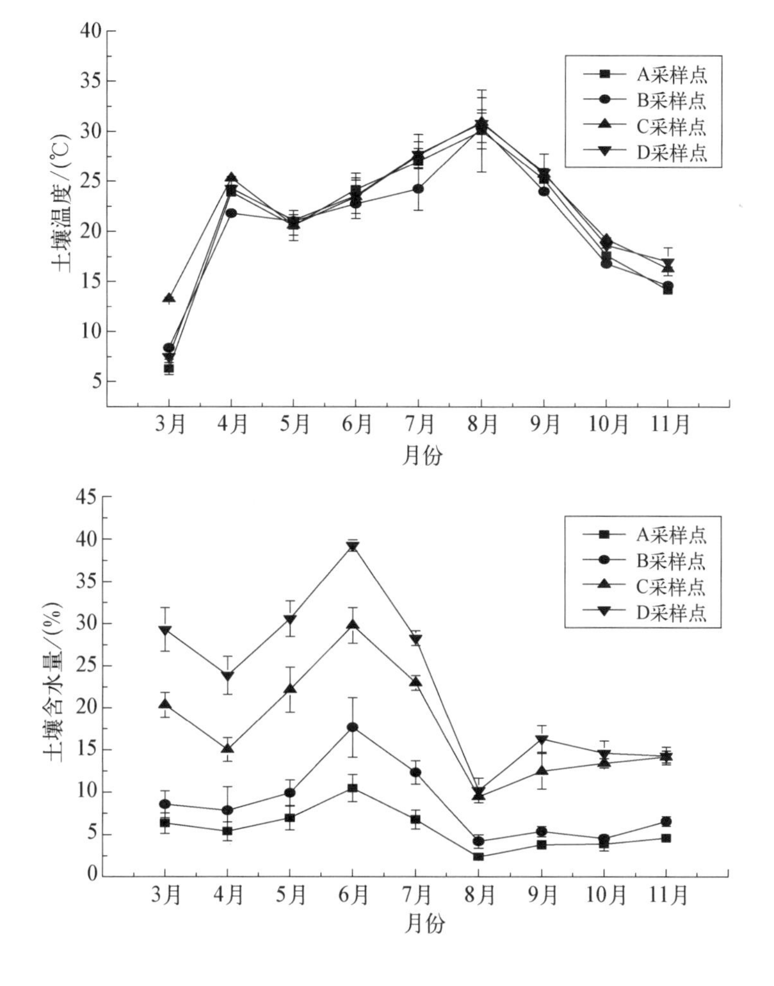

图 11－1
土壤 0～5 cm 温度与湿度变化特征

相比差异不明显($P>0.05$)。四处采样点土壤温度最高值均出现在8月上旬，达30 ℃。而由于受到雨水的冲刷以及山体自身坡度的影响，山体由上而下土壤黏性增加，土壤持水能力增强，土壤含水量随坡度的增加而减小(A～D采样点坡度分别为37.2°，28.1°，14.8°，12.5°)。4处采样点土壤0～5 cm含水量出现明显差异($P<0.05$)，含水量从高到低表现为D采样点>C采样点>B采样点>A采样点。土壤含水量最低的A采样点波动较为平缓，其波动范围在2.32%～12.98%之间；最高的D采样点含水量变化较大，波动范围在7.34%～42.69%之间。

2) 土壤温室气体通量的时空变化

多项研究表明，森林土壤呼吸具有明显的时空动态变化特征图11-2显示了2013年3～11月观测期间天目山常绿落叶阔叶混交林不同海拔梯度3种温室气体总的通量变化。CO_2排放量从高到低依次是：D采样点>A采样点>C采样点>B采样点(D采样点平均总的排放量为95.66±14.3 mgC·m^{-2}·h^{-1}，A采样点为78.99±13.3 mgC·m^{-2}·h^{-1}，C采样点为63.71±9.7 mgC·m^{-2}·h^{-1}，B采样点为40.80±7.3 mgC·m^{-2}·h^{-1})，除了B和D间的排放量存在极显著的差异外($P<0.01$)，其余各层次间均没有明显变化($P>0.05$)。CH_4的排放表现为负值，表明生态系统从外界吸收CH_4。其中A采样点CH_4吸收量最大(−39.06±12.4 μgC·m^{-2}·h^{-1})($P<0.01$)，D吸收量最低(−4.53±6.7 μgC·m^{-2}·h^{-1})($P<0.01$)，分别与B，C采样点存在显著差异($P<0.01$)。但是N_2O总体排放量在4个不同海拔间均没有明显变化。

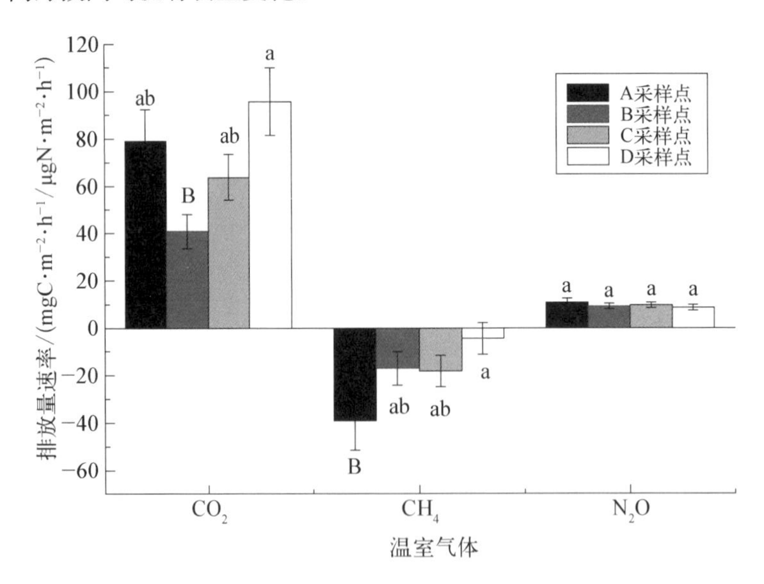

图11-2 不同梯度3种温室气体的变化特征

图11-3为2013年3～11月的观测期间天目山常绿落叶阔叶混交林土壤温室气体通量各月变化情况。A，B，C和D 4个不同海拔梯度对温室气体排放的影响各不相同，除了对N_2O没有显著影响外($P>0.05$)，不同海拔梯度对CH_4和CO_2的吸收/排放均有着显著的影响($P<0.05$)，但各海拔层次间又有差异。CO_2作为该地区的排放源，季节变化明显，其总体排放特征表现为夏季>春季>秋季(其中夏季平均总的排放量为2 609.3 mgC·m^{-2}·

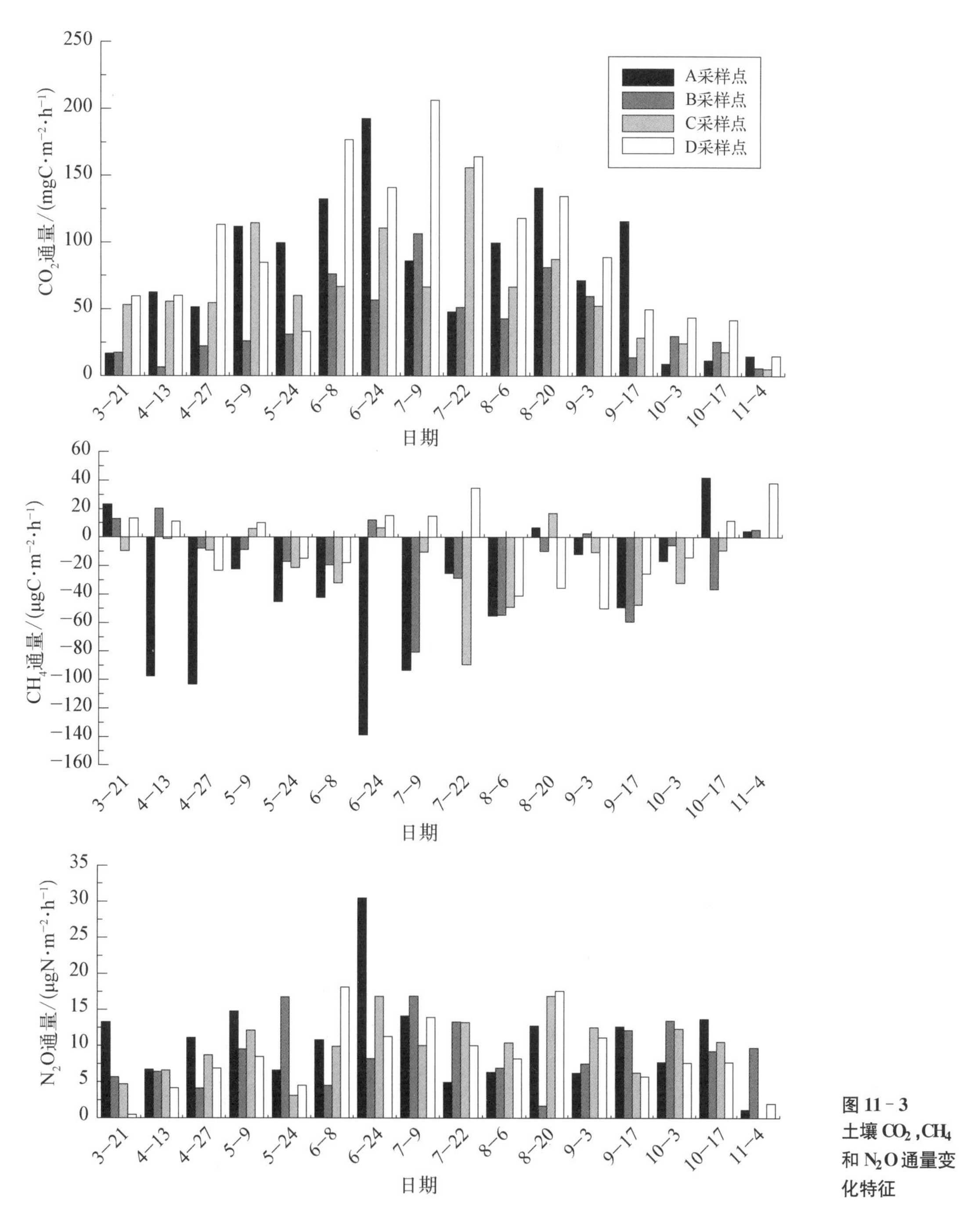

图 11-3 土壤 CO_2,CH_4 和 N_2O 通量变化特征

h^{-1},春季为 1 123.5 mgC·m^{-2}·h^{-1},秋季为 723.9 mgC·m^{-2}·h^{-1})。多项研究指出,土壤温度和土壤湿度是影响土壤 CO_2 排放的重要环境因子,夏季由于土壤温度高和湿度大,植物根系的呼吸作用加强,微生物的活动剧烈。4 处采样点土壤 CO_2 通量从大到小表现为 D 采样点＞A 采样点＞C 采样点＞B 采样点。除了 B、D 采样点间的排放量存在极显著的差异外($P<0.01$),其余各采样点间均没有明显变化($P>0.05$)。D 采样点由于土壤含水量以及土壤温度高于同期其他3处，故其CO_2通量要高于其他3处，7月9日达到最高值为206.47 mgC·m^{-2}·h^{-1}。而A采样点CO_2通量最高值为6月24日的192.45 mgC·m^{-2}·h^{-1}，高于B,C两点。分析原因，6月温度较高，平均温度为23℃，土壤水分也为全年最高，土壤呼吸及微生物活动较强，因此排放量也随之达到较高水平。

观测期间，CH_4整体表现为吸收汇，但其波动范围较大，土壤对于CH_4的吸收速率表现为夏季>春季>秋季(其中夏季平均总的吸收通量为−715.4 μgC·m^{-2}·h^{-1}，春季为−284.7 μgC·m^{-2}·h^{-1}，秋季为−263.6 μgC·m^{-2}·h^{-1})。与董云社研究结果相似，研究期间恰好观测到土壤温度的最高值30.95℃和土壤含水量最低值2.37%都出现在8月，且CH_4排放在该月也高达55.02 μgC·m^{-2}·h^{-1}，说明高温和适当的水分是土壤消耗氧化大气中CH_4的基本条件。同时由于温度升高，土壤内CH_4细菌活性增强，加快了CH_4的氧化分解速度。因此夏季CH_4吸收量达到最高值−138.78～41.99 μgC·m^{-2}·h^{-1}。通过对4个采样点土壤CH_4通量对比发现，土壤对CH_4吸收速率表现为A采样点>C采样点>B采样点>D采样点。A采样点吸收量最大为−138.78～41.99 μgC·m^{-2}·h^{-1}($P<0.01$)，D采样点的吸收量最低为−4.53 μgC·m^{-2}·h^{-1}($P<0.01$)。D层湿度较高时，土壤空气减少，土壤O_2供应减少，CH_4氧化细菌受到不同程度限制，从而减少了土壤对CH_4的吸收。B,C两层采样点之间的吸收量比较，结果极不显著($P>0.05$)。

N_2O整体表现为排放源，相比于CO_2和CH_4，N_2O通量在观测期内季节变化并不十分明显，整体虽呈现为夏季>秋季>春季(其中夏季平均总的排放量为287.1 μgN·m^{-2}·h^{-1}，秋季为168.9 μgN·m^{-2}·h^{-1}，春季为146.7 μgN·m^{-2}·h^{-1})，但季节变化差异较小。研究表明，土壤内硝化微生物活动的适宜温度为15～35℃，反硝化微生物所要求的适宜温度为5～75℃，本研究观测时间段内土壤温度多处于两种细菌所适温度以内，故温度对其影响不大。A,B,C和D 4个不同海拔梯度间N_2O的排放量均没有明显变化，但各采样点N_2O通量峰值均出现在夏季，且2013年6月由于降水较多，平均土壤含水量在10.51%～39.26%之间，为全年最高。研究表明，土壤水分的增加促进了土壤反硝化作用的发生，增加土壤N_2O的产生；但水分含量增加到一定程度时，土壤中毛管孔隙几乎全部充满水，阻塞了土壤空气和大气的交换渠道，N_2O的排放量也将大大减小。因此6月24日A采样点N_2O通量为30.45 μgN·m^{-2}·h^{-1}，为全年最高；其次为7月9日B采样点N_2O通量为16.9 μgN·m^{-2}·h^{-1}。8月20日C,D采样点分别达到16.92 μgN·m^{-2}·h^{-1}和17.6 μgN·m^{-2}·h^{-1}，由于C,D两处采样点地势较低，土壤含水量较多，因此N_2O排放速率大大减小。

11.1.3 土壤温室气体与土壤温湿度的相关性分析

1) CO_2通量与土壤温湿度的相关性分析

通过对4处样地土壤CO_2通量与0～5 cm土壤温度和土壤湿度作相关性分析(见

表 11－1)，结果表明，研究区土壤温度与土壤湿度均与土壤 CO_2 通量呈一定的相关性。土壤 0～5 cm 温度的相关系数高于土壤 0～5 cm 湿度的相关系数，其中 A，B 和 D 采样点土壤温度同土壤 CO_2 通量呈显著性相关($P<0.05$)，说明土壤温度对 CO_2 通量的贡献较大，是该研究区土壤 CO_2 通量主要限制因子。同时土壤湿度也是土壤 CO_2 通量重要影响因子，这与刘源月、李雅红等人对于天目山森林土壤呼吸的研究结果相一致。对比 4 处采样点土壤湿度与 CO_2 通量的相关系数发现各采样点间差异不明显。研究表明，土壤温度与湿度是影响土壤呼吸变化的主要环境因子，两者的交互作用可以解释土壤呼吸变化贡献的 67.5%～90.6%。本研究表明无论土壤在干旱还是高湿情况下，土壤温度为该研究区森林土壤 CO_2 通量主要影响因子。但是，CO_2 通量除了受土壤温湿度的影响外还受到土壤本身的一些理化性质，如土壤酶活性等。因此，在研究环境因子对土壤 CO_2 通量的影响过程中，应该更多地注重土壤呼吸本质变化的土壤理化及生化性质，对深入研究土壤释放 CO_2 机理提供理论依据。

表 11－1　4 处采样点土壤 CO_2 通量同土壤 0～5 cm 温度和湿度相关系数

采样点	A	B	C	D
土壤温度	0.593*	0.587*	0.427	0.582*
土壤湿度	0.437	0.47	0.367	0.39

注：* $P<0.05$；** $P<0.01$。(下同)

2) CH_4 通量与土壤温湿度的相关性分析

对 4 处采样点土壤 CH_4 通量和 0～5 cm 土壤温度和土壤湿度作相关性分析，结果如表 11－2 所示。4 处样地土壤温度均与土壤 CH_4 通量呈负相关关系，即在一定范围内，温度的升高将会导致 CH_4 排放通量的降低，主要是因为温度增强了 CH_4 细菌的生物活性。但是 CH_4 对温度的适应也有一个阈值，当大气 CH_4 和 O_2 扩散进入土壤的速率等于土壤中 CH_4 和 O_2 消耗的速率时，大气 CH_4 氧化达到最大值，此时的土壤温度就是 CH_4 氧化的最佳温度。超过或者低于这个阈值将都会对 CH_4 的吸收或排放速率产生影响。其中 A 和 D 采样点呈显著性负相关，但 B 和 C 采样点相关性未达到显著水平，这表明土壤温度是影响天目山森林土壤 A 和 D 采样点 CH_4 通量的主要环境因子，而 B 和 C 两个采样点可能受两者共同或者其他因素影响，将有待进一步研究。

表 11－2　4 处采样点土壤 CH_4 通量同土壤 0～5 cm 温度和湿度相关系数

采样点	A	B	C	D
土壤温度	－0.508*	－0.476	－0.323	－0.554*
土壤湿度	－0.510*	－0.099	0.307	0.489

4 处采样点土壤湿度与 CH_4 通量的相关性差异较大，其中 A 采样点呈显著性负相关，B 采样点呈现出较弱的负相关，C 与 D 采样点呈正相关，说明在海拔较高的 A，B 两

个采样点，土壤湿度限制了土壤 CH_4 的排放，但是随着海拔的降低，土壤湿度的增大促进了 CH_4 的排放。Henckel 等人的研究表明，CH_4 的氧化同土壤水分有密切的关系，过低的含水量抑制 CH_4 的氧化菌活性，而过高的含水量则限制 CH_4 和 O_2 的扩散。本研究中 A 采样点由于其土壤含水量一直处于较低水平(2.32%～12.98%)，因此，水分条件是土壤 CH_4 通量的主要限制因子，故该处土壤湿度同 CH_4 通量呈现显著性负相关；而 C，D 两处样地土壤含水量一直处于较高水平(最高值分别可达到 35.66%和 42.69%)。由于湿度增加，土壤水填充土壤孔隙导致土壤空气扩散受阻，CH_4 氧化细菌受到限制，从而降低了土壤对 CH_4 的吸收，出现土壤 CH_4 的吸收速率随湿度升高而降低的结果。而 B 采样点由于土壤湿度变化范围较大，在 3.03%～19.80%之间，土壤湿度较低或较高均会影响到土壤 CH_4 通量。

3) N_2O 通量与土壤温湿度的相关性分析

将 4 个采样点土壤 N_2O 通量分别同土壤温度与湿度作相关性分析，两组相关性系数在不同层采样点间差异较大(见表 11-3)。土壤温度同 A，B 处土壤 N_2O 通量相关性不明显，但同 C，D 两处呈现显著性正相关关系。相关研究表明温度是影响土壤 N_2O 通量的重要因子。随着温度的增加，土壤中硝化与反硝化微生物活性增强，从而促进 N_2O 的产生。根据气象局资料可知浙江等地 2013 年 7，8 月份出现了大范围的持续高温、干旱天气，研究区 C，D 两处虽处于较低海拔但干旱程度也较重。说明在土壤含水量较低而温度较高时，含水量对呼吸速率具有抑制作用，此时温度为 N_2O 通量主要限制因子。

土壤湿度同 A，B 处土壤 N_2O 通量分别呈极显著正相关和显著正相关，而同 C，D 两处相关性不明显。这是因为本研究中 A 和 B 两处样地土壤湿度整体较低，均小于 20%，土壤通气性较好。此种情况下硝化作用是产生的 N_2O 的主要来源，此时土壤湿度是 N_2O 排放的主要限制因素，随着土壤水分的增加，N_2O 的排放量逐渐增加。C，D 两处样地湿度较大，在这种情况下土壤中 O_2 供给受到限制，此时反硝化作用所产生的 N_2O 比例提升。但随着土壤含水量的升高，反硝化过程中产生的 N_2 比例逐步增加，N_2O 的排放量逐渐降低，因此，在土壤湿度较高的情况下，土壤湿度并不能同 N_2O 的排放呈极显著的正相关。

表 11-3　4 处采样点土壤 N_2O 通量同土壤 0～5 cm 温度和湿度相关系数

采样点	A	B	C	D
土壤温度	0.129	0.050	0.552*	0.597*
土壤湿度	0.729**	0.613*	0.188	0.155

不同坡度土壤温湿度差异较大，可能导致土壤硝化和反硝化过程的差异，N_2O 等气体排放不同，由此可能会发现 N_2O 排放的“热区”。从流域尺度上来说能更好地评估 N_2O 等气体的排放。通过以上 CH_4 和 N_2O 通量与土壤温湿度的相关性分析表明，CH_4 的吸收通量随温度的升高和湿度的降低而增大；在海拔较低的地区，温度是 N_2O 通量

的主要限制因子，海拔较高地区，湿度是 N_2O 通量的主要限制因子。而对不同采样点的研究表明：土壤对 CH_4 吸收速率表现为：A采样点>C采样点>B采样点>D采样点；土壤 N_2O 排放通量大小表现为：A采样点>C采样点>B采样点>D采样点。两者表现出明显的此消彼长的特点，徐慧等对长白山北坡不同土壤 N_2O 和 CH_4 排放的研究也证实了 N_2O 的排放和 CH_4 吸收之间有着相互消长的关系。目前对于 N_2O 的排放和 CH_4 吸收之间的消长关系在水稻田的研究较多，袁伟玲等人也有过类似的报道，但是对森林土壤特别是亚热带老森林土壤研究甚少。控制 CH_4 排放的水分管理措施往往会促进 N_2O 的排放，而一些控制 N_2O 排放的措施往往又影响到 CH_4 的控制。袁伟玲等人认为，单独针对 N_2O 和 CH_4 提出的排放调控措施，有可能增加另一种气体的排放，甚至会引起总温室效应的增加。土壤水分的高低对土壤孔隙的通透性有较大的影响，O_2 是植物根系和土壤微生物进行有氧呼吸的必要条件，过高的土壤含水量会限制土壤中 O_2 的扩散，此时土壤处于嫌气状态，植物根系和好氧微生物的活动将受到抑制，土壤有机物质的分解速率将会降低，土壤中产生的 CO_2 也会减少，所以会出现超出某一值后，土壤含水量和土壤呼吸呈负相关关系。因此，对森林土壤呼吸而言，最佳的土壤水分状况往往是接近田间最大持水量，过高或过低的土壤含水量将会对土壤呼吸产生抑制。

由于大气沉降氮去向还有很大部分未知（地表水流出通量很小，土壤N的库存、植被吸收、已知气体的排放），比如在TSP（总悬浮颗粒物）大约50%的沉降氮去向未知。多项研究表明，N沉降对温室气体通量变化有显著影响。无机N的增加对森林土壤 CO_2 的排放有明显的促进作用，同时也促进了季风林和马尾松林 CH_4 的吸收。同时也有研究表明，在N限制的森林中，氮沉降对土壤主要温室气体通量无显著影响，或促进土壤 CO_2 的排放；在N饱和的森林土壤中，氮沉降可减少土壤 CO_2 的排放，抑制对大气 CH_4 的吸收，增加 N_2O 排放。大气氮沉降日益成为影响森林土壤主要温室气体产生和消耗的重要因子之一，尤其在氮沉降严重的地区。位于长江三角洲的天目山地区，是中国酸雨多发地区和水体严重污染区域之一，郑世伟等对天目山地区降水样品的无机氮质量浓度进行了分析，结果表明该地区无机氮质量浓度具体表现为秋季最高，春季次之，夏季最低。本研究中 CO_2 和 CH_4 2种温室气体排放/吸收季节变化特征为夏季>春季>秋季；N_2O 通量季节变化表现为夏季>秋季>春季。从季节变化特征来看 CO_2 和 CH_4 的排放/吸收大小与该研究区无机氮质量浓度夏季>春季>秋季的特征表现为正好相反的关系。虽然 N_2O 通量季节变化与无机氮质量浓度变化关系较小，但是也能够看出该研究区森林土壤为氮饱和状态，或者接近饱和状态。

11.1.4 结论

本节以天目山常绿落叶阔叶混交老森林不同梯度的土壤为研究对象，利用静态箱-气象色谱法研究了土壤中温室气体 CO_2，CH_4 和 N_2O 的时空变化特点，并分析了土壤温湿度对其产生的影响，得到以下结论：

（1）天目山常绿落叶阔叶混交林土壤 CO_2 和 CH_4 2种温室气体排放/吸收季节变化

特征为夏季>春季>秋季；N_2O 通量季节变化表现为夏季>秋季>春季。CO_2 和 N_2O 为土壤的排放源，CH_4 为大气的吸收汇。

(2) CO_2 通量从大到小依次为：D 采样点>A 采样点>C 采样点>B 采样点；土壤对 CH_4 吸收速率表现为：A 采样点>C 采样点>B 采样点>D 采样点；土壤 N_2O 通量大小表现为：A 采样点>C 采样点>B 采样点>D 采样点。

(3) 天目山常绿落叶阔叶混交林土壤 CO_2 通量主要限制因子为温度；CH_4 的吸收通量随温度的升高和湿度的降低而增大；在海拔较低的地区，温度是 N_2O 通量的主要限制因子，海拔较高地区，湿度是 N_2O 通量的主要限制因子。

11.2 天目山常绿落叶阔叶混交林土壤呼吸特点分析

想要了解陆地生态系统，就得从森林生态系统入手，因为森林是整个陆地生态的主体部分，也是整个地球生物圈的重要组成成分，其占到了全球陆地非冰盖和冰层表面的 40%，其中郁闭森林为 22%。森林在不断演替更新的过程中能够通过叶片光合作用吸收大气中的 CO_2，其中一部分可以以生物量的形式在其体内留存累积，此时的植物就作为一个储存碳的场所，这种现象称为碳汇。1997 年在日本举行的《联合国气候变化框架公约》大会上通过的《京都协议书》同时也认可了"世界主要工业化国家可以通过增加森林的碳汇功能来履行温室气体减排任务"，因此美国，欧盟等发达国家陆续开始通过改善现有森林生态系统的管理和扩大森林面积以增加本国森林碳汇。根据研究显示，森林生态系统的碳存储空间比其他植被生态系统更高，但是在过去的 150 年间，对森林的改造，或将森林转化为农田或其他人为用途的场地所造成 CO_2 排放量是接近同期所有化石燃料利用所释放出的 CO_2 总量。可见森林生态系统在维持生态系统平衡、促进人类生活生产和恢复自然治理方面起着重要的作用。国际粮农组织(Global Forestry Resources Assessment)将碳储量定义为生物量中碳元素的含量。森林生态系统碳储量主要分为地面植被碳储量和土壤碳储量两个方面，土壤中储藏的碳是生态系统最大的碳库，而土壤呼吸又是一个将光合作用储存下来的有机质通过 CO_2 的形式将其释放到大气当中，其释放的 CO_2 不亚于化石燃料等人为活动的释放量，此时的森林又扮演着一个碳源的角色。所以根据森林这一"碳源""碳汇"的微妙互动，对森林生态系统土壤呼吸的研究，对于估算森林土壤碳排放以及碳存储起到了十分重要的作用。

森林生态系统作为陆地上生物总量最高的生态系统，对陆地生态环境有决定性的影响。森林土壤是我国陆地生态系统的重要组成部分，有着旺盛的土壤呼吸，是研究温室气体排放的重要场所。研究表明，森林土壤温室气体的排放主要取决于其所属气候带的温度和湿度差异，并通过两者的交互作用影响土壤微生物的活动和土壤根系呼吸，从而改变温室气体的排放特征。前人对森林生态系统碳循环以及土壤温室气体排放研究较多，如温带森林、北亚热带落叶阔叶林、北亚热带-南温带典型森林、寒带针叶林森林、热带雨林等，但是对亚热带森林常绿落叶阔叶林的研究较少。本节以天目山常绿落叶阔叶混交林的土壤为研究对象，就其土壤中 CO_2、CH_4 和 N_2O 在时间上和空间上的排放特点进行研究，明确这些温室气体排放的时空变化特征，为今后采取措施控制这些温室气体的排放提供理论支撑，进而缓解温室效应。

11.2.1　土壤呼吸的概况

1）土壤呼吸的基本概念

土壤呼吸(Soil Respiration)是指根系的自养呼吸加上微生物和土壤动物以及有机体分解的异氧呼吸后向大气释放二氧化碳的生物学过程。

森林土壤呼吸是全球碳循环的重要流通途径之一，其动态变化将直接影响全球碳平衡。据统计，大气中的 CO_2 体积分数已经从 1750 年的 280×10^{-6} 增长到 2015 年的 400×10^{-6}，并且每年仍以年均 0.5%的速度在增长。主要来源于天然湿地、稻田、化石燃料开采和反刍动物肠胃发酵等的 CH_4 也是比较活跃的温室气体，具有较强的化学活性。在大气中停留时间较 CO_2 更长，具有更强的红外线吸收能力，对温室效应增强的贡献是温室气体总效应的 15%，仅次于 CO_2，增温潜势大约是 CO_2 的 23 倍，目前大气中 CH_4 的平均浓度为 1.75 $\mu mol\cdot mol^{-1}$，并以每年约 1%的速率增长。在平流层中的 N_2O 可与电离层的氧原子发生反应生成 NO，进一步与同温层的臭氧(O_3)发生反应，从而消耗 O_3，破坏臭氧层，使到达地球表面的紫外辐射增强，具有更强的增温潜势，是 CO_2 的 150～200 倍，目前大气中 N_2O 体积分数约为 314×10^{-9}，并以年均 0.3%的速度在增长。在所有排放源中，土壤是温室气体产生的重要排放源，而土壤中最主要的生理过程是土壤呼吸。土壤呼吸所产生的温室气体不仅在不同的时间尺度、不同的水热环境、不同的森林生态系统中存在较大变异，而且对变异产生的驱动变量也存在争论。其中，土壤温度和湿度是影响森林土壤呼吸的主要因素，因此，研究温度和湿度对森林土壤呼吸的影响，对于调节大气中温室气体的含量有着重要的意义。

2）土壤呼吸的国内外研究进展

国外对土壤呼吸的研究认知较早，最早始于 19 世纪初，主要在北美和欧洲地区，而且主要是在耕作上。19 世纪后半叶到 20 世纪初的时间里，土壤呼吸的报道有所减少，因为那时发生了社会动乱。直到 20 世纪 60 年代左右人们对土壤呼吸的研究又开始恢复，并且逐渐昌盛，由于科技日新月异地不断发展，土壤呼吸的测量方法的改进、测量仪器精确度的提高，研究样方也开始涉及苔原(Tundra)、湿地(Marshes)、沙漠(Desert)、草原(Grassland)等领域，由于工业发展增大了化石燃料的燃烧以及土地利用方式改变，研究方向也陆续向有关于 N 沉降、同源比较、影响因子、自生根与他生根的根呼吸影响、地表以及地底微生物呼吸的影响、近地面以及土壤中动物呼吸、地表凋落物等环境因素的研究也开始逐渐增多。

国内对土壤呼吸的研究起步相比国外比较晚，最早是在 20 世纪八九十年代，此时对于国外的研究成果已经有了一定的累积，但主要是在农田方面有研究，对野外的自然生态系统如原始森林生态系统、湖泊生态系统等方面的研究甚少。在近十几年来，随着改革步伐的加快，我国的研究视野开始有了突飞猛进的更新，开始加大对土壤呼吸的研究，研究领域拓展到热带森林、人工林、荒漠、高原等。研究的对象有马尾松；方向主要集中在土壤呼吸与耕作方式的关系、不同作物生长期对土壤呼吸的影响、对根系呼吸的影响等。

11.2.2 土壤呼吸的测量方法

目前对土壤呼吸测定的仪器和办法有很多，但由于土壤呼吸是一个复杂的生物学过程，是一个多重因素共同影响的结果，测量方法总是会存在不同的利弊之分，所以找到一个稳定精确的测量方法也是世界研究者一直以来所探讨的重头戏。目前测量方法主要分为直接测量法和间接测量法。

1）间接测量方法

间接测量法顾名思义是指通过对除二氧化碳以外某些环境指标（如测定土壤中ATP含量）进行测量以后建立模型模拟演算出土壤 CO_2 的释放量。也可以利用土壤呼吸与环境因子的相关性模拟以后用温湿度进行推算。但是间接法需要建立测量目标与土壤呼吸的定量关系，而不同区域的小环境又有自己特定的动态规律，就使得间接法需要尽可能多的样本，所以存在一定的局限性。

2）直接测量方法

目前运用较为广泛的是直接测定法，即直接对土壤中 CO_2 的释放量进行测定。

（1）静态箱法。

静态箱法是指用密闭的采样箱覆盖在样地表面，目的是将呼吸室插进土壤，将土壤空气中的气体装一部分进箱中，再分析箱内空气的气体浓度的方法。主要有碱液吸收法和气象色谱法。

碱液吸收法（Static Alkali Absorption）：是测量土壤呼吸的一种传统方法，把土壤地面的气体用碱液或碱石灰（NaOH 或 KOH）吸收 CO_2，经过化学反应升成碳酸根，再用酸进行滴定或使用重量计算的方法计算获得 CO_2 的浓度值。该方法是由 Lundegardh 在 1927 年提出，在 80 多年的广泛使用中，人们也发现其存在不能在短时间内进行连续测定且碱液浓度、体积、接触面积、接触时间、箱室大小、离地距离等客观因素都会使测定结果受到影响等缺点，虽然其操作简便设备简单适合长时间多点测定。

气相色谱法（Closed Chamber-gas Chromatograph Techniques）：是指将气室箱内收集到的气体抽取出来用气相色谱分析仪分析后计算出其中 CO_2 的浓度。因其灵敏度好，能同时精准地测量分析甲烷、氮氧化物等多种气体的优点，迅速成为世界上使用最广泛的测量方法之一。但其缺点是设备昂贵、插入土壤的箱体明显破坏了土壤的物理结构、阻隔箱室内外的气体交流，并且在抽取和运输到实验室方面也会导致气体流失，因而产生分析误差。

（2）动态气室法。

动态气室法是利用一个密闭或气流交换的气体采样箱与红外气体分析仪（IRGA）

相连接，对采样箱中的二氧化碳用采气泵直接泵入分析仪进行直接连续的测定。得到数据后便会自动记录在机器内，是目前最理想的测量方法。并且因为气体流通，其准确性明显高于静态箱室和碱液标定法。由美国内布拉斯加州林肯市的 Li - Cor BioSciences 基因公司研发生产的便携式封闭式全自动 Li - Cor8100 系统也是基于封闭式动态气室法原理，其测量数据精确、自动化程度高，其外接部分可以分为 8100 和 8150 两套设备，分别搭配可进行连续、易于携带的长期野外检测，也可进行快速、可重复的短期测量，其测量的精确性也是获得业内人士的一致好评，能较好地反映土壤呼吸的实际水平。本研究就是使用 Li - Cor8100 以确保测量出来的数据具有较为可靠的有效性和精确性。

(3) 微气象学法。

微气象学法又称涡动相关法，是根据微气象学原理，通过计算物理量的脉动与风速脉动的协方差即基于通过土壤的气流流通涡流求算湍流输送量的方法，其主要方法分为空气动力学法、热平衡法和涡度相关法。由于其可以测量大范围的额碳通量不受地形限制并且几乎不改变土壤表面的物理性质，已广泛地应用于陆地生态系统碳通量的测定中。但该方法也同样存在弊端，就是对测量环境的要求比较高，要求大气稳定、下垫面平坦、水平距离高于覆盖植被、要有较高精密度的仪器(造价昂贵)、适用于温带矮草原、对于高山树林不太适用以及不可移动等。

(4) 土壤浓度廓线法(土壤剖面法)。

土壤浓度廓线法又称为土壤剖面法，是通过土壤剖析面不同深度的二氧化碳浓度来进行估算的一种方法。该方法不影响地下微生物的活性但是需要插入探针进而影响微环境，而且没有流动的空气，所以也有一定的局限性。

11.2.3　土壤呼吸的影响因子

土壤呼吸是一个复杂的生物学过程，受到多重因子的影响，如大气温湿度、土壤的结构、pH 值、降水、植被类型、凋落物、土壤有机质、土壤动物与微生物以及各种人为因素如土地利用方式、施肥、营火甚至破坏程度等。

1) 温湿度对土壤呼吸的影响

温度与湿度是影响土壤呼吸最直接也是最重要的两个环境因子。

温度的变化会直接影响到土壤中生物的活性，根据多项研究证明土壤温度与土壤呼吸之间有较好的相关性。杨清培等在广东省黑石顶自然保护区南亚热带森林演替系列中的马尾松林和松阔混交林林下土壤的呼吸研究中发现，可按非线性函数拟合得出土壤呼吸速率与土壤温度之间的关系；陈全胜等在土壤呼吸对温度升高的适应中发现根系的土壤呼吸速率随温度升高而升高；王玉涛等发现北京城市绿化树种的土壤呼吸速率与土壤温度呈极显著的相关关系；李雅红等在研究西天目山毛竹林的土壤呼吸特征时发现土壤呼吸与土壤温度呈极显著的指数关系；但龚斌等在井冈山国家级自然保护区亚热带森林中所测得的土壤呼吸数据表明阔叶林土壤呼吸和土壤温度相关性不显著。说明不同的区域条件得到的结论有所不同，也证明土壤呼吸是一个综合相关的结果，通常土壤温度解释了土壤呼吸速率的70%～97%。

湿度的变化会影响土壤中空气含量，也会并发引起土壤微生物活性的改变。Holt在对澳大利亚北Queensland保护区的研究中发现其土壤呼吸速率与土壤湿度呈正相关；Hanson在美国田纳西州的试验中发现湿度的增加对土壤呼吸并没有显著影响；Kursar(1989)在巴拿马热带半常绿林中所观测到的数据显示，在湿度增加后，土壤呼吸的速率反而有所减少。并且湿度与土壤呼吸的关系较温度对呼吸的影响较为复杂，也难以用一个函数的关系式来表达。Q10值通常用来表示土壤呼吸对温度的敏感性指标，即在5～20℃范围内，温度每升高10℃，土壤呼吸相应增加的倍数。

2）凋落物对土壤呼吸的影响

所谓凋落物即植物的枯枝落叶，凋落物呼吸是指枯枝落叶掉在土壤表层形成枯枝落叶层，然后分解释放CO_2的过程。凋落物被微生物分解以后会产生CO_2，对土壤呼吸的测量产生一定的影响。古语有云“落红不是无情物，化作春泥更护花”，在Fisk，Dieu Nzila等人的验证下，发现凋落物确实对植物的生长起到一个补给养分，促进生长的作用，因此间接影响了土壤呼吸。凋落物的分解包括3个过程：淋溶、破碎化和化学变化。化学变化会参与到整个土壤的养分吸收和CO_2的释放过程。森林凋落物作为探员和炭灰二重身份者，既可储存碳素为土壤呼吸提供呼吸底物，同时自身的分解以及促进土壤生物的活动又向大气中释放CO_2。Epron等的实验结果表明土壤呼吸与地上枯落物量显著相关。张超等人对亚热带马尾松林下凋落物对土壤呼吸的研究中发现，添加凋落物可以使土壤呼吸速率增加27.36%。

3）施肥对土壤呼吸的影响

农业管理活动中施肥、耕作和灌溉对CO排放影响较大，施肥主要通过影响作物生长、微生物及动物生境而影响土壤呼吸。石兆勇等在对蒜地施加S和N之后得到土壤呼吸速率都有不同程度的升高；冯伟等在太湖地区长期施肥的观测后得出“施肥方式的不同会影响杂草种子库的多样性，而多样性的高低与农作物产量高低及稳定性有着一定的相关关系：即均衡的施肥方式有利于维持土壤杂草种子库多样性，提高农作物产量”的结论；李焕春等在对阴山北麓旱作农田进行不同施肥处理后，观察土壤呼吸的变化中发现，不同施肥措施通过促进作物生长，调节土壤C/N值等，显著增加了土壤呼吸速率($P<0.01$)，大小顺序为：施有机肥>有机无机配施>施化肥。所以不同区域、不同的施肥材料、不同的施肥比例都会对土壤呼吸产生不同的效果。

4）植被类型对土壤呼吸的影响

不同植被类型决定了当地的一个小环境、小气候，决定了其植被的种类、地底状况、根系分布，进而决定了土壤的类型、孔隙度以及小气候中的水热状况，从而对土壤呼吸的速率也有所影响。辛勤等在中国亚热带森林土壤呼吸的基本特点的研究中发现我国亚热带区域中的天然林的土壤呼吸通常表现为针叶林(如马尾松林)<松阔或针阔混交林<季风常绿阔叶林；陈全胜等在研究中发现中国温带草原地区温度升高对较湿润区

域土壤呼吸的影响大于较干旱区域；史宝库等在小兴安岭几种林型的调查中发现对生长季平均土壤呼吸速率为次生白桦林＞谷地云冷杉林＞阔叶红松择伐林＞原始阔叶红松林＞人工落叶松林。

不同的土地利用方式也决定了土壤呼吸的差异。吴建国等在对六盘山林区几种土地利用方式的研究上发现农田和草地土壤呼吸速率的昼夜或月变化幅度比天然次生林和人工林中大，且农田和草地土壤呼吸速率在昼夜或月变化中的最高值比天然次生林和人工林高；黄鹤凤等在对安吉集约经营的毛竹雷竹林的研究中发现，集约经营的竹林比粗放经营的竹林对水热环境的改变反应更大。

11.2.4　土壤呼吸的变化规律

前面提到对土壤呼吸的环境因子有很多，而这些环境因子根据日月变化、潮汐增长在日、月、季节、年的不同尺度上又有不同的变化。

1) 日变化

森林土壤呼吸存在明显的昼夜变化，许多研究结果表明土壤 CO_2 通量的日过程主要取决于土壤温度的变化，在土壤温度作用的驱使下，土壤呼吸具有明显的日变化特点，主要取决于土壤温度的变化范围和幅度。张增信等在对北亚热带次生栎林和人工松林的研究中发现，土壤呼吸速率最强一般出现在下午，最弱一般出现在凌晨；宁亚军等在对浙江古田山亚热带常绿阔叶林土壤呼吸的研究中发现，土壤呼吸最大值一般出现在14:0～16:00。证明土壤呼吸速率随着日辐射即温度的变化而逐渐变化，呈现一个中午偏高，早晚偏低的倒“U”形(单峰曲线)结构。且也有研究发现，在早晨9:00～11:00之间测量的土壤呼吸值可以近似代表全天的土壤呼吸均值，但在实验研究目的不同或者条件允许的情况下还是测量一整天的比较有说服力。

2) 季节变化

由于一年四季的水热状况各有千秋，因此土壤呼吸也受到季节变化所驱动。一般而言，在全球尺度上，冬季温度降低，土壤生物活性也减弱，生物都处在一个“藏”的状态，土壤呼吸也不例外，最低值即出现在冬季或早春；而到了夏季，如人体机能一般，万物达到一个生长的巅峰期，所以土壤呼吸的最大值一般在夏季出现，因为夏季是土壤温度和土壤水分最为充足的时期，而且也是植物生长最为旺盛、植物生长亦最为活跃，光合作用最为强烈、微生物活动最为活跃的时期，它们对土壤呼吸的季节变化均有较大的影响。赵文君等对贵州茂兰自然保护区喀斯特原生乔木林和次生林的土壤呼吸特性研究中发现土壤呼吸速率在1,2月比较低，而在5月比较高；史广松等对灵空山3种暖温带森林林分土壤呼吸速率的观测结果表明，3种林分的土壤呼吸速率与土壤温度、近地面气温的季节变化趋势基本一致，均呈明显的单峰曲线变化。从5月份开始逐渐升高，到7月底8月初，3种林分的土壤呼吸速率出现最大值，之后逐渐降低，10月降到较低值；陈全胜等的研究发现，锡林河流域典型草原退化群落土壤呼吸总体趋势是夏季高，其他季节低，但季节动态呈现不规律的波动曲线。

11.2.5 研究内容及方法

森林在减缓温室气体排放以及维持全球碳平衡方面发挥着非常重要的作用。因此，研究森林生态系统的土壤呼吸特征，对于准确估算森林土壤碳排放以及研究全球气候变化都具有十分重要的意义。森林生态系统碳蓄积的量及过程变化，是判断森林生态系统是大气中 CO_2 源或者汇的主要依据。森林生态系统的碳循环与碳蓄积在全球陆地碳循环和气候变化研究中具有重要意义。

目前的土壤呼吸研究主要集中在白天和生长季的呼吸量测定，由于设备原因或者气候条件而对夜间、冬季以及全年的研究数据缺乏，但是夜间土壤呼吸在缺乏光合作用的情况下也在运转、雪地下根系和微生物活动仍可产生呼吸通量、对年土壤呼吸量的估算是基于冬季土壤呼吸为零的前提假设，其变化还没有确定的依据和相应的规律。也少有将实时监测的土壤呼吸与 NEE 结合。介于此，本节以 2014 年 1 月～2014 年 12 月的土壤呼吸与 NEE 观测数据为依据，研究其主要环境因子的日变化、月变化、季节变化和年变化验证亚热带地区落叶阔叶混交林固定大气 CO_2 的能力，因此能更全面了解森林生态系统土壤呼吸，为区域及全国碳收支估算和碳循环提供必要的数据储备。总体趋势是随温室效应的加剧，土壤呼吸速率增大，充分发挥和增强森林生态系统的固碳功能，对人类的生存与生态环境的改善以及人类社会经济的可持续发展至关重要。

1）实验设置

在落阔混交林中设置 50 m×50 m 的样方，在其中随机选取 3 个 2 m×2 m 的小样方，安置聚氯乙烯(Polyvinyl Chloride, PVC)测试环，该聚乙烯环直径 20 cm，高 10 cm，在安置每个土壤环时，让其露出地表 3～5 cm。为减少对土壤表层的干扰，提前 24 h 将其插入土壤表面，拔掉环内植物活体，不扰动地表凋落物，并在测定期间内尽可能保持土壤环的位置始终不变，待 24 h 后，备用。

土壤呼吸的测定选用 LI-COR LI-8150 开路式土壤碳通量测量系统，测定时间为 2014 年 1～12 月，除 2 月大雪封山无法进行实验以外，每月中旬至下旬，进行土壤呼吸的24 h 昼夜不间断测量。同时使用 LI-COR LI-8150 附带的温湿度探针测定土壤 0～10 cm 处的土壤温度和湿度。具体监测过程为：首先，在样点选取具有代表性的位置放好土壤环，静置 24 h 将扰动降低到最小，然后将 LI-COR LI-8150 的 3 个气室放置紧扣到土壤环上，分别将土壤温度和土壤湿度测量探头插入样点附近的土壤中进行数据采集。每次测定时土壤呼吸室关闭时都会自动记录初始的大气温度、大气相对湿度、大气压强等，可以认为是近地面的大气温度、大气湿度以及大气压强。仪器设定为每5 min 记录一次相关数据，每个样点进行 15 天不间断数据采集，数据包括土壤温度、土壤湿度、实时土壤呼吸速率等。

观测林地建有高 40 m 的微气象观测塔，开路涡度相关系统的探头安装在距地面 38 m 高度上，由三维超声风速仪(CAST3, Campbell Inc., USA)和开路 CO_2/H_2O 分析仪(EC150, LiCor Inc., USA) 组成，原始采样频率为10 Hz，利用数据采集器

(CR1000, Campbell Inc., USA) 存储数据,同时根据涡度相关原理在线计算并存储 30 min 的 CO_2 通量(Fc)、摩擦风速(Us)、潜热通量(LE)和显热通量(H)等参数。

2) 数据处理

(1) 土壤呼吸数据处理。本研究采用美国 LI-COR 公司生产的 LI-COR LI-8150 开路式土壤碳通量自动测量系统。LI-COR LI-8150 全自动碳通量测量系统估算土壤呼吸 CO_2 排放速率($\partial c/\partial t$)的主要方法是指数回归方法(详见 LI-8100 仪器说明书):

$$c(t) = c_x + (c_0 - c_x)e^{a(t-t_0)} \tag{11-2}$$

式中,$c(t)$为土壤呼吸气室内 CO_2 的浓度;c_x 为定义渐近线的参数;c_0 为土壤呼吸气室关闭时大气中 CO_2 的浓度。土壤呼吸 CO_2 释放速率即为上述指数回归方程式(11-2)的初始斜率($\partial c/\partial t$):

$$(\partial c/\partial t) = a(c_x - c_0) \tag{11-3}$$

测量仪器所获得的数据用 SPSS 13.0 软件进行显著性检验和方差分析,Microsoft Excel 2003 辅助分析并且作图。采用 Pearson 相关系数评价土壤呼吸与环境因子的相关性。根据前人论文研究,一般采用指数模型来表达土壤呼吸与温度之间的关系:

$$y = ae^{bx} \tag{11-4}$$

式中,y 为土壤呼吸(CO_2)速率[$\mu mol \cdot m^{-2} \cdot s^{-1}$];$x$ 为 10 cm 土壤温度(℃)。a 为温度为 0 ℃时的土壤呼吸,b 为温度反应系数。

土壤呼吸的温度敏感性指数 Q10 值,计算公式为

$$Q_{10} = e^{10b} \tag{11-5}$$

土壤呼吸与水分的关系采用线性模型:

$$y = cx + d \tag{11-6}$$

式中,x 为 0～10 cm 土层土壤质量含水量;c 为水分反应系数;d 为截距。

采用单因素方差分析(One-way ANOVA)以及 LSD 多重检验法,来分析土壤呼吸速率季节动态的差异显著性。

土壤呼吸的年累积量为

$$R = 12 \times 10^{-6} \times 864 \times \sum \bar{y}iDi \tag{11-7}$$

式中,$\bar{y}i$ 为第 i 月土壤呼吸平均速率($\mu mol \cdot m^{-2} \cdot s^{-1}$);$i$ 为第 i 月天数。由于本次实验在 2 月没有进行,故将公式中的"12"变成"11",在减少一个月的情况下对土壤呼吸年累积量做出估算。

(2) 净生态系统碳交换量(Net Ecosystem Exchange, NEE)的数据处理。观测的垂直通量 Fc 就是净生态系统碳交换量(Net Ecosystem Exchange, NEE)。净生态系统

碳交换量(*NEE*)主要是指生态系统中植物光合作用、冠层空气中的碳储存和生物及非生物呼吸消耗的碳排放综合引起的陆地生态系统与大气系统间的碳交换的变化。当 CO_2 从大气进入到生态系统时，定义 *NEE* 符号为负；当 CO_2 从生态系统排放到大气中时，定义 *NEE* 符号为正。净生态系统生产力(Net Ecosystem Productivity，NEP)符号的定义和 *NEE* 的符号相反，生态系统总初级生产力(Gross Primary Productivity，GPP)符号的定义和生态系统总交换量(Gross Ecosystem Exchange, GEE)也相反。因此，植被-大气之间的气体交换过程可用下列方程描述：

$$GEE = NEE - RE \tag{11-8}$$

$$NEE = Fc + Fs \tag{11-9}$$

$$RE = RE_{eight} + RE_{day} \tag{11-10}$$

式中，*Fc* 为大气和生态系统冠层的碳通量，即涡度探头观测值，*Fs* 为冠层内的碳储存通量；*RE* 为生态系统呼吸包括植物自养呼吸以及土壤微生物分解有机质和凋落物呼吸通量，分为白天与夜晚计算。夜间生态系统完全为 CO_2 排放状态，*NEE* 数值上就等于生态系统呼吸值 *RE*。通过拟合半小时时长的 5 cm 土壤温度数据与夜间 *NEE* 数据，建立温度与生态系统呼吸的关系式，可以推算出 RE_{day}。根据式(11－8)和式(11－9)，可以推算出 *GEE*。

11.2.6 天目山土壤呼吸特征

土壤呼吸是土壤中 CO_2 输出的主要途径也是大气中 CO_2 的重要来源，是一个复杂的生物学过程，包括植物根系呼吸、土壤微生物呼吸及土壤动物呼吸等受到诸多环境因子的影响，如大气温度、大气湿度、土壤温度、土壤水分、土壤微生物等多种因素的相互影响。各影响因子间又存在着一定的动态变化规律，因此土壤呼吸也具有相关或者不相关的动态变化特征。所以下面从环境因子着手，研究与土壤呼吸有关的环境因子的动态变化规律，研究出土壤呼吸的动态变化特征及其相互之间的关系才能深入地了解天目山落阔混交林区土壤呼吸的动态特征。

1) 天目山环境因子的动态

(1) 天目山大气温度(近地面温度)的日变化和月变化。

将天目山大气温度(近地面气室温度)的日变化(见图 11－4)分为春、夏、秋、冬 4 个部分，其中由于 1 月底至 2 月底天目山山顶大雪进行常规封山不能进行实验活动，所以在此就没有 2 月的实验数据(见图 11－5)。

从已知数据可以看出，近地面的气室温度的日变化和月变化趋势都较有规律，大致呈倒"U"形，即单峰曲线。日最高值一般出现在 12:00～16:00 之间，日最低值一般出现在 22:00～00:00 或 00:00～4:00 之间。其中冬季的大气温度(近地面气室温度)变化趋势较为平缓，最高值出现在 12:00～14:00，最低值出现在 22:00～00:00。春季气温逐渐升高，因为 2 月有积雪，3 月化雪时天气较寒冷但也在逐渐回暖，日最高值出现在午

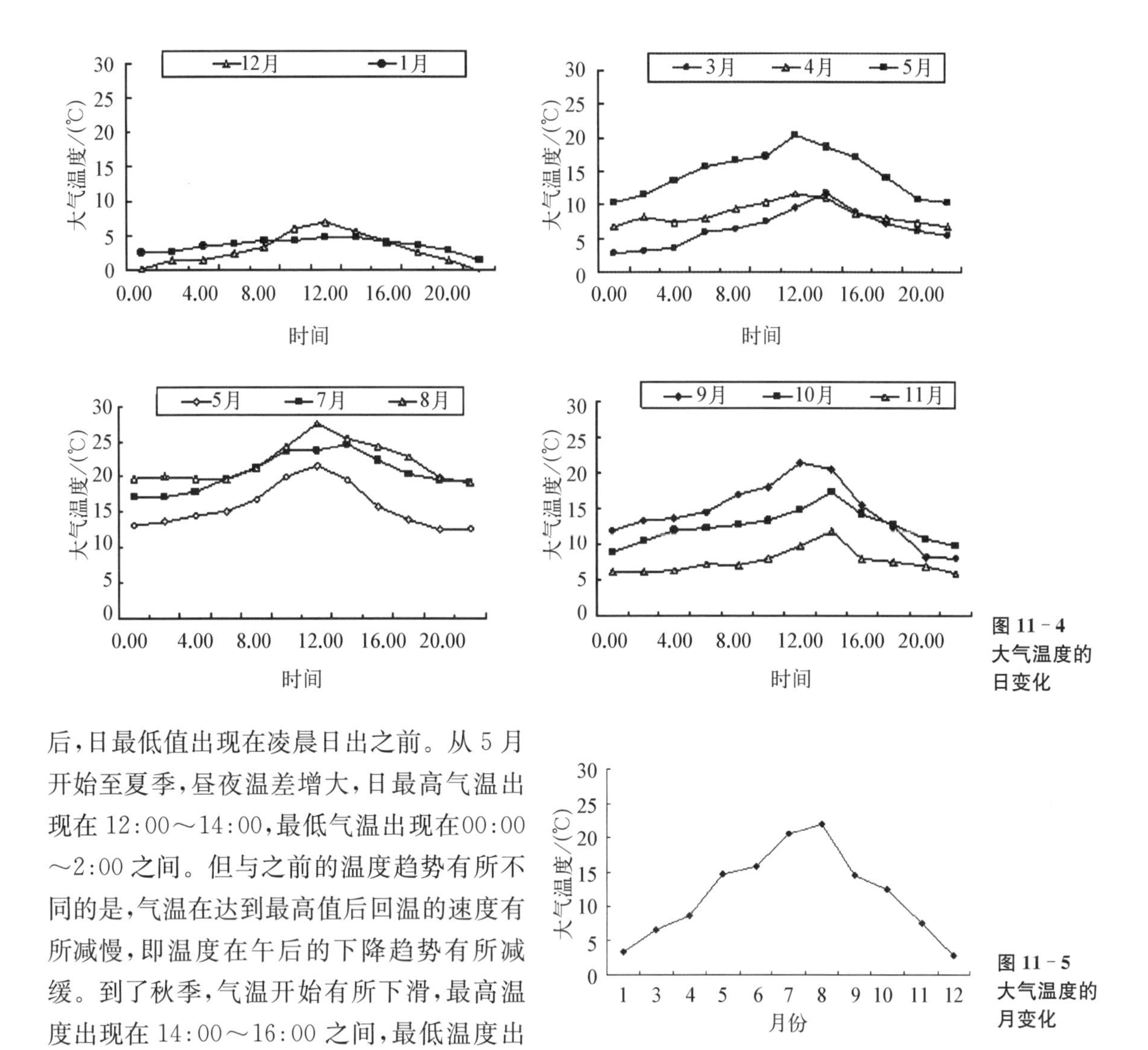

图11-4 大气温度的日变化

图11-5 大气温度的月变化

后，日最低值出现在凌晨日出之前。从5月开始至夏季，昼夜温差增大，日最高气温出现在12:00～14:00，最低气温出现在00:00～2:00之间。但与之前的温度趋势有所不同的是，气温在达到最高值后回温的速度有所减慢，即温度在午后的下降趋势有所减缓。到了秋季，气温开始有所下滑，最高温度出现在14:00～16:00之间，最低温度出现在22:00～00:00之间。

天目山观测站点的大气温度(近地面气室温度)月变化也存在规律性，虽然由于海拔较高，郁闭度较强导致整体温度比山下实时天气温度低，但是整体趋势随着季节变化是一致的。排除2月未检测，在12月时达到全年最低，为3℃，从1月开始逐渐回暖，5月达到一个小高峰，之后8月达到整年的峰值，为23℃，随后气温又逐渐下降，进入冬季。

(2) 天目山大气湿度(相对湿度)的日变化和月变化。

从图11-6可以看出，天目山试验点的相对湿度在冬季和夏季比较不规则，偶尔呈单峰曲线，偶尔呈双峰曲线。在春季和秋季比较规律，呈"U"形结构。一般最高值都出现在夜间的20:00～22:00或0:00～6:00，除了11月最小值出现在清晨6:00外，其他最小值多出现在正午或午后12:00～16:00。四季天目山落阔混交林大气湿度的总体变化规律为：多在夜间或清晨出现最大值，早上随着太阳升起，林内大气温度逐渐升高，水汽蒸发速度开始加快，相对湿度开始减弱，午后林内光照最强烈，大气温度也在此时达到最大值，而大气相对湿度达到一天中最小值，之后随着温度降低，大气湿度开始逐渐有所回升。

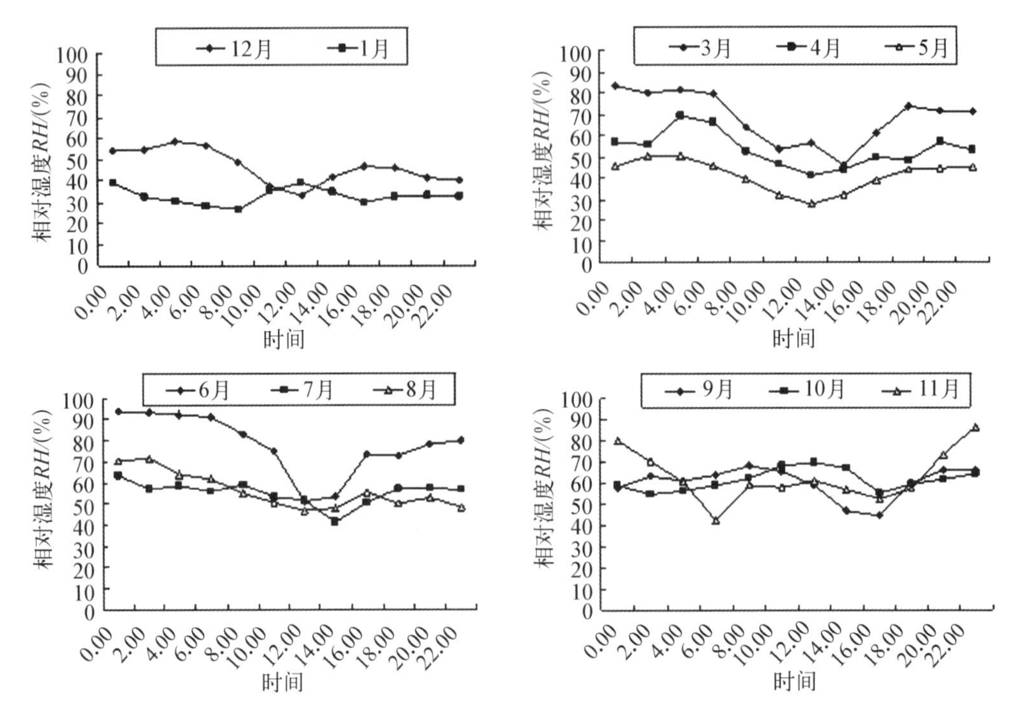

图 11-6 相对湿度的日变化

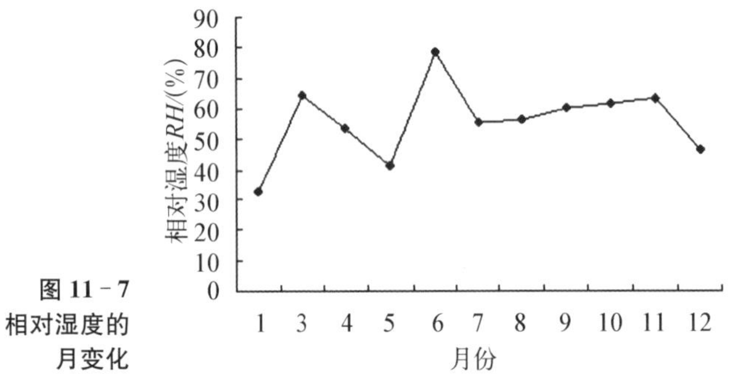

图 11-7 相对湿度的月变化

天目山落阔混交林相对湿度的月变化表现为明显的多峰曲线（见图 11-7），具体表现为：1 月为最低月，该月平均相对湿度为 32.8%，3 月在融雪期间达到了一个峰值，相对湿度的平均值为 64%。之后 4～5 月春季降雨较少，气温也开始逐渐走高，大气湿度相对较低，6 月达到了另一个峰值，也是全年最大值，为 78.2%，此时处于江南梅雨季节，持续强降雨较多，空气湿度较大。7 月和 8 月较 6 月干旱，有了明显降低，但是也与 4 月不相上下，9 月开始陆续有所上升，至 11 月又达到了一个小的峰值，为 63.1%。

（3）天目山土壤温度的日变化和月变化。

土壤温度的变化与大气温度一样，直接受到日照的影响，所以土壤温度也存在与太阳光照射一致的日变化和季节变化，如图 11-8 所示。

从图 11-8 中可以看出，4 个季节土壤温度的变化都相对平缓，总体大致趋势呈现缓和的单峰曲线。土壤温度的日变化最大值出现在午后 12:00～16:00，最小值出现在凌晨 00:00 或夜晚 22:00。冬季天目山落阔混交林土壤温度日变化的最低值基本都出现在 22:00，之后随着大气温度的升高，土壤温度逐渐增高，最高值出现在 12:00～

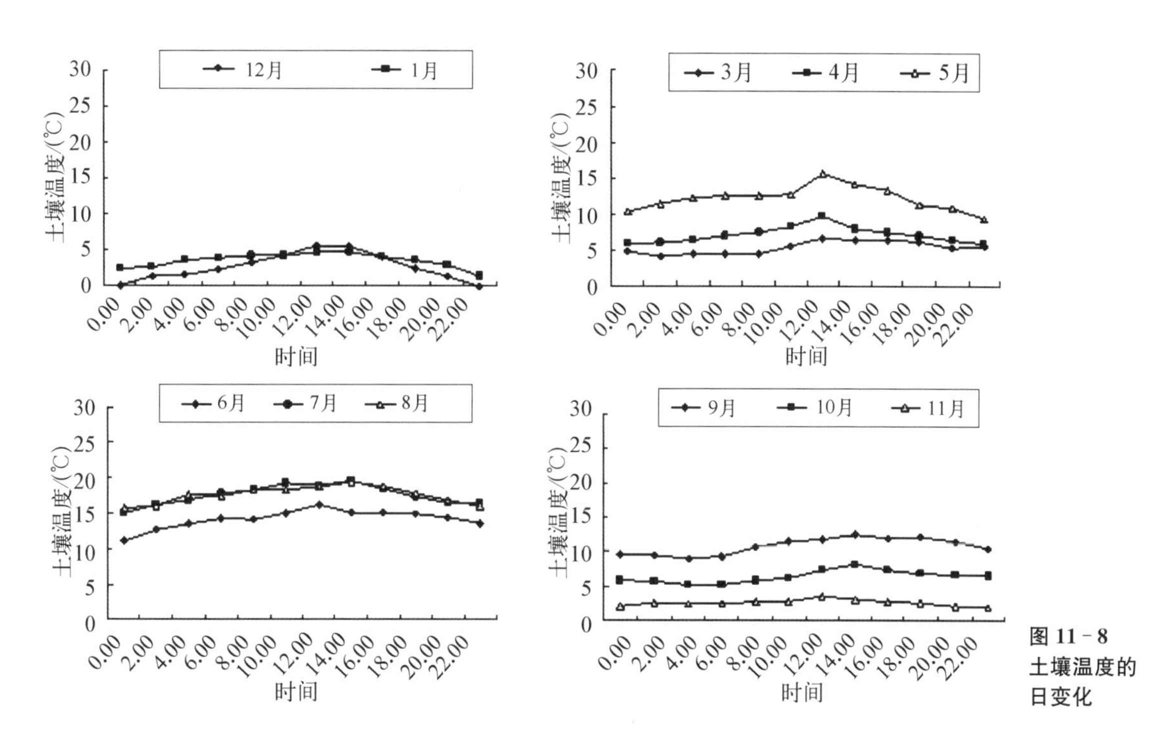

图 11－8　土壤温度的日变化

16:00,之后随着环境温度而下降。春季土壤温度日变化的最小值出现在00:00～2:00,最大值出现在12:00,值得注意的是,时值春日,土壤温度达到日峰值之后,下降较为缓慢。夏季土壤温度日变化相对平缓,虽然此时正值酷暑,但是由于森林郁闭度高,保湿效果好,还是存在温度上的上下浮动,土壤温度日变化的最小值出现在00:00,最大值出现在12:00～16:00。秋季毛竹林土壤温度日变化的最小值与最大值和前几个季节相差不大,但是每个月温差增大,温度直线下降。

从图11－9中可以看出土壤温度的月变化呈现明显的单峰曲线,最大值出现在7月和8月,最小值出现在11～12月。全年平均值为9.12 ℃。1月林内土壤温度平均值为3.54 ℃,之后随着季节变化,日照辐射增长,大气温度升高,土温逐渐增加,7月、8月均值相当,并且达到了全年最大值,为17.57 ℃,9月开始随着日照时间缩短,日辐射减少,土壤呼吸的速率随着大气温度下降而逐渐下降。直至冬季则趋于平缓。

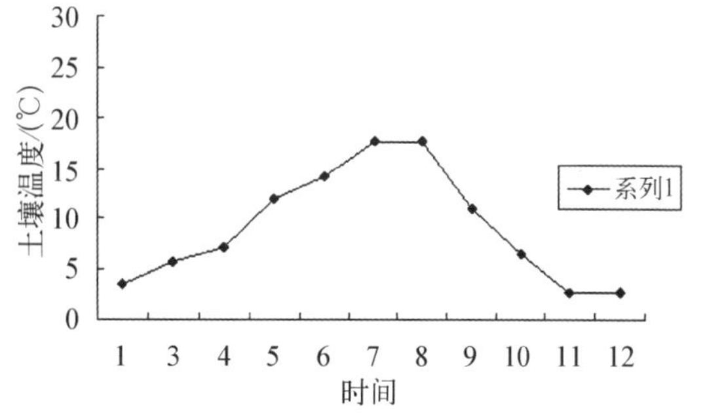

图 11－9　土壤温度的月变化

(4) 天目山土壤湿度的日变化和月变化。

从图11－10中可以看到,林内土壤湿度的日变化不大,有比较光滑的线,有比较波澜的线。4个季节落阔混交林土壤湿度的最大值基本出现在22:00～2:00,即深夜和清晨时间,之后随着大气温度、土壤温度的升高,土壤湿度则逐渐降低,午后有小幅波动,

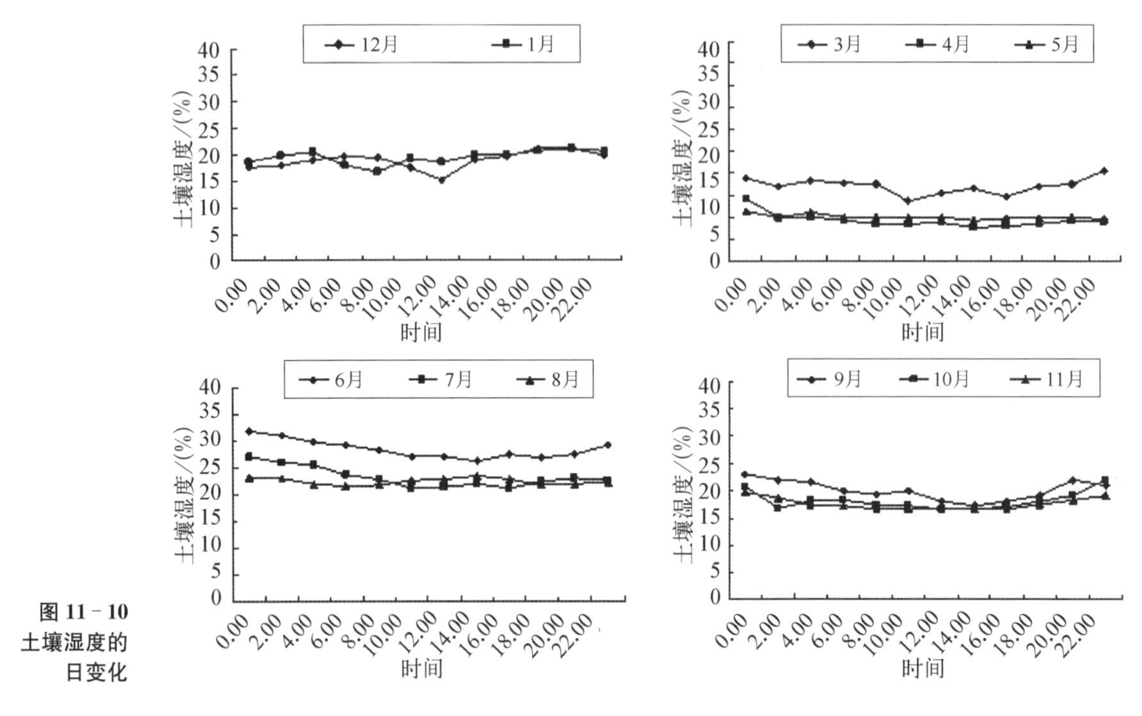

图 11-10 土壤湿度的日变化

随后又恢复凌晨时分的含水量，期间最小值出现在 14:00～18:00。夏季 6 月梅雨季节的土壤湿度也与大气湿度相当，处于一个相对较高的湿度范围。

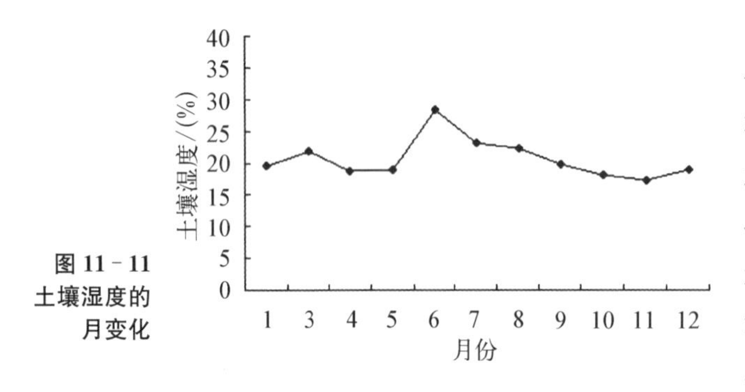

图 11-11 土壤湿度的月变化

天目山落阔混交林土壤湿度的月变化较大，基本呈倒“U”形曲线，峰值出现在 6 月(见图 11-11)。3 月林内土壤含水量较高，因为阳春三月正处于化雪的阶段，4～5 月土壤湿度相当，较 3 月低，6 月是江南梅雨季节，土壤湿度的月均值达到全年最高值，为 28.3%，2014 年 7 月和 8 月没有像 2013 年持续高温，天气晴朗偶有雷阵雨，且林内郁闭度高，湿度保存得较好，7 月、8 月的土壤湿度都维持在 25%左右。之后持续走低，11 月达到全年土壤湿度最低，均值为 17.27%，时值秋季，风大干燥，降雨稀少，相比 12 月土壤湿度则有所升高。

2) 天目山土壤呼吸的动态

(1) 天目山土壤呼吸的日变化。

从整体趋势看来，一年中除夏季看起来比较坎坷外，林内土壤呼吸的日动态波动都相对平缓(见图 11-12)，基本呈现单峰曲线，土壤呼吸的日动态最高值出现在 12:00～14:00 之间，最低值出现在 22:00 之后或 00:00 之前。不同月份混交林土壤呼吸速率与温度的变化基本一致，均表现为白天的呼吸作用明显高于夜间，并且在有光照的昼间土壤呼吸速率波动较为剧烈，夜间的波动范围较小。

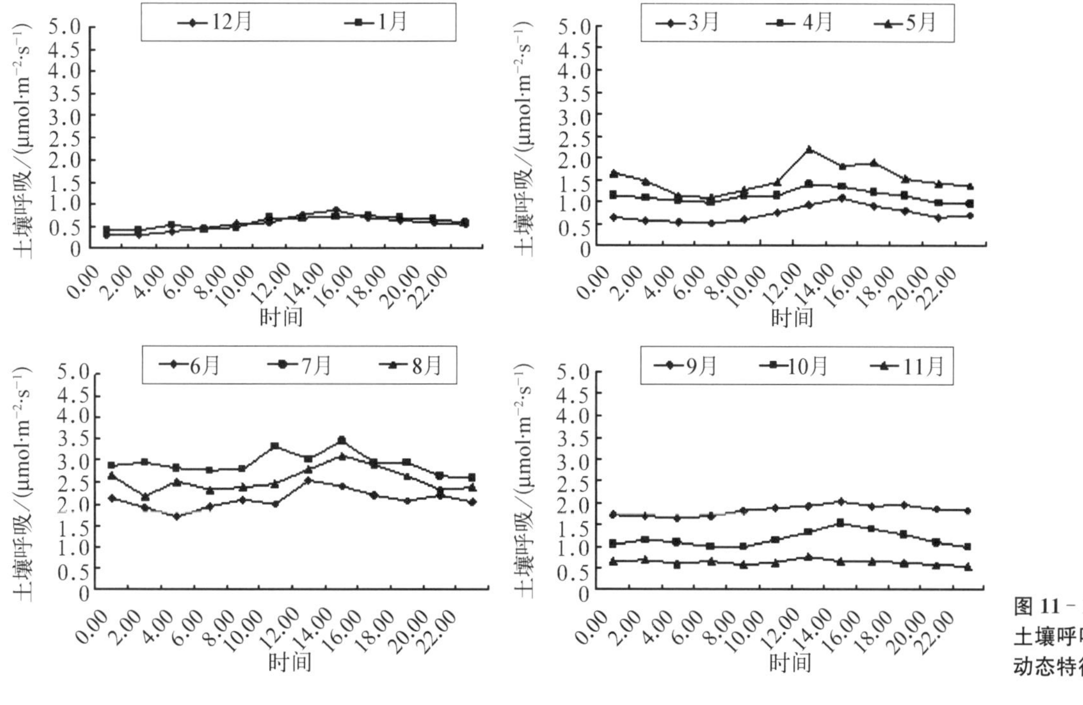

图 11-12 土壤呼吸的日动态特征

冬季(12～1 月),由于大气温湿度都处于一年之中相对较低的时候,受此影响,混交林土壤呼吸速率的日变化趋势相对平缓。12 月混交林土壤呼吸速率的日均值为 $0.59\ \mu mol\cdot m^{-2}\cdot s^{-1}$。1 月林内土壤呼吸速率的变化动态波澜不惊,土壤呼吸速率的日变幅全年最小为 $0.42\sim0.74\ \mu mol\cdot m^{-2}\cdot s^{-1}$,变异系数为 26.7%,日均值为 $0.59\ \mu mol\cdot m^{-2}\cdot s^{-1}$。12 月与 1 月混交林土壤呼吸速率的最小值均出现在 0:00,分别为 $0.320\ \mu mol\cdot m^{-2}\cdot s^{-1}$ 与 $0.42\ \mu mol\cdot m^{-2}\cdot s^{-1}$,之后逐渐缓慢增加,分别在 14:00 和 16:00 达到一天中的最大值 $0.88\ \mu mol\cdot m^{-2}\cdot s^{-1}$ 和 $0.74\ \mu mol\cdot m^{-2}\cdot s^{-1}$,之后随着温度的下降,土壤呼吸速率逐渐降低。

春季(3～5 月),随着外界气温的升高,天目山落阔混交林土壤呼吸速率开始逐月递增。3 月林内土壤呼吸速率的日变化平缓,日均值为 $0.72\ \mu mol\cdot m^{-2}\cdot s^{-1}$,变异系数为 2.27%。4 月混交林土壤呼吸速率的日变幅为 $0.95\sim1.45\ \mu mol\cdot m^{-2}\cdot s^{-1}$,4 月混交林土壤呼吸速率的日变化趋势与 3 月的变化趋势相似,5 月混交林土壤呼吸速率的日变化有小幅波动,土壤呼吸速率日均值为 $1.525\ \mu mol\cdot m^{-2}\cdot s^{-1}$,是 3 月份土壤呼吸速率日均值的 2.2 倍。

夏季(6～8 月),林内光照充足,水热条件较好,土壤呼吸也达到全年较大值。6 月土壤呼吸波动一般,土壤呼吸速率的日均值为 $2.105\ \mu mol\cdot m^{-2}\cdot s^{-1}$。7 月混交林土壤呼吸速率的日变幅全年最大($2.58\sim3.32\ \mu mol\cdot m^{-2}\cdot s^{-1}$),日均值 $2.9\ \mu mol\cdot m^{-2}\cdot s^{-1}$。最小值出现在 22:00,日出之后开始逐渐上升,10:00 上升至 $3.03\ \mu mol\cdot m^{-2}\cdot s^{-1}$,14:00 上升至 $3.45\ \mu mol\cdot m^{-2}\cdot s^{-1}$ 随后有所下降。8 月的土壤呼吸速率的日均值为 $2.55\ \mu mol\cdot m^{-2}\cdot s^{-1}$,日变化趋势也是不平缓的一个月,在

2:00 达到最小值 2.176 μmol·m^{-2}·s^{-1}，在 14:00 达到最大值 3.10 μmol·m^{-2}·s^{-1}。

秋季(9～11 月)，外界气温有所降低，林内土壤呼吸速率也开始逐月下降。9 月跟 11 月土壤呼吸速率日变化都较为平缓，日均值分别为 1.826 μmol·m^{-2}·s^{-1} 和 0.63 μmol·m^{-2}·s^{-1}。10 月土壤呼吸速率的日变幅为 0.99～1.53 μmol·m^{-2}·s^{-1}，变异系数为 4.5%。3 个月的土壤呼吸速率最大值都出现在 14:00，之后随着温度降低而降低，至 22:00 达到全天最低值。

(2) 天目山土壤呼吸的月变化和季节变化。

天目山落阔混交林土壤呼吸的月动态呈单峰曲线(见图 11-13)，土壤呼吸速率的最大值出现在 7 月，最小值出现在 12 月。全年平均值为 1.43 μmol·m^{-2}·s^{-1}。12 月土壤呼吸速率为全年最低值 0.56 μmol·m^{-2}·s^{-1}，1 月开始土壤呼吸有小幅度上升，随着夏季的来临，日照时间开始增长，温度也逐渐升高，林内土壤呼吸速率开始跟着缓慢升高，6 月土壤呼吸速率增加到 2.1 μmol·m^{-2}·s^{-1}，随后 7 月的夏季达到全年最高值，为 2.934 μmol·m^{-2}·s^{-1}，此时水热条件最好，日照时间最长，土壤微生物活动活跃，土壤温度最高，森林根系生长最旺盛，所以土壤呼吸达到全年最大值，接下来的 8 月开始，随着大气温度的降低，土壤呼吸速率也随之减弱，10 月达到 1.17 μmol·m^{-2}·s^{-1}，11 月与 12 月相差无几，降至 0.63 μmol·m^{-2}·s^{-1} 和 0.56 μmol·m^{-2}·s^{-1}。

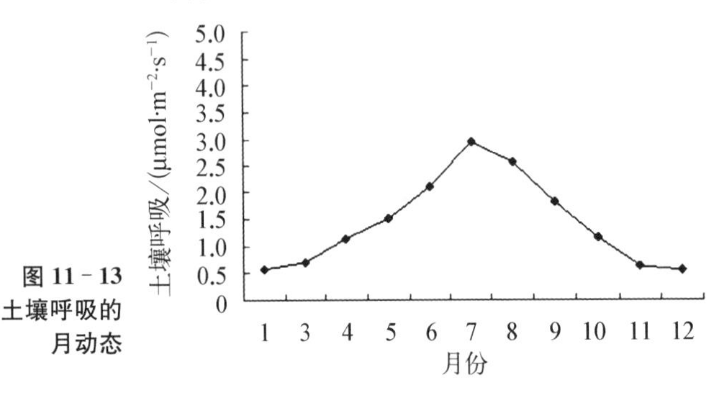

图 11-13 土壤呼吸的月动态

落阔混交林土壤呼吸速率的季节动态表现为，夏季(6～8 月)>秋季(9～11 月)>春季(3～5 月)>冬季(12～2 月)(见图 11-14)。春季土壤呼吸速率的平均值为 1.13 μmol·m^{-2}·s^{-1}，夏季土壤呼吸速率的平均值最高，达到了 2.53 μmol·m^{-2}·s^{-1}，秋季土壤呼吸速率的平均值为 1.2 μmol·m^{-2}·s^{-1}，冬季土壤呼吸速率的平均值最低，为 0.58 μmol·m^{-2}·s^{-1}。毛竹林土壤呼吸速率季节间存在差异性，夏季和春、秋冬季土壤呼吸速率平均值间差异显著($P<0.01$)，但春季、秋季和冬季间差异不显著($P>0.05$)。

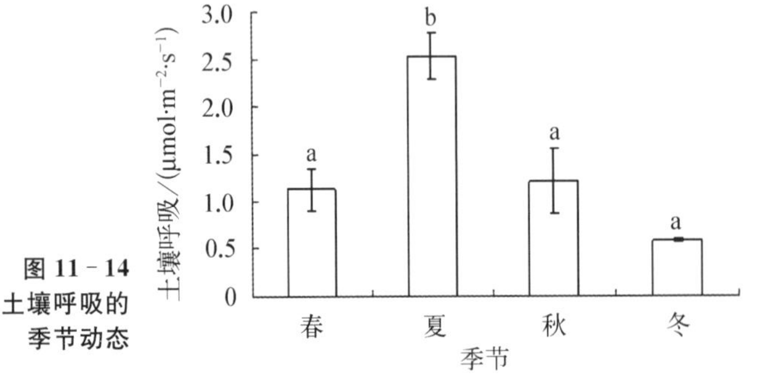

图 11-14 土壤呼吸的季节动态

3) 天目山落阔混交林土壤呼吸与环境因子的关系

(1) 天目山落阔混交林土壤呼吸与大气相对湿度的关系。

大气温度是此次研究测量的因素之一，也是根据研究影响土壤呼吸速率的几个环境因子之一，把混交林的土壤呼吸速率与大气温度进行相关性分析以后，用指数相关关系作出拟合($R^2=0.833\,9$，$P<0.01$)，由图 11-15(a)可知，大气温度可以解释落阔混交

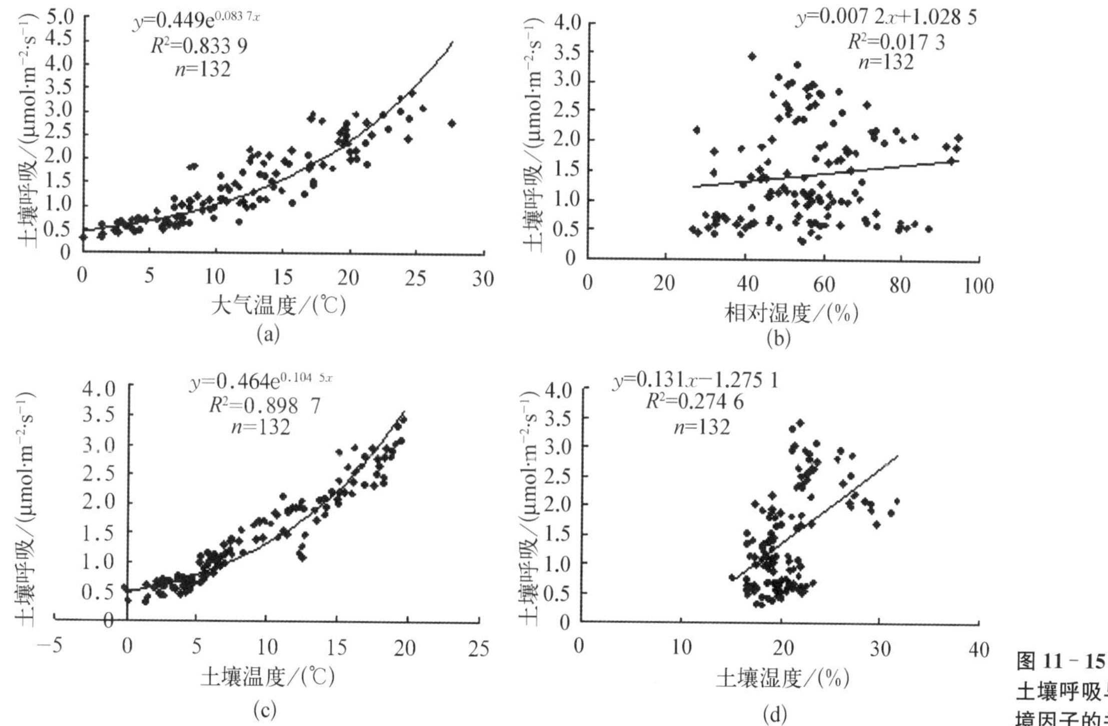

图 11-15 土壤呼吸与环境因子的关系

林土壤呼吸变化的 83.4%。

(2) 天目山落阔混交林土壤呼吸与大气湿度的关系。

大气湿度同样是此次研究测量的因素之一，也是根据研究影响土壤呼吸速率的几个环境因子之一，对混交林土壤呼吸速率与大气湿度进行线性相关性分析，得到混交林土壤呼吸速率与大气湿度看起来有正相关的趋势，但是根据 SPSS 进行科学性的数据分析以后发现显著关系 $R^2=0.0173$，但是关系不显著，$P>0.05$，由图 11-15(b)可知，因此大气湿度仅可以解释混交林土壤呼吸变化的 1.73%。

(3) 天目山落阔混交林土壤呼吸与土壤温度的关系。

根据研究，土壤温度是影响土壤呼吸速率最重要的环境因子。对混交林土壤呼吸速率的测量结果和土壤 5 cm 深处温度进行指数相关性分析后，结果表明，混交林土壤呼吸速率与土壤 5 cm 深处温度极显著性 $R^2=0.8987$，显著性 $P<0.01$，极显著，因此土壤温度可以解释混交林土壤呼吸变化的 89.87%，由图 11-15(c)可知。这说明土壤 5 cm 深处的温度是影响混交林土壤呼吸的关键因子。

(4) 天目山落阔混交林土壤呼吸与土壤湿度的关系。

土壤湿度也是影响土壤呼吸大小的一个环境因子，因此，在对混交林土壤呼吸速率与土壤 5 cm 深处的土壤湿度进行相关性分析后，发现其土壤呼吸速率与土壤 5 cm 深处含水量呈正相关 $R^2=0.2746$，差异不存在显著性，由图 11-15(d)可知，土壤含水量解释了混交林土壤呼吸变化的 27.46%。

4）天目山落阔混交林土壤呼吸的温度敏感性指数 Q_{10} 值

Q_{10} 值指土壤呼吸对温度的敏感性，即温度每升高 10 ℃，土壤呼吸速率所增加的倍数，也是判断土壤呼吸在应对全球气候变暖过程中不同表现的重要参数。根据之前提到的公式，计算出天目山落阔混交林的 Q_{10} 值为 2.72，这结果表明，当落阔混交林的地表温度每升高 10 ℃时，土壤呼吸速率相应增加 2.72 倍。

5）天目山落阔混交林的碳排放量

如图 11-16 所示，天目山落阔混交林土壤的碳排放量具有明显的月变化规律。12 月份的土壤碳排放量是全年最小值，为 0.18 tC・hm^{-2}・a^{-1}，从 1 月开始逐步缓慢增加，3 月达到了 0.23 tC・hm^{-2}・a^{-1}，之后随着温度的升高，土壤碳排放量快速增加，7 月达到了 0.94 tC・hm^{-2}・a^{-1}，达到全年土壤碳排放量的最大值，之后随着温度的下降，土壤碳排放量逐渐降低，降低幅度比上升时要快，10 月降到 0.37 t C・hm^{-2}・a^{-1}，11 月则降至0.19 t C・hm^{-2}・a^{-1}，与 12 月相差无几。2014 年天目山落阔混交林土壤的年碳排放量为 5.00 tC・hm^{-2}・a^{-1}。

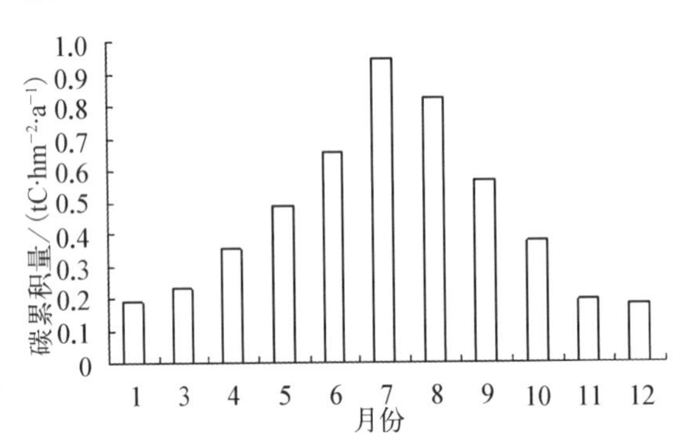

图 11-16 土壤呼吸的碳排放量月变化

11.2.7 结果与讨论

许多研究表明，森林土壤呼吸存在明显的日变化规律，且日变化多呈现单峰曲线。本研究表明，落阔混交林土壤呼吸的日动态基本也是呈单峰型曲线，土壤呼吸的日变化最高值出现在 14:00～18:00 之间，最低值出现在 0:00 或 6:00。天目山落阔混交林土壤呼吸速率在白天波动较为剧烈，夜间土壤呼吸速率波动较小。这与已有的大部分研究结果一致，如何都良等对江苏省南京市北郊的龙王山落叶阔叶林土壤呼吸时间变化特征土壤呼吸研究时发现日变化为单峰曲线，最高值出现在 12:00～14:00。

研究发现，土壤呼吸速率的季节变化一般呈单峰曲线，土壤呼吸速率的最高值出现在夏季，最低值出现在冬季。张慧东等研究发现，辽宁省落叶松、红松、油松人工林和天然阔叶混交林土壤呼吸速率的季节变化基本都呈现单峰曲线，7 月最大，12 月最小。本研究中，12 月气温全年最低，土壤呼吸值也是全年最小。春季气温逐渐升高，土壤呼吸开始迅速加强。7 月基于外界温度和水分最充足的情况，土壤呼吸达到了全年最大值，之后，土壤呼吸随着气温的下降而逐渐下降。季节动态表现为，夏季（6～8 月）＞秋季（9～11 月）＞春季（3～5 月）＞冬季（12～2 月），这与罗璐等在神农架的常绿阔叶林、常绿落叶阔叶混交林、落叶阔叶林以及亚高山针叶林的土壤呼吸研究结果一致。本研究中天目山落阔混交林土壤呼吸速率季节间存在差异性，夏季和春秋冬 3 季土壤呼吸速率平均值间差异都显著（$P<0.01$），春季、冬季和秋季间差异不显著（$P>0.05$）。土壤呼吸是由多个环境因子共同作用的结果，土壤呼吸与近地面大气环境的关系密切。本研究发现，毛竹林土壤呼吸速率与大气温度呈极显著的指数相关关系 $R^2=0.8339$，$P<0.01$)，大气温度可以解释混交林土壤呼吸变化的 83.39%，这结果和前人研究一致，土壤呼吸与大气温度呈极显著的关系。天目山落阔混交林土壤呼吸速率与大气湿度不存在显著关系，显著性为 $R^2=0.0173$，$P>0.05$，大气湿度仅可以解释为土壤呼吸变化的 1.73%，这一结果与李雅红等的研究结果是一致的。也有研究显示土壤呼吸与大气湿度呈正关系，因为在干旱气候水分成为制约因子影响到土壤呼吸。研究表明，土壤温度与土壤呼吸具有很好的相关性，它可以解释土壤呼吸速率变异的 60%～80%。本研究的指数相关分析显示，混交林土壤呼吸速率与土壤 5 cm 深处温度显著性 $R^2=0.8987$，显著性 $P<0.01$，土壤 5 cm 深处温度可以解释土壤呼吸变化的 89.87%，这说明土壤 5 cm 深处温度是影响毛竹林土壤呼吸的关键因子，这与 You W. Z. 等在不同林型中的研究结果一致。这是因为土壤表层中的土壤微生物活动非常活跃，能显著影响土壤呼吸的动态，所以与土壤呼吸的相关性很好。土壤水分对土壤呼吸的影响比较复杂，目前国内外对土壤水分对土壤呼吸的相互作用的研究没有达成共识，因为每种森林的水热条件、地域条件都息息相关。本研究中，落阔混交林土壤呼吸速率与土壤 5 cm 深处含水量呈微弱的正相关，$R^2=0.2746$，差异不存在显著性，土壤 5 cm 深处含水量解释了土壤呼吸变化的 27.46%，这与部分的研究结果一致。但也有多数研究表明土壤呼吸与土壤湿度呈正相关关系，因为处在干旱地区，水分成为土壤呼吸的限制因子。本实验结果显示，土壤呼吸与土壤 5 cm 处湿度不相关，表明天目山该实验区域位于江南水乡，降水比较丰富，水分不是限制土壤呼吸的主要因子。

据研究，中国森林土壤呼吸 Q_{10} 值介于 1.33～5.53 之间，平均值为 2.65。本实验结果略微高出中国森林土壤呼吸 Q_{10} 平均值，可能是因为天目山地处天气较热的浙江，且实验地点的海拔相对较高，根据研究表明，Q_{10} 会随着温度而改变，在温度高时较大，而在温度低时较小。在我国，随着纬度的升高，森林土壤呼吸的 Q_{10} 值就越大，这就说明高纬地区的森林土壤呼吸对温度具有更强的响应能力。

2014 年天目山落阔混交林土壤的年碳排放量为 5 $tC \cdot hm^{-2} \cdot a^{-1}$，低于我国热带林的年碳通量(6.93 $tC \cdot hm^{-2} \cdot a^{-1}$)，证明浙江天目山常绿落叶阔叶混交林固定大气中 CO_2 能力较强。

生态系统呼吸量包括植物地下根际呼吸与地下生物生长的呼吸量所释放到大气中的 CO_2 量与地上部分动植物生长所释放的 CO_2 量。通过将土壤呼吸量与涡动系统测量的生态系统呼吸量作比较，结果发现，温度和光照对生态系统碳通量的季节变化起了决定性的作用。伴随着日照和温度的变化，对植物的生长起到了促进的作用。这也验证了杨红霞等的研究结论。从 2014 年的碳通量来看，土壤呼吸对生态系统呼吸的贡献率为 56%，证明有 44%的生态系统呼吸贡献率为地上部分的动植物呼吸。这个范围在其他研究的范围之内。

本研究的野外测定时间仅为一年，不同年份间气候存在着差异，对土壤呼吸以及生态系统碳交换量的研究上也存在一定的影响，因此在今后的研究中，要对浙江天目山常绿落叶阔叶混交林进行连续长期的研究，以便深入研究其生态系统土壤碳循环的变化特征。

土壤呼吸是一个复杂的生物学过程，影响土壤呼吸的环境因子有许多。本研究测定的影响土壤呼吸的环境因子为大气温度、大气湿度、土壤 5 cm 温度和土壤 5 cm 含水量，以后要加强对其他环境因素的研究，比如土壤养分、土壤微生物含量、土壤的理化特征等，以便更好地解释浙江天目山常绿落叶阔叶混交林生态系统土壤呼吸的碳排放特征。

CO_2 净交换在光合和土壤呼吸等组分之间的区分，生态系统呼吸是地上植物呼吸、根呼吸以及土壤微生物异养呼吸 3 个组分的总和，土壤呼吸是活根系、凋落物（死根）、土壤微生物与土壤动物等各组分呼吸量的总和。根系呼吸严格意义上讲包括活根组织、根际微生物（共生菌根）以及分解根渗出物的有机体，甚至新近死的根组织等的代谢活动的 HI 释放过程，其占土壤总呼吸的比例因植被类型和季节而异，一般生长季要比非生长季高。所以土壤呼吸对生态系统呼吸的贡献下一步应该还要有计算根际对土壤呼吸的贡献。

第 12 章
天目山森林生态系统定位研究站建设

天目山定位站位于浙江省杭州市西部，以天目山脉为主线，横跨西湖区、临安市、桐庐县、淳安县 4 个区县，主站为天目山站，位于天目山国家级自然保护区内，辅站为西湖区午潮山站、临安站、淳安站、桐庐站 4 个站。地理坐标为：东经 118°21′～120°30′与北纬 29°11′～30°33′之间。

天目山国家级森林生态系统定位研究站于 2010 年得到国家林业局立项批复建设。业务负责单位是浙江农林大学，行政负责单位是天目山国家级自然保护区管理局。

2009 年 7 月由浙江农林大学、浙江天目山国家级自然保护区管理局、浙江省林业生态工程管理中心、浙江省林业科学研究院和南京林业大学着手共同筹建浙江天目山森林生态系统定位研究站。2010 年 2 月 5 日，国家林业局科技司在北京组织召开了浙江天目山森林生态系统定位研究站专家论证咨询会议。论证会专家组由中国科学院、中国林业科学研究院、北京林业大学、东北林业大学、南京林业大学、内蒙古农业大学和辽宁省林科院的 7 位专家组成，李文华院士和孙建新教授分别担任本次论证会的主任和副主任。专家组对天目山森林生态站的建设提出了许多宝贵意见，并一致通过《浙江天目山森林生态系统定位研究站建设发展规划(2010—2020 年)》，认为该站符合国家级台站建站要求，对于长期研究中亚热带和北亚热带过渡区域不同森林植被类型的结构与功能、生物多样性、气候变化影响和生态服务功能评价以及林业可持续发展等具有重要的价值。该定位站的目标为建设集长期生态监测、生态科学研究、生态教学与科普宣传以及社会服务和生态环境建设决策支持为一体的综合性平台，国内江淮平原丘陵落叶常绿阔叶林及马尾松林区森林生态系统定位研究站为中国森林生态系统定位研究网络提供基础观测数据。

天目山定位站瞄准国际科学前沿，服务国家需求，紧紧围绕森林生态系统格局和过程及其森林生态系统对长江三角洲区域环境的净化等几个主要研究方向，开展长期定位观测和科学研究。该站引进了国际先进的仪器设备，完善了定位站的成对集水区测流堰、标准气象观测场等基础设施，建设有 3 个碳水通量观测塔，其中两个 40 m 高的通量塔分别监测常绿落叶阔叶混交林和毛竹林的碳水通量(世界首个竹林碳水通量观测系统)，20 m 高的通量塔监测雷竹林的碳水通量。通量塔搭载有三维超声风温仪(CAST3，Campbell Inc.，USA)、开路 CO_2/H_2O 分析仪(Li－7500，LiCor Inc.，USA)、7 层 CO_2/H_2O 廓线观测系统、CO_2/H_2O 稳定同位素激光在线观测系统以及常规气象梯度观测系统。CO_2 和 H_2O 通过植被的光合作用和呼吸作用在土壤-植被-大气圈空间层次上时刻进行着交换，以涡度相关技术为主体对土壤-植被-大气间的 CO_2/H_2O 和能量通量以及生态系统碳水循环的关键过程进行长期连续的观测，所获取的观测数据将被用来量化和对比分析研究区域内的生态系统碳收支与平衡特征及其对环境变化的响应。对显热通量、潜热通量、净辐射、土壤热通量以及气温、地温、降雨量进行了观测，可分析全年该生态系统能量通量的日变化、月变化过程与各分量分配特征，并对波文比及能量闭合情况进行计算。同时结合其他观测和遥感等研究手段，可以准确地计算森林植被的固碳能力，为区域森林碳汇功能的估算提供科学依据。目前已建立 8 种森林类型永久性固定样地 20 块，观测植被、水文、土壤、生物要素等的长期变化。

定位站建设成为集长期生态监测、科学研究、生态教学与科普宣传以及生态建设、决策支持为一体的综合性平台，建成代表国内江淮平原丘陵落叶常绿阔叶林及马尾松林区的森林生态系统定位研究站，逐步达到国内一流、力争达到国际先进水平，完善国家林业局森林生态系统定位研究站网络布局。

12.1 观测设施

12.1.1 天目山常绿-落叶阔叶混交林通量观测系统

观测林地建有高 40 m 的微气象观测塔（见图 12-1）。安装了开路涡度系统、闭路廓线系统、稳定同位素观测系统和梯度系统。

图 12-1
微气象观测塔

1）开路涡度系统（见图 12－2）

探头安装在距地面 38 m 的高度上，由三维超声风速仪（CSAT3，Campbell lnc.，USA）和开路 CO_2/H_2O 分析仪（EC150）组成，还安装了净辐射仪（CNR4，Kipp Zonen），放置在塔上 40 m 处，两个红外温度传感器（SI－111）分别放置在塔上 40 m 和 2 m 处。原始采样频率为 10 Hz，利用数据采集器（CR3000）存储数据，同时在线计算并存储 30 min 的 CO_2 通量（*Fc*2）、摩擦风速（Ustar1）、潜热通量（*LE*）和显热通量（*H*）等参数。

(a)

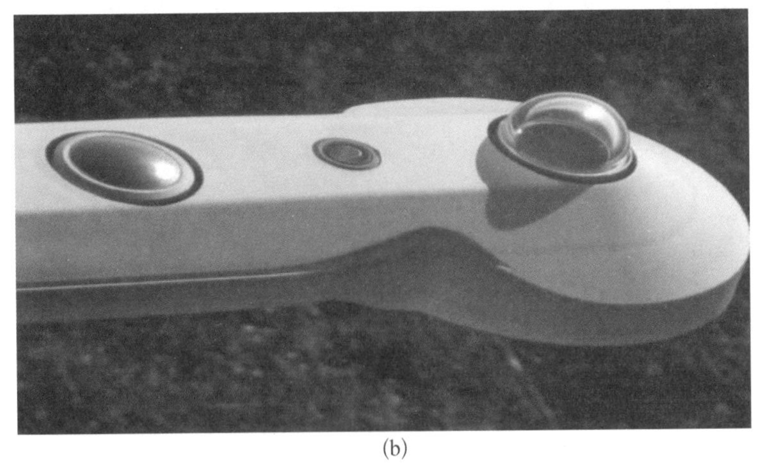

(b)

图 12－2　开路涡度系统(a)与红外温度传感器(b)

2）廓线系统

采用 LI840 气体分析仪（见图 12－3）实现 CO_2 和 H_2O 廓线分析。该系统采用同一分析仪分析 8 层 CO_2 和 H_2O 气体浓度。独特的采样系统，小容量多路管道内部阀门开关平衡时间极小，可以在 2 min 内分析 8 层，同时不需在管路内加热祛除凝结水。该系统由 LI840 分析仪、CR1000 数据采集器、加热器过滤管件、电磁阀组和多路管道、真空泵、机箱和标气（N_2，CO_2）气瓶等组成。可以程序自动零点和量程标定。8 层高度分别是 2，4，7，11，17，23，32，38 m。利用数据采集器 CR1000 存储数据。原始采样频率为

图 12-3
气体分析仪

2 Hz，每层 15 s。标定气瓶：N_2 气和 CO_2 气瓶安放在地面。

3）稳定同位素观测系统

利用 LGR 水汽同位素分析仪（WVIA）对大气水汽稳定同位素组成进行原位连续观测（见图 12-3）。该系统采用离轴积分腔输出光谱技术，可以实现对环境中水汽浓度的原位连续观测，借助于外扩构件可以测量 5 个不同高度的大气水汽浓度及大气水汽稳定同位素组成。本试验地的系统的 5 个高度分别设在 2，4，8，16，32 m。数据采集频率为每通道 6 min/次，采样频率为 1 Hz。

4）梯度系统

常规气象观测系统（见图 12-4），是由锦州阳光气象科技有限公司安装的 TRM-ZS4 环境梯度气象观测系统，包括 7 层风速仪（EC-9S）、7 层大气温湿度仪（PTS-3），安装高度分别为 2，7，11，17，23，30，38 m。土壤温度仪（PTWD-2A）和土壤湿度仪（TDR-3）安装深度为 5，50，100 cm。土壤热通量仪（HF-1）安装深度为 3，5 cm。上述设备生产厂商均为锦州阳光气象科技有限公司。常规气象观测系统数据采集器隔 30 min 自动记录平均风速、环境温度、环境湿度、土壤温度、土壤湿度等常规气象信息。

图 12 - 4
TRM - ZS4 环境梯度气象观测系统

12.1.2　竹林碳水通量观测系统

毛竹林和雷竹林是中国南方重要的森林生态系统，广泛分布在亚热带区域，在森林固碳中具有突出的作用。竹林碳通量观测系统利用国际上先进的通量观测(Eddy Flux)仪器，分 7 层安装在 40 m(毛竹林)或 20 m(雷竹林)高的铁塔上(见图 12 - 5)，观

图 12 - 5
竹林碳通量观测系统

测竹林二氧化碳通量、二氧化碳垂直分布廓线、竹林能量和水分平衡以及小气候等的动态变化，分析竹林碳同化和碳释放的昼夜及季节等时态过程及其与环境的关系；同时结合其他观测和遥感与模型等研究手段，可以精准地计算毛竹林和雷竹林的固碳能力，为区域森林碳汇的发展提供科学依据。

12.1.3 自动气象站

自动气象观测场于2013年8月完成仪器的安装、调试，实现数据采集（见图12-6）。站内主要的气象观测数据包括1层风速、大气温度、湿度、大气压、雨量、蒸发量等，净辐射仪用于采集上行/下行的长波/短波辐射净辐射的数据。此外气象站还可观测土壤热通量，观测深度3 cm和5 cm；土壤含水量，观测深度为10，30，50，100 cm；土壤温度，观测深度为10，30，50，100 cm。常规气象观测系统数据采样频率为0.5 Hz，通过数据采集器每10 min自动记录常规气象数据的平均值。

图12-6 气象观测系统

12.1.4 森林水文观测系统

利用成对小流域观测森林生态系统中森林水文过程和生物地球化学循环以及大气环境污染与人类活动（如采伐等）对森林干扰后的响应是生态学非常重要的研究方法。在天目山自然保护区阔叶混交林和针叶林景观中布置了两个小流域的测流堰（见图12-7）；在杉木林、马尾松林、常绿阔叶林、针阔混交林、毛竹林等典型森林类型内设置了多个标准径流场（见图12-8），面积为20 m×5 m，接流池容积为1 m^3，观测不同尺度的流域中氮沉降、酸雨胁迫、森林格局与过程的关系等科学问题。这是天目山森林生态系统定位站的重要野外观测设施之一，研究结果服务于国家林业局陆地生态系统观

图 12－7
测流堰

图 12－8
径流场

测网络、科技部 973 项目、国家自然科学基金重大项目课题和多项面上与青年基金项目以及中国-挪威、中国-美国、中国-加拿大等国际合作项目。

12.2　观测数据

定位站主要观测指标有通量数据、廓线数据、梯度数据、水文数据等，2015 年生态站共收集相关观测数据量如表 12－1 所示。已经按照相关观测技术标准收集、保存、整理观测数据，并按要求报送。

表 12 - 1　2015 年观测数据情况

	记录数(万条)	数 据 量
通量数据	2 697.670 40	25.22 G
廓线数据	264.755 19	16.65 G
梯度数据	0.130 58	3.2 M
常规辐射数据	0.161 99	11.76 M
径流场数据	0.700 80	4.125 M
测流堰数据	0.700 80	4.125 M
林下小气候观测数据	0.117 69	1.58 M
林下穿透降雨量数据	0.072 28	398 K

参考文献

[1] 《浙江森林》编辑委员会. 浙江森林[M]. 北京：中国林业出版社，1993.

[2] 安树杰，张晓丽，王震，等. 生物量估测中的遥感技术[J]. 林业调查规划，2006，31(3)：1-5.

[3] 常建国，刘世荣，史作民，等. 北亚热带-南亚热带过渡区典型森林生态系统土壤呼吸及其组分分离[J]. 生态学报，2007，27(5)：1791-1802.

[4] 陈初才. 西天目山的植被区系和植被类型[J]. 浙江师范大学学报，1986(2)：84-90.

[5] 陈灵芝，任继凯，鲍显诚. 北京西山人工油松林群落学特性及生物量的研究[J]. 植物生态学与地植物学报，1984，8(3)：173-181.

[6] 陈青青，徐伟强，李胜功，等. 中国南方 4 种林型乔木层地上生物量及其碳汇潜力[J]. 科学通报，2012，57(13)：1119-1125.

[7] 陈全胜，李凌浩，韩兴国，等. 典型温带草原群落土壤呼吸温度敏感性与土壤水分的关系[J]. 生态学报，2004，24(4)：831-836.

[8] 陈全胜，李凌浩，韩兴国，等. 水分对土壤呼吸的影响及机理[J]. 生态学报，2003，23(5)：972-978.

[9] 陈全胜，李凌浩，韩兴国，等. 水热条件对锡林河流域典型草原退化群落土壤呼吸的影响[J]. 植物生态学报，2003，27(2)：202-209.

[10] 陈全胜，李凌浩，韩兴国，等. 温带草原 11 个植物群落夏秋土壤呼吸对气温变化的响应[J]. 植物生态学报，2003，17(4)：441-447.

[11] 陈全胜，李凌浩，韩兴国，等. 土壤呼吸对温度升高的适应[J]. 生态学报，2004，24(11)：2649-2655.

[12] 陈云飞，江洪，周国模，等. 高效经营雷竹林生态系统能量通量过程及闭合度[J]. 应用生态学报，2013，24(4)：1063-1069.

[13] 崔瑞蕊，杜华强，周国模，等. 近 30 a 安吉县毛竹林动态遥感监测及碳储量变化. 浙江农林大学学报，2011，28(3)：422-431.

[14] 崔骁勇，陈四清，陈佐忠. 大针茅典型草原土壤 CO_2 排放规律的研究[J]. 应用生态学报，2000，11(3)：390-394.

[15] 崔骁勇，王艳芬，杜占池. 内蒙古典型草原主要植物群落土壤呼吸的初步研究[J]. 草地学报，1999，7(3)：245-250.

[16] 党承林，吴兆录. 季风常绿阔叶林短刺栲群落的生物量研究[J]. 云南大学学报(自然科学版)，1992，14(2)：95-107.

[17] 邓东周，范志平，王红，等. 土壤水分对土壤呼吸的影响[J]. 林业科学研究，2009，22(5)：722-727.

[18] 丁丽霞，王祖良，周国模，等. 天目山国家级自然保护区毛竹林扩张遥感监测[J]. 浙江林学院学报，2006，23(3)：297-300.

[19] 杜华强，周国模，徐小军. 竹林生物量碳储量遥感定量估算[M]. 北京：科学出版社，2012.

[20] 冯伟，潘根兴，强胜，等. 长期不同施肥方式对稻油轮作田土壤杂草种子库多样性的影响[J]. 生物多样性，2006，14(6)：461-469.

[21] 冯宗炜，陈楚莹，张家武，等. 湖南会同地区马尾松林生物量的测定[J]. 林业科学，1982，18(2)：127-134.

[22] 冯宗炜，王效科，吴刚. 中国森林生态系统的生物量和生产力[M]. 北京：科学出版社，1999.

[23] 龚斌，王风玉，张继平，等. 中亚热带森林土壤呼吸日变化及其与土壤温湿度的关系[J]. 生态环境学报，2013，22(8)：1275-1281.

[24] 管东生，钟晓燕，郑淑颖. 广州地区森林景观多样性分析[J]. 生态学杂志，2001，20(4)：9-12.

[25] 郭晋平，张云香. 关帝山林区景观要素空间关联度与景观格局分析[J]. 林业科学，1999，35(5)：28-33.

[26] 郭泺，夏北成，江学顶. 基于 GIS 与人工神经网络的广州森林景观生态规划[J]. 中山大学学报：自然科学版，2005，44(5)：121-123.

[27] 韩爱惠. 森林生物量及碳储量遥感监测方法研究[D]. 北京：北京林业大学，2009.

[28] 韩广轩，周广胜，许振柱. 玉米生长季土壤呼吸的时间变异性及其影响因素[J]. 生态学杂志，2008，27(10)：1698-1705.

[29] 何都良，李涵茂，王亚萍. 北亚热带落叶阔叶林土壤呼吸时间变化特征[J]. 南京信息工程大学学报(自然科学版)，2015，7(1)：53-57.

[30] 何伟静，江洪，原焕英. 土壤呼吸的酶促作用研究[J]. 安徽农业科学，2010，38(27)：11498-14983.

[31] 胡海英，包为民，瞿思敏，等. 稳定性氢氧同位素在水体蒸发中的研究进展[J]. 水文，2007，27(3)：1-5.

[32] 胡启武，吴琴，李东，等. 不同土壤水分含量下高寒草地 CH_4 释放的比较研究[J]. 生态学杂志，2005，24(2)：118-122.

[33] 黄鹤凤，江洪，谭有靖，等. 不同经营措施下雷竹林土壤呼吸的研究[J]. 浙江林业科技，2014，34(5)：1-7.

[34] 黄鹤凤. 浙西北典型竹林土壤呼吸特征及其环境因子的研究[D]. 浙江：浙江农林大学林业与生物技术学院，2015.

[35] 黄世能，王伯荪，李意德. 海南岛尖峰岭次生热带山地雨林的边缘效应[J]. 林业科学研究，2004，17(6)：693 - 699.

[36] 黄湘，陈亚宁，李卫红，等. 塔里木河中下游柽柳群落土壤碳通量及其影响因子分析[J]. 环境科学，2006，27(10)：1934 - 1940.

[37] 李海防，夏汉平，熊海梅，等. 土壤温室气体产生与排放影响因素研究进展[J]. 生态环境，2007，16(6)：1781 - 788.

[38] 李焕春，严昌荣，赵沛义，等. 不同施肥对阴山北麓旱作农田土壤呼吸的影响[J]. 华北农学报，2012，27(5)：224 - 229.

[39] 李菊，刘允芬，杨晓光，等. 千烟洲人工林水汽通量特征及其与环境因子的关系[J]. 生态学报，2006，26(8)：2449 - 2456.

[40] 李凌浩，韩兴国，王其兵，等. 锡林河流域一个放牧草原群落中根系呼吸占土壤总呼吸比例的初步估计[J]. 植物生态学报，2002，26(1)：29 - 32.

[41] 李明泽. 东北林区森林生物量遥感估算及分析[D]. 哈尔滨：东北林业大学森林经理学，2010.

[42] 李爽，丁圣彦，许叔明. 遥感影像分类方法比较研究[J]. 河南大学学报，2002，32(2)：70 - 73.

[43] 李文华，邓坤枚，李飞. 长白山主要生态系统生物量生产量的研究[J]. 森林生态系统研究，1981(2)：34 - 50.

[44] 李文华. 森林生物生产量的概念及其研究的基本途径[J]. 资源科学，1978(1)：71 - 92.

[45] 李雅红，江洪，原焕英，等. 西天目山毛竹林土壤呼吸特征及其影响因子[J]. 生态学报，2010，30(17)：4590 - 4597.

[46] 林倩倩，王彬，马元丹，等. 天目山国家级自然保护区毛竹林扩张对生物多样性的影响[J]. 东北林业大学学报，2014，42(9)：43 - 47.

[47] 蔺恩杰，江洪，赵明水，等. 天目山自然保护区典型森林植被乔木层生物量研究[J]. 浙江林业科技，2013，33(1)：21 - 24.

[48] 刘春霞，王玉杰，王云琦，等. 重庆缙云山 3 种林型土壤呼吸及其影响因子[J]. 土壤通报，2013，44(3)：587 - 593.

[49] 刘国顺，张学顺，单燕祥，等. 鸡公山自然保护区落叶阔叶林土壤呼吸研究[J]. 信阳师范学院学报(自然科学版)，2013，26(1)：85 - 88.

[50] 刘合满，曹丽花，马和平. 土壤呼吸日动态特征及其与大气温度、湿度的响应[J]. 水土保持学报，2013，27(1)：193 - 196，202.

[51] 刘世荣，柴一新，蔡体久，等. 兴安落叶松人工群落生量物与净初级生产力的研究[J]. 东北林业大学学报，1990，18(2)：40 - 46.

[52] 刘硕，李玉娥，孙晓涵，等. 温度和土壤含水量对温带森林土壤温室气体排放的影响[J]. 生态环境学报，2013，22(7)：1093－1098.

[53] 刘涛，孙忠林，孙林. 基于最大似然法的遥感图像分类技术研究[J]. 福建电脑，2010(1)：7－8.

[54] 陆彬，王淑华，毛子军，等. 小兴安岭 4 种原始红松林群落类型生长季土壤呼吸特征[J]. 生态学报，2010，30(15)：4065－4074.

[55] 罗璐，申国珍，谢宗强，等. 神农架海拔梯度上 4 种典型森林的土壤呼吸组分及其对温度的敏感性[J]. 植物生态学报，2011，35(7)：722－730.

[56] 罗天祥. 中国主要森林类型生物生产力格局及其数学模型[D]. 北京：中国科学院地理科学与资源研究所，1996.

[57] 马安娜，陆健健. 长江口崇西湿地生态系统的二氧化碳交换及潮汐影响[J]. 环境科学研究，2011，24(7)：716－721.

[58] 马海州. 基于遥感与 GIS 的景观类型信息提取及景观格局分析[D]. 中国科学院研究生院硕士学位论文，2005.

[59] 宁亚军，陈世苹，钱海源，等. 浙江古田山亚热带常绿阔叶林不同干扰强度下土壤呼吸的日动态与季节变化[J]. 科学通报，2013，58(36)：3839－3848.

[60] 潘维俦，李利村，高正衡. 两个不同地域类型杉木林的生物产量和营养元素分布[J]. 湖南林业科技，1980，2(1)：1－10.

[61] 朴世龙，方精云，郭庆华. 利用 CASA 模型估算我国植被净第一性生产力[J]. 植物生态学报，2001，25(5)：603－608.

[62] 邱扬，张金屯. 自然保护区学研究与景观生态学基本理论[J]. 农村生态环境，1997，13(1)：46－49，52.

[63] 沙丽清，郑征，唐建维，等. 西双版纳热带季节雨林的土壤呼吸研究[J]. 中国科学 D 辑，2004，34(Z2)：167－174.

[64] 石兆勇，李芳，刘德鸿，等. 不同配比施肥对蒜地土壤呼吸的影响[J]. 贵州农业科学，2012，40(8)：114－116.

[65] 史宝库，金光泽，汪兆洋. 小兴安岭 5 种林型土壤呼吸时空变异[J]. 生态学报，2012，32(17)：5416－5428.

[66] 史广松，刘艳红，康峰峰. 暖温带森林土壤呼吸随林分类型及其微生境因子的变异规律[J]. 江西农业大学学报，2009，31(3)：408－415.

[67] 孙成，江洪，周国模，等. 我国亚热带毛竹林 CO_2 通量的变异特征[J]. 应用生态学报，2013，24(010)：2717－2724.

[68] 孙睿，朱启疆. 气候变化对中国陆地植被净第一性生产力影响的初步研究[J]. 遥感学报，2001，5(1)：58－61.

[69] 孙向阳. 北京低山区森林土壤中 CH_4 排放通量的研究[J]. 土壤与环境，2000，9(3)：173－176.

[70] 唐守正,张会儒,胥辉.相容性生物量模型的建立及其估计方法的研究[J].林业科学,2000,36(1):19-27.
[71] 滕全晓,徐天蜀.基于 ALOS 遥感影像植被分类方法的比较研究[J].林业资源管理,2015(4):69-72.
[72] 涂利华,胡庭兴,张健,等.模拟氮沉降对华曲雨屏区苦竹林细根特性和土壤呼吸的影响[J].应用生态学报,2010(10):2472,2478.
[73] 汪荣.福建茫荡山自然保护区森林景观格局研究[J].中南林业科技大学学报,2007,27(4):151-155.
[74] 王凤文,杨书运,徐小牛,等.亚热带 3 种森林植被类型土壤的呼吸特征[J].贵州农业科学,2009,37(3):82-84.
[75] 王国兵,唐燕飞,阮宏华,等.次生栎林与火炬松人工林土壤呼吸的季节变异及其主要影响因子[J].生态学报,2009,29(2):966-975.
[76] 王君,沙丽清,李检舟,等.云南香格里拉地区亚高山草甸不同放牧管理方式下的碳排放[J].生态学报,2008,28(8):3574-3583.
[77] 王清忠.祁连山(中段)森林景观空间结构及质量变化特征的研究[D].兰州:甘肃农业大学,2007.
[78] 王玉涛,李吉跃,程炜,等.北京城市绿化树种叶片碳同位素组成的季节变化及与土壤温湿度和气象因子的关系[J].生态学报,2008,28(7):3143-3151.
[79] 王祖良,丁丽霞.天目山自然保护区的景观分析[J].四川林勘设计,2002(3):11-15.
[80] 魏书精,罗碧珍,孙龙,等.森林生态系统土壤呼吸时空异质性及影响因子研究进展[J].生态环境学报,2013,22(4):689-704.
[81] 温玉璞,汤洁,邵志清,张晓春.瓦里关山大气二氧化碳浓度变化及地表排放影响的研究[J].应用气象学报,1997(8):129-136.
[82] 邬建国.景观生态学[M].北京:高等教育出版社,2000.
[83] 邬建国.景观生态学——概念与理论[J].生态学杂志,2000,19(1):1-5.
[84] 吴建国,张小全,徐德应.六盘山林区几种土地利用方式土壤呼吸时间格局[J].环境科学,2003,24(6):23-32.
[85] 夏伟伟,韩海荣,伊力塔,等.庞泉沟国家级自然保护区森林景观格局动态[J].浙江林学院学报,2008,25(6):723-727.
[86] 肖笃宁,李秀珍,高峻,等.景观生态学[J].北京:科学出版社,2003.
[87] 肖乾广,陈维英,盛永伟,等.估算中国的净第一性生产力关[J].植物学报,1996,38(1):35-39.
[88] 谢小赞,江洪,余树全,等.模拟酸雨胁迫对马尾松和杉木幼苗土壤呼吸的影响[J].生态学报,2009,29(10):5713-5720.
[89] 辛勤,刘源月,刘云斌.中国亚热带森林土壤呼吸的基本特点[J].成都大学学报:自然科学版,2010,29(1):32-35.

[90] 熊振. 西天目山南坡垂直自然带分异规律[J]. 地理研究，1992，11(2)：77－82.
[91] 徐化成，范兆飞. 兴安落叶松原始林林木空间格局的研究[J]. 生态学报，1994，14(2)：155－160.
[92] 徐化成，范兆飞. 兴安落叶松原始林年龄结构动态的研究[J]. 应用生态学报，1993，4(3)：229－233.
[93] 徐亚彬，宋博，任妙春. 长白山森林生态系统二氧化碳通量与涡动相关研究[J]. 林业科学，2012.
[94] 颜学佳. 大兴安岭南段次生林土壤呼吸对改变碳输入的响应[D]. 内蒙古农业大学，2014.
[95] 杨国靖，肖笃宁. 森林景观格局分析及破碎化评价——以祁连山西水自然保护区为例[J]. 生态学杂志，2003，22(5)：56－61.
[96] 杨红霞，王东启，陈振楼，等. 长江口潮滩湿地—大气界面碳通量特征[J]. 环境科学学报，2006，26(4)：667－673.
[97] 杨慧，娄安如，高益军，等. 北京东灵山地冈白桦种群生活史特征与空间分布格局[J]. 植物生态学报，2007，31(2)：272－282.
[98] 杨清培，李鸣光，王伯荪. 南亚热带森林群落演替过程中林下土壤的呼吸特征[J]. 广西植物，2004，24(5)：443－449.
[99] 杨淑贞，赵明水，程爱兴. 天目山自然保护区古树资源调查初报[J]. 浙江林业科技，2001，21(1)：57－59，77.
[100] 杨淑贞，程爱兴. 天目山兰科植物的分类和区系特点[J]. 浙江林学院学报，1997，14(4)：363－369.
[101] 杨同辉，达良俊，宋永昌，等. 浙江天童国家森林公园常绿阔叶林生物量研究[J]. 浙江林学院学报，2005，22(4)：363－369.
[102] 杨玉盛，董彬，谢锦升，等. 森林土壤呼吸及其对全球变化的响应[J]. 生态学报，2004，24(3)：583－591.
[103] 杨玉盛，陈光水，董彬，等. 格氏栲天然林和人工林土壤呼吸对干湿交替的响应[J]. 生态学报，2004，24(5)：953－958.
[104] 于贵瑞，孙晓敏. 中国陆地生态系统碳通量观测技术及时空变化特征[M]. 北京：中国科学出版社，2008：174－175.
[105] 玉春，昕国安. 遥感数字图像处理教程[M]. 北京：科学出版社，2007.
[106] 袁国富，张娜，孙晓敏，等. 利用原位连续测定水汽 δ^{18}O 值和 Keeling Plot 方法区分麦田蒸散组分[J]. 植物生态学报，2010，34(2)：170－178.
[107] 袁位高，江波，葛永金，等. 浙江省重点公益林生物量模型研究[J]. 浙江林业科技，2009，29(2)：1－5.
[108] 张超. 凋落物对亚热带 4 种森林土壤呼吸的影响[D]. 中南林业科技大学，2014.
[109] 张超，闫文德，郑威，等. 凋落物对樟树和马尾松混交林土壤呼吸的影响[J]. 西

北林学院学报,2013,28(3):22－27.
［110］ 张德强,孙晓敏,周国逸,等.南亚热带森林土壤 CO_2 排放的季节动态及其对环境变化的响应［J］.中国科学(D辑),2006,36(增刊1):130－138.
［111］ 张红星,王效科,冯宗炜,等.黄土高原小麦田土壤呼吸对强降雨的响应［J］.生态学报,2008,28(12):6189－6196.
［112］ 张宏,樊自立.全球变化对塔里木盆地北部盐化草甸植被的影响［J］.干旱区地理,1998,21(4):16－21.
［113］ 张慧东,尤文忠,魏文俊,等.暖温带-中温带过渡区4种典型森林土壤呼吸的温度敏感性［J］.生态环境学报,2015,24(11):1757－1764.
［114］ 张慧东,周梅,赵鹏武,等.寒温带兴安落叶松林土壤呼吸特征［J］.林业科学,2008,9(44):143,145.
［115］ 张蕾,李凤日,王志波.凉水自然保护区森林景观结构动态［J］.东北林业大学学报,2007,35(6):75－78.
［116］ 张丽华,陈亚宁,李卫红,等.准噶尔盆地两种荒漠群落土壤呼吸速率对人工降水的响应［J］.生态学报,2009,29(6):2819－2826.
［117］ 张林艳,夏既胜,叶万辉.景观格局分析指数选取刍论［J］.云南地理环境研究,2008,20(5):39－45.
［118］ 张林艳.鼎湖山自然保护区植被景观变化［D］.中国科学院华南植物园,2004.
［119］ 张倩媚,张德强,李跃林,等.鼎湖山森林生态系统智慧型野外台站建设［J］.生态科学,2015,34(3):139－145.
［120］ 张新建,袁凤辉,陈妮娜,等.长白山阔叶红松林能量平衡和蒸散［J］.应用生态学报,2011,22(3):607－613.
［121］ 张镱锂,祁威,周才平,等.青藏高原高寒草地净初级生产力(NPP)时空分异［J］.地理学报,2013,68(9):1197－1211.
［122］ 张宇,张海林,陈继康,等.耕作方式对冬小麦田土壤呼吸及各组分贡献的影响［J］.中国农业科学,2009,42(9):3354－3360.
［123］ 张增信,施政,何容,等.北亚热带次生栎林和人工松林土壤呼吸日变化［J］.南京林业大学学报:自然科学版,2010,34(1):19－23.
［124］ 张振贤,华珞,尹逊霄,等.农田土壤 N_2O 的发生机制及其主要影响因素［J］.首都师范大学学报:自然科学版,2005,26(3):114－120.
［125］ 赵光,邵国凡,郝占庆,等.长白山森林景观破碎的遥感探测［J］.生态学报,2001,21(9):1393－1402.
［126］ 赵文君,吴鹏,崔迎春,等.喀斯特原生乔木林和次生林土壤呼吸研究［J］.林业科技开发,2015,29(2):105－110.
［127］ 赵英时,等.遥感应用分析原理与方法［M］.北京:科学出版社,2003.
［128］ 郑秋红,王兵.稳定性同位素技术在森林生态系统碳水通量组分区分中的应用

[J]. 林业科学研究，2009，22(1)：109－114.

[129] 郑兴波. 长白山阔叶红松林土壤呼吸变化规律及驱动机制的研究[D]. 哈尔滨：东北林大学，2007.

[130] 郑元润，周广胜. 基于 NDVI 的中国天然森林植被净第一性生产力模型[J]. 植物生态学报，2000，24(1)：9－12.

[131] 周广胜. 全球碳循环[M]. 北京：气象出版社，2003.

[132] 周秀佳，马炜梁，刘永强. 西天目山森林植被类型及其分布规律[J]. 生态学杂志，1987，6(3)：17－20.

[133] 朱宏，赵成义，李君，等. 干旱区荒漠灌木林地土壤呼吸及其影响因素分析[J]. 干旱区地理，2006，29(6)：856－860.

[134] 朱文泉，潘耀忠，张锦水. 中国陆地植被净初级生产力遥感估算[J]. 植物生态学报，2007，31(3)：413－424.

[135] Anderson R V，Meson P. Interaction between microorganisms and soil invertebrates in nutrient flux pathways of forest ecosystems[J]. Invertebrate Microbial Interactions，1984，59－88.

[136] Baldocchi D D，Meyers T P，Wilson K B. Correction of eddy-covariance measurements incorporating both advective effects and density fluxes[J]. Boundary-Layer Meteorology，2000，97(3)：487－511.

[137] Baldocchi D D. Assessing the eddy covariance technique for evaluating carbon dioxide exchange rate id ecosystems：Past，present and future [J]. Global Change Biology，2003(9)：479－492.

[138] Bekku，Koizumi H，Oikawa，et al. Examination of four methods for measuring soil respiration[J]. Appl Soil Ecol，1997(5)：247－254.

[139] Burton A J，Pregitzer K S. Field measurements of root respiration indicate little to no seasonal temperature acclimation for sugar maple and red pine[J]. Tree physiology，2003，23(4)：273－280.

[140] Buyanovsky G A，Kucera C L，Wagner G H. Comparative analyses of carbon dynamics in native and cultivated ecosystems[J]. Ecology，1987：2023－2031.

[141] Certini G，Corti G，Agnelli A，et al. Carbon dioxide efflux and concentrations in two soils under temper forest[J]. Biol. fert. Soils，2003(37)：39－46.

[142] Chen K，Han Y，Cao S，et al. The study of vegetation carbon storage in qinghai lake valley based on remote sensing and casa model[J]. Procedia Environmental Sciences，2011(10)：1568－1574.

[143] Ciais P，Tans P P，Trolier M，et al. A large northern hemisphere terrestrial CO_2 sink indicated by the 13C/12C ratio of atmospheric CO_2 [J]. Science，1995，269(5227)：1098.

[144] de Dieu Nzila J, Bouillet J P, Laclau J P, et al. The effects of slash management on nutrient cycling and tree growth in Eucalyptus plantations in the Congo[J]. Forest Ecology and Management, 2002, 171(1): 209 - 221.

[145] Dennison M, Berry J F. Wetlands: Guide to science, law, and technology [M]. Noyes publications, 1993.

[146] Duan H I. Interactive effects of elevated CO_2 and elevated temperature on drought-induced tree mortality [R]. Zhejiang Province: Zhejiang A&F University: Top Key Discipline of Forestry, 2015.

[147] Epron D, Nouvellon Y, Roupsard O, et al. Spatial and temporal variations of soil respiration in a Eucalyptus plantation in Congo[J]. Forest Ecology and Management, 2004, 202(1): 149 - 160.

[148] Falgc E, Baldocchi D, Olson R, et al. Gap filling strategies for defensible annual sums of net ecosystem exchange [J]. Agricultural and Forest Meteorology, 2001, 107(1): 43 - 69.

[149] Fisk M C, Fahey T J. Microbial biomass and nitrogen cycling responses to fertilization and litter removal in young northern hardwood forests [J]. Biogeochemistry, 2001, 53(2): 201 - 223.

[150] Flerchinger G N, Cooley K R. A ten-year water balance of a mountainous semi-arid watershed. Jo-urnal of Hydrology, 2000, 237(1 - 2): 86 - 99.

[151] Foken T, Wichura B. Tools for quality assessment of surface-based flux measurements[J]. Agricultural and forest meteorology, 1996, 78(1): 83 - 105.

[152] Gat J R. Oxygen and hydrogen isotopes in the hydrologic cycle[J]. Annual Review of Earth and Planetary Sciences, 1996, 24(1): 225 - 262.

[153] Hall F G, Treble D E, Sellers P J. Linking knowledge among spatial and temporal scales: vegetation, atmosphere, climate and remote sensing. Landscape Ecology, 1988(2): 3 - 22.

[154] Hanson P J, Edwards N T, Garten C T, et al. Separating root and soil microbial contributions to soil respiration: a review of methods and observations[J]. Biogeochemistry, 2000, 48(1): 115 - 146.

[155] Hanson P J, O'Neill E G, Chambers M L S, et al. Soil respiration and litter decomposition. North American temperate deciduous forest responses to changing precipitation regimes[M]. New York: Springer, 2003, 163 - 189.

[156] Harding R B, Jokela E J. Long-term effects of forest fertilization on site organic matter and nutrients[J]. Soil Science of Society America Journal. 1994 (58): 216 - 221.

[157] Holt J A, Hodgen M J, Lamb D. Soil respiration in the seasonally dry tropics

near townsville, north queensland[J]. Australian Journal of Soil Research, 1990, 28(5): 737-745.

[158] Houghton J T, Intergovernmental P O C C. Climate change, 1994: radiative forcing of climate change and an evaluation of the IPCC IS92 emission scenarios[M]. Cambridge University Press, 1995.

[159] Hudgens E, Yavitt I B. Land-use effects on soil methane and carbon dioxide fluxes in forests near Ithaca New York[J]. Ecoscience, 1997(4): 214-222.

[160] IPCC. IPCC Climate Change 2014: The Physical Science Basis[R]. IPCC Secretariat, 2015.

[161] Jin J X, Jiang H, Peng W, et al. Evaluating the impact of soil factors on the potential distribution of Phyllostachys edulis (bamboo) in China based on the species distribution model[J]. Chinese Journal of Plant Ecology, 2013(37): 631-640.

[162] Kosugi Y, Katsuyama M. Evapotranspiration over a Japanese cypress forest. II. Comparison of the eddy covariance and water budget methods[J]. Journal of Hydrology, 2007, 334(3): 305-311.

[163] Kursar T. Evaluation of soil respiration and soil CO_2 concentration in a lowland moist forest in panama[J]. Plant and Soil. 1989, 113(1): 21-29.

[164] Kutsch W L, Kappen L. Aspects of carbon and nitrogen cycling in soils of the Bornhoved lake district. II. Modeling the influence of temperature increase on soil respiration and organic carbon content in arable soils under different managements[J]. Biogeochemistry, 1997, 39(2): 207-224.

[165] Lee K H, Jose S. Soil respiration, fine root production and microbial biomass in cottonwood and loblolly pine plantations along a nitrogen fertilization gradient[J]. Forest Ecology and Management, 2003(185): 263-273.

[166] Lee X, Sargent S, Smith R, et al. In situ measurement of the water vapor 18O/16O isotope ratio for atmospheric and ecological applications[J]. Journal of Atmospheric and Oceanic Technology, 2005, 22(5): 555-565.

[167] Li J, Liu Y F, Yang X G, et al. Studies on water vapor flux characteristic and the relationship with environment factors over a planted coniferous forest in Qianyanzhou station[J]. Acta Ecologica Sinica, 2006, 26(8): 2449-2456.

[168] Lloyd J, Taylor J A. On the temperature dependence of soil respiration[J]. Functional Ecology, 1994(8): 315-323.

[169] Lieth H, Whittaker R H. Primary productivity of the biosphere[M]. Springer Science & Business Media, 2012.

[170] Lohila A, Aurela M, Regina K, et al. Soil and total ecosystem respiration in

agricultural fields: effect of soil and crop type[J]. Plant and Soil, 2003, 251(2): 303 - 317.

[171] Luo Y, Wan S, Hui D, et al. Acclimatization of soil respiration to warming in a tall grass prairie[J]. Nature, 2001, 413(6856): 622 - 625.

[172] Matsumoto K, Ohta T, Nakai T, et al. Energy consumption and evapotranspiration at several boreal and temperate forests in the Far East[J]. Agricultural and Forest Meteorology, 2008, 148(12): 1978 - 1989.

[173] McGarigal K. Landscape pattern metrics [J]. Encyclopedia of environmetrics, 2002.

[174] Mosier A R, Delgado J A, Keller M. Methane and nitrous oxide fluxes in an acid Oxisol in western Puerto Rico: effects of tillage, liming and fertilization [J]. Soil Biology and Biochemistry, 1998, 30(14): 2087 - 2098.

[175] Saussure T D E. Rechimiquessurla Vegetation [M]. Paris: Guthi-er-Villar, 1804.

[176] Moyano F E, Kutsch W L, Schulze E-D. Response of mycorrhizal, rhizosphere and soil basal respiration to temperature and photosynthesis in a barley field[J]. Soil Biology and Biochemistry, 2007, 39(4): 843 - 853.

[177] Noss R F. Sustainable Forestry or Sustainable Forest[R]. in: Aplet G H, Johnson N, Olson J T, et al. Acclimation of ecosystem CO_2 exchange in the Alaskan Arctic in response to decadal climate warming [J]. Nature, 2000, 406 (6799): 978 - 981.

[178] Ola Ahlqvista, Johannes Keukelaarb, Karim Oukbirb. Rough classification and accuracy assessment [J]. International Journal of Geographical Information Science, 2000, 14(5): 475 - 496.

[179] O'Neill K P, Kasischke E S, Richter D D. Environmental controls on soil CO_2 flux following fire in black spruce, white spruce, and aspen stands of interior Alaska[J]. Canadian Journal of Forest Research, 2002, 32(9): 1525 - 1541.

[180] O'neill R V, Riitters K H, Wickham J D, et al. Landscape pattern metrics and regional assessment[J]. Ecosystem health, 1999, 5(4): 225 - 233.

[181] Pastor J, Mladenoff D J. Modeling the effects of timber management on population dynamics, diversity, and ecosystem processes [J]. Modelling Sustainable Forest Ecosystems. American Forests, Washington, D C, 1993: 16 - 29.

[182] Raich J W, Tufekciogul A. Vegetation and soil respiration: correlations and controls[J]. Biogeochemistry, 2000, 48(1): 71 - 90.

[183] Raich J W, Schlesinger W H. The global carbon dioxide flux in soil

respiration and its relationship to vegetation and climate[J]. Tellus B, 1992, 44(2): 81 - 99.

[184] Rey A, Pegoraro E, Tedeschi V, el a1. Annual variation in soil respiration and its components in a coppice oak forest in Central Italy. Global Change Biology, 2002, 8(9): 851 - 866.

[185] Risk D, Kellman L, Beltrami H. Carbon dioxide in soil profiles: Production and temperature dependence[J]. Geophysical Research Letters, 2002, 29(6): 11 - 14.

[186] Rodeghiero M, Cescatti A. Main determinants of forest soil respiration along an elevation/temperature gradient in the Italian Alps [J]. Global Change Biology, 2005, 11(7): 1024 - 1041.

[187] Rodhe H. A comparison of the contribution of various gases to the greenhouse effect[J]. Science, 1990, 248(4960): 1217 - 1219.

[188] Ruimy A, Saugier B, Dedieu G. Methodology for the estimation of terrestrial net primary production from remotely sensed data[J]. Journal of Geophysical Research, 1994, 99: 5263 - 5263.

[189] Sample V A. Defining sustainable forestry [M]. Washington D C: Island Press, 1993: 17 - 44.

[190] Sheng H, Yang Y, Yang Z, et al. The dynamic response of soil respiration to land-use changes in subtropical china [J]. Global Change Biology, 2010, 16(3): 1107 - 1121.

[191] Sitaula B K, Bakken L R, Abrahamsen G. N-fertilization and soil acidification effects on N_2O and CO_2 emission from temperate pine forest soil [J]. Soil Biology and Biochemistry, 1995, 27(11): 1401 - 1408.

[192] Sjanersten S, Wookey P A. Climatic and resource quality controls on soil respiration across a forest-tundra ecotone in Swedish Lapland[J]. Soil Biology and Biochemistry, 2002, 34(11): 1633 - 1646.

[193] Sommerkorn M. Micro-topographic patterns unravel controls of soil water and temperature on soil respiration in three Siberian tundra systems [J]. Soil Biology and Biochemistry, 2008, 40(7): 1792 - 1802.

[194] Song C, Liu D, Song Y, et a1. Effect of exogenous phosphorus addition on soil respiration in Calamagrostis angustifolia freshwater marshes of Northeast China[J]. Atmospheric Environment. 2011, 45(7): 1402 - 1406.

[195] Suzuki S. Chronological location analyses of giant bamboo (Phyllostachys pubescens) groves and their invasive expansion in a satoyama landscape area, western Japan[J]. Plant Species Biology, 2015, 30(1): 63 - 71.

[196] Tchebakova N M, Kolle O, Zolotoukhine D, et al. Inter-annual and seasonal variations of energy and water vapour fluxes above a Pinus sylvestris forest in the Siberian middle taiga[J]. Tellus B, 2002, 54(5): 537 - 551.

[197] Wang M L, Cui X M, Han P, et al. Studies on the change of soil heat flux in the virgin for-est of great Xinganling mountains. Journal of Inner Mongolia Agricultural University, 2010, 31(4): 139 - 142.

[198] Wang W, Feng J, Oikawa T. Contribution of root and microbial respiration to soil CO_2 efflux and their environmental controls in a humid temperate grassland of Japan[J]. Pedosphere, 2009, 19(1): 31 - 39.

[199] Wang X, Zhou G M, Zhang D Q, et al. Soil heat fluxes of mixed coniferous and broad-leaf forest in the south subtropics in China [J]. Ecology and Environment, 2005, 14(2): 260 - 265.

[200] Warring R H, Running S V. Forest Ecosystem, Analysis at Multiple Scales [M], 2nd edition. San Diego: Academic Press, 1998: 286 - 320.

[201] Weber M G. Forest soil respiration after cutting and burning in immature aspen ecosystems[J]. Forest Ecology and Management, 1990, 31(1 - 2): 1 - 14.

[202] Wen X F, Sun X M, Zhang S C, et al. Continuous measurement of water vapor D/H and 18O/16O isotope ratios in the atmosphere[J]. Journal of Hydrology, 2008, 349(3): 489 - 500.

[203] Xu M, Qi Y. Soil-surface CO_2 efflux and its spatial and temporal variations in a younge ponderosa pine plantation in northern California [J]. Global Change Biology, 2001, 7(6): 667 - 677.

[204] Xue L. Nutrient cycling in a Chinese-fir (Cunninghamia lanceolata) stand on a poor site in Yishan, Guangxi[J]. Forest Ecology and Management, 1996, 89(1): 115 - 123.

[205] Yakir D, da SL Sternberg L. The use of stable isotopes to study ecosystem gas exchange[J]. Oecologia, 2000, 123(3): 297 - 311.

[206] Yakir D, Wang X F. Fluxes of CO_2 and water between terrestrial vegetation and the atmosphere estimated from isotope measurements[J]. Nature, 1996, 380(6574): 515 - 517.

[207] Yepez E A, Scott R L, Cable W L, et al. Intraseasonal variation in water and carbon dioxide flux components in a semiarid riparian woodland [J]. Ecosystems, 2007, 10(7): 1100 - 1115.

[208] Yin G C, Wang X, Zhou G Y, et al. Study on the soil thermal conditions of coniferous an broad-leaved mixed forest in Dinghushan reserve[J]. Journal of South China Agricultural Universi-ty, 2006, 27(3): 16 - 20.

[209] You W, Wei W, Zhang H, et al. Temporal patterns of soil CO_2 efflux in a temperate Korean Larch (Larix olgensis Herry.) plantation, Northeast China [J]. Trees, 2013, 27(5): 1417 - 1428.
[210] Zak D R, Pregitzer R S, Curtis P S, et al. Elevated atmospheric CO_2 and feedback between carbon and nitrogen cycles[J]. Plant Soil, 1993, 151(6): 105 - 117.
[211] Zhang S, Sun X, Wang J, et al. Short-term variations of vapor isotope ratios reveal the influence of atmospheric processes[J]. Journal of Geographical Sciences, 2011, 21(3): 401 - 416.

后　记

主编《天目山植被：格局、过程和动态》，是我 1992 年主编出版英文专著 *Vegetation — Structure, Function and Dynamics*（Science Press, 1992）时隔 25 年后，在植被生态和生态系统生态研究领域的一项工作总结。

我的学术生涯中，较多地参与长期生态的研究。1989 年底生态学博士毕业后，1990 年到 1995 年，先在中国科学院植物研究所做生态学博士后研究，后来留在中国科学院植物研究所和中国科学院地理科学与资源研究所担任副研究员和研究员、博士生导师。其中最主要的工作是协助中国科学院的有关领导从事国家“8.5”重大科学工程项目，世界银行贷款项目和科技部重大攻关项目“中国生态系统研究网络(Chinese Ecosystem Research Network, CERN)”的项目申报、建设实施、科学研究和运行管理。同时，我作为主要负责人之一，参与了位于北京门头沟东灵山的北京森林生态系统定位站的创建和运行，并且考察了大约 20 多个生态站，协助其进行建设和运行。我从 20 世纪 90 年代初期开始，与 LTER 建立了较深入的学术合作。1993 年，我受中国科学院的安排，带队去美国 University of New Mexico 的美国长期生态研究网络(LTER)总部学习和合作研讨长期生态学观测与科学试验数据的管理、挖掘、集成和共享，在水土气生的综合观测、分布式数据管理、网络化信息传输、多尺度数据集成和分析方面有了全新的提高。作为美国俄勒冈州立大学的客座教授，1995—1996 年和 2001—2006 年我参与了 LTER 中著名的森林生态系统定位站 H. J. Andrews 定位站的系列研究工作，特别是针对美国太平洋西北部老森林的分布、格局、过程、林火干扰和固碳与自然保护等方面合作在 *Conservation Biology*, *Ecological Application* 和 *Remote Sensing of Environment* 等著名杂志上发表了多篇论文。在新墨西哥州(New Mexico)的 Sevilleta 荒漠实验站，住站工作了 3 个月。同时在美国工作期间，考察了 LTER 许多著名的森林、农业、草地和荒漠定位站。在 20 世纪 90 年代，我考察过英国环境变化网络(ECN)和德国陆地生态系统研究网络(TERN)，并且参加了 ILTER 的有关学术活动。1993 年，在洛桑实验站建站 150 周年纪念大会期间，我作为中国科学院的专家参加在这里举行的国际长期生态网络成立大会，考察了洛桑实验站，特别是其中的标本库，在全世界长期生态专家的心目中，这些珍贵的长期实验的样品，是一批价值连城的宝贝，在生态学和农学的学科发展中发挥了非常重要的作用。我在加拿大阿尔伯塔大学和加拿大自然资源部北方林业研究中心工作期间，参与了 IGBP 全球样带计划中加拿大 BFTCS 样带研究，该样带横跨加拿大萨斯卡奇万和曼妮托巴省，依托这条典型的北方森林样带，开展了大量定位调查、模型模拟和遥感监测的研究。从 2007 年开始，我参与科技部重大基础项目，与俄罗斯科学院和蒙古科学院的科学家一起，开展了横跨中国—蒙古—俄罗斯的东北亚南北样带研究。其中与俄罗斯西伯利亚雅库茨克 SPASSKAYA PAD 北方森林和湿地综合定位站开展了大量合作。最近二十年，我有机会考察了瑞典农业大学、澳大利亚墨尔本大学和日本东京大学、千叶大学和京都大学等有关的长期生态研究定位站。这些长期定位研究的经历，对于进行天目山森林生态系统定位站的建设和研究具有重要的价值。特别值得一提的是 2014 年考察了在长期定位研究中近期比较著名的芬兰 HYYTIALA 北方森林生态系统定位站，该站是芬兰赫尔辛基大学的林学、物理和化学等多个学院研究和教学实习综合基地，代表植被类型是北方森林。近年来配置了大量综合观测设备，产生了大量数据；近 10 年发表 *Nature* 和 *Science* 论文 20 多篇，ACP(IF 6.5)，GCB(IF 6.8)等高质量刊物的论文 100 多篇。他们创建了国际著名全球变化研究平台——IGBP 计划中陆地生态系统与大气过程的相互作用项目(iLEAPS)的总部(2003—2013 年)。芬兰 HYYTIALA 北方森林生态系统定位站为我们树立了长期生态研究的标杆。

我的生态学研究与植被格局、过程和动态等方面的工作有密切的联系。自硕士阶段开始，我就进行了大量植被与群落生态和种群生态的研究，博士毕业后出版了专著《云杉种群生态学》。在中国科学院进行博士后研究期间，发表了“中国暖温带植被和暗针叶林植被的定量排序和聚类”的研究论文，主编了 *Vegetation，Structure，function and dynamics* 的英文著作。特别是参与中国自然科学基金会资助的重大项目“中国主要濒危植物保护生物学研究”，主持“中国主要濒危植物保护生态学研究”的课题，与中国科学院和多所国内著名大学的教授一起比较系统地运用植物种群生态学和生态模型的方法研究了 10 多种中国主要濒危植物的种群动态和濒危的机理。在美国俄勒冈州立大学、新墨西哥大学、美国保护生物学研究所、加拿大阿尔伯塔大学和加拿大联邦自然资源部北方森林研究中心等工作期间，在保护生物学、北方森林植被、美国太平洋西北部森林景观生态、北方暗针叶林和泰加林的通量与模型等的研究和长期定位研究与观测方面开展了大量工作。比较典型的成果有“欧洲殖民以前的北美植被重建”、“美国太平洋西北部森林植被的遥感分类”、“林火对美国西北部老森林自然保护功能的影响”、“全球北方森林植被动态的遥感分类”、“美国西部重要野生生物资源演变的遥感监测”等。2005 年左右回到中国开展工作后，通过参加多个 973 项目和 863 项目，以及科技部国际合作重大项目，陆续进行了“全球生态地理分区”、“森林植被与生态水文关系”、“大熊猫栖息地变化的遥感和生态模型研究”、“亚热带森林植被与大气环境污染和酸雨的关系”、“浙江省森林植被动态的遥感分类”、“竹林生态系统固碳机理和过程研究”等方面的研究。

《天目山植被：格局、过程与动态》是我们团队与天目山国家级自然保护区有关方面专家合作的成果，也是天目山国家级森林生态系统定位研究站工作的初步总结。我们将继续开展天目山地区生态系统的长期研究，争取在天目山植被的格局、过程与动态方面取得更多、更好的研究成果。

江 洪

2016 年 3 月 20 日于天目山